50가지 게임으로 수학을 즐기는

다함께 수학 게임 2

이동화 김세희 김용민 박미희 박은진
박희영 엄민정 오은영 정유재 지음

KM 경문사

추천사

다함께 수학게임을 읽고

반성하고, 죄송하고, 신기하고, 감사합니다.

처음에 "다함께 수학게임"의 대표 저자인 이동화 선생님에게서 메일을 받았을 때, 이 책이 그저 게임 방법 몇 가지를 소개하는 책인 줄 알았습니다. 이렇게 멋지고 대단한 책일 줄은 예상도 못했습니다. 반성합니다.

세상에는 수많은 게임이 존재합니다. 요즘이야 게임이라고 하면 컴퓨터 게임을 떠올리지만, 인간은 원시 시대부터 게임을 개발하고 즐겨왔습니다. 우연에 기대거나 심리적 요소가 중요한 게임도 있지만, 서로에게 정보가 공개된 상태로 최선의 전략을 탐구하는 게임, 예를 들어 바둑 같은 게임은 수학적인 요소가 대단히 많습니다. 이런 수학게임의 특성을 분석하고 필승법을 탐구하는 것은 수학의 중요 주제 가운데 하나입니다.

수학적인 게임을 소개하는 글이나 책은 많지만, 대부분 게임 방법을 모아 놓은 정도였습니다. 흥미롭기는 하지만 수학적인 분석 같은 깊이 있는 내용은 찾아보기가 어려웠습니다. 이 책도 그런 책인 줄 알았다가, 메일에 첨부된 PDF 파일을 열어보고 깜짝 놀랐습니다. 수학 교사들이 학생을 가르치는 기술에는 전문가지만 수학게임에는 전문가가 아니라는 선입견이 있었나 봅니다. 이 책을 쓰신 선생님들께 죄송합니다.

이 책은 50개의 다양한 게임을 여덟 가지 범주로 나누어 체계적으로 분석하고 있습니다. 저 스스로 수학게임 꽤 많이 안다고 생각했는데, 이 책에는 처음 보는 게임도 적지 않았고, 제가 잘 몰랐던 수준까지 깊이 있게 분석한 게임도 많았습니다. 어떻게 이런 책을 쓸 수 있었는지 신기하기만 합니다. 심지어 예쁜 그림까지 가득합니다.

수학게임을 분석하는 분야인 조합론적 게임 이론(Combinatorial Game Theory, 이하 CGT)에서 가장 유명한 책은 가이(Guy), 벌리캄프(Berlekamp), 콘웨이(Conway)가 공저한 《Winning Ways for Your Mathematical Plays》라 할 수 있습니다. 총 네 권으로 이루어진 이 저작은 온갖 수학 게임을 분석하면서 새로운 개념과 수학적 도구를 창안하여 CGT 분야의 바이블이라 할 만합니다. 이 책이 나오면서 CGT가 수학의 한 분야로 자리 잡았다고 해도 과언이 아니겠습니다.

너무나 복잡해서 필승법을 찾기가 어려운 게임을, 게임값을 계산하는 수학 문제로 바꾸어 필승법을 찾는 것도 이 책에서 본격적으로 다루기 시작했습니다. 2014년 서울에서 개최된 세계수학자대회(ICM)에서 벌리캄프 교수의 제자였던 김용환 박사님이 대중 강연에서 도미니어링(7장 네 번째 게임)으로 청중과 대결하면서 상대를 들었다 놨다 하던 장면이 생각납니다. 또, 그전에, CGT의 기법 없이는 해결하기 어려운 바둑의 끝내기 문제를 개발했던 일화도 생각납니다. 당시 바둑 세계 일인자였던 이창호 9단도 풀기 어렵다고 했던 끝내기 문제를 수학 계산으로 해결하는 것은 정말 놀라웠습니다.

CGT는 정말 신기한 분야이고 *Winning Ways*는 진짜 멋진 책이지만, 이 분야의 수학은 너무 심오하고 이 책은 수식이 난무하여, 수학게임을 분석하려고 *Winning Ways*를 펼쳐 CGT를 공부하는 것은 너무나 어려운 일입니다. 그런데 "다함께 수학게임"은 단순한 게임 소개를 넘어서면서도 너무 심오한 수학까지는 동원하지 않는, 일반인이 보기에도 적절하고 흥미를 느낄 만한 수준에서 쓴 책입니다.

컴퓨터가 필요 없는 게임 활동을 찾고 있는 분이라면, 또, 게임을 수학적으로 분석하는 데 관심 있는 분이라면, "다함께 수학게임"은 그야말로 딱 맞는 책이 될 것 같습니다. 멋진 책 써 주신 저자들에게 감사하다는 말씀 전합니다.

경남대학교 수학교육과 교수 박부성

감수자의 글

책의 감수를 마치며

우리가 서점에서 접할 수 있는 수학게임 관련 책은 내용이 너무 어렵거나 수학적 의미의 전달 없이 간단한 설명으로 구성된 경우가 대부분이어서 아쉽게 생각한 경우가 많았습니다.

몇 년 전, 대표 저자인 이동화 선생님이 책에 대한 구성 방안을 논의하러 왔습니다. 계획대로 수학게임과 관련된 책이 나온다면, 기존에 없던 것이기 때문에 매우 기쁠 것이지만, 정말 계획한 대로 완성이 될까 하는 걱정을 전달하기도 하였습니다. 기존의 수학게임 책처럼 하나의 게임에 대하여 규칙 위주로 간단히 소개하는 것이 아니라 관련 논문과 원서, 인터넷 자료를 읽고, 그 내용을 이해하여 쉽게 전달이 가능하도록 내용을 구성하고 수학적 결과까지 구체적으로 제시한다면 기존의 수학게임 책들과 차별화되고 정말 좋을 것이라는 생각이 들었습니다. 하지만 엄청난 노력과 열정이 필요해서 정말 계획처럼 잘될까 하는 우려도 분명히 있었습니다.

책의 감수를 부탁받고 3개월 넘게 검토하면서 집필진 선생님들께서 정말 열정을 갖고 노력을 많이 하셨구나라는 생각을 갖게 되었습니다. 수학책 특유의 어색한 표현, 다수 집필진으로 인한 표현의 일관성 문제 등 수정과 개선이 필요한 부분이 있었지만, 수학 선생님이나 수학을 좋아하는 학생들에게 게임을 통해서 수학에 대한 깊은 생각을 갖게 해 주는 좋은 책이 될 것이라는 확신을 갖게 되었습니다.

다만, 이 책은 소설처럼 한 번 읽어서는 내용을 완벽하게 이해하기 쉽지 않을 것으로 생각됩니다. 대신, 수학게임을 직접 해보고 전략을 고민하면서 반복적으로 읽어보면 대부분 이해가 될 것입니다. 이 책을 통해 수학에 대한 새로운 안목을 갖게 될 것이라는 확신을 가지며, 집필진 선생님들께 감사의 말씀을 전합니다.

인천대학교 수학과 교수 함남우

시작하는 글

다함께 수학게임을 시작하며

이 책은 다함께 수학 시리즈의 두 번째 책으로 첫 번째 주제였던 체험수학에 이어 수학게임을 주제로 하고 있습니다. 수학게임은 그 자체로 흥미로울 뿐 아니라 잘 활용하면 학습 효과는 물론 수학에 대한 긍정적인 인식도 심어줄 수 있기에 수학교육의 단골 소재로 사용됩니다. 저 역시 비슷한 이유로 동아리 활동이나 수업에서 수학게임을 종종 다루곤 했습니다.

이런 수학게임에 대한 이야기를 하려면 먼저 수학게임이 무엇인지에 대해 말해야 할 것 같습니다. 사실 어떤 게임이 수학게임인지 수학게임이 아닌지에 대한 명확한 기준은 없습니다. 그리고 게임 대부분은 어느 정도 수학적 성질을 갖고 있습니다. 하지만 여기서 다루려는 게임은 수학적인 성질이 특별히 도드라지거나 수학적으로 탐구할 만한 요소를 강하게 가진 게임입니다. 그런 게임의 대표적인 경우가 추상 전략 게임과 조합 게임입니다. 이런 게임의 특징은 게임에서의 행동이 우연에 의해 결정되지 않고 모든 정보가 서로에게 공개되어 있다는 것입니다. 또한 보통 두 사람이 게임에 참여하며 교대로 게임을 진행합니다. 게임에서 어떤 행동을 할지 선택할 때는 많은 경우의 수를 고려하여 최선의 행동이 무엇인지를 판단해야 합니다. 그러다 보니 게임에 능숙한 숙련자와 초보자의 실력 차가 큰 경우가 많습니다. 대표적인 예로 바둑과 체스가 있습니다. 이런 게임은 게임을 하는 과정에서도 많은 수학적 사고가 필요하지만, 게임의 전략과 관련해서도 수학적 분석이 활용됩니다. 이 책에서 다루려는 게임은 주로 이런 종류의 게임입니다.

추상 전략 게임 또는 조합 게임의 종류는 수백 가지 이상이라고 할 정도로 상당히 많습니다. 하지만 학교 현장이나 수학교육에 알려진 게임은 많지 않습니다. 대표적으로 알려진 게임으로 틱택토, 님, 헥스, 페그 솔리테어, 피그, 만칼라 등이 있지만 딱 그 정도까지입니다. 더구나 이런 게임의 수학적 성질이나 전략과 관련하여 알려진 내용은 더욱더 없습니다. 아직 국내에 관련 수학 이론이나 수학적 전략이 잘 정리된 책은 없는 것 같습니다. 이 책은 이런 점에서 출발했습니다. 아직 잘 알려지지 않았지만, 수학교육에서 활용할 만한 수학게임을 선별해 소개했고 이 게임의 수학적 성질이나 전략을 가능한 한 쉬운 언어로 설명하려고 노력했습니다.

게임 선정에 대한 고민이 많았습니다. 고민 끝에 정한 기준은 두 가지입니다. 한 가지는 간단한 도구만으로 할 수 있는 게임이라는 점입니다. 여기서 간단한 도구는 바둑돌, 주사위, 펜, 종이, 게임판 정도를 말합니다. 즉, 여기서 소개하는 게임은 대부분 시중에서 어떤 게임 세트를 사야 할 수 있는 게임이 아니라 어디서든 간단한 재료로 쉽게 할 수 있는 게임입니다. 다른 한 가지는 수학적 분석이나 전략이 어느 정도 알려진 게임입니다. 어떤 게임은 연구자 사이에서도 많이 알려지지 않아 아직 알려진 전략이나 분석이 없습니다. 이런 게임은 거의 다루지 않았습니다. 게임 선별과 관련해 한 가지 더 이야기할 것은 여기서 다루는 게임을 꼭 추상 전략 게임이나 조합 게임으로만 한정하지는 않았다는 것입니다. 수학적으로 다뤄볼 만한 의미가 있는 게임이라면 추상 전략 게임이나 조합 게임이 아니어도 추가했습니다. 대표적으로는 주사위 게임을 들 수 있습니다.

대표적인 추상 전략 게임이라 할 수 있는 바둑, 체스, 체커는 다루지 않았습니다. 이 게임들은 관련 이론이 너무나 방대하여 십여 쪽의 글로 충분히 설명할 수 없습니다. 나중에 기회가 된다면 따로 자세히 설명하는 기회가 있을 것입니다.

이번 책은 첫 번째 책과 달리 여러 저자가 공동으로 작업했습니다. 총 아홉 명의 저자가 함께 했는데 저자분들께서 정말 고생을 많이 하셨습니다. 일단 자료 조사부터 쉽지 않았습니다. 그나마 찾은 자료들은 대부분 영문이었고 이론은 어려웠기에 모두 같이 고군분투해야 했습니다. 때론 정리 하나를 이해하기 위해 며칠을 보내기도 했고, 논문이나 전문 기술지에 나와 있는 증명이 틀려 당황하기도 했습니다. 어떤 경우는 증명 과정이 정확하게 기록되어 있지 않아 직접 증명을 하기도 했습니다. 게임을 조사하고 글을 작성하다가 도저히 책에 실을 만한 내용이 아니어서 글을 폐기한 적도 있습니다. 이런 우여곡절에도 책이 완성될 수 있었던 건 전적으로 저자분들의 열정이 있었기에 가능했습니다. 진심으로 감사의 말을 전합니다.

책이 완성되기까지 도움을 주신 분이 많습니다. 무엇보다 항상 조언을 아끼지 않는 함남우 교수님께 감사드립니다. 교수님의 도움으로 지금까지 많은 일을 잘 해낼 수 있었습니다. 특히, 교수님은 좋은 어른의 모습이 어떤 것인지 행동으로 보여주시는 분이기도 합니다. 이 책에서도 감수로 참여하셔서 책의 완성도를 높이는 데 많은 도움을 주셨습니다. 추천서를 써주신 박부성 교수님께도 감사드립니다. 박부성 교수님께서는 추천서뿐 아니라 날카로운 분석력으로 많은 오류를 고쳐 주셨습니다. 사실 박부성 교수님의 여러 저서를 너무 좋아했는데 이렇게 연락을 주고받게 되어 영광이었습니다.

피그와 파클의 논문 이미지 사용을 허락해 주신 토드 W. 넬러(Todd W. Neller)와 클리프턴 G.M. 프레서(Clifton G.M. Presser) 교수님, 컴퓨터 과학자 매슈 부시(Matthew Busche)께도 감사드립니다. 또한 아홉 남자의 모리스의 논문 이미지 사용을 허락해 주신 컴퓨터 과학자 랄프 개서(Ralph Gasser)께도 감사드립니다. 덕분에 더 생생하게 이론을 전할 수 있었습니다. 특히, 매슈 부시는 책의 오류를 교정해 주기도 했습니다.

도부츠쇼기를 만든 쇼기 기사 기타오 마도카(きたお まどか)와 도부츠쇼기의 캐릭터를 디자인한 쇼기 기사 후지타 마이코(ふじた まいこ)께도 감사드립니다. 도부츠쇼기의 소개와 캐릭터 이미지 사용을 허락해 주셨기에 도부츠쇼기만의 귀엽고 깜찍한 느낌을 잘 살려 소개할 수 있었습니다.

책의 교정을 봐주신 정선옥 선생님께도 감사드립니다. 정선옥 선생님께서는 다함께 수학게임뿐 아니라 이전에 출간한 다함께 체험수학도 교정을 봐주셨고 덕분에 책의 많은 오류를 고칠 수 있었습니다. 책 출판에 힘써주신 경문사의 모든 관계자 분과 성윤조 과장님께 감사드립니다. 특히, 성윤조 과장님의 꼼꼼함과 정확한 업무 처리는 책의 완성도를 높이는 데 많은 도움이 되었고, 좋은 책을 위한 진심을 느낄 수 있었습니다. 다시 한번 감사드립니다.

마지막으로 수학게임의 필승 전략을 분석한 많은 수학자 및 연구자께 감사드립니다. 수학게임에 대한 흥미롭고 창의적인 수학 이론을 알아가는 것은 큰 기쁨이자 즐거움이었습니다. 이 책을 보는 분께서도 이런 즐거움을 느끼길 바랍니다.

이 책도 첫 번째 책과 마찬가지로 그림 대부분을 직접 그렸습니다. 디자인도 직접 했습니다. 그러다 보니 시간이 오래 걸렸지만 좀 더 좋은 책을 위한 과정이었기에 고되기보다는 즐거운 시간이었습니다. 그리고 그렇게까지 작업할 수 있었던 것은 제 아내 현미와 선균이, 현균이의 도움이 있었기 때문입니다. 진심으로 고마운 마음을 전합니다. 이 책은 시리즈의 두 번째 책이지만 이제 시작입니다. 다양한 주제의 더 많은 책을 기획하고 있습니다. 기대해 주시기 바랍니다. 모쪼록 책의 내용이 독자에게 도움이 되길 바랍니다. 고맙습니다.

2023년 대표 저자 이동화

저자 인사말

다함께 수학게임은 현직에서 수학을 가르치는 여러 수학 교사의 노력으로 완성된 책입니다. 방대한 자료를 정리하고 요약하며 새롭게 풀어가는 작업은 결코 쉽지 않았습니다. 여러 수학 교사가 뜻을 모아 좋은 책을 위해 함께 했기에 책이 완성될 수 있었습니다.

수학 교사로서 수학의 즐거움을 어떻게 아이들에게 알려줄 수 있을까 하는 것은 항상 저의 고민거리였습니다. 그 고민 가운데서 만난 수학게임은 소재 그 자체가 흥미로워 수학에 대한 저의 애정도 한층 더 커졌을 뿐만 아니라 아이들과 함께 나눌 수 있는 지점이 많아 저의 고민 해결에도 큰 도움이 되었습니다. 이러한 내용들을 한 권의 책으로 독자 여러분과 나눌 수 있어 매우 기쁘게 생각합니다.

처음 이 책의 저자로 제안받았을 때, 제가 잘할 수 있을지 걱정이 많았습니다. 하지만 여러 선생님의 도움으로 즐겁게 작업할 수 있었습니다. 특히, 대표 저자로서 대부분의 작업을 도와주시고 모든 단계에서 애써주신 이동화 선생님께 수학 교사로서 깊은 존경과 감사의 말씀을 전하고 싶습니다. 또한 언제나 저를 응원해 주는 부모님과 가족들, 그리고 항상 저의 커다란 그늘이 되어주는 대혁에게도 고맙다는 말을 전하고 싶습니다.

수학을 공부하고 가르치는 교사로서 저의 작품이 하나 탄생했다는 것이 이루 말할 수 없이 뿌듯합니다. 게임 하나하나가 모두 흥미롭고 수학적 분석이나 전략 또한 재미있는 부분이 많습니다. 제가 책을 쓰며 느꼈던 즐거움이 독자 여러분께도 전해질 수 있었으면 좋겠습니다. 감사합니다.

오은영

"다함께 수학게임" 집필 계획을 함께 의논하였던 게 엊그제 같은데 이렇게 출간하게 되어 정말 기쁩니다. 이 책을 통해 많은 사람이 재미있게 수학게임을 경험할 수 있기를 바라며, 게임 속에 담긴 수학적 이론과 승리 전략을 알아가는 즐거움을 느낄 수 있었으면 좋겠습니다. 선생들과의 공동 작업은 많은 것을 배우고 경험할 수 있었던 뜻깊고 소중한 시간이었습니다. 이동화 선생님을 비롯한 공동 저자 선생님들께 깊이 감사드립니다.

박은진

작년 가을 우연히 이동화 선생님과 이야기 몇 마디 나누다 집필진에 제일 마지막으로 참여하게 되어 거의 다 차려진 밥상에 숟갈 하나 얹은 기분입니다. 학교에서 수학 교사로서 아이들을 지도하다 보면 실생활과 관련된 수학을 소개할 일은 많은데, 막상 그게 왜 수학과 관련되는지 배우는 아이들도 가르치는 교사도 수박 겉핥기일 때가 대부분입니다. 축구 경기로 비유한다면 FIFA 랭킹이 높은 팀이 이길 가능성을 쉽게 점치지만, FIFA 랭킹이 어떻게 산출되는지 궁금해하는 사람은 많지 않습니다. 보드게임에 대해서도 게임의 진행 규칙에 대해서는 궁금해하는 사람들이 많지만, 이게 수학적으로 어떠한 의미가 있는지 궁금해하지도 않고, 궁금할 필요도 없는 것과 비슷합니다. 저도 이 책을 집필하는 팀에 참여하며, 제가 맡은 보드게임에 대해 글을 쓰기 위해 자료조사 및 관련된 공부를 하다 보니 여긴 또 다른 수학의 세계가 있었습니다. 단순히 누가 유리하고, 승률을 따지는 것만이 아니라 수학적인 원리와 이론을 이용하여 그것을 계산해 낸다는 것이 참으로 신기하고, 어려운 작업이었습니다. 자료들도 대부분 영어인 경우가 많아 자료 자체를 이해하는 것만으로도 시간이 많이 소비되었던 기억이 머릿속을 지나갑니다. 아무도 걷지 않는 길에 첫발을 내딛는 일은 힘이 듭니다. 물론, 시행착오도 많으리라 생각합니다. 작은 발자국이 모여 수학으로 향하는 이들에게 이 책이 지도가 되길 바랍니다.

김용민

다함께 수학게임으로 보드게임을 재탐색해 보자!

친구들과 시간을 재미있게 보내기 위해서 보드게임을 하는 사람들은 많지만, 보드게임 속에 숨겨진 수학 원리를 생각하면서 보드게임을 즐기는 사람은 많지 않을 것입니다. 보드게임을 단순히 즐길 뿐만 아니라 보드게임의 역사, 변형게임, 그리고 숨겨진 수학적 원리를 배워본 후 보드게임을 해본다면 재미뿐만 아니라 사고력, 논리력, 수학적 실력도 배가 될 것입니다. 보드게임과 수학을 좋아하신다면 자신 있게 이 책을 추천해 드릴 만큼 이 책은 보드게임 속에 숨겨진 수학에 대해 알찬 내용으로 구성되어 있습니다. 그동안 재미로만 해보았던 보드게임을 "다함께 수학게임"으로 재탐색해 보면서 수학의 심미성과 가치도 함께 느껴보셨으면 좋겠습니다. 독자분들에게 보드게임을 재탐색하고, 보드게임 속에 숨겨진 수학적인 원리까지 발견할 수 있게 하는 의미 있는 책이 되길 바랍니다. 책을 집필할 수 있도록 도움을 주신 여러 선생님께 진심으로 감사드립니다.

김세희

수학게임에 관한 책을 써야겠다고 생각했던 적은 없었습니다. 아니, 수학과 관계 깊은 게임에 대해 진지하게 생각해 본 적도 없었는데 우연한 기회에 책을 쓰는 기회가 왔고 그것을 흔쾌히 받아들여 책을 썼다..라고 하면 너무나 단순하게 들리겠지요. 하지만 책을 써 내려가는 동안은 정말이지 고통스러웠습니다. 이론들은 어려웠고 자료들은 영어였으며 저의 영어 실력은 한참 부족했고 시간은 언제나 모자랐습니다. 그럼에도 불구하고 결과물을 완성할 수 있었던 데에는 이동화 선생님의 도움이 컸습니다. 그리고 시도 때도 없이 게임 상대를 해 준 저의 두 자녀 민서, 누리에게도 고마움을 표합니다.

원고를 교차 검토하면서 글을 읽는 것은 너무 즐거웠습니다. 인류는 오래전부터 게임을 진심으로 즐겨왔고, 수백 년 전 우연히 시작된 게임은 여전히 우리를 설레게 합니다. 서로 관련 없어 보이는 게임들이 하나의 이론으로 설명될 때는 소름이 끼쳤습니다. 이 책을 읽는 분들도 저와 비슷한 즐거움을 느끼시길 바랍니다. 새로운 게임에 대해 알게 되고 반복해서 하다 보면 필승 전략을 어렴풋이 짐작할 수 있을 텐데, 그때 이 책을 펼쳐 보면 너무나 명쾌한 나머지 감동이 밀려오는 순간이 있으리라 확신합니다.

박미희

'뭐지? 왜 이렇게 비싸?'

수학 수업 또는 수학 동아리 활동에 이용하는 보드게임과 교구의 가격은 상당히 비쌉니다.

'간단하면서 저렴한 재료로 학생들과 재미있게 할 수 있는 게임이 있으면 좋겠다.'

갈증은 15년째 계속되고 있었습니다. 그러는 도중 이 책을 함께 쓰는 소중한 기회를 얻었습니다. 저를 비롯한 저자 모두는 게임 하나에 대한 글을 쓰기까지 수십편의 국외 논문과 책을 읽고 분석했습니다. 관련된 국내 자료가 별로 없어서 각종 외국어와 싸워야 했습니다. 누구나 쉽게 읽을 수 있도록 고민하고 다듬는 과정을 반복하면서 열심히 썼습니다.

처음에는 게임을 하면서 가볍게 읽고 다음에는 수학적 이론에 집중하면서 여러 번 읽어보시길 추천합니다. 간단한 재료로 할 수 있는 재미있는 게임을 소개하고 관련된 수학적 이론까지 담은 국내 유일의 책이라고 자부합니다. 마지막으로 책을 쓸 수 있도록 지원해 준 봉철, 호준, 윤호에게 고맙고 사랑한다는 말을 전하고 싶습니다.

엄민정

2021년 8월 어느 날의 첫 번째 집필진 회의로부터 많은 시간이 지났네요. 교과 내용과 관련된 수학에 대해 고민하며 지내던 저에게 새로운 주제에 대한 집필은 그 자체로 도전이었습니다. 선배님들의 조언에 힘입어 영문 자료들을 찾아가며 글을 쓰며 주제를 완성해 나갔습니다. 독자들의 관점에 대해 고민해 보았고, 글을 쓰기 힘들 땐 여러 동료 선생님의 완성된 글을 참고해 보며 다시 또 힘을 냈던 기억이 생생합니다. 드디어 책이 출간되네요.

동화샘! 이 메시지로 충분하지 않겠지만 정말 감사드려요. 전체적인 작업을 조율하시고, 디자인까지 직접 하시느라 그 누구보다 바쁘셨을 텐데도 힘든 기색 없이 묵묵히 집필 과정을 이끌어 주시느라 정말 수고 많으셨어요. 중간중간 개인적인 일들로 포기하고 싶은 마음이 들 때도 있었지만 동화샘 덕분에 마지막까지 함께 할 수 있었네요.

그리고 집필진 선생님들! 코로나로 자주 만나진 못했지만, 두 번의 오프 모임과 여러 차례의 온라인 회의에서 의견을 나눈 덕분에 내적 친밀감이 가득합니다.^^ 좋은 계기로 만나 뵐 수 있어서 영광이었습니다.

독자 여러분! 이 책은 교과서 속의 수학을 넘어 게임과 관련된 다양한 수학 모델을 소개하고, 그 안에서 배움을 찾게 해주는 좋은 책입니다. 많은 수학 선생님의 노력이 깃든 만큼 여러분께 의미 있는 책이 되었으면 합니다.

정유재

“다함께 수학게임”이라는 책은 수학적 원리가 있는 다양한 수학게임을 알려주고 싶은 수학 선생님들의 열정으로 만들게 된 책입니다. 게임이 만들어진 역사를 소개하고 게임의 전략을 수학적으로 이해하기 쉽게 풀어놓은 이 책을 통해 수학의 참 매력을 느끼실 수 있기를 바라고, 수학적 원리를 기반으로 한 이 책에 수록된 많은 게임을 재미있게 즐기실 수 있었으면 합니다. 책을 쓰는 동안 이동화 선생님을 비롯한 여러 선생님과 함께하면서 유익한 시간을 보낼 수 있어서 행복하고 감사했습니다. 또한, 책이 출간될 때까지 응원을 아끼지 않고 지켜봐 주신 가족에게도 감사드립니다.

박희영

베타리더 선생님의 한 마디

더 좋은 책을 위해 먼저 읽어 봤습니다!

출간하기 전에 책에 부족한 점은 없는지 확인하기 위해 현재 학교에서 수학을 가르치고 있는 선생님들과 함께 베타리더 활동을 진행했습니다. 바쁘신 와중에도 베타리더 활동에 기꺼이 참여해 주신 선생님들께 이 자리를 통해 감사의 인사를 전합니다.

수학동아리 활동 주제를 무엇으로 할까 고민하며 탐색하던 중 페그 솔리테어를 알게 되었습니다. 페그가 다른 페그를 뛰어넘고 그 페그가 삭제되며 마지막에 한 페그를 남기는 게임에 숨겨진 무언가를 발견하는 것이 의미 있을 것 같아 탐구 주제로 선정하였습니다. 그러나 생각보다 관련 자료를 찾는 것이 쉽지 않았고 게임을 이해하는 것, 필승전략을 찾고 관련 수학 개념을 알아가는 것에 어려움이 많았습니다. 그런 의미에서 50가지 수학 퍼즐에 대해 게임 방법부터 수학 내용, 역사 등을 모아 정리해 준 이 책이 만들어지고 있다는 소식이 더없이 반갑게 여겨졌습니다. 배스킨라빈스31이 님 게임의 한 종류라는 것을 알았으며 펜과 종이만으로 할 수 있는 게임이 많다는 것, 그리고 간단한 게임이지만 깊이 있는 수학 개념이 숨겨져 있다는 것이 참으로 흥미롭게 다가왔습니다. 수학퍼즐을 좋아하고 동아리 활동이나 수업 중 활용할 수학퍼즐을 탐구하는 이들에게는 보물과 같은 책이 나온 것 같습니다. 단숨에 읽히는 책은 아니지만 초콜릿처럼 하나씩 꺼내보는 맛이 있는, 그래서 소장만으로도 든든함이 느껴지는 그런 책입니다. 좋은 책 써주셔서 감사드립니다.

명신여자고등학교 송혜미 선생님

내가 일반적으로 하는 게임에 심오한 수학적 원리가 있다는 것이 재미있고 놀랍다. 책을 읽다 보면 어느새 게임속에 있는 나를 느끼게 되고 전략을 짜고 있는 자신을 보게 될 것이다. 그리고 전에는 고민하지 않았던 게임의 순서와 첫수를 어디에 둘까 고민하는 자신을 발견할 것이다. 또한 종이와 펜만으로 게임을 만들 수 있고 그 안에 수많은 전략과 수학 개념이 있다는 것에 흥미를 느끼게 되고 자신도 게임을 만들 수 있지 않을까 생각하게 된다. 어렵지만 재밌는, 재밌지만 어려움을 동시에 느끼게 해주는 책이다.

경안고등학교 윤영현 선생님

우선 책을 접하고 페이지를 넘겼을 때의 느낌은 '경이롭다'였습니다. 수학교사로서 수학동아리 활동을 하며 다양한 게임을 접해봤다고 자신했지만, 이 책 앞에서는 한없이 부끄러워졌습니다. 수많은 수학게임에 놀라고 일목요연한 규칙 정리, 변형게임, 전략을 뒷받침하는 이론 등 그 내용의 양과 깊이에 경이로움을 느낄 수밖에 없었습니다. 또한, '게임'이라는 요소로 문턱을 낮춰 학생들에게 쉽게 접근하고 그 안의 천장을 올라가 볼 수 있도록 안내하는 책이라 생각됩니다. 수학을 무서워하는 학생부터 수학에 대한 탐구를 즐기는 학생까지 폭넓게 활용할 수 있고 그 학생들과 함께하고픈 수많은 수학교사에게도 하나의 지침서가 되기에 충분한 책이라 판단되어 수학과의 거리감을 좁히고자 하는 모든 분에게 추천합니다.

인천과학고등학교 지문선 선생님

이 책은 여러 가지 게임을 소개하고 뒷부분에 게임 속에 담긴 수학적인 원리가 설명되어 있어서 재미있게 수학에 접근할 수 있는 좋은 책이 될 수 있습니다. 학생들과 함께 탐구할 수 있는 수학적 내용을 담은 게임부터 도전적인 수학적 내용을 담은 게임까지 수학적인 내용의 스펙트럼이 넓은 것이 이 책의 장점입니다. 모든 장에 적절한 삽화를 사용하여 게임 방법과 수학적 원리를 설명했으며 이는 독자의 이해를 높이는 데 큰 도움이 됩니다. 교사들이 이 책을 사용한다면 확률과 통계 수업을 할 때 재미있는 도입부 주제로 사용할 수 있으며 수학동아리 시간에 다양한 게임을 해 보고 그 원리를 탐구해 보도록 하는 교재로 사용할 수 있습니다. 또한, 교사 모임에서 한두 장을 정하고 게임을 해 보며 수학 연구를 해 보는 것도 좋을 듯싶습니다. 긴 시간 동안 자료를 수집하고 집필 한 저자의 노력에 박수를 보냅니다.

한국교원대학교 파견 김동완 선생님

펜과 종이만으로 이루어지는 수학게임에 대해 자세한 설명과 필승전략이 제시되어 있어서, 동아리를 운영할 때나 수학적인 사고를 하도록 동기유발을 하는 데에 실제적인 도움을 줄 수 있는 도서이다. 더불어 헥사폰(3칸 3칸 체스)처럼 인공지능 수학과 연결되어 컴퓨터가 학습하듯이 수학을 즐기면서 학습하는 것을 경험할 수 있게 해준다.

백석고등학교 박정임 선생님

2권 목차

Chapter 07 다른 규칙으로 겨루기 **당파 게임**

Chapter

08 하나하나 흥미로운 **기타 수학게임**

부록

1권 목차

게임판을 무료로 제공해요!

다함께 수학게임은 책에서 소개하는 수학게임의 게임판을 저자가 직접 제작하여 무료로 제공하고 있습니다. **저작권 허락이 필요 없는 공개 자료**이므로 어떤 용도로도 편하게 사용할 수 있으며 자료를 변형하여 사용하셔도 됩니다. 따로 출처를 밝히지 않아도 됩니다. 단, 상업적 용도는 제외입니다. 게임판은 아래와 같은 방법으로 **다운로드**할 수 있습니다. 제공한 파일에는 단원별 폴더가 있으며 각 폴더에는 게임별 게임판 파일이 있습니다. 게임판을 제공하는 게임의 경우 각 게임 소개 첫 페이지 오른쪽 하단에 경로가 작성되어 있습니다.

경문사에서 다운로드

1. 경문사(http://www.kyungmoon.com) 접속
2. 화면 상단 검색창에 <다함께 수학게임> 입력
3. 검색 결과로 나온 <다함께 수학게임> 클릭
4. 하단에서 <학습 자료> 클릭해 다운로드

파일 주소 입력해 바로 다운로드

인터넷 주소창에

bit.ly/다함께수학게임

을 입력하면 바로 파일 다운로드 가능

간단한 도구로 수학게임을 즐겨요!

다함께 수학게임은 간단한 도구만으로 할 수 있는 다양한 수학게임을 소개하고 있습니다. 여기서 간단한 도구란 **게임판(무료 제공)**, **바둑돌**, **연필(또는 볼펜)**, **주사위**입니다. 대부분의 게임은 이 도구만 있으면 쉽게 게임을 해볼 수 있습니다.

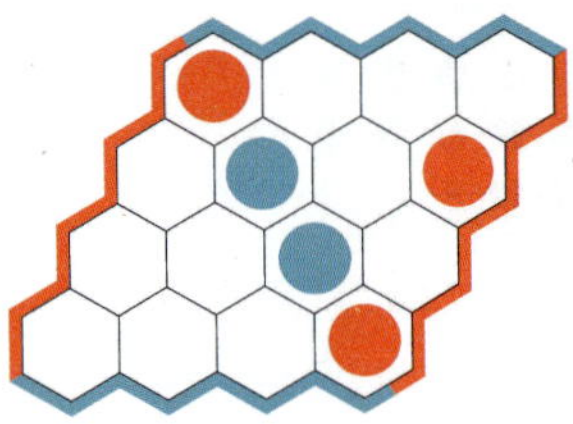
게임판

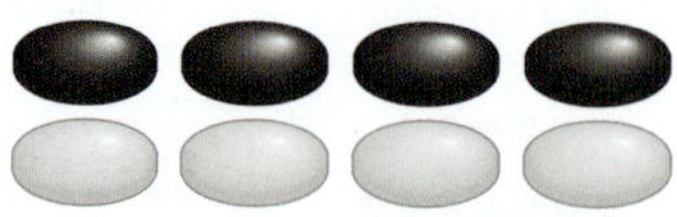
바둑돌

연필

주사위

50가지 게임, 119가지 변형 게임을 알아봐요!

다함께 수학게임은 게임을 통해 수학을 즐기고 학습할 수 있는 책입니다. 이 책에서는 50가지 수학게임 외에도 119가지 변형 게임을 소개하고 있어, 총 **169가지 게임을 소개**하고 있습니다. 이 게임은 어린아이부터 어른까지 누구나 쉽게 즐길 수 있는 게임으로 게임을 통해 논리적 사고와 문제해결력을 향상할 수 있습니다. 또한, 각 게임 규칙을 상세히 설명하고 있어, 처음 게임을 접하는 사람도 쉽게 이해하고 즐길 수 있습니다.

게임을 즐기고 필승전략을 알아봐요!

다함께 수학게임을 통해 수학게임의 규칙, 역사, 변형 게임 외에도 게임의 필승전략과 수학적 성질을 알아볼 수 있습니다. 그러나 게임의 필승전략을 알아보기 전에 먼저 게임을 충분히 해보고 스스로 전략을 탐구해 본 다음에 필승전략을 알아보기를 바랍니다. 게임을 해보지 않고 필승전략을 보는 것은 문제를 풀어보지 않고 답지를 보는 것과 같습니다. 게임을 충분히 즐기고 전략을 알아보는 것이 수학적 사고를 높이는 데 더 효과적입니다. 필승전략이 알려지지 않은 경우엔 관련 수학 이론을 알아보았습니다. 수학게임을 통해 또 다른 수학의 세계를 느껴보기를 바랍니다.

관심있는 게임부터 봐요! (2권 6, 7장 제외)

다함께 수학게임에서는 50가지 수학게임을 각각 **독립적으로 소개**하려 노력하였습니다. 그래서 어떤 개념은 게임마다 반복적으로 설명하기도 합니다. 따라서 순서대로 보는 것이 아니라 원하는 주제의 게임부터 순서 없이 보셔도 됩니다. 다만 어떤 게임은 분석 이론이 어렵고 복잡하여 다른 게임에서 소개한 이론을 먼저 봐야 하는 게임도 있습니다. 대표적으로 2권의 6장(공정 게임)과 7장(당파 게임)의 게임이 그렇습니다. 이에 대해서는 뒤에 있는 〈수학게임 개념 마인드맵〉에서 자세히 알아보니 확인하기를 바랍니다.

수학게임 용어 소개

다함께 수학게임에서는 게임을 수학적으로 분석해 보기 때문에 여러 수학 개념이 등장합니다. 특히, 몇몇 개념은 여러 게임에 걸쳐 자주 등장합니다. 따라서 본격적인 게임 소개에 앞서 이런 개념을 중심으로 대표적인 용어들을 알아보겠습니다. 반드시 읽어야 하는 내용은 아니지만 사전에 알아두면 게임의 빠른 이해에 도움이 될 수 있습니다.

말(Piece)

수학게임에서 말이란 게임의 규칙에 따라 이동하거나 배치하는 조각을 말한다. 게임에 따라 말에 특별한 이름이 붙여지기도 한다. 바둑돌을 말로 사용하는 경우 간단히 돌이라고도 한다.

게임판(Game Board)

게임판은 말 그대로 게임을 하기 위한 판을 말한다. 보통 직사각형이나 정사각형 형태이며 게임에 따라 특별한 형태를 띠기도 한다.

턴(Turn)

수학게임에서 턴이란 게임의 규칙에 따라 한 사람이 연속적으로 행동하는 일련의 과정을 나타내는 단위이다. 예를 들어 바둑이라면 한 명의 사람이 말을 하나 놓을 때까지가 하나의 턴이다. 한 사람이 말을 놓으면 하나의 턴이 종료되고 새로운 턴이 시작되며 다음 사람 차례가 된다. 만약 바둑돌을 놓아 상대 말을 잡는다면 말을 잡을 때까지가 하나의 턴이다. 게임에 따라 한 사람이 한 턴에 여러 행동을 하기도 한다. 점과 상자에서는 선을 그어 작은 정사각형을 완성하면 추가 선을 그릴 수 있다. 따라서 한 사람이 연속해서 많은 선을 그릴 수 있고 더 이상 선을 그릴 수 없을 때까지 한 행동이 한 턴이 된다.

게임 상태(Game State)

게임이 진행되다가 특정 턴이 종료된 시점에서 게임 진행 상황을 게임 상태라 한다. 게임판과 말이 있는 게임이라면 게임판에 여러 말이 배치된 상황이고 게임판이 없이 말로만 하는 게임이라면 여러 말이 배치된 상황이다. 그림을 그리는 게임이라면 턴이 종료된 상황에서 그려진 그림을 말하며, 점수를 얻는 게임이라면 턴이 종료된 상황에서 여러 게임 참가자의 점수가 게임 상태가 된다. 일반적으로 가능한 게임 상태가 많은 게임이라면 고도의 사고력과 전략이 필요할 가능성이 크다. 대표적으로 바둑이나 체스, 체커 등이 이에 해당한다고 할 수 있다.

수(Move)

수학게임에서 수란 게임의 규칙에 따라 한 사람이 연속적으로 행동하는 일련의 동작을 말한다. 바둑에서 대표적으로 많이 사용하는 용어이며 관련 용어로 묘수, 승부수, 꼼수 등이 있다. 일상생활에서도 많이 사용한다.

필승전략(Winning Strategy)

필승전략이란 반드시 상대에게 승리할 수 있는 전략을 말한다. 따라서 필승전략에 따라 게임을 진행하면 상대가 어떠한 수를 두든지 게임에서 승리하게 된다. 게임에 따라 필승전략은 존재할 수도 있고 존재하지 않을 수도 있다. 예를 들어 님 게임이나 헥스 등의 게임에는 필승전략이 존재한다. 필승전략이 존재하지 않는 대표적인 게임은 틱택토이다. 틱택토는 두 사람이 최선의 수를 두면 무승부로 끝난다. 주사위 게임의 경우도 우연에 의해 행동이 결정되므로 필승전략이 존재하지 않는다. 필승전략이 존재하지만 이를 알기 어려운 게임도 있다. 주로 게임 상태의 경우의 수가 큰 게임으로 바둑, 체스 등이 대표적인 예이다. 따라서 이런 게임의 경우 필승전략에 대한 연구보다는 특정 게임 상태에 대한 연구나 확률적으로 좋은 수를 두는 인공지능 봇에 대한 연구가 주를 이룬다.

파이 규칙(Pie Rule)

파이 규칙은 먼저 시작하는 사람이 첫수를 두고 나서 두 번째로 시작한 사람이 먼저 시작한 사람과 바꿔서 게임을 진행할지를 결정하는 규칙이다. 예를 들어 먼저 시작한 사람이 검은색 말, 두 번째로 시작한 사람이 흰색 말로 게임을 한다고 하자. 먼저 시작한 사람이 검은색 말로 첫수를 둔 후, 두 번째로 시작하는 사람이 먼저 시작한 사람과 바꾸기로 결정하면 두 번째로 시작한 사람은 먼저 시작한 사람이 둔 검은색 말로 이어서 게임을 하고 먼저 시작한 사람은 흰색 말로 게임을 진행하는 것이다. 물론 바꾸지 않고 그대로 게임을 진행해도 된다. 보통 먼저 시작하는 사람이 게임에서 유리한 경우가 많으므로 좀 더 공정한 게임을 위해 파이 규칙이 적용된다.

이 규칙은 두 사람이 파이를 나누어 먹을 때 공정하게 먹는 방법에서 이름을 따왔다. 한 사람이 파이를 반으로 자르고, 다른 사람이 그중 어떤 것을 먹을지 선택하는 것이다. 파이를 자르는 사람은 상대방이 더 큰 조각을 고를 것을 알기 때문에 가능한 한 비슷한 크기로 자를 것이다. 다른 말로 교환 규칙(Swap Rule)이라고도 하며 주로 헥스, 하반나 등의 연결 게임에서 많이 적용된다.

오프닝 동작(Opening Move)

오프닝 동작은 게임을 할 때 먼저 시작하는 사람의 첫수를 말한다. 첫수의 위치에 따라 먼저 시작하는 사람에게 필승전략이 존재할 수도 있고 나중에 시작하는 사람에게 필승전략이 존재할 수 있으며 무승부로 끝나는 상황일 수도 있다. 오프닝 동작이 승패에 절대적인 영향을 미치는 경우가 많기 때문에 많은 게임에서 오프닝 동작은 중요한 탐구 문제이다.

수학게임 용어 소개

정규 게임(Normal Game)

정규 게임은 게임에서 마지막 행동을 하는 사람이 승리하는 게임을 말한다. 예를 들어 배스킨라빈스 31 게임이라면 마지막 숫자인 31을 말한 사람이 승리하는 것이다.

불행형 게임(Misère Game)

불행형 게임은 게임에서 마지막 행동을 하는 사람이 패배하는 게임을 말한다. 예를 들어 배스킨라빈스 31 게임이라면 마지막 숫자인 31을 말한 사람이 패배하는 것이다.

공정 게임(Impartial Game)

공정 게임은 게임에 참여하는 두 사람이 선택할 수 있는 행동이 같은 게임이다. 대표적으로 님 게임을 들 수 있다. 님 게임은 순서만 다를 뿐 게임에 참여하는 두 사람 모두 돌을 가져가는 같은 행동만 할 수 있다. 바둑의 경우 한 사람은 검은색 돌만 놓을 수 있고, 다른 한 사람은 흰색 돌만 놓을 수 있으므로 공정 게임이 아니다. 게임의 수학적 성질을 탐구하는 조합 게임 이론에서 말하는 공정 게임은 단순히 할 수 있는 행동이 같은 것을 넘어 더 엄격한 조건을 만족하는 게임이다. 그 조건은 아래와 같다.

1) 게임 참가자는 게임의 진행 상황이나 변화와 관련된 정보를 언제든 알 수 있다.
2) 두 사람이 교대로 게임을 진행한다.
3) 한 사람이 더는 게임을 진행하지 못할 때 게임의 승자가 결정된다.
4) 두 사람이 게임에서 선택할 수 있는 행동이 같다.
5) 가능한 게임의 상태는 유한하며, 유한 회 안에 게임이 종료된다.
6) 게임의 어떤 행동도 우연에 의해 결정되지 않는다.

당파 게임(Partizan Game)

당파 게임은 한 사람은 할 수 있고 다른 사람은 할 수 없는 행동이 있는 게임을 말한다. 예를 들어 바둑의 경우 한 사람은 검은색 돌만 놓을 수 있고, 다른 한 사람은 흰색 돌만 놓을 수 있으므로 두 사람이 할 수 있는 행동이 다르다. 따라서 당파 게임에 해당한다.

게임의 수학적 성질을 탐구하는 조합 게임 이론의 핵심 연구 주제는 바로 당파 게임이다. 공정 게임의 경우 1930년대에 완전히 문제가 해결되었기 때문에 이후 연구는 주로 당파 게임에 대해 이루어졌다. 현재도 다양한 당파 게임에 대한 연구가 활발히 진행 중이다.

P-포지션(P-position)

게임이 진행되다 어떤 게임 상태가 됐을 때 그 상태 이전에 게임을 한 사람(Previous Player)이 승리할 수 있는 상태이면 이 상태를 P-포지션(P-position)이라 한다. 그 상태 이전에 게임을 한 사람(Previous Player)이 승리할 수 있는 상태라는 것은 이 사람에게 필승전략이 존재하는 상태임을 의미한다.

N-포지션(N-position)

게임이 진행되다 어떤 게임 상태가 됐을 때 이번 차례에 게임을 해야 하는 사람(Next Player)이 승리할 수 있는 상태이면 이 상태를 N-포지션(N-position)이라 한다. 이번 차례에 게임을 해야 하는 사람(Next Player)이 승리할 수 있는 상태라는 것은 이 사람에게 필승전략이 존재하는 상태임을 의미한다.

터미널 포지션(Terminal Position)

게임이 진행되다가 더는 게임을 진행할 수 없는 상태이면 이 상태를 터미널 포지션이라고 한다. 더 이상 게임을 진행할 수 없다는 것은 게임을 할 차례인 사람이 할 수 있는 행동이 더이상 없다는 것을 말한다. 정규 게임에서 터미널 포지션은 P-포지션이다. 터미널 포지션이 되면 게임을 할 차례인 사람이 할 수 있는 행동이 없어 더는 게임이 진행되지 않으므로 정규 게임에서는 이전에 게임을 한 사람이 마지막 행동을 한 사람으로 승자가 되기 때문이다.

후진 귀납법(Backwards Induction)

후진 귀납법은 각 게임 상태가 P-포지션인지 또는 N-포지션인지 판단하는 알고리즘이다. 그런디 게임이나 케일스 등 게임 상태의 경우의 수가 적은 게임은 이 알고리즘을 이용해 직접 손으로 각 게임 상태를 분석할 수 있지만 게임 상태의 경우의 수가 많은 경우에는 컴퓨터 프로그래밍을 통해 게임 상태를 분석할 수 있다. 실제 아홉 남자의 모리스, 자전거 고누, 도부츠쇼기 등 많은 게임이 프로그래밍으로 후진 귀납법을 구현해 게임의 필승전략을 분석했다. 체스에서는 후진 귀납법을 역행 해석(Retrograde Analysis)이라 부르기도 한다. 후진 귀납법은 다음과 같고, 이를 이용해 각 게임 상태가 P-포지션인지 또는 N-포지션인지 판단할 수 있다.

1) 모든 터미널 포지션은 P-포지션이다.
2) 어떤 게임 상태에서 한 번의 행동으로 P-포지션인 게임 상태로 갈 수 있다면 이 상태는 N-포지션이다.
3) 어떤 게임 상태에서 한 번의 행동으로 갈 수 있는 게임 상태가 N-포지션밖에 없다면 이 상태는 P-포지션이다.

수학게임 개념 마인드맵

다함께 수학게임에서는 50가지 수학게임을 각각 독립적으로 소개하려 노력하였습니다. 따라서 보통의 경우 순서에 상관없이 원하는 게임을 보면 됩니다. 하지만 일부 게임은 여러 가지 이유로 서로 관련이 되어 순서대로 보는 것이 좋습니다. 이때 반드시 순서대로 봐야 하는 경우가 있고 반드시 순서대로 봐야 하는 것은 아니지만 순서대로 보는 것을 추천하는 경우가 있습니다. 이 두 경우를 구별하기 위해 아래와 같이 다른 색의 화살표로 마인드맵을 표시하였습니다. 각 게임에 대해 알아볼 때 이 마인드맵을 참고하길 바랍니다.

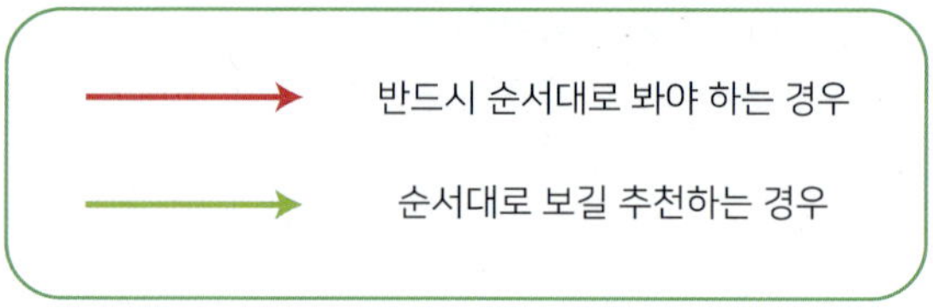

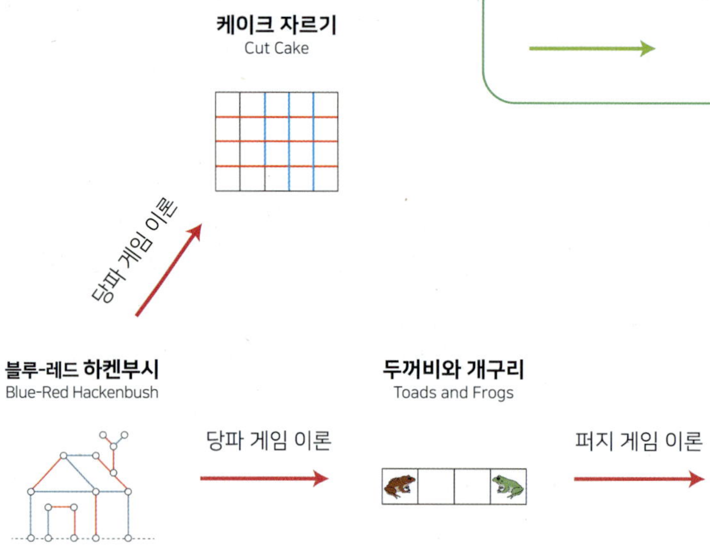

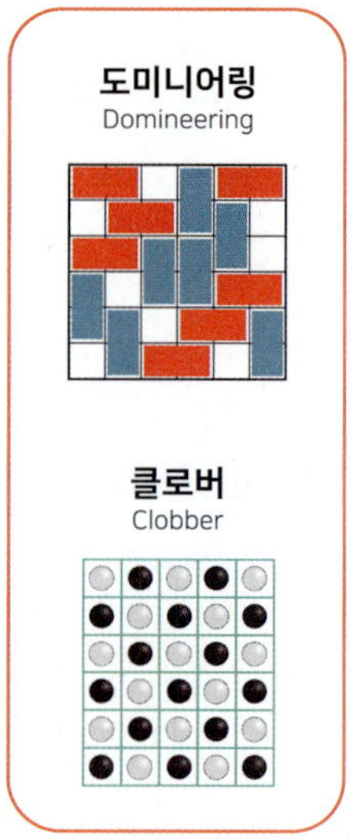

7장에서는 본격적으로 **당파 게임 이론**에 대해 소개합니다. 7장의 첫 번째 주제인 <블루-레드 하켄부시>에서 당파 게임 이론의 기초적인 내용을 소개하므로 7장의 나머지 주제를 보기 위해서는 <블루-레드 하켄부시>를 반드시 읽어야 합니다. 또한 <두꺼비와 개구리>에서 당파 게임 중 퍼지 게임에 대한 이론을 소개하고 있고 <도미니어링>과 <클로버>에서 퍼지 게임 이론을 이용해 게임 상태를 분석하기 때문에 <두꺼비와 개구리>를 읽어야 <도미니어링>과 <클로버>를 볼 수 있습니다.

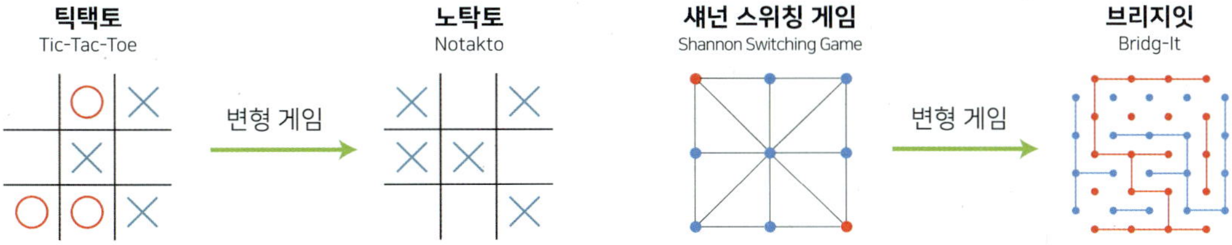

6장에서는 본격적으로 **공정 게임 이론**에 대해 소개합니다. 공정 게임 이론의 핵심은 스프라그-그런디 정리로 모든 공정 게임의 필승전략은 님 게임의 필승전략과 같다는 내용입니다. 따라서 <님>에서 소개하는 필승전략에 대한 이해가 필요합니다. 또한 <그런디 게임>에서 스프라그-그런디 정리를 소개하고 있으므로 이 내용을 이해해야 <케일스>나 <라스커의 님> 등 나머지 공정 게임에 대한 분석을 이해할 수 있습니다. <그런디 게임>에서 소개하는 후진 귀납법을 <아홉 남자의 모리스> 등에서 컴퓨터를 활용한 연구에 사용하는 경우가 있는데 반드시는 아니지만 <그런디 게임>을 먼저 읽으면 좋습니다.

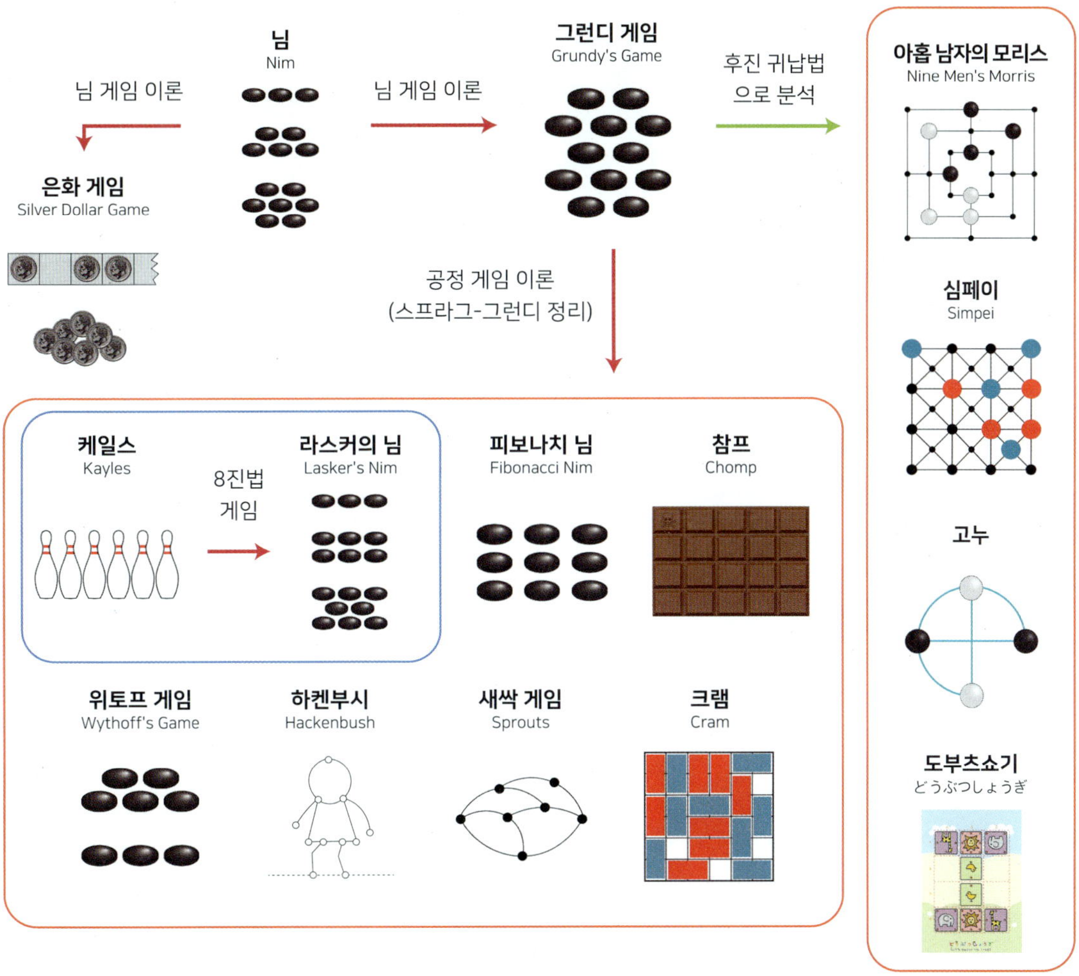

Chapter 05

상대방을 움직이지 못하게 막기 게임

어떤 게임을 할까요?

상대방을 움직이지 못하게 **막기 게임**

헥사폰 Hexapawn

유희 수학의 대가인 마틴 가드너(Martin Gardner)는 기계식 컴퓨터로 구현된 인공지능이 어떻게 게임을 할 수 있는지 보여주기 위해 간단한 게임을 만들었다. 이 게임이 바로 헥사폰(Hexapawn)이다. 헥사폰은 체스의 말 중 폰만을 이용해서 하는 게임으로 3 × 3 체크보드에서 진행된다.

게임에 필요한 도구

3 × 3 게임판, 흰색 폰 3개, 검은색 폰 3개

3 × 3 게임판

흰색 폰 3개

검은색 폰 3개

헥사폰은 체스의 말 중 폰(Pawn)을 이용하는 게임이지만 폰 대신 바둑돌이나 동전 등을 사용해도 된다. 게임판도 단순하므로 간단히 그려서 사용할 수 있다.

게임판 받기

05_막기 게임/헥사폰.pdf

게임 규칙

아래 그림처럼 흰색 폰과 검은색 폰을 배치하고 다음 규칙에 따라 게임을 진행한다.

1) 두 사람이 교대로 폰을 움직이고 흰색 폰을 사용하는 사람부터 시작한다.

2) 폰은 체스에서처럼 앞으로 한 칸 움직이거나 대각선 앞에 있는 상대방 폰을 잡을 수 있다.

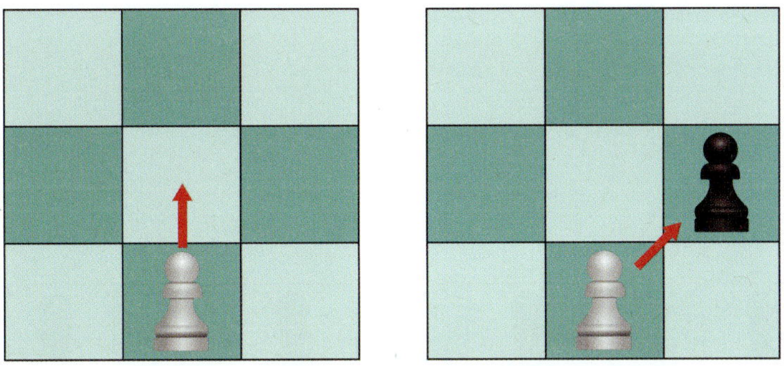

3) 폰 바로 앞에 다른 폰이 있으면 폰은 그 위치로 이동할 수 없다.

4) 상대방이 자신의 차례에 폰을 움직일 수 없거나 내 폰 중 하나가 게임판 끝에 도착하면 승리한다.

체스와 다르게 폰이 처음 움직일 때 앞으로 두 칸 이동할 수 없다. 이 점에 유의하면서 게임을 하자.

변형 게임

헥사폰의 변형 게임에 대해 알아보자.

옥토폰(Octopawn)

옥토폰은 4×4 체크보드에서 게임이 진행되며 흰색 폰과 검은색 폰을 각각 4개씩 사용한다. 기본적인 규칙은 헥사폰과 같다. 즉, 앞으로 한 칸 움직이거나 대각선 앞에 있는 상대방 말을 잡을 수 있고, 첫 번째 움직임에 앞으로 두 칸 이동하는 것은 허용되지 않는다. 상대방이 자신의 차례에 폰을 움직일 수 없거나 자신의 폰이 보드 끝에 도착하면 승리한다.

도슨의 체스(Dawson's Chess)

도슨의 체스는 $3 \times n$ 체크보드에서 게임이 진행되며 폰의 이동 규칙과 승리 규칙이 헥사폰과는 약간 다르다.

1) 폰은 체스에서처럼 앞으로 한 칸 움직이거나 대각선 앞에 있는 상대 폰을 잡을 수 있다. 다만 상대방 폰을 잡을 수 있는 상황이면 필수적으로 상대방 폰을 잡아야 한다.
2) 폰 바로 앞에 다른 폰이 있으면 폰은 그 위치로 이동할 수 없다.
3) 마지막으로 폰을 움직인 사람이 승리한다.

필승전략

헥사폰은 경우가 간단하여 필승전략을 쉽게 분석할 수 있다. 흰색 폰이 게임을 시작할 때 대칭성을 생각하면 흰색 폰이 첫수에 움직일 수 있는 경우는 아래 두 가지이다.

그림1 흰색 폰이 이동할 수 있는 두 가지 경우

그림1 의 왼쪽의 경우 그림2와 같은 진행이 가능해 검은색 폰의 승리로 끝난다.

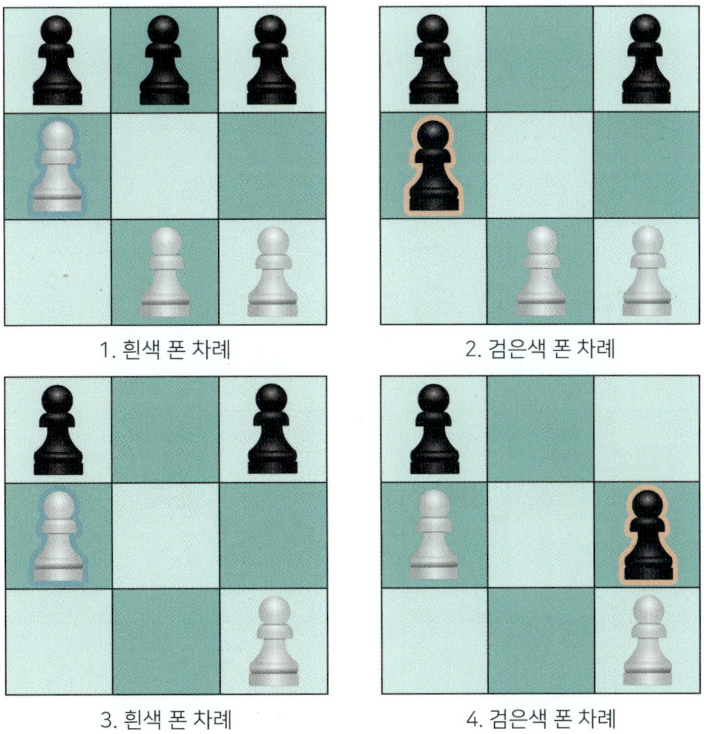

그림2 흰색 폰이 왼쪽 폰을 첫수로 뒀을 때 검은색 폰의 승리 과정

다음으로 그림1의 오른쪽 경우를 생각해 보자. 아래 그림처럼 검은색 폰이 흰색 폰을 잡으면 흰색 폰은 (1)과 (2) 두 가지로 대응할 수 있다.

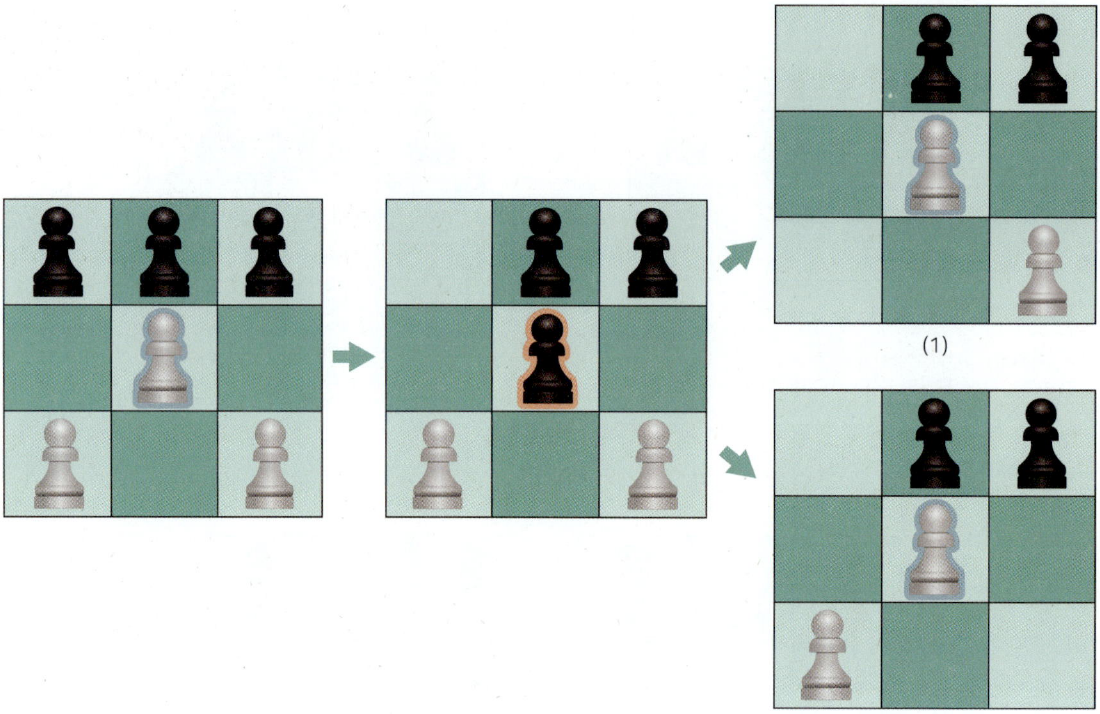

(1)

(2)

(1)의 경우 아래 그림처럼 오른쪽 검은색 폰이 한 칸 앞으로 오면 검은색 폰의 승리로 끝난다.

(1)의 경우

검은색 폰 차례

(2)의 경우 아래 그림과 같은 진행이 가능하고 보드 끝에 먼저 도착하기 위한 폰 경주를 하며 검은색 폰의 승리로 끝난다.

(2)의 경우

1. 검은색 폰 차례

2. 흰색 폰 차례

3. 검은색 폰 차례

따라서 두 사람이 최선의 수로 게임을 한다면 검은색 폰이 승리한다.

헥사폰과 인공지능

마틴 가드너(Martin Gardner)는 기계식 컴퓨터에서 구현된 인공지능이 어떻게 게임을 할 수 있는지 보여주기 위해 헥사폰을 만들었다. 가드너는 'Hexapawn Educable Robot'의 약자로 'HER'이라는 이름의 기계식 헥사폰 인공지능 컴퓨터를 고안했고 이 컴퓨터를 만들기 위해서는 24개의 성냥갑과 색구슬이 필요하다.

사람과 HER이 경기를 진행한다고 할 때 사람이 먼저 게임을 하고 HER이 두 번째로 시작한다고 하자. 이때 게임이 어떻게 진행되든 일곱 턴 안에 게임이 끝나게 된다. 그리고 사람은 첫 번째, 세 번

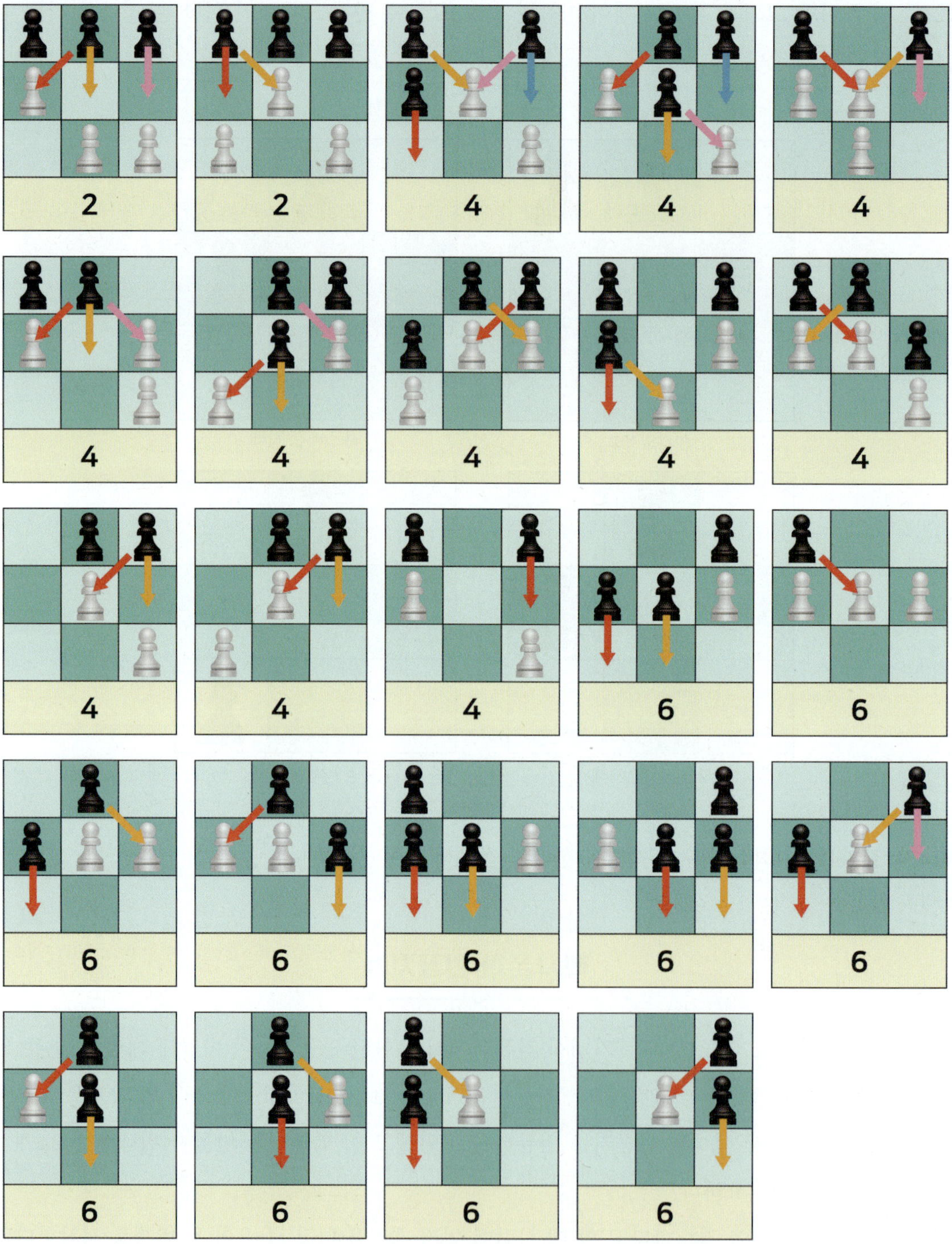

그림3 헥사폰 인공지능이 이동을 선택하게 되는 24 가지 게임 상황

째, 다섯 번째, 일곱 번째 턴에 게임을 하고 HER은 두 번째, 네 번째, 여섯 번째 턴에 게임을 한다.

사람이 첫수에 선택할 수 있는 행동은 세 가지이지만 대칭성을 생각하면 왼쪽 폰을 움직이는 경우와 오른쪽 폰을 움직이는 경우는 이후 진행이 사실상 같다는 것을 알 수 있다. 따라서 이 중 한 가지만 생각해도 문제가 없다. 또한 사람이 첫수에 가운데 폰을 움직인 경우(그림3에서 두 번째 게임판) HER의 가능한 대응은 네 가지이지만 대칭적인 형태라 그중 두 가지만 생각해도 문제가 없다. 이후에는 사람이 할 수 있는 행동과 HER이 할 수 있는 행동을 모두 고려하면 HER이 게임을 할 때 가능한 모든 게임 상태는 그림3과 같이 24가지이다. 각 그림에서 화살표는 HER의 가능한 움직임을 나타낸 것이고 이 화살표는 모두 다른 색으로 되어 있다.

또한 각 그림에서 아래 있는 숫자는 HER의 게임 순서를 나타낸다. 즉, 2로 표시된 것은 두 번째 턴에 게임을 하는 것이고 4로 표시된 것은 네 번째 턴에 게임을 하는 것이며 6으로 표시된 것은 여섯 번째 턴에 게임을 하는 것이다. 이 그림을 통해 두 번째 턴에서 가능한 게임 상황은 2가지, 네 번째 턴과 여섯 번째 턴에서 가능한 게임 상황은 각각 11가지임을 알 수 있다.

HER을 제작하는 것은 생각보다 간단하다. 처음에 해야 할 일은 그림3의 24가지 그림을 24개의 성냥갑에 각각 붙이는 것이다. 다음에 이 성냥갑에 구슬을 넣는데 각 그림에서 HER의 가능한 움직임을 나타낸 화살표의 색에 맞게 구슬을 넣는다. 예를 들어 그림3의 첫 번째 그림이라면 빨간색, 주황색, 분홍색 화살표가 있으므로 이를 붙인 성냥갑에는 빨간색과 주황색과 분홍색 구슬을 넣도록 한다. 두 번째 그림이라면 빨간색과 주황색 화살표가 있으니 빨간색과 주황색 구슬을 넣도록 한다. 이렇게 24개의 성냥갑에 24가지 게임 상황 그림을 붙이고 HER의 가능한 움직임에 맞는 구슬을 넣으면 HER이 완성된다.

헥사폰의 규칙을 모르는 HER이 어떻게 게임을 배우고 실력을 높일 수 있을까? 처음에 HER은 각 게임 상황에서 아무 전략 없이 가능한 움직임 중 임의로 하나를 선택해 움직일 것이므로 바보 같은 행동을 반복해서 하는 것으로 보일 수 있다. 하지만 훈련과 시행착오를 반복하면 HER은 강력한 헥사폰 선수가 될 수 있다.

HER을 훈련시키는 과정을 알아보자. 먼저 HER이 할 차례가 되면 게임 상황에 맞는 성냥갑을 찾아 들도록 한다. 다음에 성냥갑을 흔들고, 눈을 감은 뒤 성냥갑의 서랍을 열어 구슬을 하나 꺼낸다. 이후 눈을 떠 구슬의 색을 확인하고 구슬 색과 같은 화살표대로 HER의 움직임을 결정한다. 꺼낸 구슬은 한쪽에 따로 보관한다. 그리고 게임이 끝날 때까지 이 과정을 반복한다.

HER의 승리로 끝난다면 각 턴에서 빼놓았던 구슬을 원래 성냥갑에 다시 넣는다. 만약 HER이 패배하면 마지막 턴에 빼놓았던 구슬을 제외하고 나머지 구슬을 원래 성냥갑에 다시 넣는다. 즉, 마지막 턴에서 선택한 구슬만 제거하는 것이다. 반복해서 게임을 진행하다 구슬이 없는 성냥갑을 선택하게 된다면 그대로 게임은 종료되고 이 이전 턴에 빼놓았던 구슬을 제외하고 나머지 구슬만 원래 성냥갑에 다시 넣도록 한다. 즉, 빈 성냥갑을 선택하기 이전 턴에 선택한 구슬만 제거하는 것이다.

마틴 가드너가 이 훈련법에 따라 HER을 훈련시킨 결과 36번의 게임까지 11번의 패배를 한 후 이후 경기부터는 완벽한 경기를 치렀다고 한다. 그림4는 이 훈련 결과에 대한 그래프로 승리한 경우 1점을 얻고 패배한 경우 1점을 잃는 것으로 점수를 계산한 것이다. 1960년대에 오늘날과 같은 게임 인공지능을 고안하고 실험했다는 것은 상당히 놀라운 일이다.

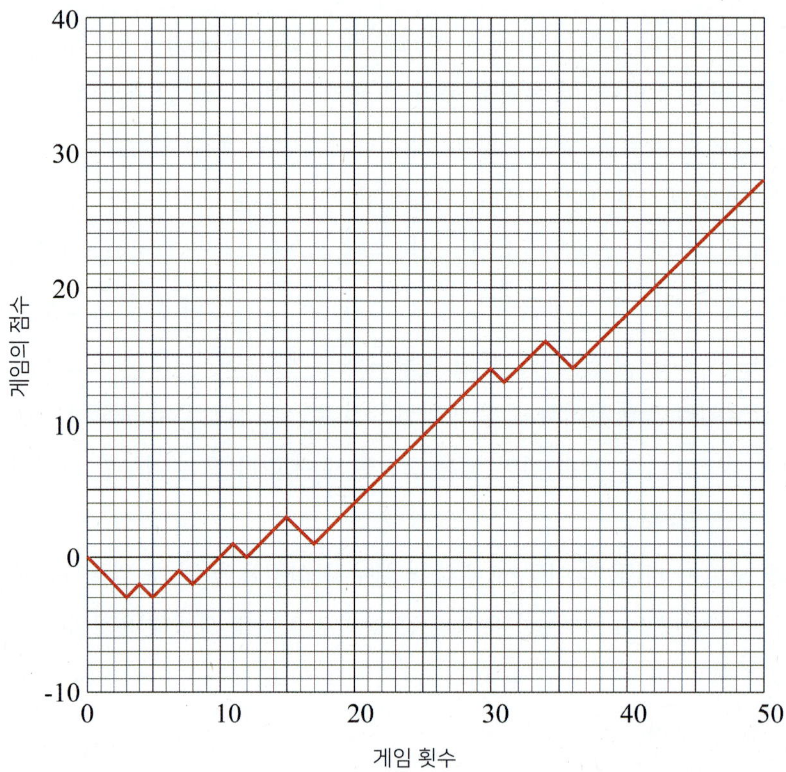

그림4 기계식 헥사폰 인공지능 컴퓨터 HER의 훈련 결과에 대한 그래프

이렇게 성냥갑을 이용해 강화학습을 할 수 있는 기계식 인공지능 컴퓨터를 처음 고안한 것은 영국의 인공지능 연구원 도널드 미치(Donald Michie)이다. 그는 1961년 틱택토를 할 수 있는 기계식 인공지능 로봇을 만들었는데 'Matchbox Educable Noughts and Crosses Engine'의 약자로

'MENACE'라는 이름을 붙였다. 그는 이러한 형태의 기계가 불가능하다고 생각한 동료 컴퓨터 과학자와의 내기를 통해 이런 기계식 컴퓨터를 구상했다고 한다.

MENACE는 약 304개의 성냥갑으로 되어 있다. HER과 마찬가지로 각 성냥갑에는 게임 상태를 나타내는 그림이 붙어 있고 성냥갑 안에는 MENACE가 선택할 수 있는 움직임을 나타내는 구슬이 있다. 틱택토는 게임 진행에 따라 승리하는 경우와 패배하는 경우 그리고 무승부가 있어 각 상황에 따라 '보상'과 '처벌'이 이루어지도록 도널드 미치는 MENACE의 훈련 과정을 설계하였다.

헥사폰 인공지능 컴퓨터 HER과 마찬가지로 훈련을 진행할 때 각 게임 상태가 붙어있는 성냥갑에서 MENACE가 선택한 행동에 대한 구슬을 빼놓게 된다. 그리고 게임에서 승리하면 각 턴에서 빼놓았던 구슬과 같은 색상의 구슬 3개를 원래 성냥갑에 다시 넣는다. 만약 게임에서 패배하면 빼놓았던 구슬을 원래 상자에 돌려놓지 않는다. 무승부가 나오면 각 턴에서 빼놓았던 구슬을 원래 상자에 돌려놓는다. 이렇게 행동에 따라 보상과 처벌을 받으며 MENACE는 틱택토를 학습하게 된다. 성냥갑을 활용한 이 획기적인 아이디어는 많은 사람에게 호평을 받았고 MENACE는 틱택토를 학습할 수 있는 최초의 인공지능 프로그램 중 하나로 인정받고 있다.

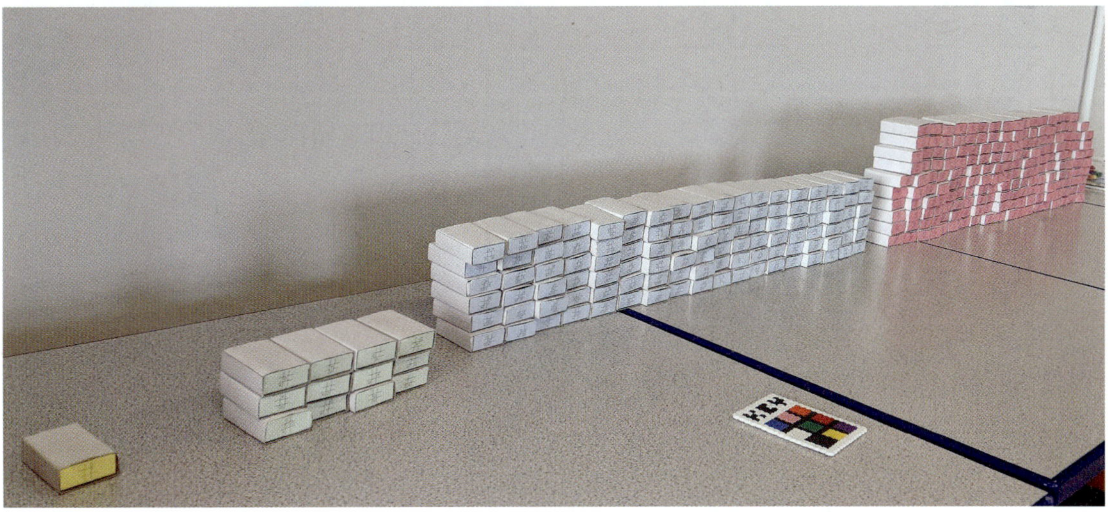

그림5 기계식 틱택토 인공지능 컴퓨터 MENACE

상대방을 움직이지 못하게 **막기 게임**

토끼 게임 Hare Games

토끼 게임은 토끼를 사냥하려는 세 마리의 사냥개와 사냥개를 피해 탈출하려는 토끼가 대결하는 게임이다. 여러 국가에서 다양한 이름으로 불리며 유행하였고, 게임판의 모양도 조금씩 다르게 변형되어 사용되었다.

게임에 필요한 도구

게임판, 토끼 말 1개, 사냥개 말 3개

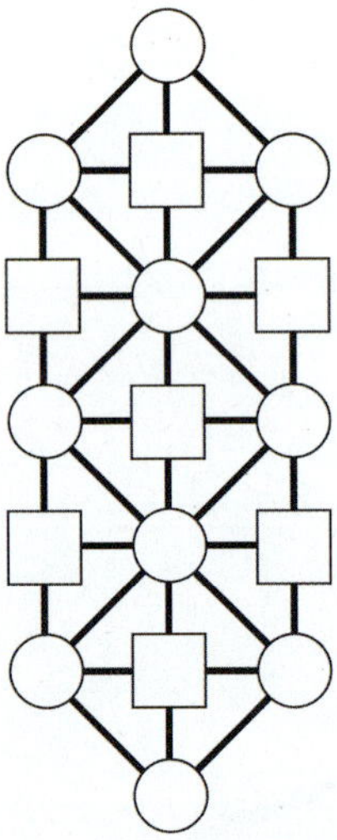

토끼 게임판

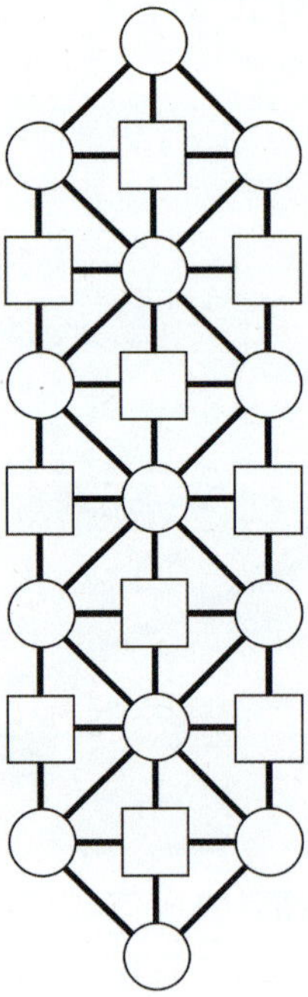

큰 토끼 게임판

작은 토끼 게임판

사냥개 말 3개

토끼 말 1개

게임판 받기

05_막기 게임/토끼 게임.pdf

게임 규칙

아래 그림처럼 사냥개는 보드의 한쪽 끝에 배치하고, 토끼는 게임판 중앙이나 반대편 끝에 배치한다. 아래 오른쪽 그림에 표시된 위치를 빼고 게임판의 빈 지점 중 원하는 곳에 토끼를 배치해도 된다. 배치가 끝나면 다음과 같은 규칙에 따라 게임을 진행한다.

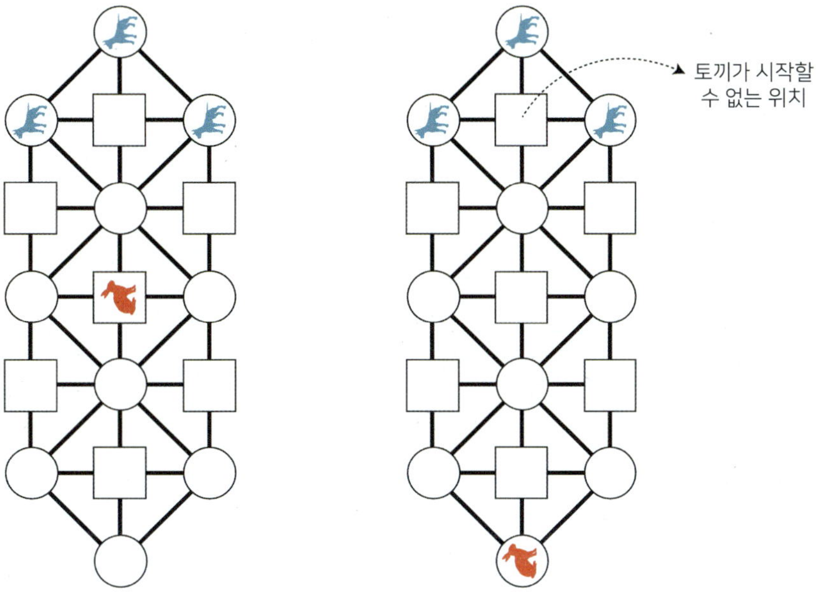

1) 두 사람이 각각 동물을 선택하고, 어떤 동물이 먼저 시작할지 결정한다.
2) 두 사람은 교대로 자신의 말을 이동한다.
3) 사냥개는 앞, 대각선 앞, 옆으로 한 칸만 이동할 수 있으며 뒤로는 이동할 수 없다. 자신의 차례에 한 마리의 사냥개만 이동할 수 있다.
4) 토끼는 연결된 선을 따라 어느 방향이든 한 칸 이동할 수 있다.
5) 사냥개가 토끼를 둘러싸고 토끼 차례에 토끼가 움직이지 못하면 사냥개가 승리한다. 토끼가 세 마리의 사냥개를 통과하거나 게임판의 반대편 끝에 도착하면 토끼가 승리한다. 사냥개가 10번 연속으로 전진하지 않을 경우에도 토끼의 승리로 끝난다.

큰 토끼 게임판이나 작은 토끼 게임판에서도 같은 규칙이 적용된다.

게임의 역사

토끼 게임은 19세기까지 중세 북유럽에서 인기가 있었던 2인 추상 전략 보드 게임이며 나라별로 몇 개의 다른 게임판이 사용되었다. 사각형 내부에 대각선과 직교하는 선이 그려지고, 양 끝에 삼각형이 있는 게임판이 가장 널리 쓰였고, 덴마크에서는 곡선 형태의 게임판을 사용했으며 라트비아에서는 또 다른 형태의 게임판이 발견되었다.

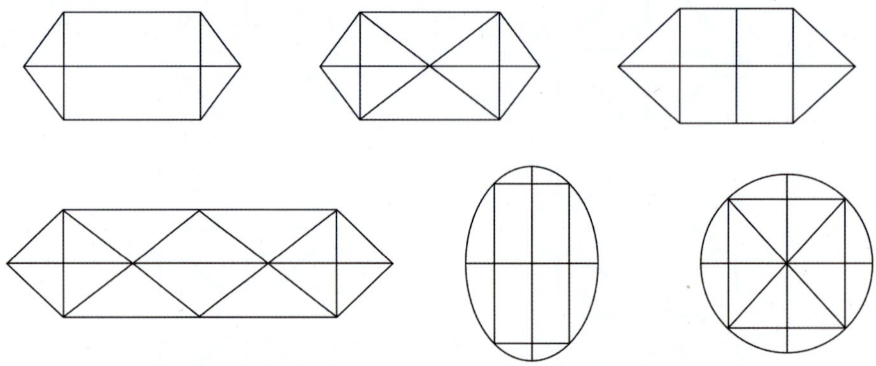

유럽에서 사용된 다양한 형태의 토끼 게임 게임판

토끼 게임은 여러 가지 다른 이름으로 불리기도 했는데, 19세기 프랑스 군인들 사이에서 유행했던 토끼 게임은 '군인게임(The Soldiers Game)'이라고 불렸고, 그 외에도 토끼와 사냥개, 프랑스 군사 게임, 난쟁이 게임, 재단사 사이의 악마, 트레볼파(Trevolpa), 볼팔레덴(Volpalejden) 등으로 불렸다.

게임 전략

토끼 게임의 전략을 알아보자.

위치 분류하기

게임판에서 말이 놓일 수 있는 위치를 그림1과 같이 A, B, C로 분류할 수 있다. A는 게임판의 가운뎃줄에 있는 칸 중 말이 대각선 방향으로 이동할 수 있는 곳이다. B는 게임판의 왼쪽 줄과 오

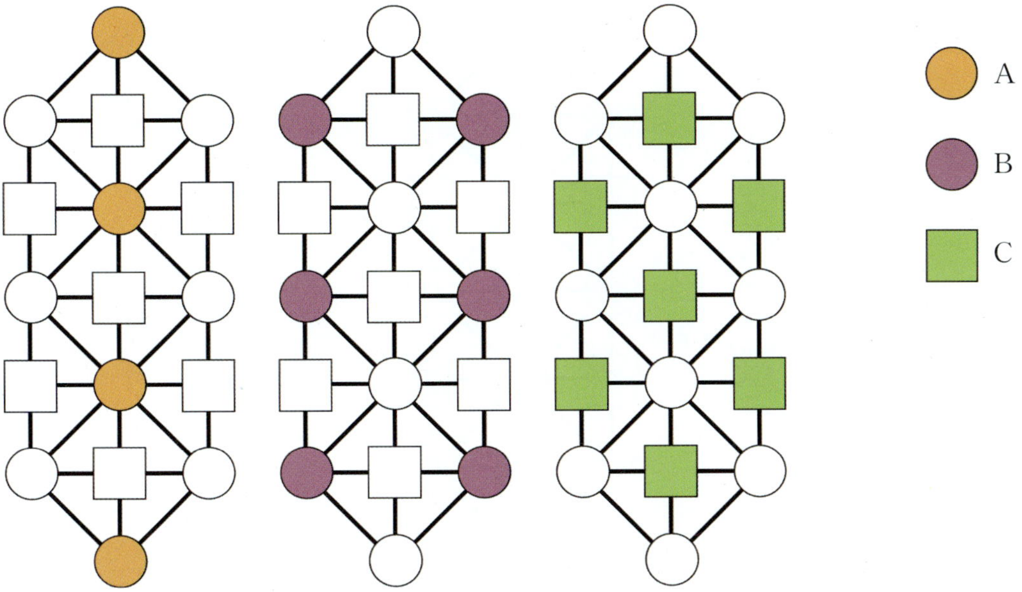

그림 1 토끼 게임판에서 위치 분류하기

른쪽 줄에 있는 칸 중 말이 대각선 방향으로 이동할 수 있는 곳이다. C는 말이 대각선 방향으로 이동할 수 없고 위, 아래 또는 좌, 우로만 이동할 수 있는 곳이다. 이제 다음과 같은 규칙으로 각 위치에 수를 대응시킨다.

1) A : 맨 아래 칸은 −1로 시작하고 한 칸씩 올라갈 때마다 3씩 커지게 수를 대응시킨다. 대응된 수는 3으로 나눴을 때 나머지가 2이다.
2) B : 맨 아래 칸은 0으로 시작하고 한 칸씩 올라갈 때마다 3씩 커진다. 대응된 수는 3으로 나눴을 때 나머지가 0이다. 왼쪽 줄은 숫자 옆에 L을, 오른쪽 줄은 숫자 옆에 R을 붙인다.
3) C : 각 줄의 맨 아래 칸은 1로 시작하고 한 칸씩 올라갈 때마다 3씩 커진다. 대응된 수는 3으로 나눴을 때 나머지가 1이다. 이때 왼쪽 줄은 숫자 옆에 L을, 가운뎃줄은 숫자 옆에 M을, 오른쪽 줄은 숫자 옆에 R을 붙인다. C그룹에서는 같은 수가 V자 형태로 위치하게 된다.

그림2는 게임판의 각 위치에 수를 대응시킨 것이다. 그림 2를 보면 이웃한 두 칸에 적힌 수의 차는 항상 1 또는 2임을 알 수 있다. 토끼 게임에서 네 마리의 동물이 위치한 칸에 적힌 수의 합이 중요하며 이것을 **위치합**이라 한다. 동물들이 움직일 때마다 위치합은 1 또는 2만큼 커지거나 작아진다.

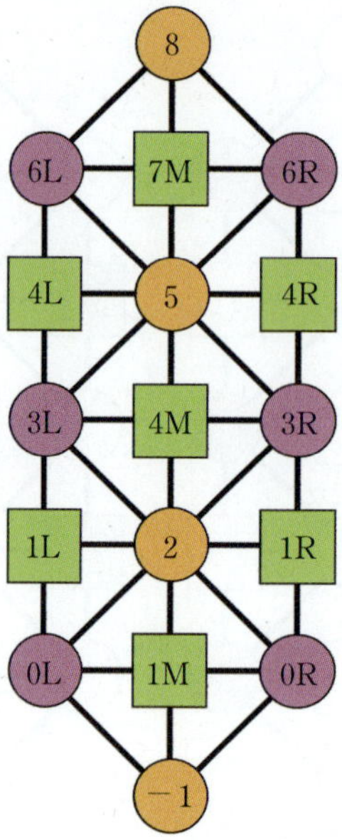

그림2 게임판에서 각 위치에 대응되는 수

만약 사냥개가 토끼를 맨 아래 칸으로 몰아서 사냥에 성공하면 사냥개의 위치는 0, 1, 0이며 토끼는 −1이 되어 위치합은 0이 된다. 만약 사냥개가 토끼를 게임판 한쪽 벽(1L)으로 몰게 되면 사냥개의 위치는 3, 2, 0이며 토끼는 1이 되어 위치합은 6이 된다. 이 두 경우가 아니더라도 사냥개가 토끼를 몰게 되면 위치합은 항상 3으로 나누어떨어진다. 즉 위치합이 3의 배수가 된다.

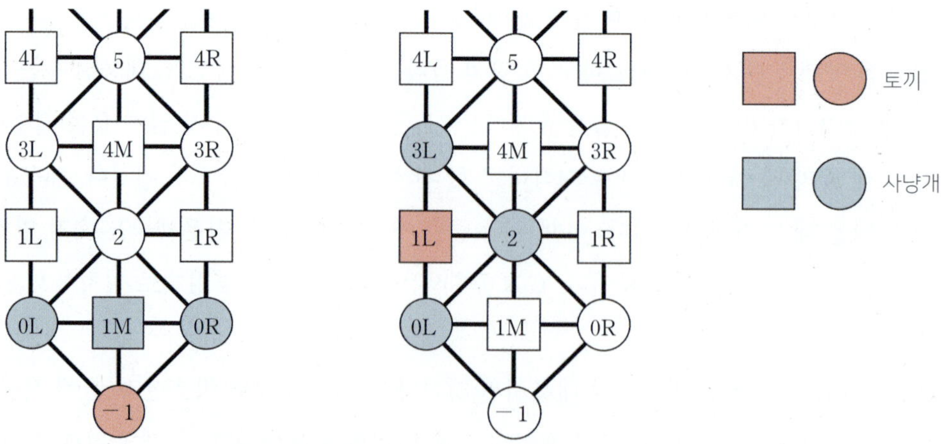

그림3 사냥개가 토끼를 몰아 사냥에 성공한 경우의 위치합

3의 배수 유지 전략 (유리한 위치 전략)

사냥개에게 가장 좋은 전략은 위치합이 3의 배수가 되도록 움직이는 것이다. 토끼가 움직이면서 위치합이 바뀌더라도 다시 사냥개를 움직여 위치합이 3의 배수가 되도록 한다면 사냥개는 높은 승률을 보장받을 수 있다. 위치합이 3의 배수가 되는 위치를 **유리한 위치**라 하고, 자신의 차례에서 위치합이 3의 배수가 되도록 움직이는 것을 **유리한 위치 전략**이라 한다. 작은 토끼 게임판에서 각 위치에 대응되는 수는 토끼 게임판처럼 생각할 수 있다. 이때 사냥개는 5, 3L, 3R에서 출발하고 토끼는 −1에서 출발하며 사냥개가 먼저 움직인다고 하자. 이 경우에 대한 진행 예시와 그때의 위치합은 그림4와 같다. 처음 그림은 사냥개가 한 번 움직인 그림이고 이후부터는 토끼 한 번, 사냥개 한 번 움직인 그림이다. 유리한 위치 전략을 활용해 사냥개가 이겼음을 알 수 있다.

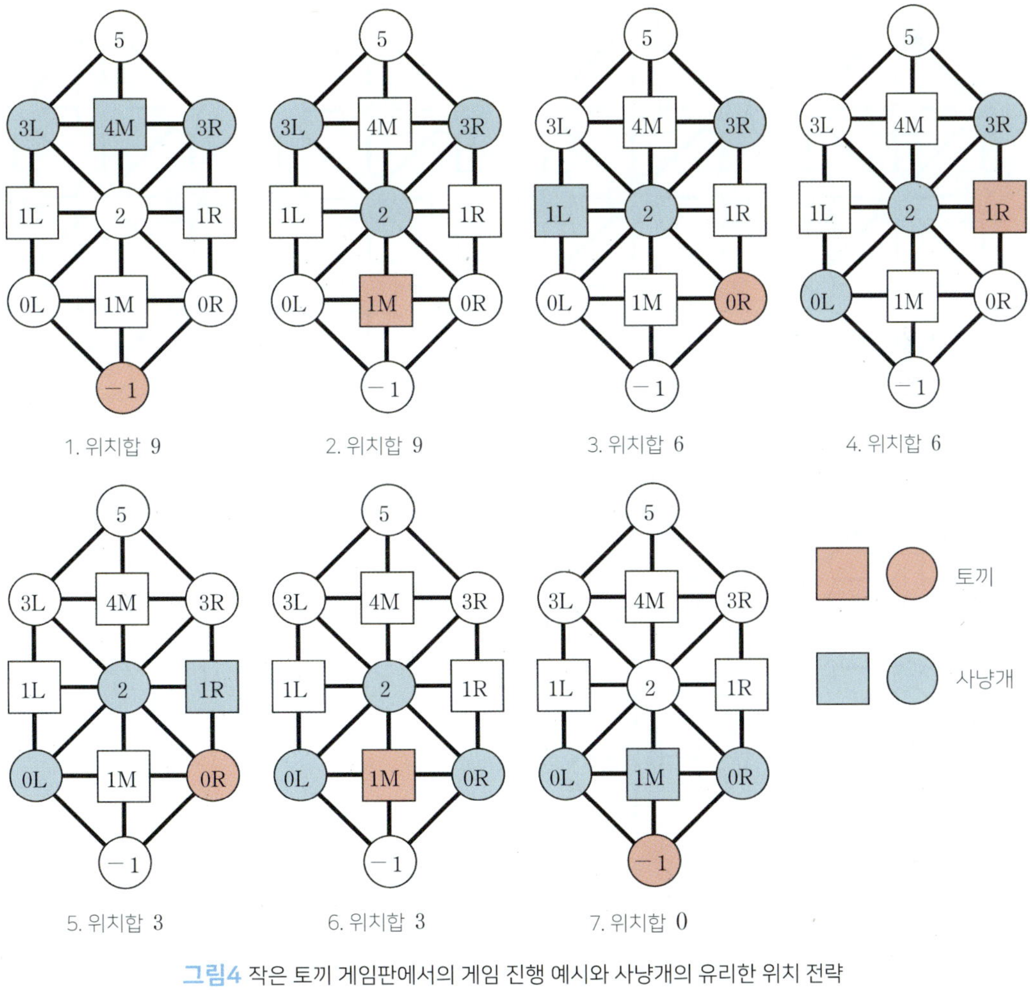

그림4 작은 토끼 게임판에서의 게임 진행 예시와 사냥개의 유리한 위치 전략

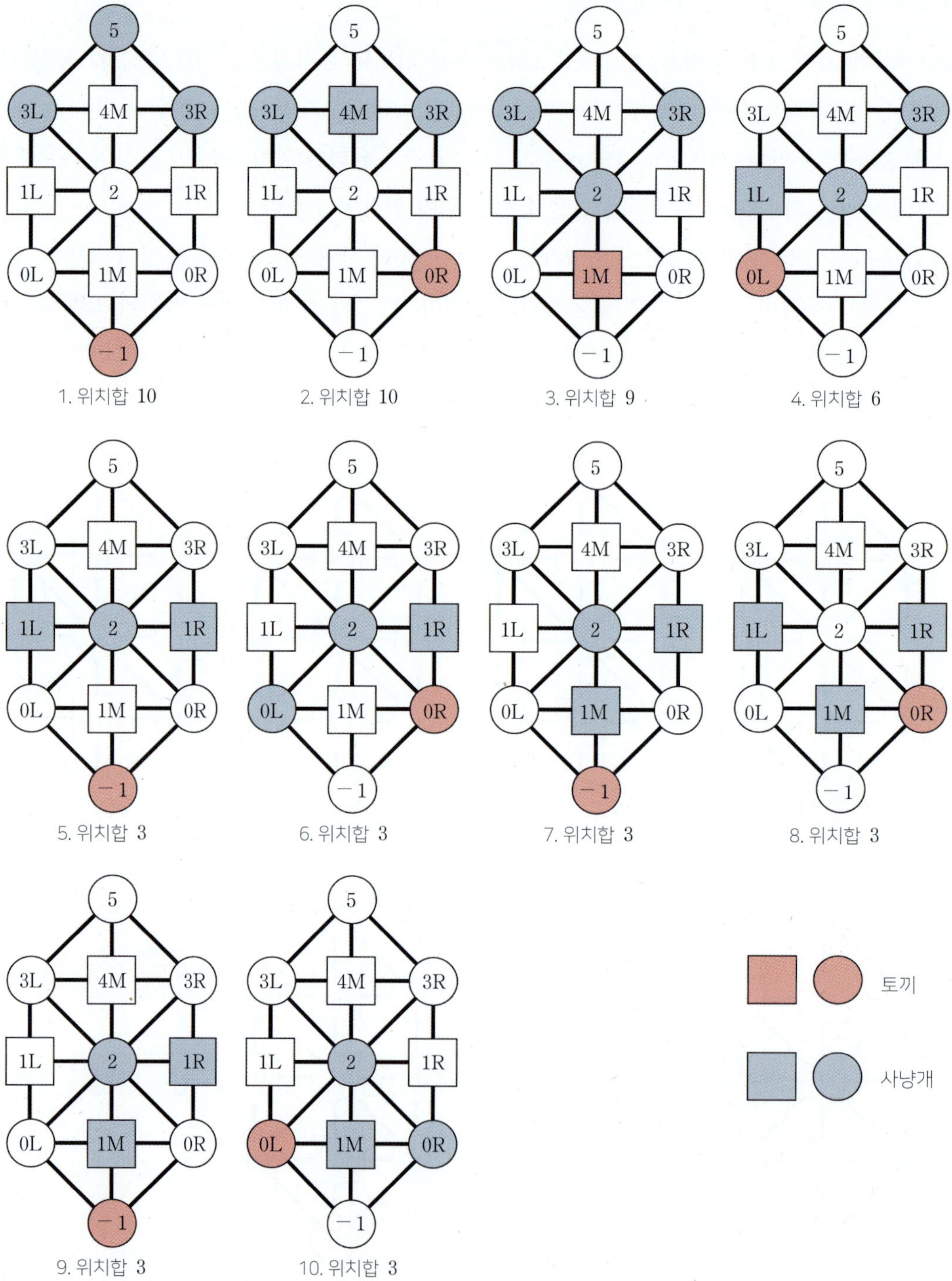

그림5 작은 토끼 게임판에서의 게임 진행 예시와 토끼의 유리한 위치 전략

토끼가 포위당하기 싫다면 사냥개가 위치합이 3의 배수가 되는 위치로 움직이는 것을 방해해야 한다. 토끼가 사냥을 당하지 않는 가장 좋은 방법은 어떤 사냥개가 위치합이 3의 배수가 아닌 곳으로 움직였을 때 토끼가 자신의 차례에서 위치합이 3의 배수가 되도록 움직이는 것이다.

그림5를 살펴보자. 처음 그림은 게임을 시작할 때 말의 배치에 대한 그림이고 이후부터는 사냥개 한 번, 토끼 한 번 움직이고 있다. 이 경기에서 사냥개는 자신의 두 번째 순서에서 4M에서 2로 이동하며 위치합을 8로 만들었고 이때 토끼의 위치는 0R이다. 그 이후로 토끼는 1M으로 이동해 위치합을 9로 만들었고 매번 자신의 차례에 위치합을 3의 배수로 만들며 탈출에 성공했다. 사냥개든 토끼든 자신의 차례에서 위치합이 3의 배수가 되도록 움직이면 유리한 위치를 차지할 수 있다. 유리한 위치 전략은 양쪽 모두에게 유용한 것이다. 그러나 토끼가 도망치지 못하게 하기 위하여 사냥개가 유리한 위치를 유지하지 못하는 경우도 있고 토끼도 사냥개가 막아서고 있어서 유리한 위치를 잃어버릴 수도 있다.

토끼의 탈출과 자유

토끼가 두 마리의 사냥개를 이미 지나쳤거나 지나가고 있는 경우 **탈출**(escape)에 성공한 것이다. (단, 토끼가 C그룹에 있고 사냥개가 이웃하고 있는 A, B그룹으로 바로 이동할 수 있는 경우는 예외이다.) 아래 그림은 토끼가 탈출에 성공한 예시를 보여준다.

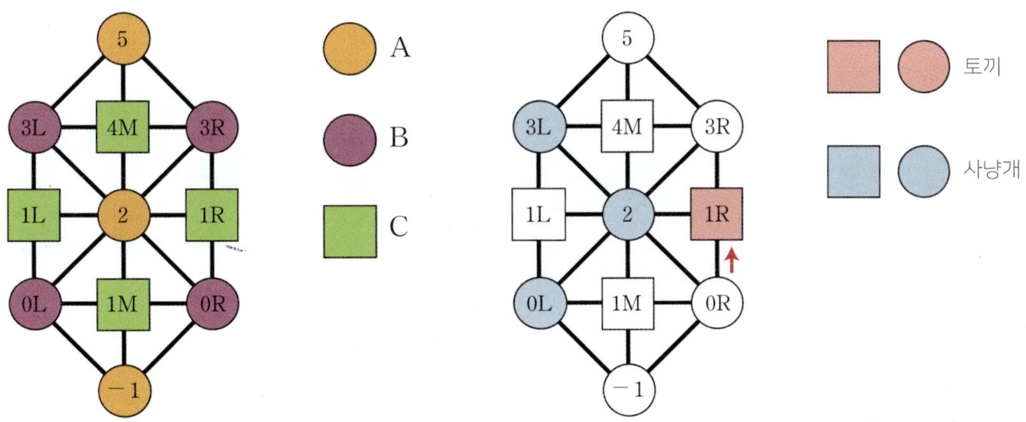

토끼는 사냥개 한 마리를 이미 지나쳤고, 한 마리를 지나가고 있는 경우이다. 3L 또는 2에 위치한 사냥개는 전진하려는 토끼를 막을 수 없고, 다음 차례에 토끼는 3R로 이동하며 사실상 승리하게 된다.

그렇다면 아래 그림에서 토끼는 탈출에 성공한 것일까?

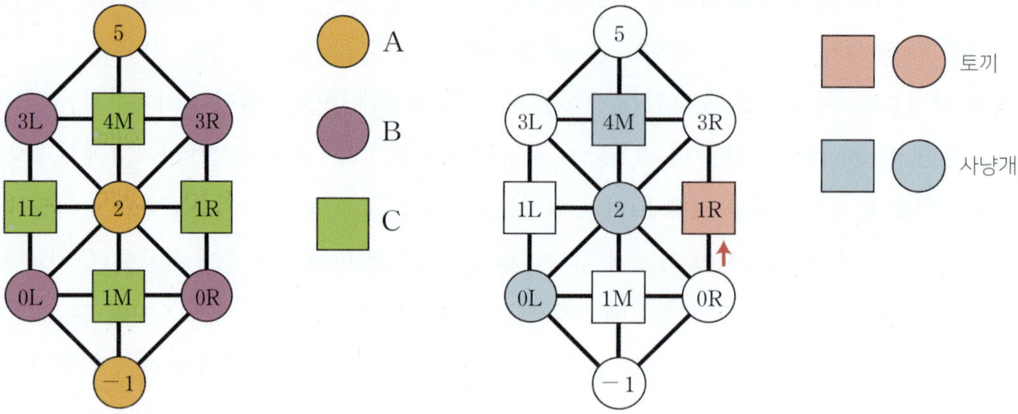

이 경우는 토끼가 C그룹에 있고 사냥개가 이웃하고 있는 A, B그룹으로 바로 이동할 수 있는 예외 경우를 보여준다. 실제로 4M에 위치한 사냥개가 3R로 이동하며 토끼의 전진을 막으면 토끼는 후진할 수밖에 없으므로 탈출에 실패한 것이다.

토끼가 비록 탈출하지 못한 경우라도, 사냥개가 토끼를 물러서지 못하게 하는 경우라면 토끼는 **자유(Free)** 상태이다. 이런 경우는 토끼가 C그룹에 있지 않으면서 한 마리의 사냥개를 지나가고 있는 경우이거나, 토끼가 A그룹에 있으면서 최소한 한 마리의 사냥개를 지나친 상황이다. 그림6은 토끼가 자유 상태인 예시이다.

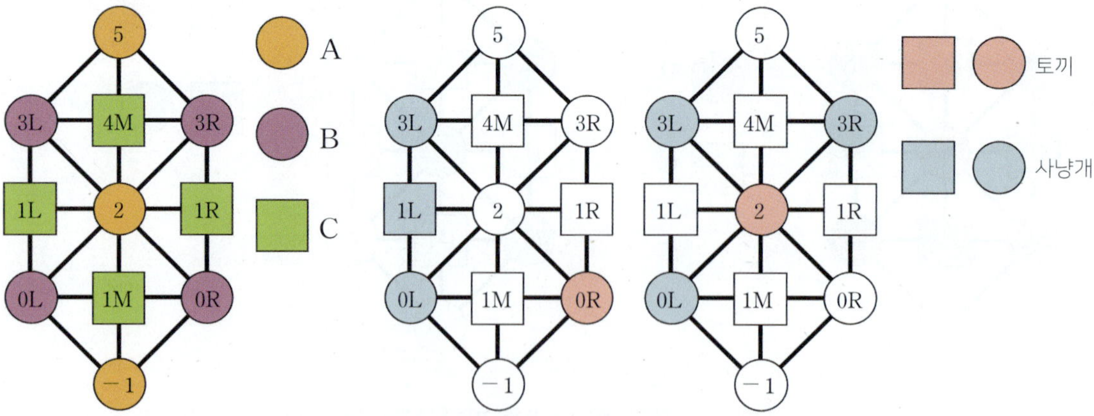

그림6 토끼가 자유의 상태를 얻은 경우

토끼가 게임에서 승리하기 위해 탈출하거나 자유를 얻는 것이 중요하다.

3의 배수 전략 버리기

안타깝게도 3의 배수 유지 전략이 항상 승리를 보장해 주지는 않는다. 자신의 차례에서 위치합이 3의 배수가 되도록 이동하더라도 게임에서 패배하는 상황이 생길 수 있다는 말이다.

아래와 같은 게임 상황을 생각해 보자. 토끼가 −1에 있을 때 사냥개가 4M, 2, 1R에 위치하면 위치합은 3의 배수가 되어 사냥개에게 유리한 위치이다. 그러나 다음 차례에서 토끼가 1M으로 이동하면 토끼가 승리하며 끝난다는 것이 알려져 있다. 이 상황에서 사냥개가 지게 되는 이유는 사냥개가 오로지 유리한 위치를 유지하기 위해 토끼가 탈출하는 것을 막지 못했기 때문이다.

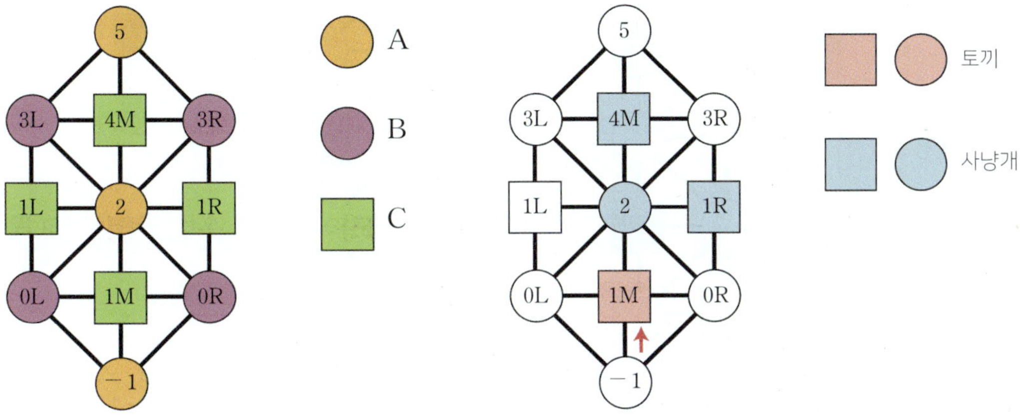

다음의 경우도 살펴보자. 사냥개가 5, 4M, 2에 있을 때 토끼가 1L로 움직이면 위치합은 3의 배수가 되어 토끼에게 유리한 위치이다. 그러나 4M에 있던 사냥개가 3L로 이동하면 토끼는 0L로 내려올 수밖에 없고 그 결과 토끼는 유리한 위치를 잃고 게임에 지게 된다.

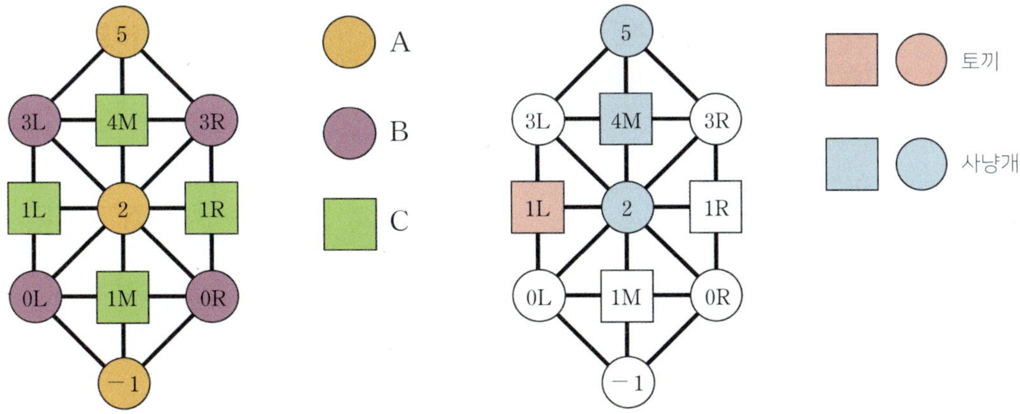

이러한 예외적인 경우는 C그룹의 가운뎃줄과 양 옆(왼쪽, 오른쪽) 줄의 차이로부터 생긴다. C그룹 중 가운데 있는 줄은 네 방향으로 이동할 수 있지만, 왼쪽 줄 또는 오른쪽 줄은 세 방향으로만 이동이 가능하므로 가운뎃줄에 있는 경우보다 이동할 때 선택의 폭이 더 좁다. 이를 구분하기 위해 C그룹 중 가운뎃줄에 있는 곳은 S(Strong), 왼쪽과 오른쪽 줄에 있는 곳은 W(Weak)라 하자.

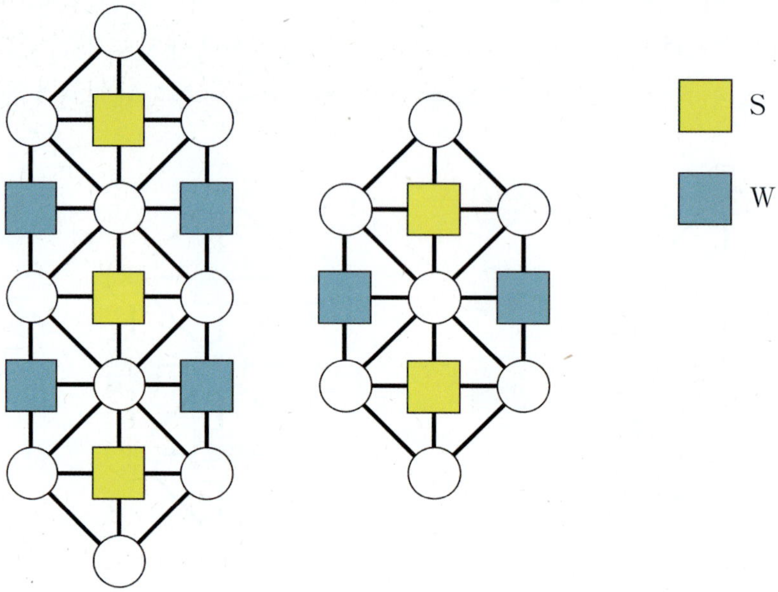

반 무한(Half Infinite) 게임판에서의 토끼의 전략

일반적인 토끼 게임에서는 가운데 맨 아래 칸인 －1의 위치에서는 위 또는 대각선 위로 움직이는 것만 가능하다. 토끼의 전략을 살펴보기 위해 다음과 같은 게임판을 생각해 보자. 그림7과 같이 －1에서 좌우로 이동할 수 있도록 －2L과 －2R이 존재하고, 반대편 방향으로는 무한의 게임판이 그려질 수 있는 게임판이다. 맨 아랫줄은 －2L, －1, －2R로 막혀있고, 게임판의 위쪽은 무한히 그려지는 **반 무한(Half Infinite) 게임판**을 떠올리면 된다.

사냥개 중 두 마리가 0L, 0R에 있고, 나머지 한 마리는 한 번의 이동으로 2로 움직일 수 있는 위치(1L, 1R, 3L, 3R, 4M)에 있으면서 토끼가 －1에 있는 경우를 **불리한 토끼 위치**라고 한다. 이 경우는 토끼가 질 수밖에 없다. 왜냐하면 토끼가 한 칸 움직였을 때 0L, 0R에 있지 않은 나머지 사냥개가 2로 이동한다면, 이 경우 토끼가 이동할 수 있는 곳은 －1뿐이므로 다시 －1로 이동해야 하

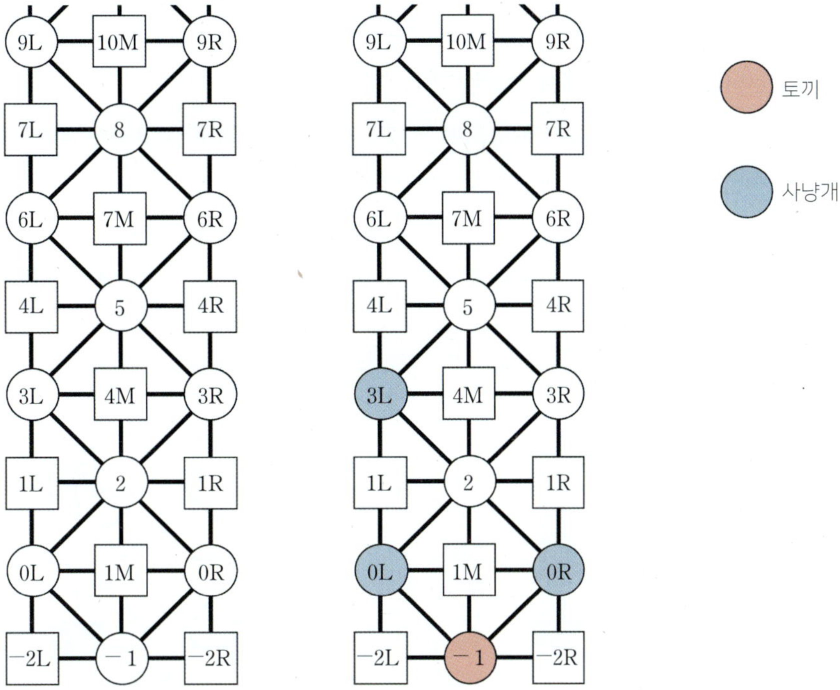

그림7 반 무한 게임판(왼쪽)과 불리한 토끼의 위치(오른쪽)

기 때문이다. 2에 있던 사냥개는 1M을 차지하고 토끼가 −2L이나 −2R로 이동하면 사냥개에게 포위되고 만다.

하지만 토끼가 불리한 토끼 위치만 피할 수 있다면 반 무한 게임판에서 능숙한 토끼는 계속해서 유리한 위치를 차지하거나 탈출에 성공할 수 있다. 토끼의 기본 전략은 탈출이나 자유를 얻을 때까지 그림8에 색칠된 장소(−1, 1M, 0L, 0R, −2L, −2R)에 머물며 전략적으로 행동을 취하는 것이다.

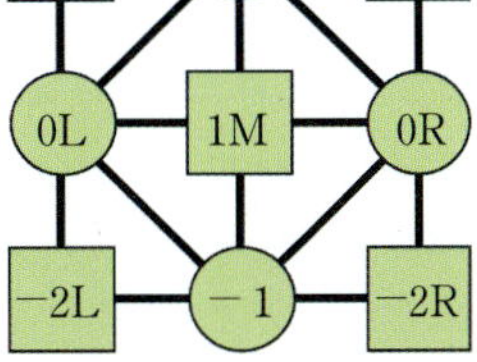

그림8 탈출이나 자유를 얻을 때까지 토끼가 머무르는 전략적 위치

토끼의 전략

1) 가능하다면 **탈출**하거나 **자유**를 얻어라.

2) 그 외의 경우는 여섯 칸(−1, 1M, 0L, 0R, −2L, −2R)에 머물며 W가 아닌 유리한 위치로 이동한다.

3) 1M이 막힌 상황에서는 상황에 따라 다음 중 한 가지 행동을 취한다.

 a) 사냥개 두 마리는 A에 있고 다른 한 마리는 S에 있는 경우 W로 이동한다.

 b) 사냥개 한 마리는 B에 있고 다른 두 마리는 C에 있는 경우 B에 있는 사냥개의 반대편 B로 이동한다. (유리함을 잃는 위치)

4) 0L과 0R이 막힌 상황에서는 −1로 이동한다. (유리함을 잃는 위치)

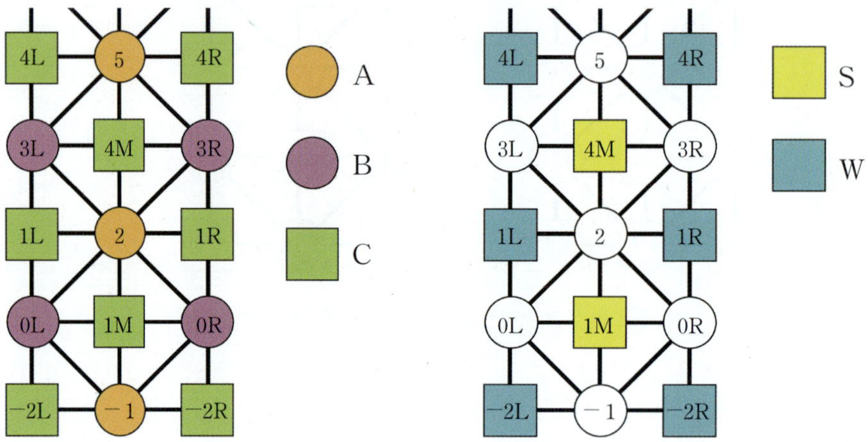

게임판 위치에 따른 분류

토끼의 전략에서 유리한 위치란 앞에서 설명한 바와 같이 위치합이 3의 배수가 되는 위치를 말한다. 따라서 유리함을 잃는다는 것은 위치합이 3의 배수가 안 되는 위치가 된다는 것이다. 토끼가 탈출하거나 자유를 얻은 상황이 아니라면 위의 토끼의 전략에서 2)의 전략을 따르되, 상황에 따라 3)의 a), b)나 4) 중 하나를 적용해야 한다. 만약 여러 행동이 가능하다면 하나를 선택한다. 이 중 a)의 전략을 적용해야 하는 경우를 생각하자. 이 경우는 그림 9와 같이 사냥개는 1M과 −1이 아닌 두 개의 A에 위치한 상황이다. (사냥개의 위치가 −1일 수는 없는데 그 이유는 토끼가 아직 탈출하지 않았기 때문이다.)

a)의 전략에 따라 토끼가 W인 −2L로 이동했다고 하자. 이때 사냥개가 0L로 움직이게 되면 토끼의 유일한 전략은 −1로 이동하는 것뿐이지만 이후 토끼는 유리한 위치를 되찾고 곧 탈출할 수

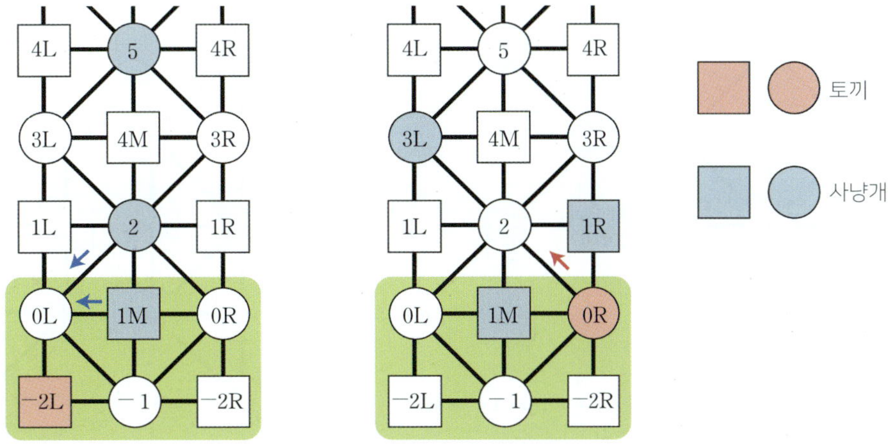

그림9 토끼의 전략에서 a)의 방식으로 움직인 후의 위치(왼쪽)와 b)의 방식으로 움직인 후의 위치(오른쪽)

있게 된다. 사냥개는 제때 불리한 토끼 위치에 도착할 수 없다.

이제 토끼가 b)의 전략을 적용하는 경우를 생각하자. b)의 전략에 따라 B에 있는 사냥개 반대편 B로 이동한 토끼는 유리한 위치를 잃게 되지만 다음 차례에 비어 있는 2로 이동하며 탈출할 수 있다. 만약 사냥개가 C에서 2로 먼저 이동한다면 토끼는 W의 위치로 전진하여 탈출할 수 있다. 사냥개들은 불리한 토끼 위치를 바로 확보할 수 없다. 마지막으로 4)와 같은 움직임을 선택하고 −1에 있게 되면 토끼는 결국 인접하는 B 중 하나를 확보하면서 탈출할 수 있다.

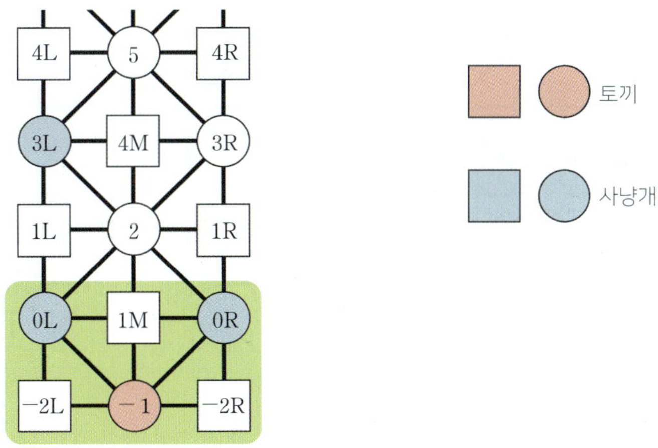

그림10 토끼의 전략에서 4)의 방식으로 움직인 후의 위치

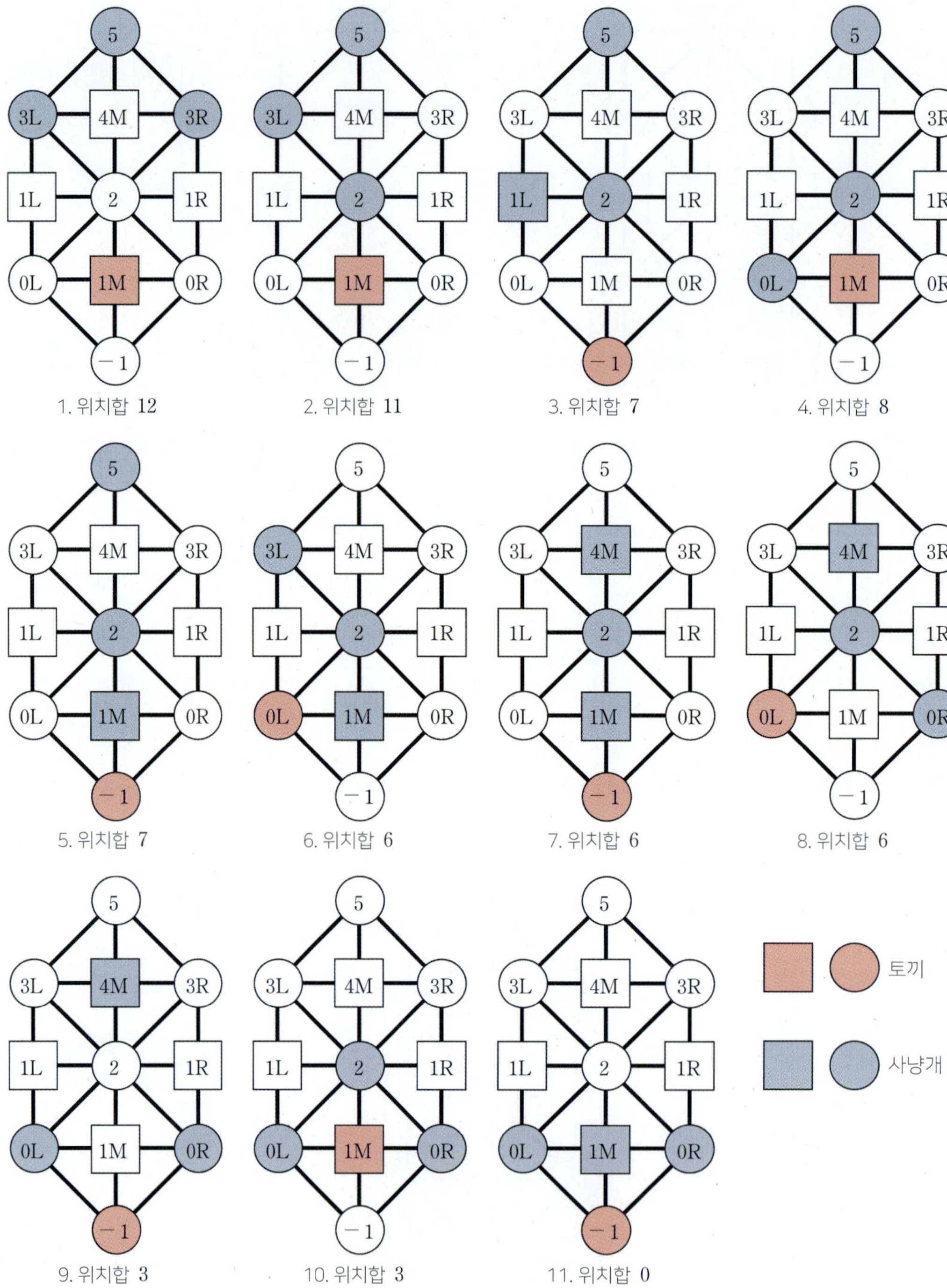

그림11 작은 토끼 게임 진행 예시

작은 토끼 게임

작은 토끼 게임에서 사냥개들이 승리하기 위해서는 5의 위치를 계속 유지하는 것이 중요하다. 단, 5의 위치에서 4 또는 3의 위치로 이동하며 유리한 위치를 차지할 수 있다면 그때는 이동한다. 토끼가 4에서 시작하지만 않는다면 사냥개는 이 전략을 사용해 승리할 수 있다. 그림 11은 게임 진행 예시로 처음 그림은 게임을 시작할 때 말의 배치에 대한 그림이고 두 번째 그림은 사냥개가 한 번 움직인 그림이다. 이후부터는 토끼 한 번, 사냥개 한 번 움직이는 상황이다. 사냥개 한 마리가 5의 위치를 유지하다 3L로 이동하며 유리한 위치(위치합이 3의 배수가 되는 위치)를 차지하였고 최종적으로 승리하였다.

토끼 게임과 대형 토끼 게임

토끼 게임판에서는 사냥개가 6L, 8, 6R의 위치에서 시작한다면 토끼가 −1, 0, 2, 3, 5에서 시작해야 사냥개가 유리한 위치를 선점할 수 있다. 또 이를 이용하여 승리 확률을 높일 수 있다.

그림 12를 보자. 2에 있는 토끼는 사냥개의 압박에 후퇴하게 된다. 하지만 그 사이 사냥개가 3L, 5, 3R로 움직이게 되고 이렇게 되면 앞서 언급한 작은 토끼 게임에서의 전략을 사용할 수 있다. 즉, 유리한 위치를 차지할 때까지 사냥개 한 마리가 5의 위치를 유지하는 것이다. 결과적으로

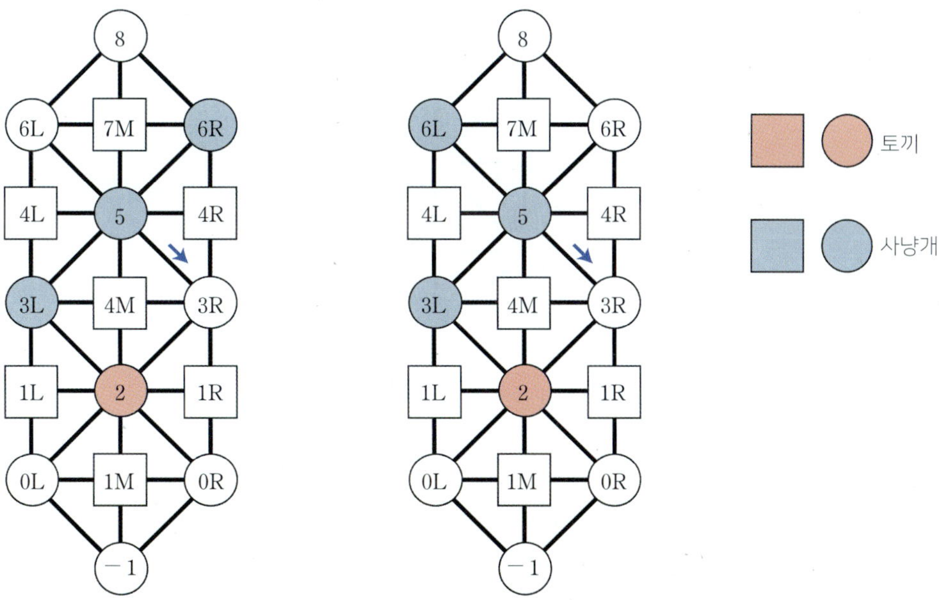

그림 12 토끼 게임판에서 사냥개의 확실한 포위

사냥개는 승리하게 된다.

그렇다면 대형 토끼 게임판에서 사냥개와 토끼의 위치를 그대로 위로 평행이동시켜 토끼가 5의 위치에 있고 사냥개가 6L, 8, 9R에 배치되는 경우는 어떻게 될까? 흥미롭게도 이 경우 다른 결과를 가져올 수 있다. 그 이유는 사냥개가 8에서 6R로 이동하면, 토끼는 3(3L 또는 3R)으로 퇴각하면서 6개의 칸(4M, 3L, 3R, 2, 1L, 1R)으로 움직일 수 있기 때문이다. 이는 앞에서 알아본 반 무한 게임판에서 토끼의 전략을 사용할 수 있음을 의미한다. 만약 그림 12의 토끼 게임판에서 −1 좌우에 −2L과 −2R이 있다면 그림 12의 상황에서 토끼는 승리할 수 있다.

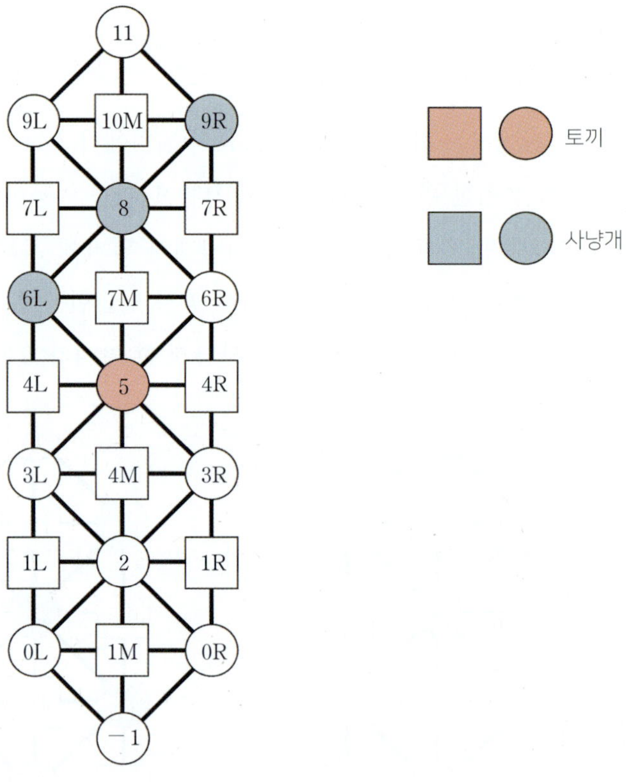

그림 13 큰 토끼 게임에서 토끼의 유리한 위치

이제 큰 토끼 게임에서 토끼가 선택해야 할 전략 하나는 확실하다. 토끼가 만약 유리한 위치를 확보하지 못한다면 6L, 8, 9R에 있는 사냥개에 맞서 5의 위치에 가도록 노력해야 한다. 그러면 반 무한 게임판에서의 '토끼의 전략'을 실행할 수 있고 토끼는 승리할 수 있다.

이렇게 토끼 게임에서는 상황에 따라 복잡 미묘한 다양한 전략이 존재한다. 그리고 이런 특징으로 인해 유명한 퍼즐리스트 마틴 가드너(Martin Gardner)는 '탁월한 단순성과 탁월한 전략적 섬세함이 결합된 게임'으로 토끼 게임을 소개하기도 했다.

상대방을 움직이지 못하게 **막기 게임**

무 토레레 Mū Tōrere

무 토레레(Mū Tōrere)는 뉴질랜드의 마오리족의 전통 게임이다. 뉴질랜드의 북섬 동쪽 해안의 나티 포로우족(Ngāti Porou)이 많이 즐겼던 게임이지만 시간이 지남에 따라 다른 부족으로 퍼진 것으로 알려져 있다. 규칙이 간단하여 누구나 쉽게 즐길 수 있다. 간단한 규칙으로 인해 단조로운 게임으로 생각될 수도 있지만, 다양한 움직임과 전략이 있는 재미있는 게임이다.

게임에 필요한 도구

게임판, 흰 바둑돌 4개, 검은 바둑돌 4개

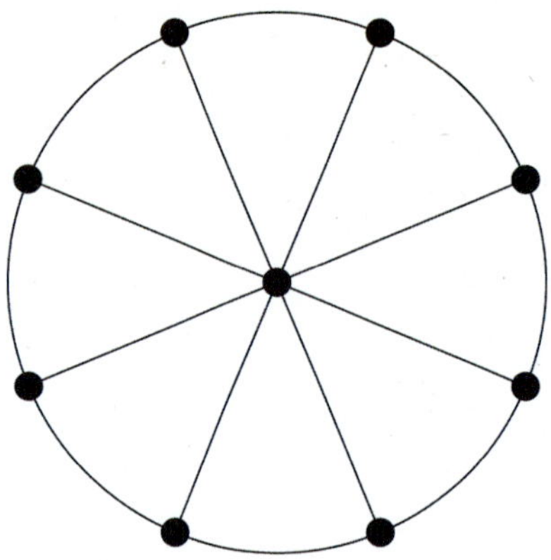

게임판

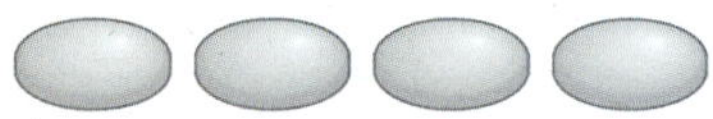

흰 바둑돌 4개

검은 바둑돌 4개

게임판 받기

05_막기 게임/무 토레레.pdf

게임 규칙

무 토레레 게임판에서 중앙에 놓인 점을 푸타히(Pūtahi)라 하고, 푸타히와 연결된 8개의 끝점을 케와이(Kewai)라 한다. 푸타히가 비어 있는 상태로 아래 그림처럼 말을 배치하고 다음과 같은 규칙에 따라 게임을 진행한다.

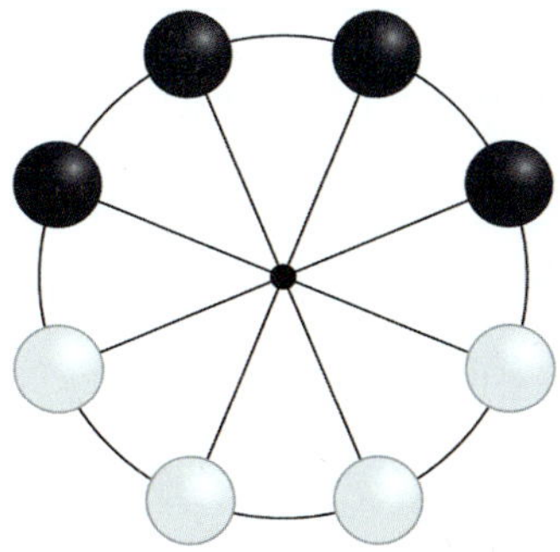

1) 검은 말인 사람이 먼저 움직이고, 그 이후에는 두 사람이 교대로 움직인다.
2) 자신의 차례에서 말 한 개를 인접한 빈칸으로 움직일 수 있다.
3) 케와이에 있는 말을 푸타히로 이동하려면 상대방 말이 적어도 하나 이웃해 있어야 한다.

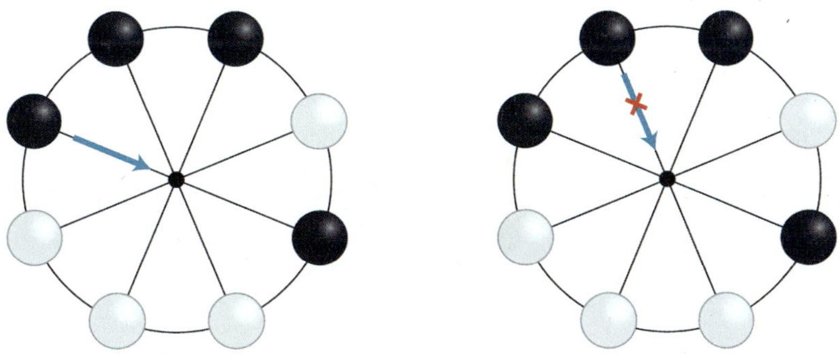

무 토레레에서 말을 푸타히로 이동할 수 있는 경우(왼쪽)와 이동할 수 없는 경우(오른쪽)

4) 말은 서로 뛰어넘을 수 없고, 상대의 말을 잡을 수 없다.
5) 상대방 말을 움직이지 못하게 하면 게임에서 승리한다.

위의 규칙에서 세 번째 규칙은 검은 말이 첫수에서 즉각적인 승리를 거두는 것을 방지하기 위해 필요하다. 만약 세 번째 규칙이 없다면 흰 말과 인접하지 않은 검은 말이 푸타히로 움직일 수 있고 검은 말의 승리로 싱겁게 끝나게 되기 때문이다. 하지만 세 번째 규칙으로 인해 네 개의 검은 말 중 흰 말과 인접한 두 개의 말만 푸타히로 움직일 수 있으므로 게임은 계속 진행되게 된다.

게임 전략

무 토레레의 게임판 위에서 두 사람 말의 위치를 나타낼 수 있는 서로 다른 방법의 수는 46가지이다. (회전하거나 반사했을 때 같아지는 것을 서로 같은 것으로 봤을 때의 경우의 수이다.) 46가지 중에서 8가지는 푸타히가 비어 있고, 나머지 38가지 중에서 19가지는 푸타히에 검은 말이, 19가지는 푸타히에 흰 말이 놓여 있다. 46가지 중에서 검은 말과 흰 말을 교환하여 배치한 것을 서로 **보완적인 관계**라고 하자. 예를 들어 아래의 두 가지는 서로 보완적인 관계이다.

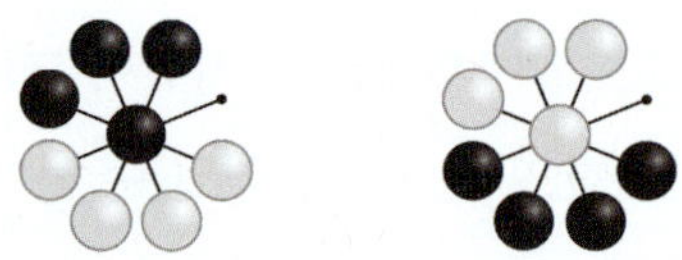

그림1 무 토레레에서 보완적 관계에 있는 두 경우

푸타히가 비어 있는 8가지 경우 중 보완적 관계인 경우를 생각해 보자.

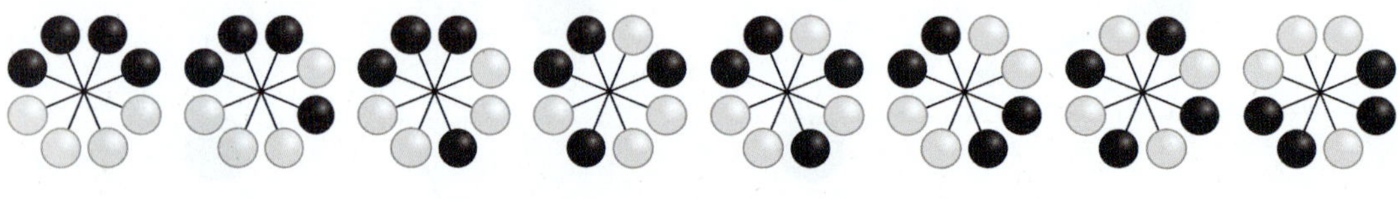

그림2 무 토레레에서 푸타히가 비어 있는 8 가지

그림2에서 알 수 있듯 8가지 중 세 번째 그림과 마지막 그림은 서로 보완적 관계임을 알 수 있다. 그리고 나머지 경우는 자신과 보완적 관계이다. 예를 들어 그림2에서 첫 번째 그림을 보면 그림3

그림3 게임 상태와 게임 상태의 보완적 관계가 서로 같은 경우

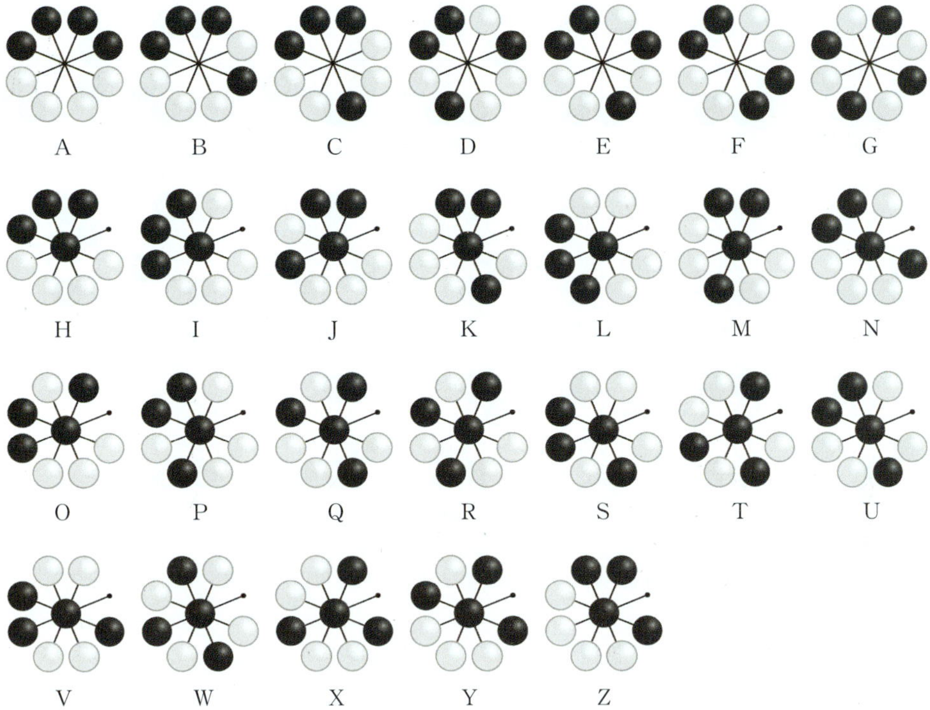

그림4 무 토레레의 26 가지 기본 위치

에서 알 수 있듯이 자신과 보완적 관계임을 알 수 있다. 반면 푸타히에 검은 말이 있는 19가지 게임 상태는 푸타히에 흰 말이 있는 게임 상태와 서로 보완적 관계이다. 서로 보완적인 관계인 게임 상태를 그룹으로 묶으면 푸타히가 비어 있는 8가지 중 2가지가 보완적 관계이므로 7개의 그룹으로 묶을 수 있고, 푸타히에 말이 놓인 38가지는 19개의 그룹으로 묶을 수 있다. 이 26개의 그룹에서 대표로 하나씩 뽑아 만든 26가지 게임 상태를 무 토레레의 기본 위치라 하고, 이를 A에서 Z까지 문자로 표시하면 그림4와 같다. 서로 보완적인 관계를 * 기호를 사용하여 나타내면 A, B, D, E, F, G는 자신과 보완적 관계이므로 다음이 성립한다.

$$A = A^*, B = B^*, D = D^*, E = E^*, F = F^*, G = G^*$$

반면 기본 위치 중 A, B, D, E, F, G를 제외한 나머지 20가지는 자신과 보완적 관계가 서로 다르고 이는 그림5와 같다. 여기서 우리가 알 수 있는 것은 가능한 모든 게임 상태는 A에서 Z까지의

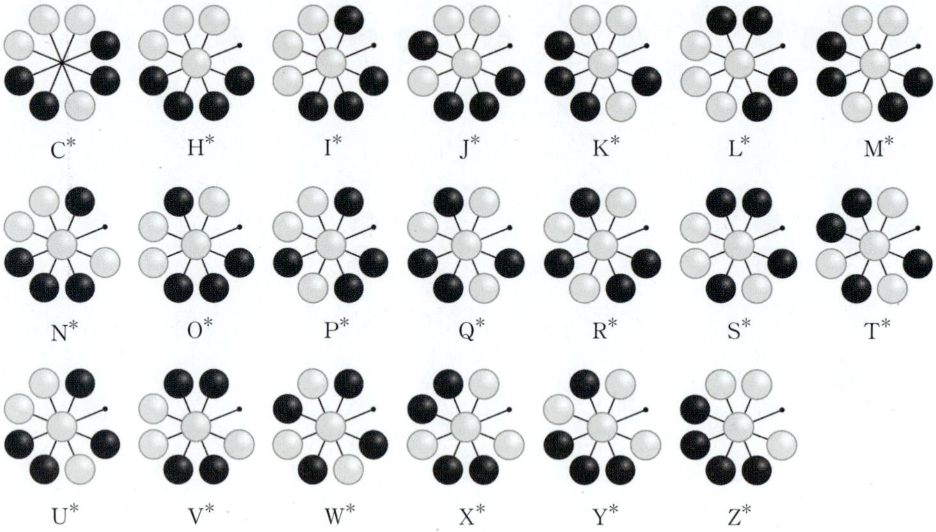

그림5 A, B, D, E, F, G 를 제외한 무 토레레의 기본 위치와 보완적 관계인 게임 상태 20 가지

문자와 * 기호를 사용해 나타낼 수 있다는 것이다. 이제 A부터 Z까지의 문자와 * 기호만 사용할 경우는 '검은 말이 움직일 차례'에서의 위치로 생각할 것이고 문자 앞에 ~ 기호를 붙이면 '흰 말이 움직일 차례'에서의 위치로 생각할 것이다. (~ 기호를 붙이든 붙이지 않든 게임 상태를 나타내는 그림은 같지만, 그 상황에서 누가 할 차례인지를 ~ 기호로 알 수 있다.) 그러면 A부터 Z까지의 26개의 문자와 *, ~ 의 조합으로 무 토레레의 게임 진행 상황을 표기할 수 있다.

검은 말이 승리하게 되는 위치를 생각해 보자. 검은 말이 승리한다는 것은 흰 말이 자신의 차례에서 더는 움직일 수 없음을 의미한다. 즉, X, Y, Z의 상황에서 흰 말의 차례를 나타내는 ~X, ~Y, ~Z일 때 검은 말이 승리함을 알 수 있다. 같은 방법으로 검은 말이 패배하게 되는 경우는 X*, Y*, Z*가 된다. 그림 6을 참고하라.

다음으로 각 게임 상황마다 이동 가능한 위치를 생각해 보자. 먼저 검은 말이 이동 가능한 위치를 생각하면 그림7과 같음을 알 수 있다. 비슷하게 흰 말이 이동 가능한 위치도 생각할 수 있는데, 그림

그림6 검은 말이 승리하는 경우 ~X, ~Y, ~Z와 검은 말이 패배하는 경우 X*, Y*, Z*

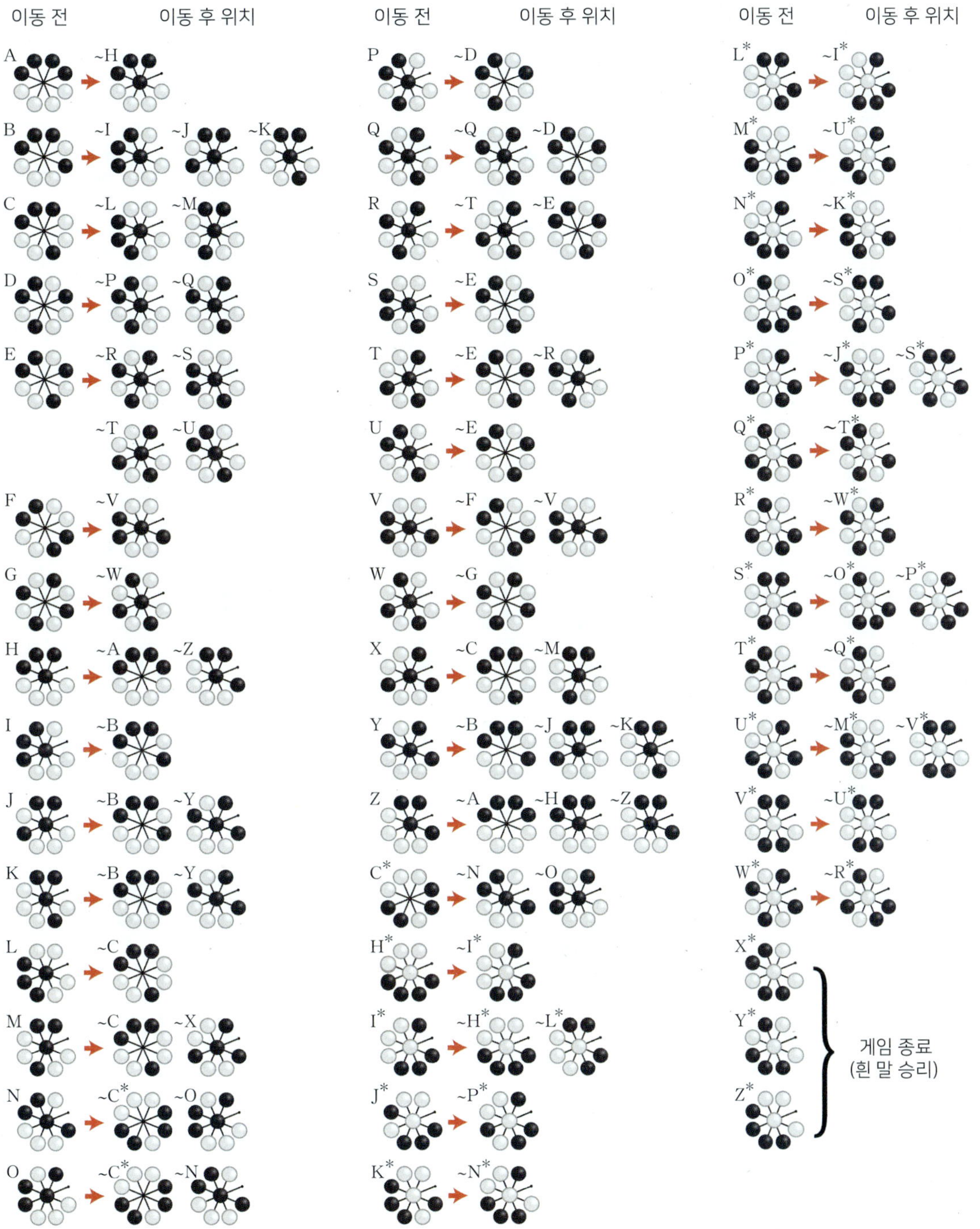

그림7 검은 말이 이동 가능한 위치

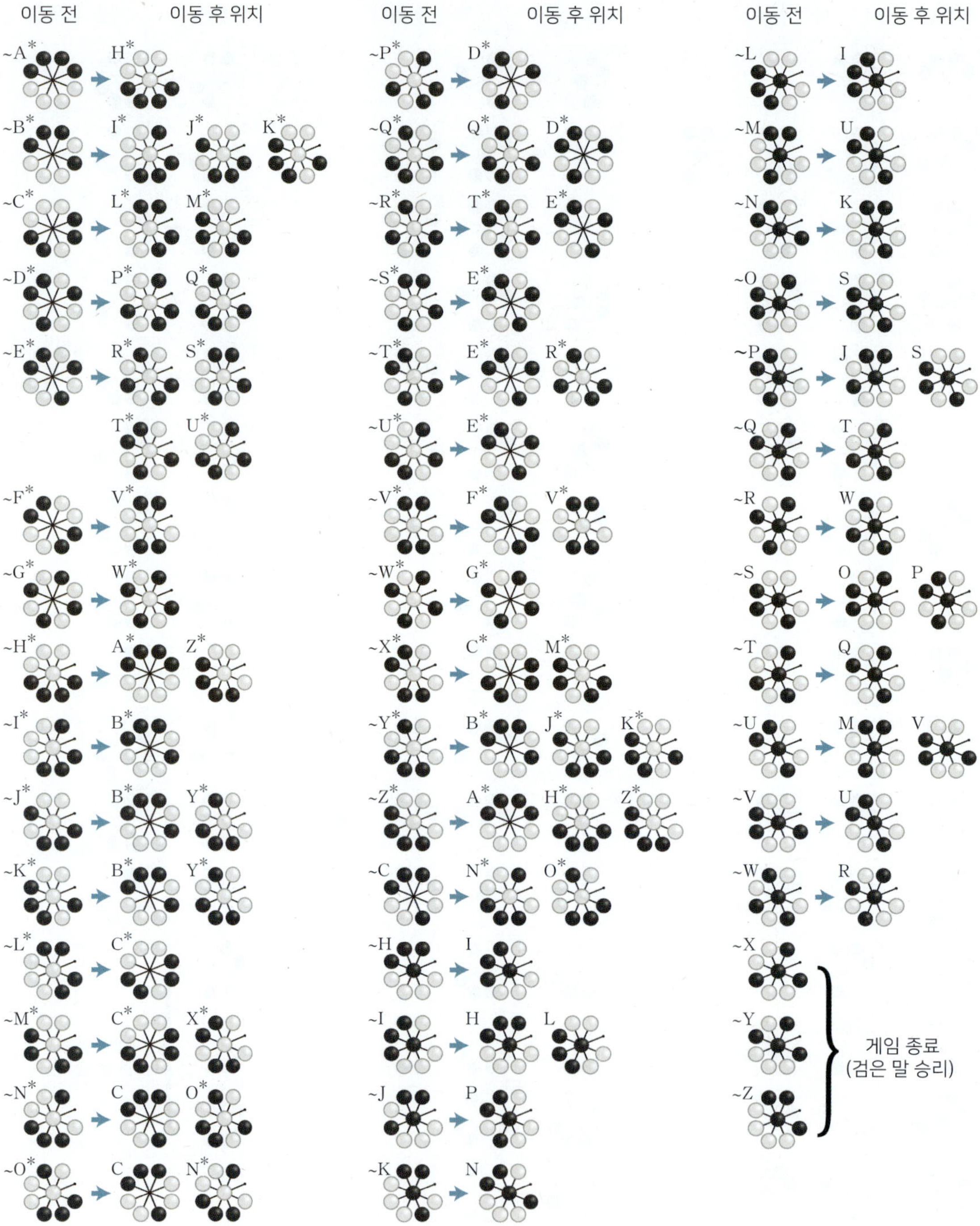

그림8 흰 말이 이동 가능한 위치

7의 경우에서 모든 문자에 *를 붙이면 된다. 이때 *에 *가 더해진 **는 상쇄된다. 예를 들어 C^{**}는 C와 같은 것이다. 흰 말이 이동 가능한 경우는 그림8과 같다. 그림7과 그림8을 이용하여 게임의 진행 과정을 분석해 볼 수 있다.

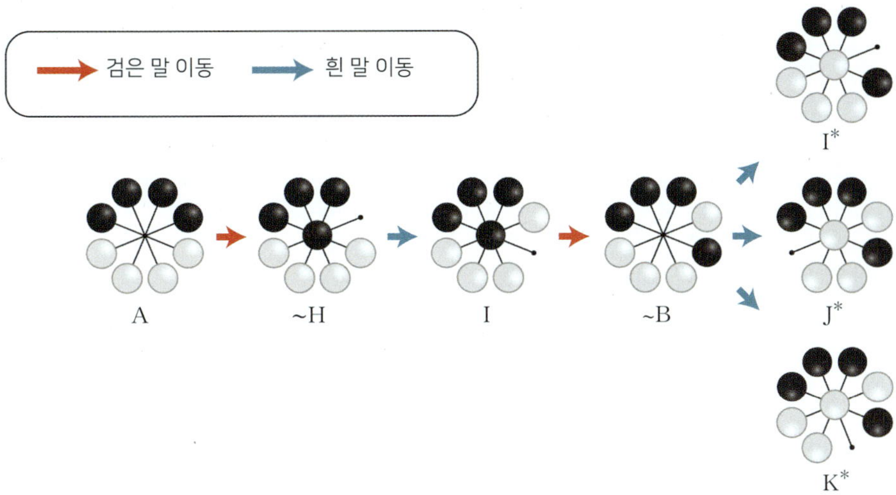

그림9 게임 초반의 진행 과정

일단 게임 초반의 진행은 그림9와 같다. 즉, A에서 게임을 시작할 때 검은 말이 이동할 수 있는 두 가지 경우 모두 ~H로 이어지게 된다. 이 경우 흰 말은 I로 대응할 수밖에 없다. 그러면 검은 말의 움직임 또한 유일하게 ~B로 이어지고, 흰 말은 I^*, J^*, K^*의 세 가지 중 하나를 선택할 수 있다.

흰 말이 I^*를 선택했을 때, 검은 말은 $\sim L^*$로 이동할 수 있고 이때 흰 말은 C^*로 이동하게 된다. 다음에 검은 말은 ~N으로 진행할 수 있다. 이에 따라 흰 말은 K로 이동하게 되는데 검은 말이 ~Y로 이동하면 검은 말이 승리한다. 따라서 흰 말이 I^*를 선택하는 것은 좋은 선택이 아니다.

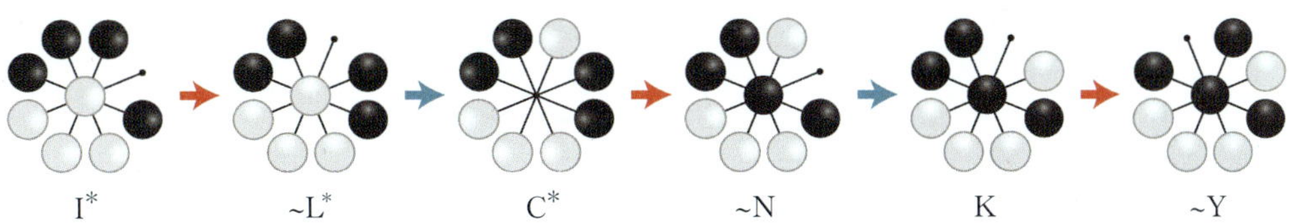

그림10 흰 말이 I^*를 선택한 이후의 진행 과정(검은 말의 승리)

흰 말이 J^*나 K^*를 선택하는 경우는 어떨까? 이 경우엔 게임의 진행이 생각보다 복잡해진다. 결과적으로 말하면 두 사람이 최선의 전략으로 게임에 임하면 게임은 같은 상황이 반복되는 순환 구

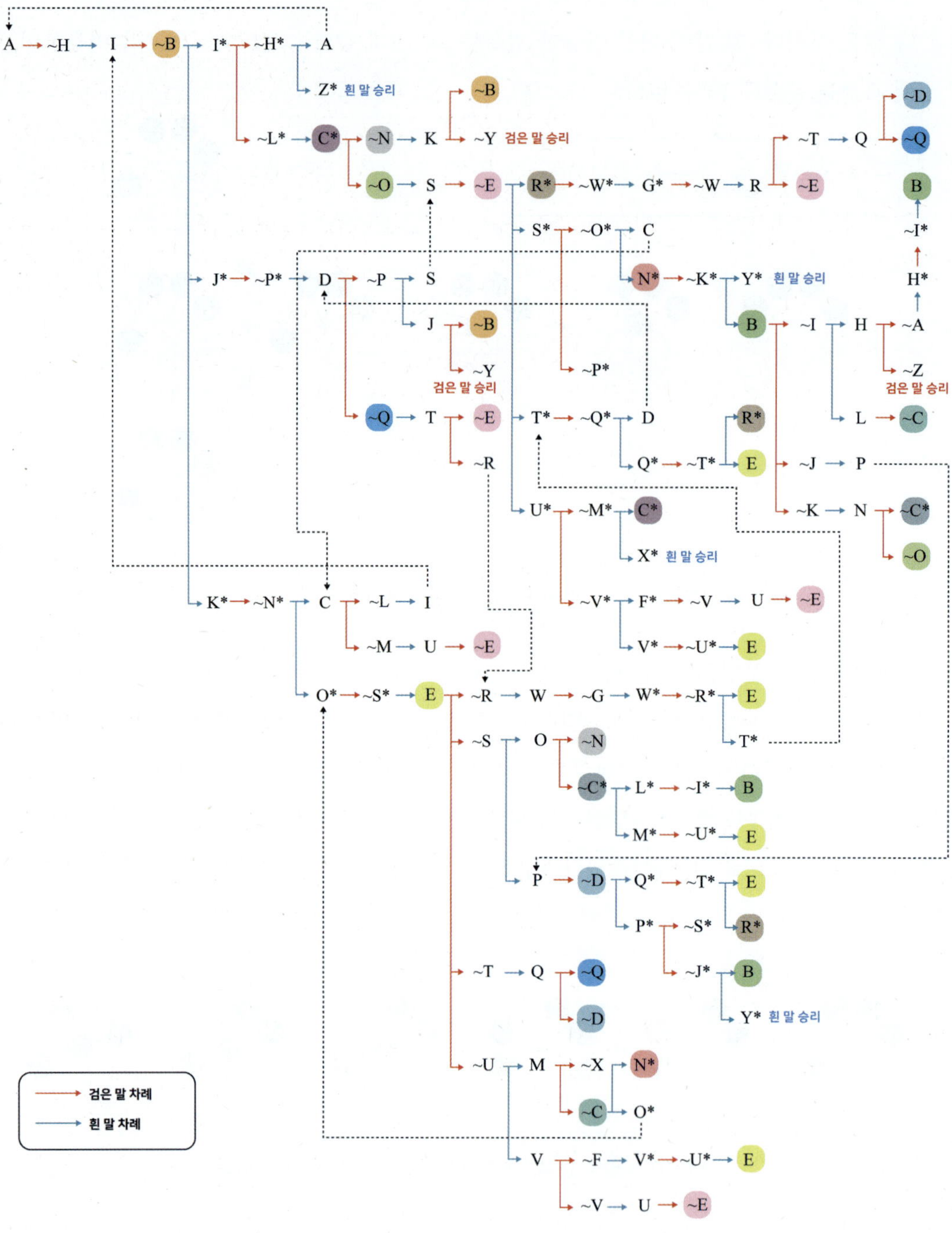

그림11 무 토레레에서 가능한 모든 게임 진행에 대한 수형도

조가 만들어지고 결과적으로 게임은 무승부가 된다. 즉, 무 토레레는 두 사람이 최선의 수를 두면 무승부로 끝나는 게임이다. 하지만 게임 규칙이나 게임판의 형태가 단순함에 비해 이를 파악하기는 그리 쉽지 않다.

그림7과 그림8에서 얻은 결과를 이용하면 무 토레레에서 가능한 모든 게임 진행에 대한 수형도를 얻을 수 있고 이는 그림 11과 같다. 수형도의 첫 줄 가장 오른쪽 게임 상황을 보면 A로 끝나 다시 처음과 같아지므로 그 이후는 작성하지 않았고 가능하다면 어떤 상태로 돌아가는지를 점선으로 표시했다. 비슷하게 대부분의 경우 이전에 나온 결과가 반복되는 경우는 수형도에 반복하여 나타내지 않았으므로 이를 참고하자. 점선으로 표시하기 어려운 경우에는 각 게임 상태에 바탕색을 넣어 어떤 상태로 돌아가는지 쉽게 파악되도록 했다. 예를 들어 게임 상태 E의 경우 다 노란색 바탕색을 넣었기 때문에 E로 끝나는 경우 어떤 상태로 돌아가는지 쉽게 알 수 있다. 수형도를 잘 활용하면 어떤 게임 상태에서도 이후 진행이 어떻게 될지 분석할 수 있다.

상대방을 움직이지 못하게 **막기 게임**

도젬 Dodgem

도젬(Dodgem)은 1920년 후반부터 1950년까지 미국에서 유행했던 범퍼카의 이름이다. 이후 범퍼카라는 말과 동일시되며 보통명사처럼 사용됐다. 1972년 케임브리지 대학교에 재학 중이던 콜린 바우트(Colin Vout)는 작은 장난감 자동차를 이용하는 게임을 만들었는데 그 게임의 이름이 바로 '도젬'이다. 도젬은 3 × 3 게임판에서 진행되며 게임 규칙도 비교적 단순하여 필승전략을 쉽게 파악할 수 있다.

게임에 필요한 도구

게임판, 파란색 차 2개, 빨간색 차 2개

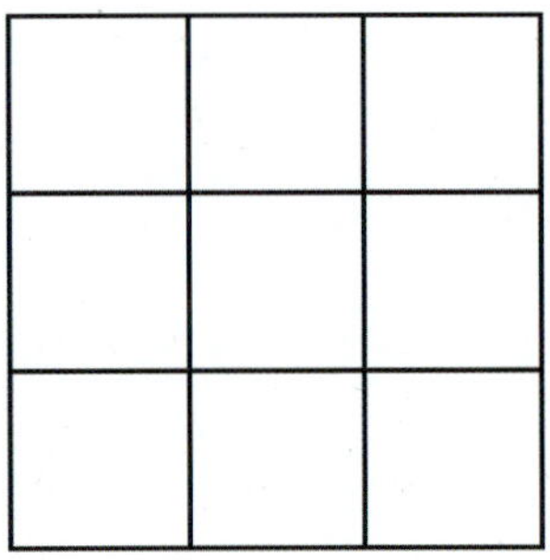

게임판

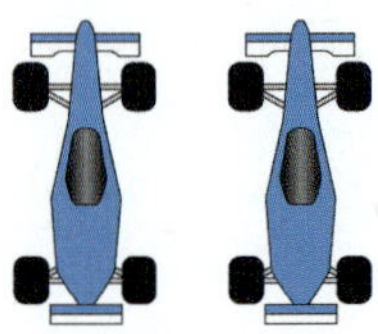

파란색 차 2개

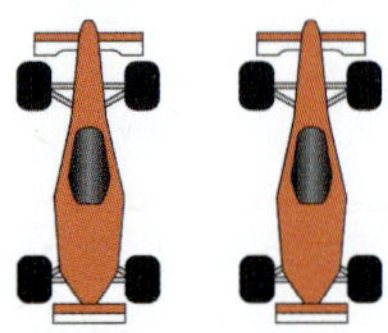

빨간색 차 2개

도젬(Dodgem)은 작은 자동차를 이용하는 게임이지만 바둑돌을 이용해도 재미있게 게임을 할 수 있다.

게임판 받기

05_막기 게임/도젬.pdf

게임 규칙

도젬은 아래 그림처럼 말을 배치하고 다음과 같은 규칙에 따라 게임을 진행한다.

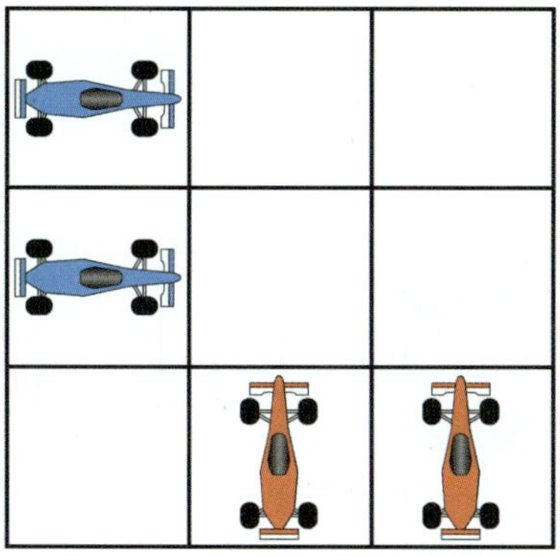

1) 두 사람은 교대로 자신의 차 중 하나를 선택해 인접한 칸 중 비어 있는 칸으로 한 칸 움직인다. 이때 파란색 차는 앞(오른쪽) 또는 옆(위 또는 아래)으로 이동할 수 있고, 빨간색 차 역시 앞(위) 또는 옆(왼쪽 또는 오른쪽)으로 이동할 수 있다.

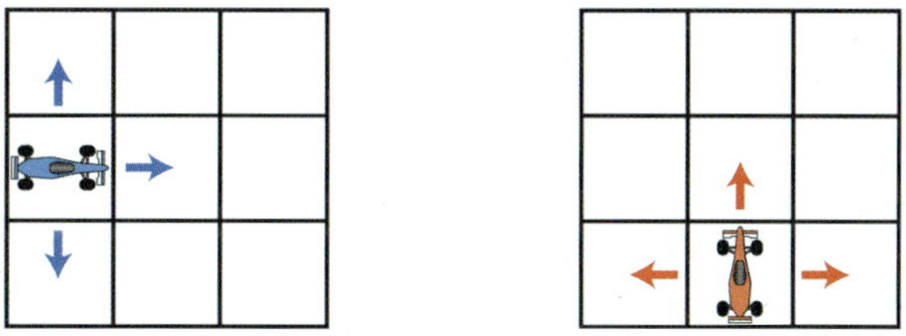

2) 자동차는 앞으로 이동하며 보드 밖으로 나갈 수 있다. 즉, 파란색 차는 오른쪽으로 나갈 수 있고 빨간색 차는 위로 나갈 수 있다.

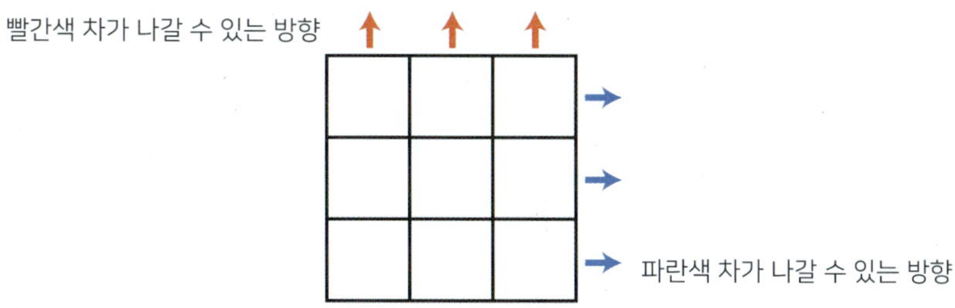

3) 상대방보다 먼저 자신의 차를 모두 밖으로 내보내거나 상대방 차로 인해 자신의 차가 더는 이동할 수 없는 상태가 되면 승리한다.

변형 게임

3×3 게임판에서 도젬을 하는 것처럼 4×4 게임판이나 5×5 게임판에서도 할 수 있다. 일반적으로 $n \times n$ 게임판에서 도젬을 할 경우 가장 왼쪽 줄의 맨 위 칸부터 차례대로 $n-1$개의 파란색 차를 배치하고, 가장 아랫줄의 오른쪽 칸부터 차례대로 $n-1$개의 빨간색 차를 배치한다. 게임 규칙은 3×3 게임판에서 하는 것과 같다.

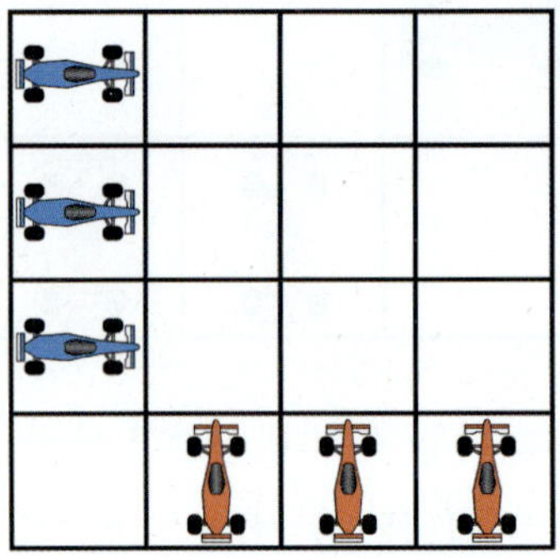

4×4 게임판에서 하는 도젬

필승전략

도젬은 먼저 시작한 사람에게 확실한 필승전략이 존재한다. 이를 알아보기 위해 게임판의 위치를 아래와 같이 표시하자.

c	b	a
f	e	d
i	h	g

이때 자동차의 위치에 따른 게임의 승패 상황은 다음 쪽의 표와 같다. 이 표를 참고하면 승리 전략을 쉽게 세울 수 있다. 게임을 처음 시작할 때 파란색 차의 위치는 c, f이고 빨간색 차의 위치는 g, h인데 아래 표를 보면 먼저 하는 사람이 승리한다는 것을 알 수 있다. 즉 c, f 아래 세로선과 g, h 왼

쪽 가로선이 만나는 칸의 색을 보면 초록색으로 먼저 시작하는 차가 승리함을 의미한다. 파란색 차가 먼저 시작하는 경우 파란색 차의 필승전략을 생각해 보자.

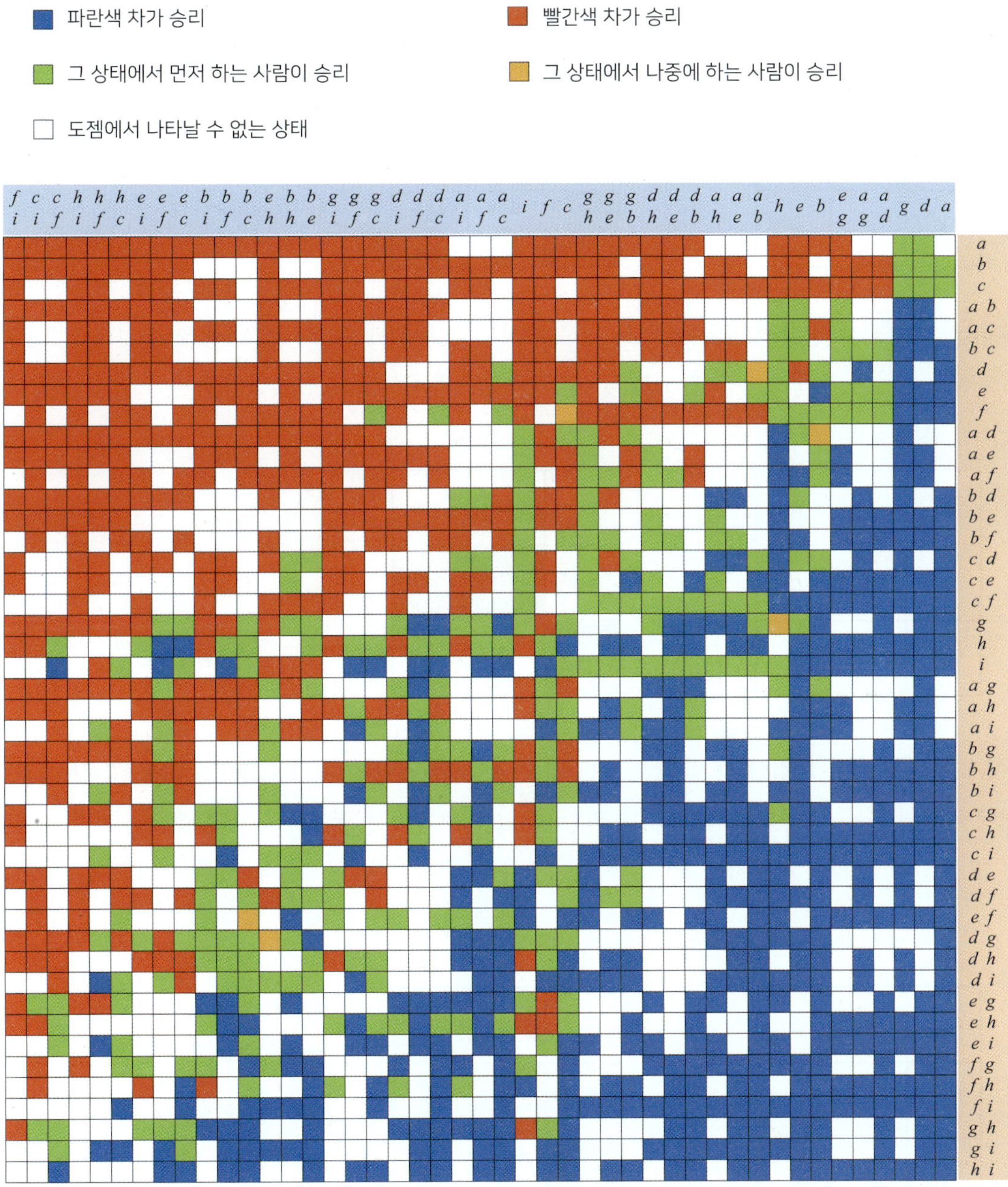

도젬에서 자동차의 위치에 따른 승패 상황

게임을 시작하면 파란색 차가 움직일 수 있는 경우는 세 가지이다. 이때 표를 통해 각 움직임에서의 승패 상황이 아래 그림과 같음을 알 수 있다. 따라서 c의 차를 b로 움직여야 한다. f에 있는 차를 e나 i로 이동하는 경우엔 그 상태에서 움직일 순서인 빨간색 차가 승리할 수 있기 때문이다.

c	b	a
f	e	d
i	h	g

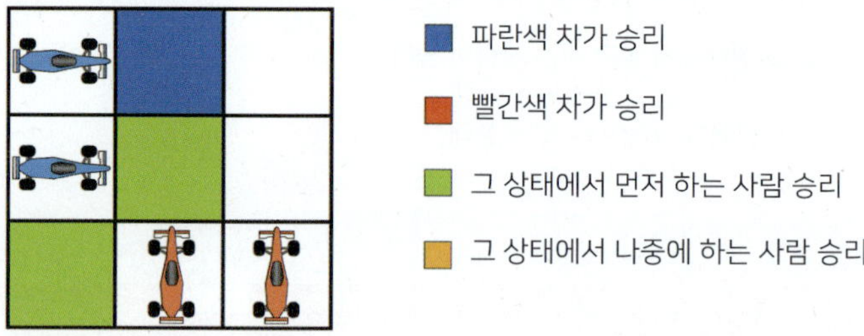

다음으로 빨간색 차가 움직일 수 있는 경우 역시 세 가지인데 아래 그림에서 보듯 어떠한 선택을 하더라도 파란색 차가 승리할 수 있다. g에 있는 빨간색 차를 d로 움직였다고 하자.

c	b	a
f	e	d
i	h	g

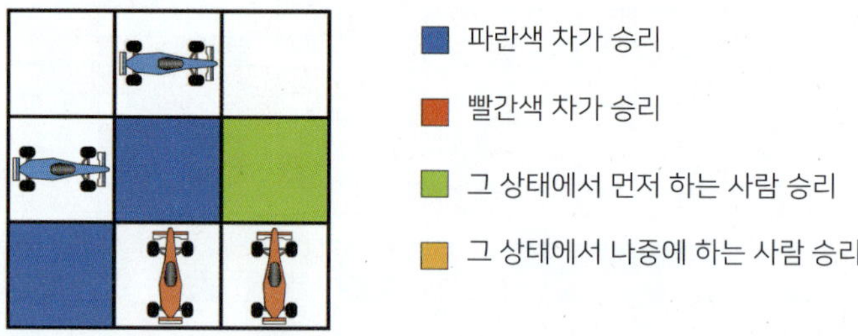

이제 파란색 차가 움직일 수 있는 경우는 네 가지가 있다. f의 차가 e나 i로 가는 경우는 그 상태에서 먼저 하는 사람(빨간색 차)이 승리할 수 있게 되고 b의 차가 e로 가면 빨간색 차가 승리할 수 있게 된다. 따라서 b의 차가 a로 가야 한다. 이 경우만 파란색 차가 승리할 수 있기 때문이다.

c	b	a
f	e	d
i	h	g

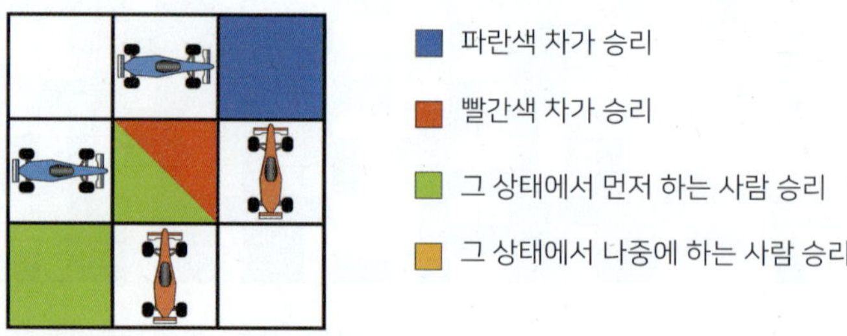

다음 차례인 빨간색 차가 움직일 수 있는 경우는 네 가지인데 아래 그림에서 보듯 어떤 선택을 하더라도 파란색 차가 승리할 수 있다. h에 있는 빨간색 차를 e로 움직였다고 하자.

c	b	a
f	e	d
i	h	g

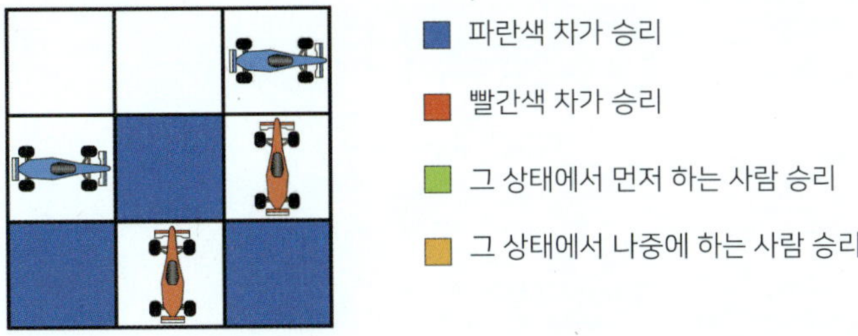

다음으로 파란색 차는 아래 그림에서 보듯 f에 있는 차를 i로 움직여야 승리할 수 있다.

c	b	a
f	e	d
i	h	g

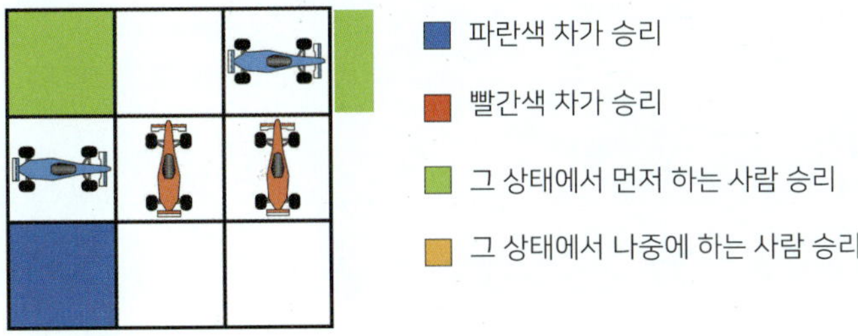

이제 아래 그림과 같은 상황이 되는데 표를 보지 않아도 승패를 판단해 볼 수 있다. 현재 빨간색 차가 움직일 차례이다. 오른쪽 위의 파란색 차가 비켜주지 않는 이상 빨간색 차를 모두 밖으로 보내려면 최소 5번은 차를 더 움직여야 한다. 반면 파란색 차는 4번만 더 움직이면 된다. 따라서 파란색 차가 i의 차를 먼저 밖으로 보낸 다음에 a의 차를 내보내면 승리한다.

c	b	a
f	e	d
i	h	g

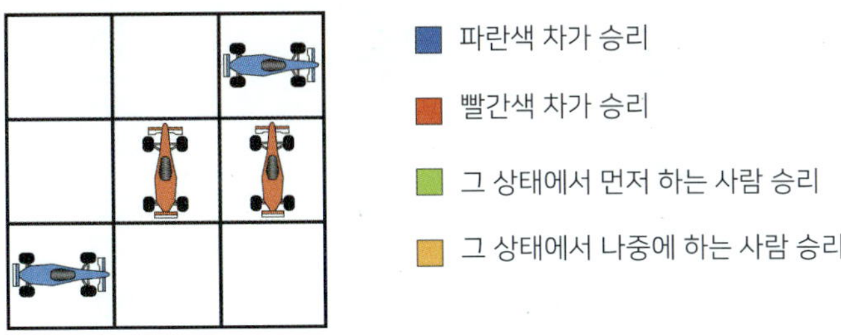

다르게 게임이 진행되는 경우도 이와 비슷하게 표를 이용하면 필승전략을 찾을 수 있다. 표를 이용해 여러 가지 방법으로 게임을 진행해보고 도젬의 필승전략을 탐구해 보자.

Chapter 06

마지막 말의 주인공은

님 게임과 그 변형 게임

어떤 게임을 할까요?

1 님(Nim)

2 그런디 게임(Grundy's Game)

3 케일스(Kayles)

4 라스커의 님(Lasker's Nim)

5 피보나치 님(Fibonacci Nim)

6 참프(Chomp)

7 위토프 게임(Wythoff's Game)

8 하켄부시(Hackenbush)

마지막 말의 주인공은 **님 게임과 그 변형 게임**

님 Nim

님(Nim) 게임의 기원은 명확하지는 않지만, 중국에서 시작된 것으로 알려져 있다. 이런 님은 최초의 비디오게임 중 하나이기도 하다. 님 게임의 비디오 게임명은 님로드(Nimrod)로 1951년 과학 기술, 산업 디자인, 건축 및 예술에 대한 발전을 촉진하기 위해 열린 영국 페스티벌에서 소개되었다.

게임에 필요한 도구

바둑돌

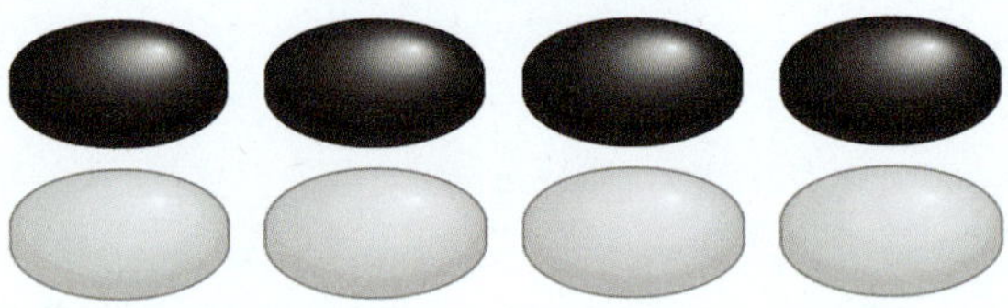

님 게임은 다양한 버전이 있지만, 바둑돌만 있으면 해볼 수 있다. 다만 게임에 따라 필요한 바둑돌의 개수는 다르다. 만약 바둑돌이 없다면 돌, 동전, 클립, 구슬, 연필 등을 사용해도 된다.

게임 규칙

님 게임은 두 사람이 규칙에 따라 교대로 돌을 가져가는 게임으로 몇 무더기의 돌을 사용하는지에 따라 종류가 다양하다. 하지만 몇 무더기의 돌을 사용하든 공통으로 적용되는 규칙이 있다. 바로 마지막 남은 돌을 가져가는 사람이 승리한다는 것이다. 이렇게 마지막으로 행동하는 사람이 승리하는 게임을 **정규 게임**(Normal Game)이라고 한다. 마지막으로 돌을 가져가는 사람이 패배하는 것으로 게임을 진행할 수도 있는데 마지막으로 행동하는 사람이 패배하는 게임을 **불행형 게임**(Misère Game)이라 한다. 즉, 님 게임은 일반적으로 정규 게임으로 진행하지만 불행형 게임으로 진행할 수도 있다. 이런 님 게임의 종류를 살펴보자.

한 무더기 님 게임

아래 그림처럼 바둑돌 21개를 준비하고 다음과 같은 규칙에 따라 게임을 진행한다.

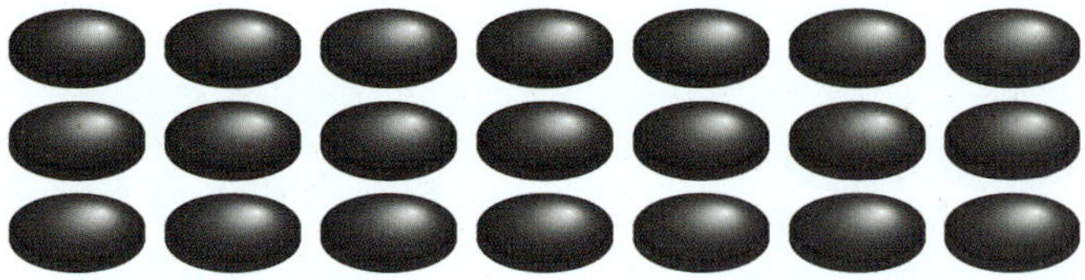

1) 두 사람이 번갈아 가며 1~3개의 바둑돌을 가져간다.
2) 마지막에 남아 있는 바둑돌을 가져가는 사람이 승리한다.

게임 Tip

님 게임에서 처음 시작할 때 준비하는 바둑돌의 개수를 바꿔서 게임을 진행해도 된다. 또한 한 번에 최대로 가져가는 바둑돌의 개수 역시 바꿔도 된다. 예를 들어 30개의 바둑돌로 시작하고 최대 5개의 바둑돌을 가져가는 식으로 말이다. 이 두 값을 어떻게 정하느냐에 따라 게임의 전략이 달라진다. 따라서 다양한 값으로 게임을 해보길 추천한다.

배스킨라빈스 31 게임

배스킨라빈스 31 게임은 한 아이스크림 회사에서 이름을 따온 게임으로 사람들에게 비교적 많이 알려져 있으며 규칙은 다음과 같다.

1) 두 사람이 즐겁게 "배스킨라빈스 써리원~"을 외치며 게임을 시작한다.
2) 번갈아 가며 1부터 31까지의 수를 순서대로 말하되 각 차례에 최대 3개의 숫자를 말한다.
3) 마지막 숫자인 31을 말하는 사람이 패배한다.

배스킨라빈스 로고

최대 3개의 숫자를 말하고 마지막 숫자를 말하는 사람이 패배한다는 규칙을 통해 배스킨라빈스 31 게임은 한 무더기의 말로 하는 불행형 님 게임임을 알 수 있다. 사실 게임을 하는 사람이 꼭 2명일 필요는 없다. 여러 사람이 함께 게임을 해도 된다.

두 무더기 님 게임

아래 그림처럼 바둑돌 두 무더기를 각각 5개와 7개로 준비하고 다음과 같은 규칙에 따라 게임을 진행한다.

1) 두 사람이 번갈아 가며 바둑돌을 가져간다.
2) 자신의 차례에 두 무더기 중 한 무더기를 선택하고 선택한 무더기에서 원하는 만큼의 바둑돌을 가져간다.
3) 어떤 무더기에도 남는 바둑돌이 없도록 마지막 바둑돌을 가져가는 사람이 승리한다.

여기서 주의해야 할 점은 자신의 차례에 한 무더기에서만 바둑돌을 가져와야 한다는 것이다. 둘 이상의 무더기에서 바둑돌을 함께 가져갈 수 없다. 또한 자신의 차례가 될 때마다 무더기를 새롭게 선택할 수 있다.

세 무더기 님 게임

아래처럼 바둑돌 세 무더기를 각각 3개, 5개, 7개로 준비하고 다음과 같은 규칙에 따라 게임을 진행한다.

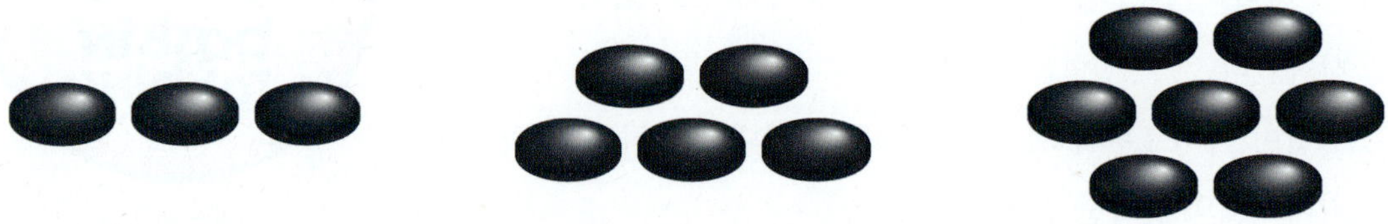

1) 두 사람이 번갈아 가며 바둑돌을 가져간다.
2) 자신의 차례에 세 무더기 중 한 무더기를 선택하고 선택한 무더기에서 원하는 만큼의 바둑돌을 가져간다.
3) 어떤 무더기에도 남는 바둑돌이 없도록 마지막 바둑돌을 가져가는 사람이 승리한다.

게임 Tip

두 무더기나 세 무더기 말로 하는 님 게임에서도 한 무더기 말로 하는 님 게임처럼 무더기의 돌의 개수를 바꿔서 진행할 수 있다. 또한 무더기의 개수를 네 개, 다섯 개, 여섯 개 등으로 더 늘려서 게임을 할 수도 있다. 이때 게임의 규칙은 두 무더기와 세 무더기로 할 때와 비슷하다.

게임의 역사

님 게임은 그 기원과 관련된 역사적 자료가 많이 남아있지 않다. 그래서 정확한 기원을 알 수는 없지만, 중국에서 시작된 것으로 알려져 있다. 현재 이름인 'Nim'은 하버드 대학교 수학과 교수인 찰스 L. 부턴(Charles L. Bouton)이 처음 언급하였다. 그가 게임 이름을 왜 'Nim'이라 했는지에 대해서는 다양한 추측이 존재하지만 정확한 이유는 밝혀지지 않았다. ('Nim'을 180도 회전이동시키면 'Win'이 된다!) 그는 님 게임의 수학적 해법을 처음 제시한 수학자이기도 하다. 1901년 그의 논문 〈Nim, A Game with a Complete Mathematical Theory〉에서 해법을 제시했는데 그 원리는 생각보다 어렵지 않다.

1939년 미국의 물리학자인 에드워드 콘돈(Edward Uhler Condon)은 님 게임의 기계 버전인 '니마트론(Nimatron)'을 제작했고 1940년 열린 뉴욕박람회에서 이를 공개했다. 당시 10만 회 이상 게임이 진행됐으며 사람들의 반응도 긍정적이었다. 다만 콘돈 자신은 이 제작을 자신의 경력에서 큰 실패 중 하나로 여겼는데 기계식 게임기를 만들었음에도 그 가능성에 대해 스스로 인지하지 못했기 때문이라고 한다.

이런 님은 최초의 비디오게임 중 하나이기도 하다. 1951년 여름, 영국에서는 과학 기술, 산업 디자인, 건축 및 예술에 대한 발전을 촉진하기 위한 영국 페스티벌이 개최됐다. 영국의 초기 컴퓨터 개발 업체 중 하나였던 페란티(Ferranti)는 이 전시회에서 컴퓨터 게임을 만들어 전시하기로 했다. 수학을 기반으로 한 게임을 만들면 컴퓨터의 연산 처리 능력과 프로그래밍 기술을 재미있게 보여줄 수 있다고 판단했기 때문이다. 이 게임이 바로 님이다. 이렇게 해서 최초의 비디오게임 중 하나인 님로드(Nimrod)가 만들어지게 된다. 님로드는 가로 $3.7m$, 세로 $2.7m$, 높이 $1.5m$인 컴퓨터로 플레이어는 패널의 버튼을 눌러 조종하였고 조명을 사용해 게임의 상태를 표시했다. 축제 기간 동안 많은 사람이 이 게임에 관심을 보였는데 게임을 한 사람 중에는 컴퓨터 과학의 아버지라 불리는 앨런 튜링도 있었다고 한다.

그림 1 최초의 비디오게임 중 하나인 님로드

변형 게임

님 게임에는 다양한 변형 게임이 있다. 그중 대표적인 몇 가지를 알아보자.

욕심쟁이 님(Greedy Nim)

욕심쟁이 님은 기본적으로 님 게임과 규칙이 같지만, 자신의 차례에 바둑돌이 가장 많이 남은 더미에서 가져가야 한다는 규칙이 추가된다. 두 명의 수학자 M. H. 앨버트(M. H. Albert)와 R. J. 노바코프스키(R. J. Nowakowski)는 욕심쟁이 님을 처음 소개했고, 2004년 그들이 작성한 논문 〈Nim Restrictions〉에서 그 전략을 제시했다.

원형 님(Circular Nim)

바둑돌을 원형으로 배치하고 다음과 같은 규칙에 따라 게임을 진행한다.

1) 두 사람이 번갈아 가며 인접한 바둑돌 1~3개를 가져간다.

2) 마지막에 남아 있는 바둑돌을 가져가는 사람이 승리한다.

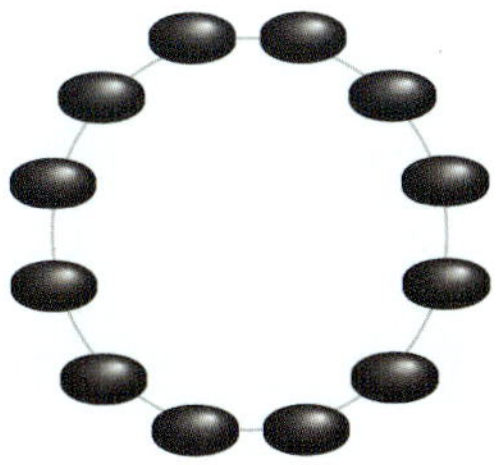

0. 게임 시작

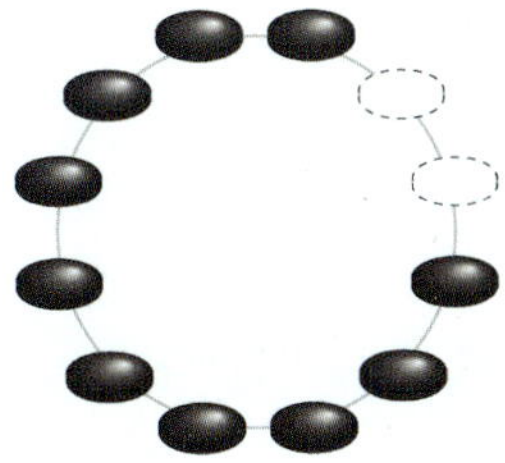

1. 민정이가 2 개 가져감

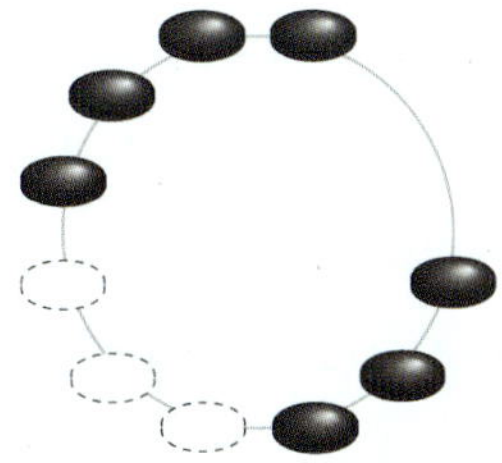

2. 유재가 3 개 가져감

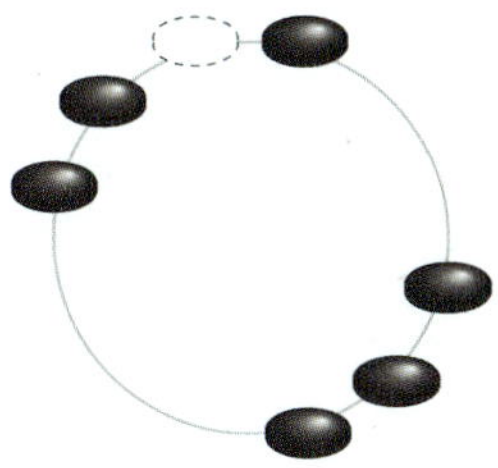

3. 민정이가 1 개 가져감

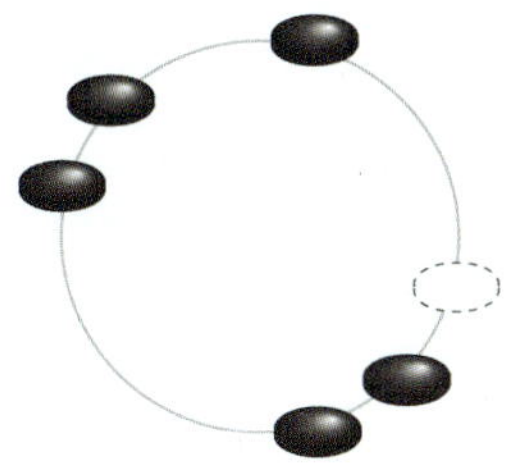

4. 유재가 1 개 가져감

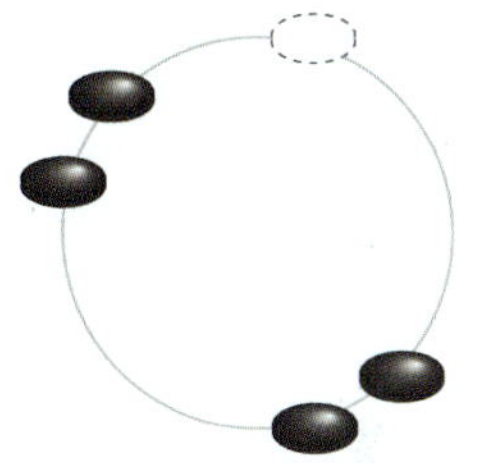

5. 민정이가 1 개 가져감

위의 그림은 12 개의 바둑돌로 민정이와 유재가 원형 님을 하는 과정의 일부이다. 바둑돌이 여러 무더기로 나뉘며 나뉜 무더기에서 돌을 가져와야 함을 알 수 있다.

게임 Tip

원형 님에서는 바둑돌이 놓인 순서대로 가져가는 것이 아님에 유의하자. 원형 님을 진행하다 보면 자연스럽게 바둑돌이 여러 무더기로 나뉘게 된다. 자신의 차례에 인접한 바둑돌을 가져가야 하므로 게임 진행으로 생긴 여러 무더기 중 한 무더기를 선택해 바둑돌을 가져가야 한다. 돌 무더기가 수시로 바뀌므로 기본적인 님 게임보다 좀 더 복잡한 전략이 필요하다.

빌딩 님(Building Nim)

빌딩 님은 바둑돌을 가져가기 전에 바둑돌을 배치하는 과정이 선행된다. 바둑돌의 배치가 끝나면 기본적인 님 게임과 같은 규칙에 따라 게임이 진행된다. 여기서는 세 무더기인 경우의 규칙을 알아보자.

1) 두 사람은 번갈아 가며 세 무더기 중 하나를 선택해 하나의 바둑돌을 배치한다.
2) 바둑돌의 배치가 끝나면 마지막으로 바둑돌을 배치한 사람의 다음 차례부터 교대로 세 무더기 중 한 무더기를 선택하고 선택한 무더기에서 원하는 만큼의 바둑돌을 가져간다.
3) 마지막에 남아 있는 바둑돌을 가져가는 사람이 승리한다.

사탕 님(Candy Nim)

사탕 님은 바둑돌 대신 사탕을 갖고 하는 님 게임이다. 님 게임과 마찬가지로 마지막 사탕을 가져가는 사람이 승리한다. 그리고 승자가 정해지면 진 사람은 게임을 진행하며 자신이 가져간 사탕 중 절반을 승리한 사람에게 줘야 한다. 따라서 승리를 하더라도 어떻게 하면 더 많은 사탕을 받을 수 있는지가 관건이다.

이상한 님(Oddly Nim)

이상한 님은 전체 바둑돌의 개수를 홀수로 하고 둘 이상의 더미를 둔다. 바둑돌을 가져가는 규칙은 일반적인 님과 같지만, 승자에 대한 규칙이 다르다. 이상한 님에서 승자는 게임이 종료됐을 때 홀수 개의 바둑돌을 가지고 있는 사람이다.

다중 더미 님(Multiple-Heap Nim)

다중 더미 님은 일반적인 님과 같지만, 바둑돌을 가져가는 규칙이 하나 추가된다. 바로 모든 더미에서 같은 수의 바둑돌을 가져가는 것이다. 예를 들어 바둑돌이 각각 3, 6, 7개 남아 있는 세 개의 더미가 있다고 하자. 그러면 모든 더미에서 1개나 2개 또는 3개의 바둑돌을 가져가는 것이 가능하다.

필승전략

님 게임의 필승전략을 가장 처음 제시한 수학자는 하버드 대학교 수학과 교수인 찰스 L. 부턴(Charles L. Bouton)이다. 그는 1901년 그의 논문을 통해 해법을 제시했다. 여기서 말하는 님 게임은 두 무더기 이상에서 진행되는 님 게임을 말한다. (한 무더기에서 하는 님 게임은 님 게임의 변형 게임 중 하나이다.) 찰스 부턴이 해법을 제시한 이후에도 님 게임의 변형 게임이 많이 나왔고 그때마다 수학자들은 그 변형 게임의 수학적 해법을 연구해 결과를 발표했다. 앞에서 소개한 변형 게임 중 하나인 욕심쟁이 님은 2004년에 해법이 제시됐고, 빌딩 님은 2016년에, 사탕 님은 2018년에 해법이 제시됐다. 이런 님 게임과 관련된 연구는 지금도 계속되고 있다. 여기서는 기본적인 형태라 할 수 있는 한 무더기, 두 무더기, 세 무더기 말로 하는 님 게임의 필승전략에 대해 알아보자.

한 무더기 님 게임의 필승전략

한 무더기 말로 하는 님 게임의 필승전략을 생각하기 전에 먼저 배스킨라빈스 31 게임의 필승전략을 알아보자. 배스킨라빈스 31 게임은 31을 말하는 사람이 패배하므로 승리하기 위해서는 30을 말해야 한다. 그래야 다음 사람이 31을 말해 승리하기 때문이다. 그렇다면 30을 말하기 위해서는 어떻게 해야 할까? 당연하게도 상대방이 30을 말할 수 없게 해야 한다. 최대로 말할 수 있는 숫자가 3개이므로 30을 말하기 전에 30과 3 이하의 차이가 나는 숫자인 27, 28, 29 중 하나를 말한다면 상대방은 30을 말할 수 있다. 따라서 30을 말하기 전에 말해야 하는 숫자는 그보다 더 작은 숫자인 26이다. 26을 말하면 상대방이 말하는 숫자에 맞춰 다음에 30을 말할 수 있게 된다. 그리고 비슷한 과정을 통해 그 전에 말해야 하는 숫자는 22임을 알 수 있다. 이런 과정을 반복해서 생각하면 가장 처음에 말해야 하는 숫자는 2이다. 즉, 2부터 4씩 더해 나온 숫자들을 말하면 승리하게 된다.

배스킨라빈스 31 게임은 마지막 숫자를 말하는 사람이 패배하므로 불행형 님 게임이다. 하지만 한 무더기 말로 하는 님 게임은 마지막 말을 가져오는 사람이 승리하는 게임이다. 이 두 게임의 승리 조건은 반대지만 필승전략에는 큰 차이가 없다.

문제 상황을 일반화한다면 n개의 돌 무더기가 있고 최대 m개의 돌을 가져오는 상황으로 가정할 수 있다. 이때 m이 n 이상이라면 먼저 시작하는 사람이 무조건 승리한다. 따라서 m이 n보다 작은 경우를 가정해 문제 상황을 생각해 보자. 그러면 다음과 같은 필승전략이 존재함을 알 수 있다.

한 무더기 말로 하는 님 게임의 필승전략

n개의 말이 있는 무더기에서 최대 m개의 말을 가져온다고 할 때 필승전략은 다음과 같다. (단, $m < n$)

1) n을 $m+1$로 나눈 나머지가 0이 아닐 때, 먼저 시작한 사람에게 필승전략이 존재한다. 먼저 시작한 사람은 처음에 n을 $m+1$로 나눴을 때의 나머지만큼 말을 가져간다. 다음부터는 직전 상대방이 가져간 말의 수와 합이 $m+1$이 되도록 말을 가져간다.
2) n을 $m+1$로 나눈 나머지가 0일 때, 두 번째로 시작한 사람에게 필승전략이 존재한다. 직전 상대방이 가져간 말의 수와 합이 $m+1$이 되도록 말을 가져간다.

증명〉 1) 먼저 시작한 사람이 n을 $m+1$로 나눈 나머지만큼 돌을 가져간다면 남은 돌은 $m+1$의 배수가 된다. 이때 상대방이 k개의 돌을 가져가면 전략에 의해 먼저 시작했던 사람은 $m+1-k$개의 돌을 가져가게 되고 여전히 남아 있는 돌은 $m+1$의 배수이다. 이를 반복하면 돌은 최종적으로 $m+1$개가 남게 되고 상대방이 $m+1$개의 돌을 한 번에 가져갈 수 없으므로 먼저 시작했던 사람이 승리하게 된다.

2) 먼저 시작하는 사람이 k개의 돌을 가져가면 전략에 의해 두 번째로 시작한 사람은 $m+1-k$개의 돌을 가져가게 된다. n을 $m+1$로 나눈 나머지가 0이므로 남아 있는 돌은 $m+1$의 배수이다. 이를 반복하면 돌은 최종적으로 $m+1$개가 남게 되고 먼저 시작했던 사람이 $m+1$개의 돌을 한 번에 가져갈 수 없으므로 두 번째로 시작했던 사람이 승리하게 된다. ■

두 무더기 님 게임의 필승전략

두 무더기에 있는 말의 수를 각각 n, m개라 할 때, 이를 **초기상태**라 하고 (n, m)으로 표현하자. 이때 필승전략은 다음과 같다.

두 무더기 말로 하는 님 게임의 필승전략

두 무더기에 있는 말의 초기상태가 (n, m)일 때 필승전략은 다음과 같다. (단, $n \geq m$)

1) $n \neq m$일 때 먼저 시작한 사람에게 필승전략이 존재한다. 먼저 시작한 사람은 처음에 (m, m) 형태로 만든다. 다음부터는 상대방이 한 무더기에서 k개의 말을 가져가면 다음 차례에 다른 무더기에서 k개의 말을 가져간다.

2) $n = m$일 때 두 번째로 시작한 사람에게 필승전략이 존재한다. 먼저 시작한 사람이 한 무더기에서 k개의 말을 가져가면 다음 차례에 다른 무더기에서 k개의 말을 가져가고 이를 반복한다.

증명〉 1) 최종적으로 $(0, 0)$ 형태로 만드는 쪽이 승리한다. 먼저 시작한 사람이 (m, m) 형태로 만들고 다음 차례에 상대방이 가져간 말만큼 다른 무더기에서 말을 가져가면 $m > l$인 l이 존재해 (l, l) 상태가 된다. 이를 반복하면 먼저 시작한 사람이 $(0, 0)$ 형태를 만드는 순간이 존재하게 된다. 따라서 먼저 시작한 사람이 승리한다.

2) 1)과 비슷하게 보일 수 있다. ■

세 무더기 님 게임의 필승전략

세 무더기 이상의 말로 하는 님 게임의 필승전략을 알아보기 위해 한 가지 연산을 정의할 것이다. 바로 **님합**(Nim-Sum)이라는 연산이다.

님합

두 수 a, b의 님합은 기호로 $a \oplus b$로 표시하고 다음과 같은 순서로 계산한다.

1) 주어진 수를 이진법으로 바꾼다.

2) 각 자리의 수를 더한 후 그 합이 짝수면 그 자리에 0을 반환하고, 그 합이 홀수면 그 자리에 1을 반환한다.

세 수 $5, 6, 7$의 님합을 구해보자.

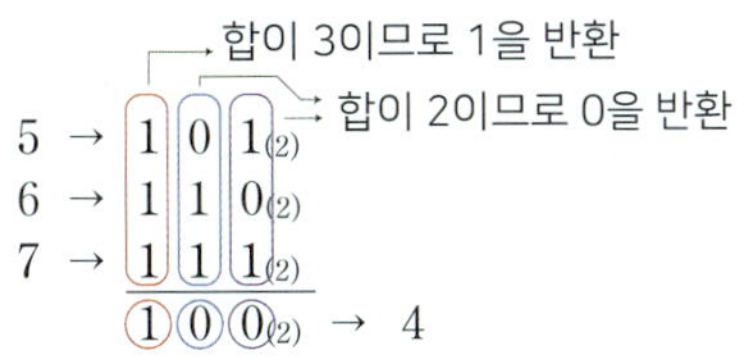

각 숫자를 이진법으로 바꾸고 조건에 맞게 연산하면 그 값이 4가 됨을 알 수 있다. 즉, $5 \oplus 6 \oplus 7 = 4$이다. 님합은 교환법칙과 결합법칙이 성립하고 임의의 자연수 x에 대해 $x \oplus x = 0$이다. 님합을 이용하면 세 무더기 이상의 말로 하는 님 게임의 필승전략을 알 수 있다. 먼저 다음 보조정리를 알아보자.

보조정리

1) n개의 무더기의 님합이 0이면 다음에 말을 어떻게 가져가든 님합은 0이 아니다.

2) n개의 무더기의 님합이 0이 아니면 다음에 님합이 0이 되도록 말을 가져가는 방법이 있다.

증명〉 1) n개의 무더기의 말의 수가 순서대로 $x_1, x_2, \cdots, x_n$이라 하고 님합이 0이라 하자. 즉,

$$x_1 \oplus x_2 \oplus \cdots \oplus x_n = 0$$

이때 k번째 무더기 x_k에서 말을 가져가 말의 개수가 y_k가 됐다고 하자. 나머지 무더기의 말의 개수는 변화가 없으므로 n개의 무더기의 말의 수가 순서대로 $x_1, x_2, \cdots, x_{k-1}, y_k, x_{k+1}, \cdots, x_n$이다. $x_k \oplus x_k = 0$이므로 이 무더기의 님합을 구하면 다음과 같다.

$$
\begin{aligned}
& x_1 \oplus x_2 \oplus \cdots \oplus x_{k-1} \oplus y_k \oplus x_{k+1} \oplus \cdots \oplus x_n \\
&= x_1 \oplus x_2 \oplus \cdots \oplus x_{k-1} \oplus 0 \oplus y_k \oplus x_{k+1} \oplus \cdots \oplus x_n \\
&= x_1 \oplus x_2 \oplus \cdots \oplus x_{k-1} \oplus x_k \oplus x_k \oplus y_k \oplus x_{k+1} \oplus \cdots \oplus x_n \\
&= (x_1 \oplus x_2 \oplus \cdots \oplus x_{k-1} \oplus x_k \oplus x_{k+1} \oplus \cdots \oplus x_n) \oplus (x_k \oplus y_k) \\
&= 0 \oplus x_k \oplus y_k \\
&= x_k \oplus y_k
\end{aligned}
$$

그런데 $x_k \neq y_k$이므로 $x_k \oplus y_k \neq 0$이다. 따라서 n개의 무더기의 님합이 0이면 다음에 말을 어떻게 가져가든 님합은 0이 아니다.

2) n개의 무더기의 말의 수가 순서대로 $x_1, x_2, \cdots, x_n$이라 하고 님합이 0이 아니라 하자. 즉,

$$s = x_1 \oplus x_2 \oplus \cdots \oplus x_n \neq 0$$

님합 s를 이진법으로 표현했을 때 자리의 값이 1인 가장 높은 자리를 d번째 자리라 하자. 이진법으로 나타냈을 때 d번째 자리가 1인 무더기 x_k가 존재한다. $y_k = s \oplus x_k$라 하면 s와 x_k는 둘 다 이진법으로 표현했을 때 d번째 자리의 값이 1이므로 y_k를 이진법으로 표현했을 때 d번째 자리의 값은 0이 된다. 그리고 그보다 높은 자리의 값은 x_k와 같다. 따라서 $x_k > y_k$이다. x_k에서 $x_k - y_k$의 돌을 가져가면 x_k는 y_k가 되고 n개의 무더기의 말의 수가 순서대로 $x_1, x_2, \cdots, x_{k-1}, y_k, x_{k+1}, \cdots, x_n$이다. 이 무더기의 님합을 구하면 다음과 같다.

$$
\begin{aligned}
& x_1 \oplus x_2 \oplus \cdots \oplus x_{k-1} \oplus y_k \oplus x_{k+1} \oplus \cdots \oplus x_n \\
&= x_1 \oplus x_2 \oplus \cdots \oplus x_{k-1} \oplus 0 \oplus y_k \oplus x_{k+1} \oplus \cdots \oplus x_n \\
&= x_1 \oplus x_2 \oplus \cdots \oplus x_{k-1} \oplus x_k \oplus x_k \oplus y_k \oplus x_{k+1} \oplus \cdots \oplus x_n \\
&= (x_1 \oplus x_2 \oplus \cdots \oplus x_{k-1} \oplus x_k \oplus x_{k+1} \oplus \cdots \oplus x_n) \oplus (x_k \oplus y_k) \\
&= s \oplus x_k \oplus y_k = (s \oplus x_k) \oplus (s \oplus x_k) = 0
\end{aligned}
$$

따라서 n개의 무더기의 님합이 0이 아니면 님합이 0이 되도록 말을 가져가는 방법이 있다는 것을 알 수 있다. ■

보조정리를 이용해서 세 무더기 이상의 말로 하는 님 게임의 필승전략을 생각해 보자.

세 무더기 이상의 말로 하는 님 게임의 필승전략

님 게임의 초기상태의 님합이 0이 아니면 먼저 시작한 사람에게 필승전략이 존재한다. 초기상태의 님합이 0이면 두 번째로 시작한 사람에게 필승전략이 존재한다.

증명〉 님 게임에서 승리한다는 것은 마지막 돌을 가져오는 것이므로 모든 무더기의 돌의 개수를 0으로 만들어 님합이 0이 되게 하는 것이다. 님합이 0이 아니면 보조정리 2)에 의해 먼저 시작한 사람은 님합이 0이 되게 만들 수 있다. 다음으로 두 번째로 시작한 사람은 보조정리 1)에 의해 돌은 어떻게 가져가든 님합이 0이 아니게 된다. 이를 계속 반복하면 전체 돌의 수는 계속해서 작아지므로 어느 순간 먼저 시작했던 사람이 마지막 돌을 가져가 님합이 0이 되며 승리하게 된다. 마찬가지로 님합이 0이면 먼저 시작한 사람이 어떻게 돌을 가져가든 보조정리 1)에 의해 님합이 0이 아니게 된다. 두 번째로 시작한 사람은 보조정리 2)에 의해 님합이 0이 되게 돌을 가져갈 수 있다. 이를 반복하면 두 번째로 시작한 사람이 승리하게 된다. ■

님 게임에 승리하기 위한 필승전략은 결국 님합을 계산해 그 값이 0이 되게 만드는 것이다. 세 무더기 말의 경우에는 $(3, 4, 7)$, $(3, 5, 6)$, $(2, 4, 6)$, $(1, 4, 5)$, $(1, 2, 3)$ 등이 님합이 0이 되는 경우이다.

마지막 말의 주인공은 **님 게임과 그 변형 게임**

그런디 게임 Grundy's Game

그런디 게임(Grundy's Game)은 영국의 수학자 P. M. 그런디(P. M. Grundy)가 자신의 이름을 붙여 만든 게임이다. 1939년 케임브리지 대학의 수학 학회인 아르키메데스는 '유레카(Eureka)'라는 수학 잡지를 발간하기 시작했는데 그해 그런디는 이 잡지에 그런디 게임을 소개하였다.

게임에 필요한 도구

바둑돌

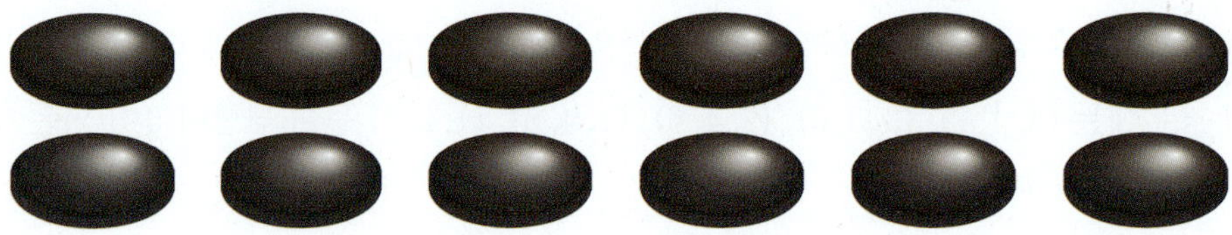

그런디 게임은 님 게임과 마찬가지로 바둑돌만 있으면 게임을 해볼 수 있다. 바둑돌은 한 가지 색만 있으면 충분하고, 바둑돌이 없다면 돌, 동전, 클립, 구슬, 연필 등을 사용할 수 있다.

게임 규칙

아래 그림처럼 바둑돌 20개를 하나의 무더기로 준비하고 다음과 같은 규칙에 따라 게임을 진행한다. (바둑돌의 개수는 자유롭게 정할 수 있다.)

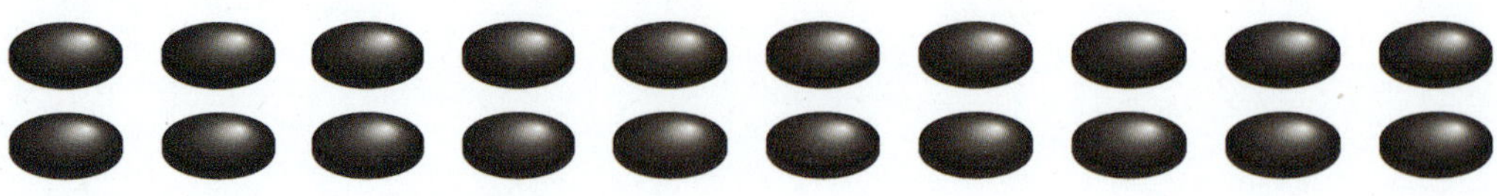

1) 두 사람이 번갈아 가며 바둑돌 무더기 중 하나를 선택해 개수가 다른 두 무더기로 나눈다. 예를 들어 4개로 된 무더기가 있다면 3개와 1개로 나눌 수는 있지만 2개와 2개로 나눌 수는 없다.

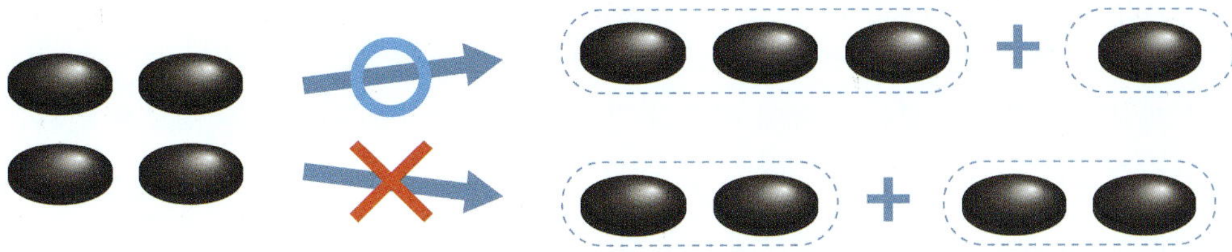

무더기를 나누는 것이 가능한 경우와 불가능한 경우

2) 바둑돌이 2개 이하인 무더기는 두 무더기로 나눌 수 없다.

3) 나눌 수 있는 무더기가 없으면 게임은 종료되고 마지막으로 바둑돌 무더기를 나눈 사람이 승리한다.

다음은 유재와 미희가 8개의 바둑돌로 그런디 게임을 진행한 예이다. 유재가 시작한 게임은 미희의 승리로 끝났다.

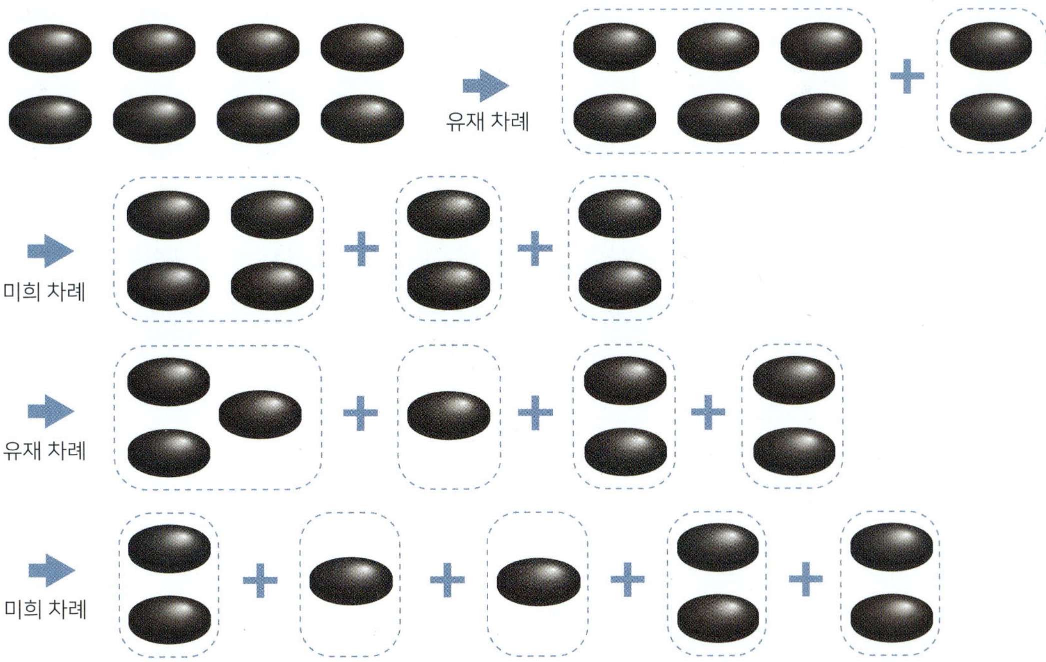

그런디 게임 진행 예시(미희의 승리)

공정 게임

조합 게임 이론은 순차적으로 진행되는 완전 정보(Perfect Information) 게임의 수학적 성질에 관해 탐구하는 수학의 한 분야로 주로 게임의 필승전략을 알아보는 것이 목적이다. 여기서 **완전 정보 게임**이란 게임에 참가하는 모든 사람이 게임의 진행 상황이나 변화와 관련된 정보를 언제든 알 수 있는 게임을 말한다. 대표적인 예로 바둑이나 장기, 체스 등을 들 수 있다. 포커의 경우 상대방이 어떤 카드를 들고 있는지 알 수 없기 때문에 완전 정보 게임이 아니다.

조합 게임 이론에 크게 이바지한 수학자 중 한 명은 영국의 수학자 존 콘웨이(John Conway)로 1976년 출간한 그의 저서 《숫자와 게임에 대하여(On Numbers and Games)》는 이 분야의 급속한 성장을 이끌었다. 이 분야에서 분석하는 게임은 크게 두 가지로 나눌 수 있는데 바로 공정 게임(Impartial Game)과 당파 게임(Partizan Game)이다. **당파 게임**은 한 사람은 할 수 있고 다른 사람은 할 수 없는 행동이 있는 게임을 말한다. 예를 들어 바둑의 경우 검은색 돌을 놓을 수 있는 사람은 한 명뿐이고 다른 사람은 검은색 돌을 놓지 못한다. 따라서 바둑은 당파 게임이다. 반면 **공정 게임**은 게임에 참여하는 두 사람이 선택할 수 있는 행동이 같은 게임이다. 대표적으로 님 게임을 들 수 있다. 님 게임은 게임에 참여하는 두 사람 모두 돌을 가져가는 같은 행동만 할 수 있다. 그 외에도 그런디 게임, 피보나치 님, 참프, 케일스, 하켄부시도 모두 공정 게임이다.

존 콘웨이

공정 게임과 관련해 필승전략을 분석할 수 있는 우아한 정리가 알려져 있다. 바로 스프라그-그런디 정리이다. 이에 대해 알아보는 것이 우리의 목적인데 그러기 위해서는 공정 게임이 무엇인지 정확히 알 필요가 있다. 공정 게임에 대해 좀 더 자세히 알아보자.

공정 게임

공정 게임은 완전 정보 게임으로 다음 조건을 만족한다.

1) 두 사람이 교대로 게임을 진행한다.

2) 한 사람이 더는 게임을 진행하지 못할 때 게임의 승자가 결정된다.

3) 두 사람이 게임에서 선택할 수 있는 행동이 같다.

4) 가능한 게임의 상태는 유한하며, 유한 회 안에 게임이 종료된다.

5) 게임의 어떤 행동도 우연에 의해 결정되지 않는다.

공정 게임이 만족해야 하는 첫 번째 조건은 두 사람이 교대로 게임을 진행한다는 것이다. 보통 이를 **순차적 게임**(Sequential Game)이라 한다. 순차적 게임과 대조되는 게임은 동시적 게임(Simultaneous Game)이다. **동시적 게임**은 다른 사람이 선택한 행동에 대한 지식 없이 자신의 행동을 선택하는 게임으로 대표적인 예는 가위바위보이다.

다음으로 만족해야 하는 조건은 한 사람이 더는 게임을 진행하지 못할 때 게임이 종료된다는 것인데 경우를 두 가지로 나눠 생각할 수 있다. 마지막 행동을 한 사람이 승리하는 경우와 마지막 행동을 한 사람이 패배하는 경우이다. 전자의 경우를 **정규 게임**(Normal Game)이라 하고, 후자를 **불행형 게임**(Misère Game)이라 한다. 예를 들어 그런디 게임을 정규 게임으로 진행하면 마지막으로 무더기를 나눈 사람이 승리하는 것이고, 불행형 게임으로 진행하면 마지막으로 무더기를 나눈 사람이 패배하는 것이다. 일반적으로 공정 게임은 정규 게임으로 진행한다. 따라서 승리 조건에 대한 특별한 언급이 없다면 정규 게임으로 생각하면 된다.

두 사람이 선택할 수 있는 행동이 같다는 것은 앞서 소개했듯이 사람은 상관없이 오로지 게임판의 상태에 따라서만 선택할 수 있는 행동이 결정된다는 것이다. 게임에 참여하는 사람이 할 수 있는 행동과 관련해서는 같은 규칙이 적용되며 두 사람에게 차이점이 있다면 게임에 참여하는 순서가 다르다는 것이다. 바둑의 경우 한 사람은 검은색 돌을 두고 다른 사람은 흰색 돌을 둔다는 규칙이 적용되므로 할 수 있는 행동과 관련해 서로 다른 규칙이 적용된다고 할 수 있다.

게임의 상태가 유한하다는 것은 말 그대로 게임의 상태가 몇 가지 경우만 나타난다는 것이다. 예를 들어 그런디 게임을 한다고 하면 바둑돌 무더기를 여러 무더기로 나눌 수 있는 경우의 수는 유한하다. 체스의 변형 게임 중 하나로 무한한 체스판에서 진행되는 무한 체스가 있다. 무한 체스의 경우 가능한 게임의 상태가 무한하다고 할 수 있다.

게임을 진행할 때 게임이 종료되지 않는다면 무승부를 선언할 수밖에 없다. 하지만 공정 게임은 유한 회 안에 게임이 종료되어야 한다는 조건이 있으므로 이런 무승부의 가능성을 배제한다. 따라서 무승부가 존재하는 틱택토는 공정 게임이 아니다. 마지막으로 게임의 어떤 행동도 우연에 의해 결정되지 않으므로 주사위를 굴리거나 카드를 임의로 나눠주는 것은 허용되지 않는다. 따라서 백개먼 같은 주사위 게임이나 포커 같은 카드 게임은 공정 게임이 아니다.

정리하면 공정 게임은 2인이 순차적으로 진행하는 완전 정보 게임으로 두 선수가 선택할 수 있는 행동이 같으며 우연에 의해 행동이 결정되지 않고 유한 회 안에 게임이 종료되어 승자가 결정되는 게임이라 할 수 있다. 그리고 보통 정규 게임으로 진행된다.

P-포지션과 N-포지션

7개의 말로 그런디 게임을 진행하여 4, 2, 1인 3개의 무더기로 나눴다고 하자. 이번 차례에 이 무더기를 나눠야 하는 사람(Next Player)과 이 이전에 무더기를 나눈 사람(Previous Player) 중 누가 승리하게 될까?

정답은 이 이전에 무더기를 나눈 사람이다. 이번에 무더기를 나눠야 하는 사람은 무더기를 3, 1, 2, 1인 4개의 무더기로 나눌 수밖에 없다. 그러면 다음 사람이 무더기를 1, 2, 1, 2, 1로 나눠 승리하게 된다. 공정 게임에서 두 사람이 최선의 전략으로 게임을 진행한다고 하면 앞의 예처럼 각 게임 상태마다 승리할 수 있는 사람과 패배하는 사람이 명확하게 정해진다.

게임이 진행되다 어떤 상태가 됐을 때 그 상태 이전에 게임을 한 사람(Previous Player)이 승리할 수 있는 상태면 이 상태를 ***P*-포지션**(P-position)이라 하고, 이번 차례에 게임을 해야 하는 사람(Next Player)이 승리할 수 있는 상태면 이 상태를 ***N*-포지션**(N-position)이라 한다. 특별히 더는 게임을 진행할 수 없는 상태를 **터미널 포지션**(Terminal Position)이라 한다. 위의 예에서 4, 2, 1인 무더기는 이전에 게임을 한 사람이 승리하는 상태이므로 P-포지션이고, 3, 1, 2, 1인 무더기는 이번 차례에 게임을 해야 하는 사람이 승리하는 상태이므로 N-포지션이며, 무더기가 1, 2, 1, 2, 1이 됐을 때 더는 게임을 진행할 수 없으므로 이 상태는 터미널 포지션이다. **후진 귀납법**(Backwards Induction)을 이용하면 각 게임 상태가 P-포지션과 N-포지션 중 어디에 해당하는지 판단할 수 있다. 이에 대해 알아보자.

게임 상태와 후진 귀납법

각 게임 상태에 대해 P-포지션과 N-포지션을 다음과 같이 찾을 수 있다.

1) 모든 터미널 포지션은 P-포지션이다.
2) 어떤 게임 상태에서 한 번의 행동으로 P-포지션인 게임 상태로 갈 수 있다면 이 상태는 N-포지션이다.
3) 어떤 게임 상태에서 한 번의 행동으로 갈 수 있는 게임 상태가 N-포지션밖에 없다면 이 상태는 P-포지션이다.

터미널 포지션이 되면 더는 게임이 진행되지 않고 이전에 게임을 한 사람이 승자가 되므로 P-포지션이라 할 수 있다. 또한 어떤 게임 상태 x에서 P-포지션인 게임 상태 y로 갔다면 게임 상태 y를 기준으로 이전에 게임을 한 사람이 승리하게 된다. 그런데 이 사람은 게임 상태 x를 기준으로 이

번 차례에 게임을 할 사람이다. 따라서 게임 상태 x는 N-포지션이다. 마지막으로 게임 상태 z에서 N-포지션인 게임 상태로밖에 갈 수 없다고 하자. N-포지션인 게임 상태를 기준으로 보면 이번 차례에 게임을 할 사람이 승리하게 되는데 게임이 교대로 진행되므로 이 사람은 게임 상태 z를 기준으로 보면 이전에 게임을 한 사람이다. 따라서 게임 상태 z는 P-포지션이다.

한 무더기 말로 하는 님 게임을 통해 P-포지션과 N-포지션에 대한 이해를 높여보자. 무더기에는 모두 31개의 말이 있고 한 번에 최대 3개의 말을 가져갈 수 있다고 하자. 말이 0개인 상태는 터미널 포지션이므로 P-포지션이다. 또한 말이 1, 2, 3개일 때는 말이 0개인 P-포지션으로 갈 수 있으므로 N-포지션이다. 말이 4개일 때는 말이 1, 2, 3개인 상태로 갈 수 있는데 이들 모두 N-포지션이므로 말이 4개인 상태는 P-포지션이다. 이를 반복하면 한 무더기 말로 하는 님 게임에서 각 게임의 상태는 다음과 같음을 알 수 있다.

게임 상태	0	1	2	3	4	5	6	7	8	9	10	11	12	13	14
포지션	P	N	N	N	P	N	N	N	P	N	N	N	P	N	N

한 무더기 님 게임의 상태와 포지션

자신이 게임의 참가자라 생각하면 게임에 이기기 위해 해야 할 일은 상대방에게 P-포지션인 게임 상태를 넘기는 것이다. P-포지션인 게임 상태에서는 이전에 게임을 한 사람이 이기는데 그게 바로 자신이기 때문이다. 위에서 생각한 한 무더기 말로 하는 님 게임이라면 상대방이 12개, 8개, 4개인 상태에서 게임을 하게 해 최종적으로 0개인 상태를 넘겨야 한다. 그러면 내가 마지막으로 게임을 한 사람이 되어 승리한다.

이렇게 후진 귀납법을 통해 게임의 각 상태가 P-포지션과 N-포지션 중 어디에 해당하는지 알려면 게임에서 어떤 행동이 가능하고 행동에 따라 어떤 상태에서 어떤 상태로 가는지 파악해야 한다. 한 무더기 말로 하는 님 게임은 규칙과 게임 상태가 비교적 단순하여 분석이 어렵지 않지만 조금만 복잡해져도 이를 파악하기가 어렵다. 이때 이를 시각적으로 표현할 수 있다면 분석에 도움이 될 것이다. 다행스럽게도 그렇게 할 수 있는 방법이 있다. 바로 그래프로 표현하는 것이다.

게임의 상태는 하나의 꼭짓점으로, 게임에서 선택할 수 있는 행동은 방향이 있는 간선으로 나타내면 방향이 있는 그래프인 **유향 그래프**(Directed Graphs)로 게임의 상태와 가능한 행동 그리고 그 사이의 관계를 나타낼 수 있다. 위에서 예로 든 한 무더기 말로 하는 님 게임을 게임 상태가 7인 경우부터 유향 그래프로 나타내면 그림1과 같다.

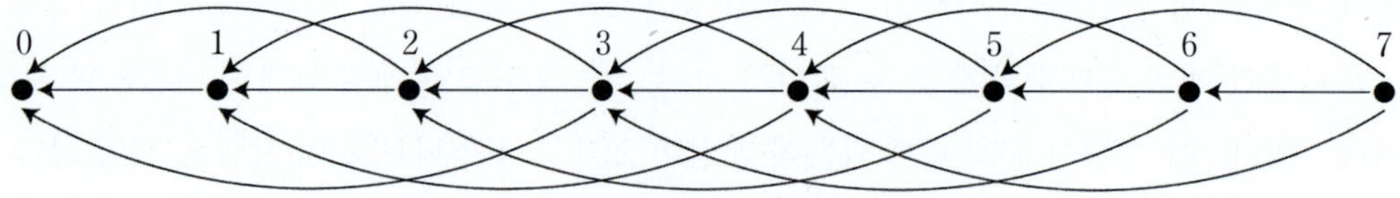

그림1 한 무더기 말로 하는 님 게임의 유향 그래프

비슷하게 7개의 말로 하는 그런디 게임의 유향 그래프를 생각한 후, P-포지션과 N-포지션을 판단해 보자. 그래프에서 터미널 포지션인 게임 상태를 P-포지션으로 표시하고 터미널 포지션으로 가는 게임 상태를 N-포지션으로 표시한 후, 후진 귀납법에 따라 나머지 게임 상태에 대해서도 포지션을 찾으면 그래프 없이 하는 것보다 상대적으로 쉽게 각 게임 상태에 대한 포지션을 판단할 수 있다. 이를 정리하면 그림2와 같다.

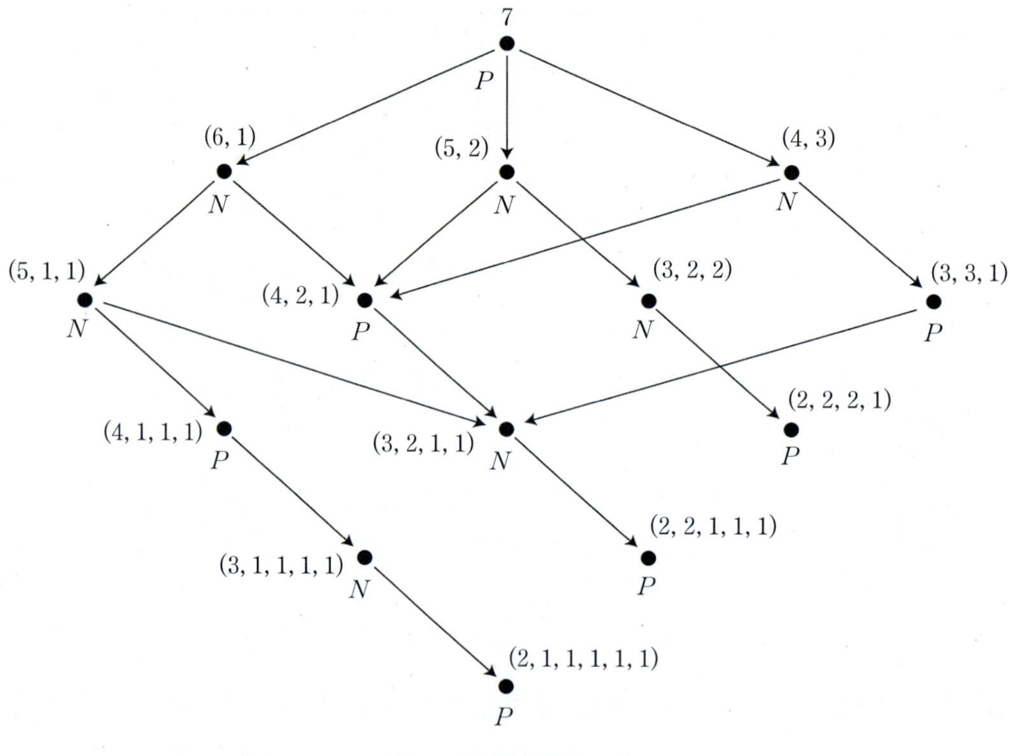

그림2 그런디 게임의 유향 그래프

그래프를 보면 7개로 하는 그런디 게임은 두 사람이 최선의 수로 뒀을 때 먼저 시작하는 사람이 진다는 것을 알 수 있다.

스프라그-그런디 함수와 그런디 값

이제 스프라그-그런디 함수(Sprague-Grundy Function)에 대해 알아보자. 아래 내용은 스프라그-그런디 정리를 알아보기 전에 거쳐야 할 마지막 단계이다. 스프라그-그런디 함수에 대해 이해하려면 먼저 게임을 유향 그래프로 나타내는 방법을 알아야 한다. 앞서 님 게임과 그런디 게임을 유향 그래프로 나타내 보았는데 이에 대한 수학적 정의는 다음과 같다.

게임의 유향 그래프

게임은 다음 조건을 만족하는 그래프 $G = (X, F)$로 나타낼 수 있다.

1) X는 공집합이 아닌 꼭짓점의 집합으로 게임에서 가능한 모든 상태를 나타낸다.
2) F는 각 $x \in X$에 대하여 적당한 X의 부분집합에 대응되는 함수이다. 즉, $F(x) \subset X$이다. 주어진 $x \in X$에 대하여 $F(x)$는 x에서 이동 가능한 게임 상태의 집합으로 팔로워(Followers)라 한다. 만약 $F(x)$가 공집합이면 x는 터미널 포지션이다.

몇 가지 예를 통해 정의를 살펴보자. 그림1의 한 무더기 말로 하는 님 게임의 경우 집합 X는 게임 상태의 집합이므로 $X = \{0, 1, 2, 3, 4, 5, 6, 7\}$이다. F는 함수로 정의역은 X이다. 공역은 X의 모든 부분집합을 원소로 갖는 집합으로 이를 X의 멱집합이라 한다.

$x = 0$인 경우를 보자. $F(0)$은 0에서 이동 가능한 게임 상태의 집합인데 여기서 이동 가능한 게임 상태가 없다. 따라서 $F(0)$은 공집합이다. 즉, $F(0) = \varnothing$이다. 따라서 0은 터미널 포지션이다. 비슷하게 $x = 1$에서 이동 가능한 게임 상태가 0이므로 $F(1) = \{0\}$이다. 계속 이런 식으로 구하면 $F(2) = \{0, 1\}$, $F(3) = \{0, 1, 2\}$, $F(4) = \{1, 2, 3\}$임을 알 수 있다. 일반적으로 $x \geq 3$이면 $F(x) = \{x-3, x-2, x-1\}$이다.

그림2의 7개 말로 하는 그런디 게임을 생각해 보자. 집합 X는 7부터 $(2, 1, 1, 1, 1, 1)$까지 모두 14개의 원소를 갖는다. 함수 F는 몇 가지 경우만 살펴보자. $x = 7$인 경우 7에서 이동 가능한 게임 상태는 $(6, 1), (5, 2), (4, 3)$이다. 따라서 $F(7) = \{(6, 1), (5, 2), (4, 3)\}$이다. $x = (5, 1, 1)$인 경우 여기서 이동 가능한 게임 상태는 $(4, 1, 1, 1), (3, 2, 1, 1)$이므로 $F(5, 1, 1) = \{(4, 1, 1, 1), (3, 2, 1, 1)\}$이다.

공정 게임은 유한한 게임 상태를 갖고 유한 회 안에 종료된다고 했으므로 공정 게임의 유향 그래프라면 X는 유한집합이고, 그래프에서 몇 개의 꼭짓점 사이에 반복적인 이동이 가능한 회로

(cycle)가 나타나지 않는다. 또한 게임을 유향 그래프로 나타낸 것이므로 두 사람이 유향 그래프 $G = (X, F)$ 위에서 교대로 게임을 진행하는 상황을 생각할 수 있다. 두 사람의 게임은 다음과 같이 진행된다.

1) 먼저 시작하는 사람은 시작점 $x_0 \in X$에서 게임을 시작한다.
2) 두 사람은 교대로 게임을 진행한다.
3) $x \in X$의 위치에서 게임을 할 차례라면 적당한 $y \in F(x)$를 선택해 이동한다.
4) $x \in X$의 위치에 있을 때, $F(x) = \varnothing$이면, 즉, x가 터미널 포지션이면 게임은 종료되고 이 위치에 있는 사람은 패배한다.

이제 게임의 유향 그래프를 바탕으로 함수를 하나 정의할 것이다. 바로 **스프라그-그런디 함수**(Sprague-Grundy Function)이다.

스프라그-그런디 함수

그래프 $G = (X, F)$의 스프라그-그런디 함수는 X 위에서 정의되며 음의 아닌 정수의 값을 갖는 함수로 다음과 같이 정의된다.

$$g(x) = \min\{\, n \mid \text{모든 } y \in F(x)\text{에 대하여 } n\text{은 } n \neq g(y)\text{인 음이 아닌 정수} \}$$

각 x에 대해 함숫값 $g(x)$를 **스프라그-그런디 값**(Sprague-Grundy Value)이라 하며 간단히 **그런디 값**(Grundy Value) 또는 **그런디 수**(Grundy Number) 또는 **님버**(Nimber)라고도 한다. 함수의 정의가 어렵게 느껴질 수 있는데 간단히 말하면 함수의 값을 x의 팔로워의 스프라그-그런디 값에 해당하지 않는 가장 작은 음이 아닌 정수로 정의하겠다는 것이다. mex 함수를 통해 스프라그-그런디 함수의 정의를 다르게 표현할 수도 있다. **mex 함수**는 주어진 집합의 원소에 해당하지 않는 가장 작은 음이 아닌 정수를 구하는 함수이다. 예를 들어 $\text{mex}\{1, 2, 3\} = 0$, $\text{mex}\{0, 1, 2, 3, 5, 7\} = 4$이다. 이 함수를 이용하면 스프라그-그런디 함수는 다음과 같이 표현할 수 있다.

$$g(x) = \text{mex}\{g(y) \mid y \in F(x)\}$$

표현은 간단해졌지만, 이해하기 어려운 것은 마찬가지이다. 구체적인 예를 통해 스프라그-그런디

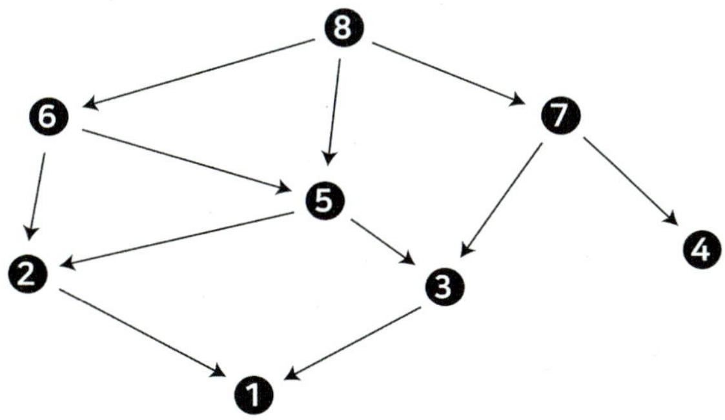

그림3 어떤 게임의 유향 그래프

함수에 대해 생각해 보자. 어떤 게임이 그림3과 같은 그래프를 갖는다고 할 때, 스프라그-그런디 값을 구해볼 것이다. 그림에서 검은 점 안의 숫자가 게임의 상태이다. 따라서 그래프 $G = (X, F)$에서 $X = \{1, 2, 3, 4, 5, 6, 7, 8\}$이다.

$x = 1$일 때를 생각해 보자. $F(1)$은 1에서 이동 가능한 게임 상태의 집합인데 1에서 이동 가능한 게임 상태가 없으므로 $F(1) = \varnothing$이다. 이때 아래 식을 생각해야 한다.

$$g(1) = \min\{\, n \mid \text{모든 } y \in F(1)\text{에 대하여 } n\text{은 } n \neq g(y)\text{인 음이 아닌 정수}\}$$

$F(1) = \varnothing$이므로 y의 값이 존재하지 않고 n의 값은 음이 아닌 정수 모두 가능하다. 따라서 $g(1) = 0$이다. 비슷하게 생각하면 $g(4) = 0$이다. $x = 2$인 경우 $F(2) = \{1\}$임을 알 수 있고 $g(2)$는 아래와 같다.

$$g(2) = \min\{\, n \mid \text{모든 } y \in F(2)\text{에 대하여 } n\text{은 } n \neq g(y)\text{인 음이 아닌 정수}\}$$

여기서 가능한 y의 값은 1이고 $g(1) = 0$이므로 n의 값은 0만 가능하지 않다. 따라서 $g(2) = 1$이다. 비슷하게 $g(3) = 1$임을 알 수 있다. 이제 좀 간단히 살펴보자. $x = 5$인 경우 $F(5) = \{2, 3\}$이고 $g(2) = 1, g(3) = 1$이므로 n의 값에서 1만 빠지므로 $g(5) = 0$임을 알 수 있다. $x = 7$인 경우 $F(7) = \{3, 4\}$이고 $g(3) = 1, g(4) = 0$이므로 n의 값에서 0과 1이 빠져 $g(7) = 2$이다. 비슷한 과정을 거치면 $g(6) = 2, g(8) = 1$임을 알 수 있다. 이 스프라그-그런디 값은 P-포지션, N-포지션과 밀접한 관련이 있는데 이 둘을 그래프에 표시하면 그림4와 같다.

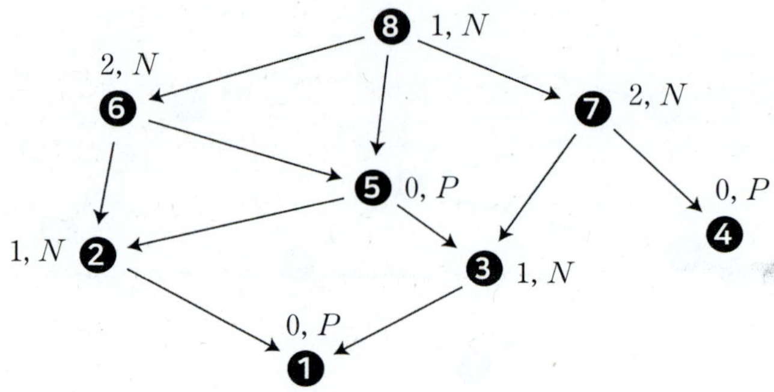

그림4 어떤 게임의 유향 그래프와 스프라그-그런디 값, P-포지션과 N-포지션

이제 스프라그-그런디 값과 P-포지션과 N-포지션 사이의 관계에 대해 생각해 보자. 일단 스프라그-그런디 값을 구하는 과정을 살펴봤듯 이 값은 P-포지션, N-포지션과 마찬가지로 귀납적으로 정해진다.

터미널 포지션의 경우 P-포지션인데 팔로워인 $F(x)$는 공집합이므로 스프라그-그런디 값은 0이 된다. 게임 상태 x에서 P-포지션인 게임 상태로 갈 수 있다면 x는 N-포지션인데 적당한 $y \in F(x)$가 존재해 $g(y) = 0$이므로 x의 스프라그-그런디 값은 0이 아니다. 게임 상태 z에서 N-포지션으로만 갈 수 있다면 z는 P-포지션인데 $g(y) = 0$인 $y \in F(x)$가 존재하지 않으므로 z의 스프라그-그런디 값은 0이다. 이를 정리하면 다음과 같다.

스프라그-그런디 값과 P-포지션, N-포지션 사이의 관계

스프라그-그런디 값과 P-포지션, N-포지션 사이에 다음의 관계가 성립한다.

1) 터미널 포지션은 P-포지션이며 스프라그-그런디 값은 0이다.

2) 모든 P-포지션의 스프라그-그런디 값은 0이다.

3) 모든 N-포지션의 스프라그-그런디 값은 0이 아니다.

스프라그-그런디 값을 기준으로 게임의 최선의 전략을 생각하면 상대방에게 스프라그-그런디 값이 0인 게임 상태를 넘기는 것이다. 이는 앞서 소개했던 상대방에게 P-포지션인 게임 상태를 넘긴다는 것과 동일하다. 스프라그-그런디 값은 일면 P-포지션, N-포지션과 크게 다르지 않아 보인다. 하지만 스프라그-그런디 값은 공정 게임에 대해 더 많은 정보를 준다. 다음 주제에서 이에 대해 알아보자.

스프라그-그런디 정리

드디어 마지막 목표인 스프라그-그런디 정리(Sprague-Grundy Theorem)다. 스프라그-그런디 정리는 놀랍게도 모든 공정 게임은 님 게임과 같은 방법으로 분석할 수 있다고 말한다. 이에 대해 알아보자. 여러 개의 공정 게임이 있다고 했을 때 이 게임을 합쳐 새로운 게임을 만들 수 있는데 다음 규칙을 따라 게임을 진행하면 된다.

1) 두 사람은 교대로 게임 중 하나를 선택하고 그 게임 규칙에 맞게 게임을 진행한다.
2) 게임 진행 중 종료되는 게임이 있으면 나머지 게임에 대해 게임을 진행한다.
3) 모든 게임이 종료될 때까지 게임은 계속 진행되고 마지막 행동을 한 사람이 승리한다.

여러 가지의 게임을 하나로 합치는 것을 게임의 **논리 합**(Disjunctive Sum) 또는 간단히 **게임의 합**이라 한다. 그리고 이렇게 여러 개의 게임이 합쳐져 만들어진 게임에 대해서도 각 게임 상태에 대해 스프라그-그런디 값을 정의할 수 있다. 이 이론은 독일의 수학자 R. P. 스프라그(R. P. Sprague)가 1936년에, 영국의 수학자 P. M. 그런디(P. M. Grundy)가 1939년에 발견했는데 각각 독립적으로 발견했다고 알려져 있다. 먼저 게임의 합에 대한 수학적 정의를 알아보자.

n가지 게임의 유향 그래프의 합

n가지 게임 $G_1 = (X_1, F_1), G_2 = (X_2, F_2), \cdots, G_n = (X_n, F_n)$에 대해 새로운 게임 $G = (X, F)$를 게임 $G_1, G_2, \cdots, G_n$의 합이라 하고, 기호로 $G(X, F) = G_1 + G_2 + \cdots + G_n$로 표시하며 다음과 같이 정의한다.

1) $X = X_1 \times X_2 \times \cdots \times X_n = \{(x_1, x_2, \cdots, x_n) \mid \text{ 모든 } i\text{에 대해 } x_i \in X_i\}$

2) $x = (x_1, x_2, \cdots, x_n) \in X$에 대해

$$F(x) = F(x_1, x_2, \cdots, x_n) = F_1(x_1) \times \{x_2\} \times \cdots \times \{x_n\} \cup \{x_1\} \times F_2(x_2) \times \cdots \times \{x_n\} \cup \cdots \cup \{x_1\} \times \{x_2\} \times \cdots \times F_n(x_n)$$

정의가 상당히 복잡해 보이는데 이 정의를 이해하기 위해서는 데카르트 곱을 알아야 한다. 데카르트 곱은 주어진 집합이 있을 때 각 집합의 원소들로 만든 순서쌍(또는 n중쌍)을 원소로 하는 집합이다. 예를 들어 $A = \{1, 2\}, B = \{3, 4, 5\}$라고 하면 $A \times B$는 다음과 같다.

$$A \times B = \{(1, 3), (1, 4), (1, 5), (2, 3), (2, 4), (2, 5)\}$$

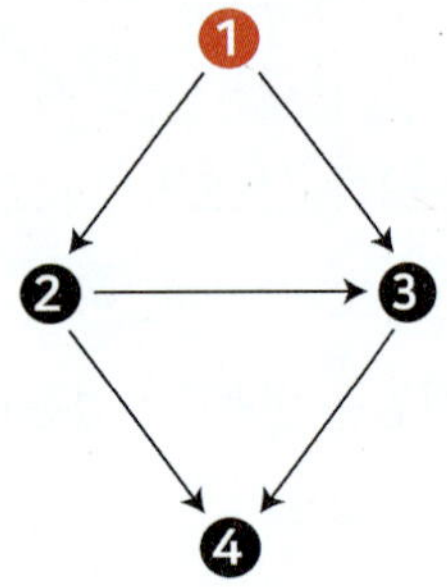

$G_1 = (X_1, F_1)$

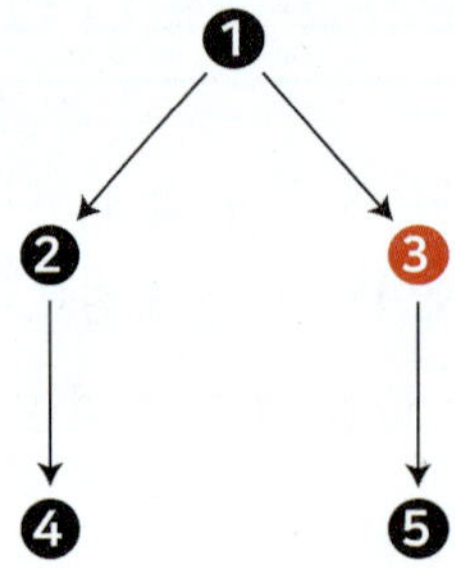

$G_2 = (X_2, F_2)$

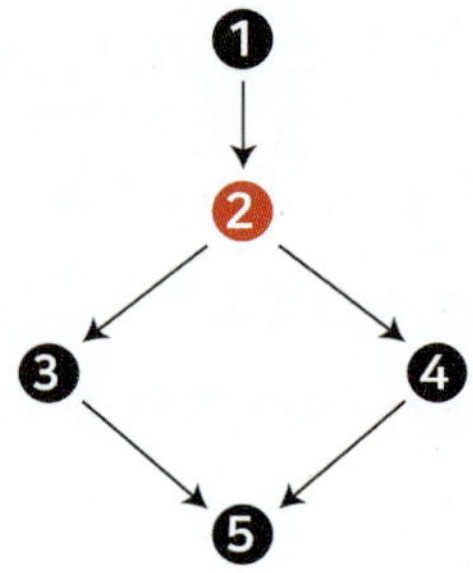

$G_3 = (X_3, F_3)$

그림5 세 게임 G_1, G_2, G_3

그림5의 예를 통해 n가지 게임의 유향 그래프의 합을 이해해 보자. 그림5에는 G_1, G_2, G_3의 세 게임이 있고 이때 $G = G_1 + G_2 + G_3$라 하면 $G = (X, F)$는 세 게임을 합쳐 진행하는 게임이다. 세 게임 중 한 게임을 선택해 게임을 진행하는 것을 반복하므로 G에서 가능한 게임 상태는 G_1에서 가능한 상태, G_2에서 가능한 상태, G_3에서 가능한 상태의 조합이라 할 수 있다. 한마디로 G_1, G_2, G_3의 게임 상태의 집합의 데카르트 곱 $X_1 \times X_2 \times X_3$으로 G에서 가능한 게임의 상태의 집합 X를 나타낼 수 있다. 여기서 X는 100개의 원소를 가진 집합이다.

게임 진행 중 $x = (1, 3, 2) \in X$가 됐다고 하자. 이 경우는 G_1에서는 1인 상태이고, G_2에서는 3인 상태이며, G_3에서는 2인 상태이다. 이때 x에서 갈 수 있는 게임 상태의 집합, 즉 x의 팔로워인 $F(x)$를 구해볼 것이다. 경우를 세 가지로 나눌 수 있는데 G_1을 선택하는 경우와 G_2를 선택하는 경우와 G_3를 선택하는 경우이다.

G_1을 선택하는 경우 현재 1에 있으므로 G_1에서 1의 팔로워 $F_1(1) = \{2, 3\}$의 원소로 갈 수 있다. 한마디로 2 또는 3으로 갈 수 있고 이때 x에서 갈 수 있는 게임의 상태는 $(2, 3, 2)$와 $(3, 3, 2)$이다. 이를 집합으로 표현하면 $F_1(1) \times \{3\} \times \{2\}$이다. 비슷하게 G_2를 선택하면 G_2에서 3의 팔로워 $F_2(3) = \{5\}$의 원소로 갈 수 있고 x에서 갈 수 있는 게임의 상태는 $(1, 5, 2)$이다. 이를 집합으로 표현하면 $\{1\} \times F_2(3) \times \{2\}$이다. 마찬가지로 G_3를 선택할 때 x에서 갈 수 있는 게임 상태의 집합은 $\{1\} \times \{3\} \times F_3(2)$임을 알 수 있다. 따라서 이를 다 합치면 x에서 갈 수 있는 게임 상태의 집합 즉, x의 팔로워 $F(x)$이고 이는 다음과 같다.

$$F_1(1) \times \{3\} \times \{2\} \cup \{1\} \times F_2(3) \times \{2\} \cup \{1\} \times \{3\} \times F_3(2)$$

따라서 일반적인 경우에는 앞에서 소개한 정의와 같다는 것을 알 수 있다. 이제 여러 개의 게임이 합쳐져 만들어진 게임에 대해서도 각 게임 상태에 대한 스프라그-그런디 값이 어떻게 되는지 생각해볼 준비가 끝났지만, 그전에 먼저 살펴볼 것이 있다. 바로 님 게임이다. 앞서 님 게임을 소개할 때 님합을 정의했었는데 이 정의를 수식을 이용해 다시 기술하면 다음과 같다.

님합

이진법으로 표현된 두 수 $(x_m x_{m-1} \cdots x_0)_2$와 $(y_m y_{m-1} \cdots y_0)_2$에 대하여 두 수의 님합을 $(z_m z_{m-1} \cdots z_0)_2$라 하자. 이를 기호로 $(x_m x_{m-1} \cdots x_0)_2 \oplus (y_m y_{m-1} \cdots y_0)_2 = (z_m z_{m-1} \cdots z_0)_2$로 쓰고 모든 k에 대해 $x_k + y_k = 1$이면 $z_k = 1$이고 나머지 경우엔 $z_k = 0$이다.

정의에서 알 수 있는 이진법으로 표현된 수의 각 자리의 수를 더해 짝수면 그 자리에 0을 반환하고 홀수면 그 자리에 1을 반환하는 연산이다. 예를 들어 $1011_2 \oplus 1110_2 = 101_2$이다. 님합은 교환법칙과 결합법칙이 성립한다. 또한 음이 아닌 정수 x에 대해 $x \oplus x = 0$이다. 이 님합을 이용해 세 무더기 이상으로 진행하는 님 게임의 필승전략을 생각할 수 있다. 님 게임의 필승전략은 여러 무더기의 님합을 구하고 상대방에게 님합이 0인 상태를 넘기는 것이다. 이를 잘 기억하고 스프라그-그런디 정리와 비교해 보자.

스프라그-그런디 정리

게임 $G = (X, F)$를 게임 $G_1, G_2, \cdots, G_n$의 합이라 하자. $i = 1, 2, \cdots, n$에 대하여 g_i가 G_i의 스프라그-그런디 함수라면 $x = (x_1, x_2, \cdots, x_n) \in X$일 때 G의 스프라그-그런디 함수 g는 다음과 같다.

$$g(x_1, x_2, \cdots, x_n) = g_1(x_1) \oplus g_2(x_2) \oplus \cdots \oplus g_n(x_n)$$

증명〉 임의의 $x = (x_1, x_2, \cdots, x_n) \in X$에 대해 $b = g_1(x_1) \oplus g_2(x_2) \oplus \cdots \oplus g_n(x_n)$라 하자.

1) $a < b$을 만족하는 모든 음이 아닌 정수 a에 대해 적당한 $y \in F(x)$가 존재하여 $g(y) = a$임을 보이자. 즉, x의 팔로워의 원소 중 스프라그-그런디 값이 a인 원소가 존재한다는 것을 보이겠다는 것이다. $d = a \oplus b$라 하면 적당한 k에 대해 $2^{k-1} \leq d < 2^k$이 성립하고 d를 이진법으로 표현했을 때, 오른쪽에서 k번째 자릿수는 1이다. $a < b$이므로 a를 이진법으로 표현했을 때 k번째 자리는 0이고, b를 이진법으로 표현했을 때 k번째 자리는 1이다.

또한 $b = g_1(x_1) \oplus g_2(x_2) \oplus \cdots \oplus g_n(x_n)$이므로 적당한 $g_i(x_i)$가 존재하여 $g_i(x_i)$를 이진법으로 표현했을 때 k번째 자리는 1이다. 이때 $d \oplus g_i(x_i) < g_i(x_i)$이 성립하고 $g_i(x_i') = d \oplus g_i(x_i)$라 할 때 x_i에서 x_i'로 이동 가능하다. 이는 $x = (x_1, x_2, \cdots, x_i, \cdots, x_n)$에서 $(x_1, x_2, \cdots, x_i', \cdots, x_n)$로 이동 가능하다는 것이고 $(x_1, x_2, \cdots, x_i', \cdots, x_n)$이 x의 팔로워의 원소라는 것이므로 다음이 성립한다.

$$
\begin{aligned}
&g_1(x_1) \oplus g_2(x_2) \oplus \cdots \oplus g_i(x_i') \oplus \cdots \oplus g_n(x_n) \\
&= g_1(x_1) \oplus g_2(x_2) \oplus \cdots \oplus d \oplus g_i(x_i) \oplus \cdots \oplus g_n(x_n) \\
&= d \oplus g_1(x_1) \oplus g_2(x_2) \oplus \cdots \oplus g_i(x_i) \oplus \cdots \oplus g_n(x_n) \\
&= d \oplus b = a \oplus b \oplus b = a
\end{aligned}
$$

2) $g(y) = b$인 $y \in F(x)$가 존재하지 않음을 보이자. 즉, x의 팔로워의 원소 중 스프라그-그런디 값이 b인 원소가 존재하지 않는다는 것을 보이겠다는 것이다. 이를 보이기 위해 x의 팔로워의 원소 중 스프라그-그런디 값이 b인 원소가 존재한다고 하자. 그리고 이 원소가 i번째 게임인 G_i에서 이동해 x_i에서 x_i'로 이동한 것이라 하면 $x_i \neq x_i'$이고 $g(x_1, x_2, \cdots, x_i', \cdots, x_n) = b$이므로 다음이 성립한다.

$$
\begin{aligned}
&g_1(x_1) \oplus g_2(x_2) \oplus \cdots \oplus g_i(x_i') \oplus \cdots \oplus g_n(x_n) \\
&= g_1(x_1) \oplus g_2(x_2) \oplus \cdots \oplus g_i(x_i) \oplus \cdots \oplus g_n(x_n)
\end{aligned}
$$

소거법칙에 의해 $g_i(x_i') = g_i(x_i)$인데 팔로워의 원소의 스프라그-그런디 값과 같은 스프라그-그런디 값을 가지는 게임 상태는 없으므로 이는 모순이다. 따라서 x의 팔로워의 원소 중 스프라그-그런디 값이 b인 원소는 존재하지 않는다.

$g(x)$는 x의 팔로워의 원소들이 갖는 스프라그-그런디 값을 제외한 음이 아닌 정수 중 가장 작은 값이므로 1)과 2)에 의해 $g(x)$는 b이다. 그러므로 다음이 성립한다.

$$
g(x_1, x_2, \cdots, x_n) = g_1(x_1) \oplus g_2(x_2) \oplus \cdots \oplus g_n(x_n) \quad \blacksquare
$$

이 정리가 우리에게 시사하는 바는 두 가지이다. 한 가지는 스프라그-그런디 함수를 이용해 여러 게임이 합쳐진 새로운 게임의 필승전략을 분석할 수 있다는 것이다. 이것은 스프라그-그런디 함수가 공정 게임을 분석하는 데 얼마나 유용한지를 보여준다.

다른 한 가지는 여러 게임이 합쳐진 새로운 게임의 필승전략이 여러 무더기의 말로 하는 님 게임의 필승전략과 같다는 것이다. 여러 무더기의 말로 하는 님 게임은 각 무더기의 말의 수의 님합으로 필승전략을 생각할 수 있다. 이와 마찬가지로 여러 게임이 합쳐진 새로운 게임의 경우도 새로운 게임을 구성하는 각 게임이 어떤 게임인지에 상관없이 각 게임의 스프라그-그런디 값의 님합으로 필승전략을 알 수 있다. 각 게임을 하나의 님 무더기처럼 생각할 수 있고 실제 적당한 크기의 님 무더기로 대체할 수 있다. 여기서 님 무더기의 크기는 게임에서 스프라그-그런디 값이다. 보통 이를 공정 게임은 한 무더기나 여러 무더기의 님 게임과 같다고 말한다. 따라서 스프라그-그런디 정리를 다르게 기술하면 다음과 같이 말할 수 있다.

스프라그-그런디 정리

모든 공정 게임의 필승전략은 한 무더기나 여러 무더기의 님 게임의 필승전략과 같다.

그런디 게임의 필승전략

스프라그-그런디 값을 통해 그런디 게임의 필승전략을 알아보자. 스프라그-그런디 값은 귀납적으로 정해지므로 무더기의 수가 작은 경우부터 생각해야 한다. 무더기의 수가 0, 1, 2인 경우는 터미널 포지션이므로 스프라그-그런디 값이 0이다. 무더기의 수가 3인 경우는 무더기를 (2, 1)로 만 나눌 수 있는데 (2, 1)은 터미널 포지션이다. 따라서 3의 팔로워의 스프라그-그런디 값은 0만 가능하고 이를 제외한 가장 작은 음이 아닌 정수는 1이다. 따라서 3의 스프라그-그런디 값은 1이다. 사실 터미널 포지션으로만 갈 수 있는 경우엔 스프라그-그런디 값은 1이다.

무더기의 수가 4인 경우 무더기를 (3, 1)로만 나눌 수 있다. (3, 1)의 스프라그-그런디 값은 1인데 (3, 1)을 터미널 포지션인 (2, 1, 1)로만 나눌 수 있기 때문이다. 따라서 4의 팔로워의 스프라그-그런디 값은 1만 가능하고 이를 제외한 가장 작은 음이 아닌 정수는 0이다. 그러므로 4의 스프라그-그런디 값은 0이다.

이런 과정을 반복하면 다른 무더기에 대해서도 스프라그-그런디 값을 찾을 수 있다. 이를 구하면

게임 상태	0	1	2	3	4	5	6	7	8	9	10	11	12	13	14
그런디 값	0	0	0	1	0	2	1	0	2	1	0	2	1	3	2

그런디 게임의 스프라그-그런디 값

위의 표와 같고 이는 그런디 게임의 스프라그-그런디 값에 대한 수열이다. 이 수열에서 우리는 한 가지 질문을 해볼 수 있다. 바로 수열이 주기를 갖느냐는 것이다. 여러 수학자는 주기가 있을 것으로 예상하고 이 수열의 2^{35}번째 항까지 조사해 봤지만 주기는 발견하지 못했다. 7개의 말로 하는 그런디 게임을 생각해 보자. 이를 그래프로 표현하고 각 게임 상태에 대해 스프라그-그런디 값을 구하면 그림6과 같다.

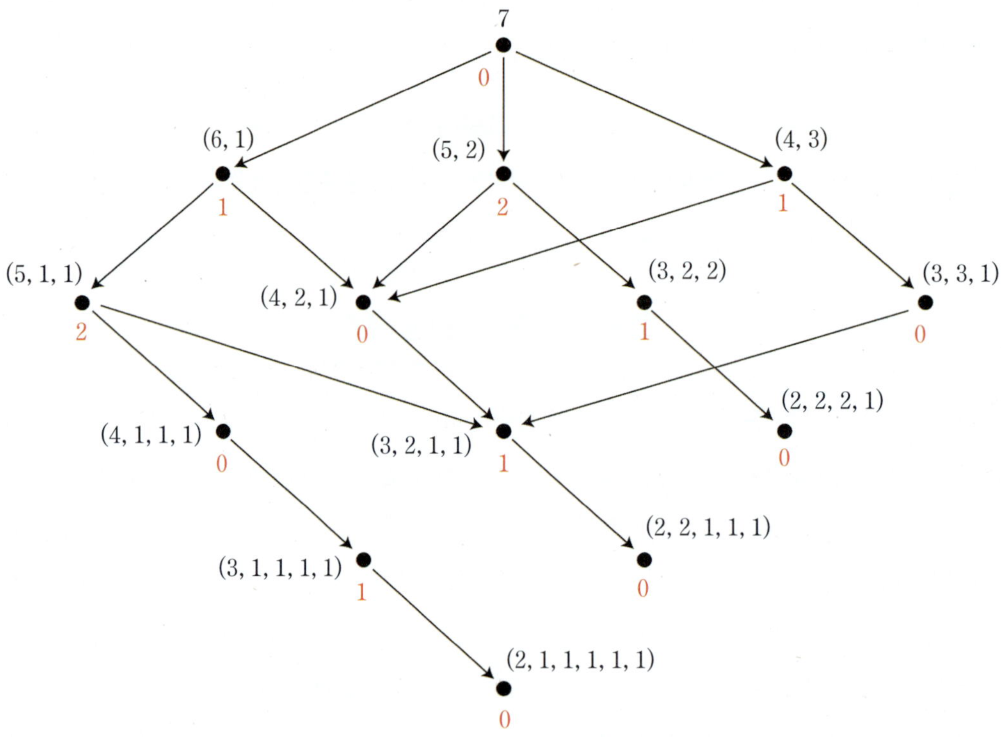

그림6 그런디 게임의 유향 그래프와 스프라그-그런디 값

그림6에서 쉽게 알 수 있는 사실 중 하나는 돌 무더기가 여러 무더기로 나뉘고 이 중 한 무더기만 돌의 수가 3 이상이면 여러 무더기의 스프라그-그런디 값과 이 한 무더기의 스프라그 그런디 값이 서로 같다는 것이다. 예를 들어 (4, 2, 1)의 스프라그-그런디 값과 4의 스프라그-그런디 값은 0으

로 서로 같다. 사실 이는 스프라그 그런디-정리를 통해 쉽게 알 수 있다.

그런디 게임에서 $(x_1, x_2, \cdots, x_n)$으로 돌무더기가 나뉘었을 때 $x_1 \geq 3$이고 $i = 2, 3, \cdots, n$에 대해 $x_i \leq 2$라 하자. 그런디 게임의 스프라그-그런디 함수를 g라 하면 $g(x_i) = 0$이고 다음이 성립한다.

$$g(x_1, x_2, \cdots, x_n) = g(x_1) \oplus g(x_2) \oplus \cdots \oplus g(x_n) = g(x_1) \oplus 0 \oplus \cdots \oplus 0 = g(x_1)$$

그런디 게임을 진행하면 보통 돌 무더기가 여러 무더기로 나뉜 상태에서 전략을 생각해야 한다. 각 무더기의 돌의 수에 대한 스프라그-그런디 값을 알고 있다면 스프라그-그런디 정리를 통해 여러 무더기로 나뉜 상태에 대한 스프라그-그런디 값을 구할 수 있다.

예를 들어 돌 무더기가 $(4, 5, 8, 10)$으로 나뉘었다고 하자. 각 무더기의 스프라그-그런디 값은 순서대로 $0, 2, 2, 3$이다. 따라서 이 값을 이진법으로 표현하면 $0_2, 10_2, 10_2, 11_2$이고 님합을 구하면 다음과 같다.

$$0_2 \oplus 10_2 \oplus 10_2 \oplus 11_2 = 0_2 \oplus 0_2 \oplus 11_2 = 11_2 = 3$$

따라서 $(4, 5, 8, 10)$의 스프라그-그런디 값은 3이다. 다른 경우에 대해서도 비슷하게 스프라그-그런디 값을 구할 수 있다. 그런디 게임을 할 때 이 전략을 활용해 보자.

케일스 Kayles

'Kayles'는 14세기 영국에서 유행했던 볼링 게임으로 지금의 볼링 게임과 달리 볼링핀을 한 줄로 나열해 게임을 진행했다. 여기서 아이디어를 얻은 영국의 유명한 퍼즐리스트인 헨리 듀드니(Henry Dudeney)는 규칙에 따라 볼링핀을 쓰러트리는 수학 게임 '케일스(Kayles)'를 만들었다.

게임에 필요한 도구

케일스 핀

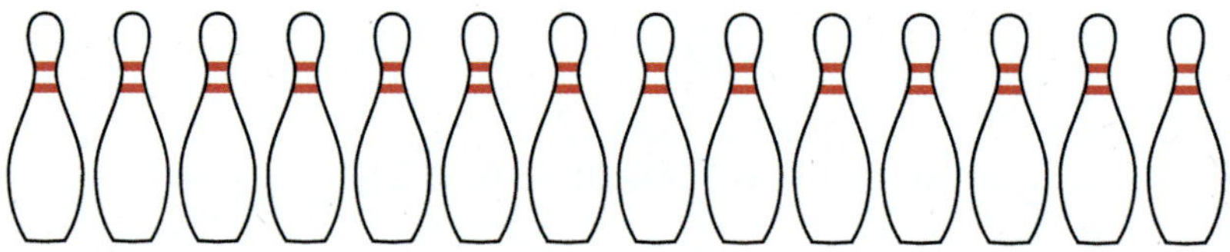

케일스는 님 게임과 마찬가지로 바둑돌만 있으면 게임을 할 수 있다. 바둑돌은 한 가지 색만 있으면 충분하고, 바둑돌이 없다면 다른 것으로 대체해도 된다. 게임을 만든 헨리 듀드니 역시 도미노, 체스의 폰, 체커말, 콩 등 어떤 것이든 자유롭게 사용할 것을 권하였다.

게임 규칙

아래 그림처럼 케일스 핀(케일스 게임에서 사용하는 볼링핀)이나 바둑돌 13개를 일렬로 나열한다. (개수는 자유롭게 정할 수 있다.) 두 사람은 번갈아 가며 하나 또는 이웃한 두 개의 케일스 핀을 제거한다. 이렇게 게임을 진행하다 마지막 케일스 핀을 제거한 사람이 게임에서 승리한다.

다음은 은영과 은진이 9개의 케일스 핀으로 케일스를 진행한 예이다. 은영이 먼저 시작한 게임은 은진의 승리로 끝났다.

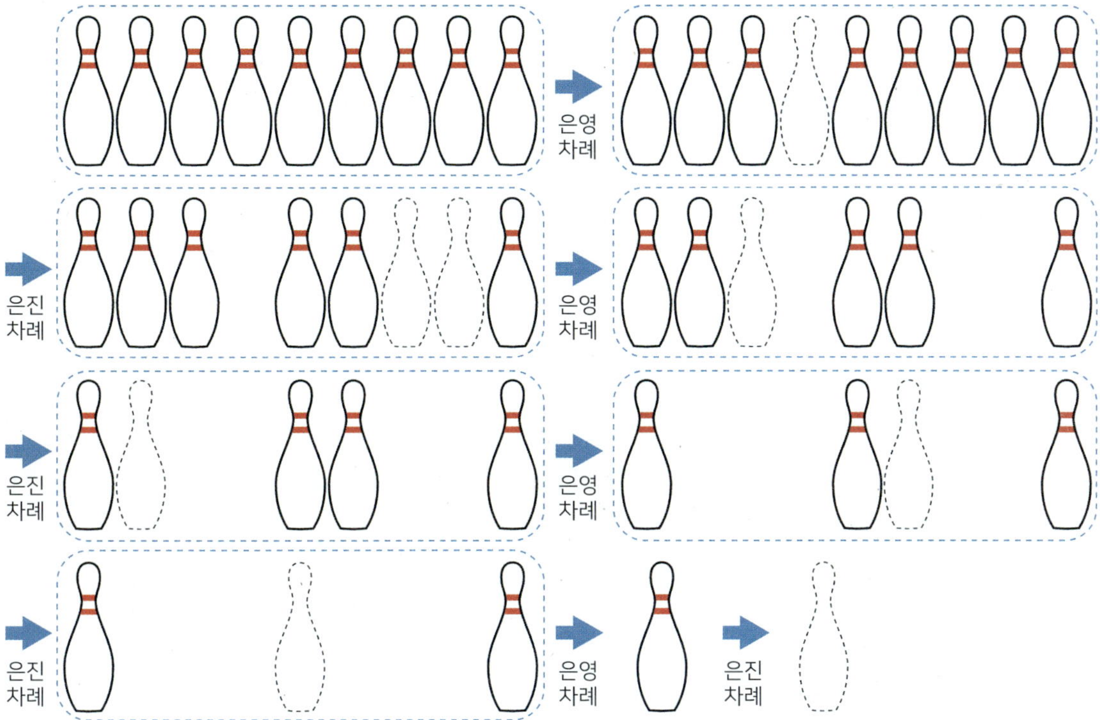

케일스 게임 진행 예시(은진의 승리)

변형 게임

케일스에는 몇 가지 변형 게임이 있다. 이를 알아보자.

도슨의 케일스(Dawson's Kayles)

도슨의 케일스는 케일스 핀을 제거하는 규칙이 케일스와 다르다. 케일스는 하나 또는 이웃한 두 개의 핀을 제거할 수 있지만 도슨의 케일스는 이웃한 두 개의 핀만 제거할 수 있다. 영국의 체스 전문가인 T. R. 도슨(T. R. Dawson)은 다양한 변형 체스를 제안했는데 그중 하나가 도슨의 체스이다. 도슨의 체스는 3열로 되어 있는 체스판에서 폰만 가지고 하는 게임으로 폰은 승진하지 않는다. 도슨의 케일스는 도슨의 체스의 사촌 격이라 이런 이름을 붙였다고 한다.

이중 케일스(Double Kayles)와 사중 케일스(Quadruple Kayles)

이중 케일스는 최대 4개까지 핀을 제거할 수 있다는 점만 케일스와 다르고 나머지 규칙은 같다. 케일스에서 제거할 수 있는 핀의 2배까지 핀을 제거할 수 있어서 이중 케일스라고 한다. 비슷하게 사중 케일스는 케일스에서 제거할 수 있는 핀의 4배, 즉 최대 8개까지 핀을 제거할 수 있다. 이를 일반화하여 2^m–중 케일스를 생각할 수 있다.

필승전략

케일스의 필승전략은 생각보다 파악하기 쉽다. 따라서 이 글을 보기 전에 스스로 필승전략을 생각해 보길 권한다. 먼저 결론부터 이야기하면 최선의 전략으로 게임을 진행할 때 필승전략은 먼저 시작하는 사람에게 있다.

먼저 시작하는 사람은 소위 대칭 전략이라 부르는 방법을 사용해 게임에 참여하도록 한다. 전략에 따라 먼저 해야 할 것은 첫수에 케일스 핀이 서로 개수가 같은 두 그룹으로 나뉘도록 핀을 제거하는 것이다. 시작할 때 핀의 개수가 짝수면 가운데 2개의 핀을 제거하면 되고, 홀수면 가운데 있는 1개의 핀을 제거하면 된다. 이후에는 상대방과 대칭적으로 핀을 제거한다. 처음에 나뉜 두 그룹을 A, B라 할 때 상대방이 A그룹에서 핀을 제거하면 B그룹에서 같은 위치에 있는 핀을 제거하면 되고, 상대방이 B그룹에서 핀을 제거하면 A그룹에서 같은 위치에 있는 핀을 제거하면 된다. 그러면 최종적으로 마지막 핀을 제거해 승리하게 된다. 이 전략을 알고 있다면 아마도 게임의 흥미가 떨어질 수 있다. 이때는 첫수에 케일스 핀이 서로 개수가 같은 두 그룹으로 나뉘도록 핀을 제거

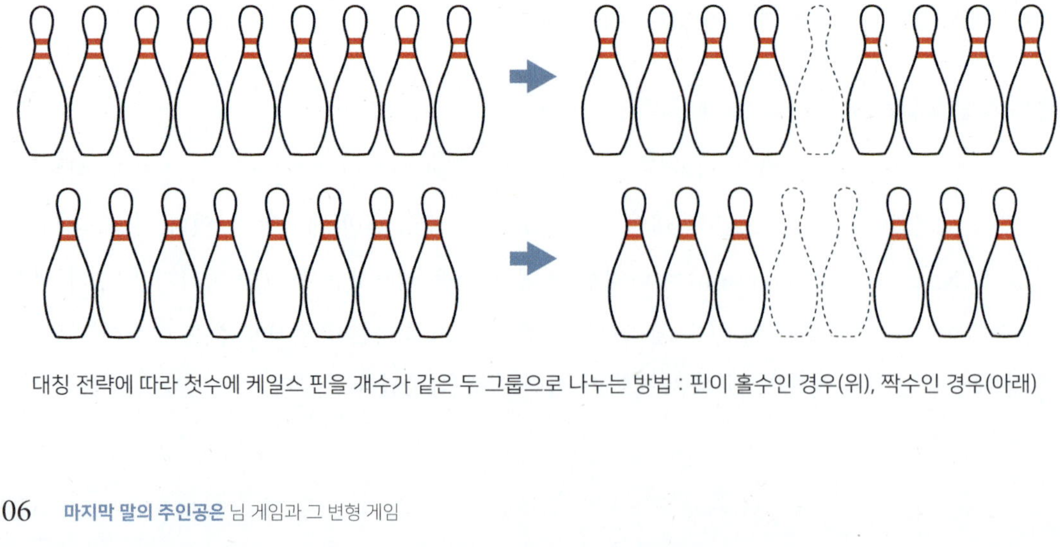

대칭 전략에 따라 첫수에 케일스 핀을 개수가 같은 두 그룹으로 나누는 방법 : 핀이 홀수인 경우(위), 짝수인 경우(아래)

하는 것을 금지하는 규칙을 적용해 보자. 그러면 전략이 바로 파악되지 않기 때문에 재미있게 게임을 즐길 수 있다.

8진법 게임

가져오기 및 깨기 게임(Taking and Breaking Game)은 공정 게임의 한 종류로 무더기에서 말을 제거하거나 무더기를 여러 무더기로 나누는 규칙을 갖는 게임이다. 그리고 가져오기 및 깨기 게임 중 다음과 같은 조건을 만족하는 게임을 **8진법 게임**(Octal Game)이라 한다. 이에 대해 알아보자.

> **8진법 게임**
>
> 8진법 게임은 공정 게임의 한 종류로 여러 무더기가 있을 때 하나의 무더기를 선택해 다음 중 일부 규칙에 따라 진행하는 게임이다.
>
> 1) 한 무더기에 있는 모든 말을 가져와 말을 가져온 무더기가 없어진다.
> 2) 무더기에서 일부 말을 가져와 더 작은 무더기로 만든다.
> 3) 무더기에서 일부 말을 가져온 후 두 무더기로 나눈다.

이 조건을 만족하는 게임을 8진법 게임이라 부르는 이유는 게임의 규칙을 8진법을 이용해 숫자로 표현할 수 있기 때문이다. 8진법 게임의 대표적인 예는 님 게임이고 케일스와 앞서 소개한 케일스의 변형 게임 역시 8진법 게임이다.

> **8진법 게임의 표기법**
>
> 무더기에서 n개의 말을 제거할 때, 8진법 수 d_n은 아래와 같고 게임은 $d_0.d_1d_2d_3\cdots$으로 표기한다.
>
> $$d_n = a_n + b_n + c_n$$
>
> 1) 말을 제거한 무더기가 없어지는 것이 가능하면 a_n의 값은 1이고, 아니면 0이다.
> 2) 일부 말이 제거되어 무더기가 남아 있는 것이 가능하면 b_n의 값은 2이고, 아니면 0이다.
> 3) 무더기를 두 무더기로 나누는 것이 가능하면 c_n의 값은 4이고, 아니면 0이다.

이 표기법을 이용해 몇몇 게임의 표기법을 생각해 보자. 먼저 여러 무더기의 말로 하는 님 게임이다. 여러 무더기의 말로 하는 님 게임의 경우 무더기에서 제거할 수 있는 말의 개수는 무더기에 말만 충분히 있으면 어떤 수든 가능하므로 모든 양의 정수 n에 대해 d_n을 생각해야 한다. 한 무더기에서 n개의 말을 제거한다고 할 때, 그 무더기의 모든 말을 다 가져와 무더기가 없어질 수 있다. 따라서 $a_n = 1$이다. 또한 일부 말만 가져와 더 작은 무더기로 남아 있을 수 있다. 따라서 $b_n = 2$이다. 반면 무더기를 둘로 나눌 수는 없다. 따라서 $c_n = 0$이다. 그러므로 $d_n = 3$이고 님 게임을 숫자로 표현하면 다음과 같다.

$$0.33333\cdots$$

다음으로 케일스를 생각해 보자. 케일스에서는 1개나 2개의 핀만 제거하는 것이 가능하므로 d_1과 d_2만 존재한다. 게임을 진행하면 연속적인 핀이 있고 조금 떨어져서 다시 연속적인 핀이 있는 형태로 핀이 배치되게 된다. 이 각각의 연속적인 핀 그룹을 하나의 무더기로 생각할 수 있다.

이 무더기에서 1개의 핀을 제거하는 경우를 생각해 보자. 아래 그림처럼 무더기에 몇 개의 핀이 있냐에 따라 무더기가 없어질 수도 있고, 남아 있을 수도 있으며, 두 무더기로 나뉠 수도 있다. 2개의 핀을 제거하는 경우도 마찬가지다.

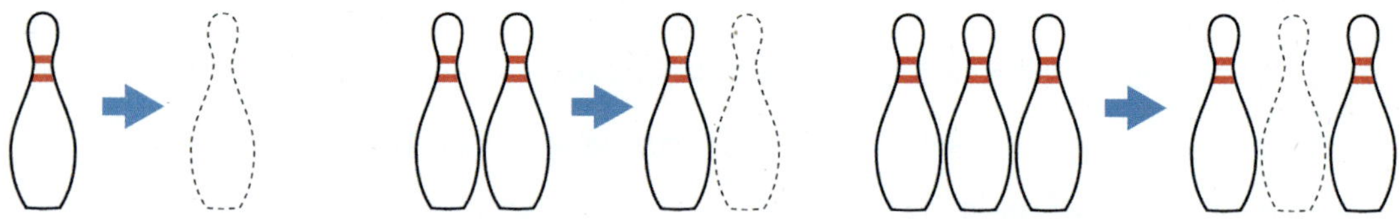

한 개의 핀을 제거할 때 남아 있는 무더기의 개수에 대한 3가지 경우

따라서 $n = 1, 2$에 대해 $a_n = 1, b_n = 2, c_n = 4$이고 $d_n = 7$이다. 그러므로 케일스를 숫자로 표현하면 다음과 같다.

$$0.77$$

이와 비슷하게 생각하면 도슨의 케일스의 경우 0.07, 이중 케일스는 0.7777, 사중 케일스는 0.77777777로 표현됨을 알 수 있다. 여러 수학자는 8진법 게임의 그런디 값에 대한 수열이 주기를 가질 거라 예상한다. 흥미로운 추측이다. 실제 14개의 8진법 게임의 주기성이 확인됐고 케일스 역시 이에 포함된다.

케일스의 그런디 값

연속적으로 있는 n개의 케일스 핀의 그런디 값을 K_n이라 하고, 스프라그-그런디 정리를 통해 케일스의 필승전략을 알아보자. (스프라그-그런디 정리에 대한 이해가 선행돼야 하므로 그런디 게임에서 소개한 이론을 먼저 보길 추천한다.) 핀이 0개인 경우 터미널 포지션이므로 $K_0 = 0$이다. 또한 핀이 1개인 경우엔 터미널 포지션으로만 갈 수 있으므로 $K_1 = 1$이다. 핀이 2인 경우엔 핀이 0개인 경우나 1개인 경우로 갈 수 있으므로 $K_2 = 2$이다. 핀이 3개인 경우 핀을 1개 또는 2개를 제거하므로 스프라그-그런디 함수와 스프라그-그런디 정리를 이용하면 K_3의 값은 다음과 같음을 알 수 있다.

$$K_3 = \text{mex}\{K_2, K_1 \oplus K_1, K_1\} = \text{mex}\{2, 0, 1\} = 3$$

비슷하게 K_4와 K_5를 구하면 다음과 같다.

$$K_4 = \text{mex}\{K_3, K_2 \oplus K_1, K_2, K_1 \oplus K_1\} = \text{mex}\{3, 3, 2, 0\} = 1$$
$$K_5 = \text{mex}\{K_4, K_3 \oplus K_1, K_2 \oplus K_2, K_3, K_2 \oplus K_1\} = \text{mex}\{1, 2, 0, 3, 3\} = 4$$

이런 식으로 케일스의 그런디 값을 구하면 아래 표와 같다. 1956년 수학자 R. K. 가이(R. K. Guy)와 C. A. B. 스미스(C. A. B. Smith)는 케일스의 그런디 값의 수열이 12의 주기를 갖고 있음을 증명했는데 14개의 예외적인 값으로 인해 K_{71}부터 주기를 갖는다.

K_n	0	1	2	3	4	5	6	7	8	9	10	11
$K_0 \sim K_{11}$	0	1	2	3	1	4	3	2	1	4	2	6
$K_{12} \sim K_{23}$	4	1	2	7	1	4	3	2	1	4	6	7
$K_{24} \sim K_{35}$	4	1	2	8	5	4	7	2	1	8	6	7
$K_{36} \sim K_{47}$	4	1	2	3	1	4	7	2	1	8	2	7
$K_{48} \sim K_{59}$	4	1	2	8	1	4	7	2	1	4	2	7
$K_{60} \sim K_{71}$	4	1	2	8	1	4	7	2	1	8	6	7
$K_{72} \sim K_{83}$	4	1	2	8	1	4	7	2	1	8	2	7
$K_{84} \sim K_{95}$	4	1	2	8	1	4	7	2	1	8	2	7

케일스의 그런디 값의 주기성과 예외적인 14개의 값

라스커의 님 Lasker's Nim

라스커의 님(Lasker's Nim)은 독일의 수학자이자 체스 선수였던 에마누엘 라스커(Emanuel Lasker)가 님 게임의 변형으로 소개하였으며 그의 이름을 따 '라스커의 님'으로 이름 붙였다. 라스커의 님은 님 게임처럼 돌을 가져가는 것 외에도 케일스처럼 돌을 나누는 규칙이 추가되어 게임이 진행된다.

게임에 필요한 도구

바둑돌

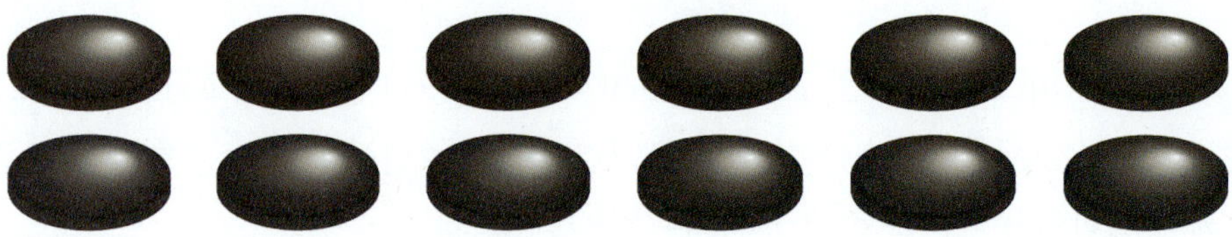

라스커의 님은 님 게임과 마찬가지로 바둑돌만 있으면 게임을 할 수 있다. 바둑돌은 한 가지 색만 있으면 충분하고, 바둑돌이 없다면 돌, 동전, 클립, 구슬, 연필 등을 사용할 수 있다.

게임 규칙

라스커의 님은 여러 무더기의 말을 두고 다음과 같은 규칙에 따라 게임을 진행한다.

1) 두 사람이 번갈아 가며 규칙에 따라 바둑돌을 가져가거나 나누는 것 중 하나를 선택한다. 바둑돌을 가져가는 경우 여러 무더기 중 한 무더기를 선택해 원하는 만큼 돌을 가져간다. 바둑돌을 나누는 경우 2개 이상의 바둑돌이 있는 한 무더기를 선택하여 두 개의 무더기로 나눈다. 이때,

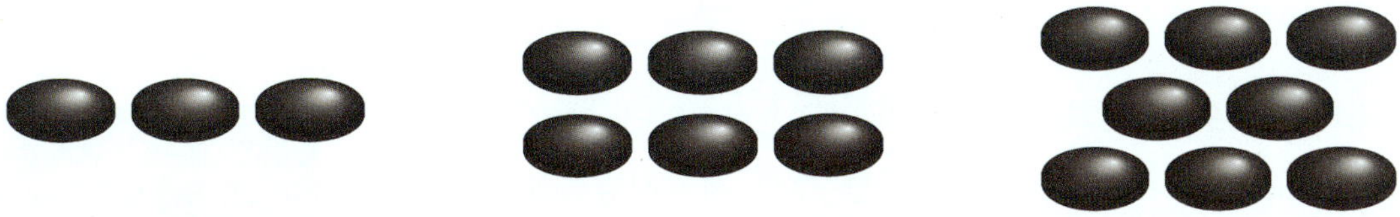

세 무더기로 라스커의 님을 시작하는 경우

각 무더기에는 한 개 이상의 바둑돌이 포함되어야 한다.
2) 마지막 바둑돌을 가져가는 사람이 승리한다.

아래는 진형이와 승재가 세 무더기의 말을 두고 라스커의 님을 한 예이다. 승재가 먼저 시작한 게임은 진형이의 승리로 끝났다.

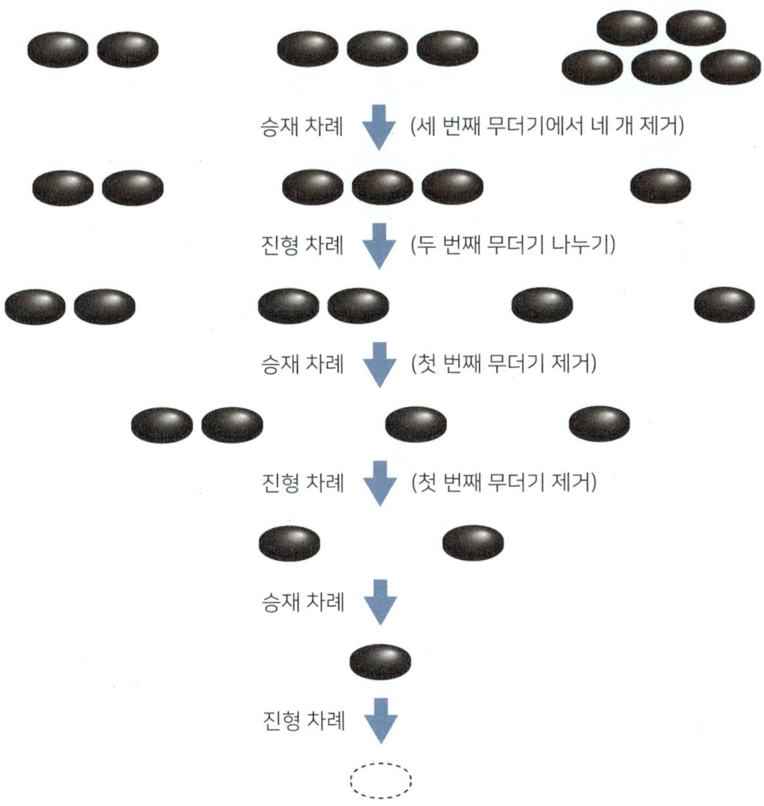

라스커의 님 진행 예시(진형의 승리)

게임의 역사

에마누엘 라스커

라스커의 님은 독일의 수학자이자 체스 선수였던 에마누엘 라스커(Emanuel Lasker)가 1931년 출판한 그의 책 《사람들의 보드게임(Brettspiele der Völker)》에서 처음 소개하였다. 라스커는 기존의 님 게임을 변형하여 돌 무더기를 나누는 새로운 규칙을 추가하여 제시하였다.

유대인 성악가의 아들로 태어난 라스커는 1894년부터 1921년까지 27년 동안 세계 체스 챔피언이었는데 이는 역사상 가장 긴 체스 타이틀 재위 기간이다. 현재에도 역사상 손꼽히는 체스 선수 가운데 한 명으로 여겨지는 라스커는 게임을 하던 당시에는 상대방을 혼란스럽게 하기 위해 의도적으로 악수를 두면서 게임을 하는 선수라고 평가받곤 했다. 그런데 최근에 와서 그의 게임을 살펴보면, 단지 시대를 앞서 유연하게 게임을 진행했다는 것을 알 수 있다.

라스커는 다른 게임의 발전에도 크게 이바지했다. 그는 브릿지 게임(Bridge)의 프로로서 1등급 선수였고, 브릿지, 바둑 등에 관한 책을 썼다. 특히 바둑에 꾸준한 관심을 두었고 유럽의 강력한 선수 중 한 명이었다. 그는 '바둑을 더 일찍 알았다면 세계 체스 챔피언이 되지 못했을 것'이라는 말을 남기기도 했다. 라스커는 대수학 분야에 큰 기여를 한 수학자이기도 한데 현대 수학의 아버지라 불리는 다비트 힐베르트(David Hilbert)가 그에게 박사 학위를 받을 것을 권유했다고 한다.

필승전략

라스커의 님은 님 게임의 변형으로 공정 게임이기 때문에 스프라그-그런디 정리(Sprague-Grundy Theorem)에 의해 님 게임과 같은 방법으로 게임을 분석할 수 있다. 즉, 여러 무더기의 님 합을 구하고 상대방에게 님합이 0인 상태를 넘기면 게임에서 승리할 수 있다. 그런디 값을 구하여 라스커의 님 게임의 필승전략을 생각해 보자. (스프라그-그런디 정리에 대한 이해를 위해 그런디 게임에서 소개한 이론을 먼저 보길 추천한다.)

한 무더기 라스커의 님 게임에서 말의 개수가 n개일 때, 그런디 값을 $g(n)$이라 하자. 먼저 말의 수가 0개인 경우 터미널 포지션이므로 $g(0) = 0$이다. 또한 말이 1개인 경우에는 터미널 포지션으로만 갈 수 있으므로 $g(1) = 1$이다. 이제 말이 2개인 경우를 생각해 보자. 말이 2개일 때는 1

개 또는 2개를 제거하거나 (1, 1)로 분할할 수 있다. 따라서 말이 2개인 경우의 그런디 값을 구하면 다음과 같다.

$$g(2) = \text{mex}\{g(0), g(1), g(1) \oplus g(1)\} = \text{mex}\{0, 1, 0\} = 2$$

같은 방법으로 3개의 말이 있을 때는 1, 2, 3개의 말을 제거하거나 (1, 2)로 분할할 수 있다. 따라서 말이 3개인 경우의 그런디 값을 구하면 다음과 같다.

$$g(3) = \text{mex}\{g(0), g(1), g(2), g(1) \oplus g(2)\} = \text{mex}\{0, 1, 2, 3\} = 4$$

이를 반복하면 12까지의 그런디 값을 아래와 같이 얻을 수 있다.

n	0	1	2	3	4	5	6	7	8	9	10	11	12
$g(n)$	0	1	2	4	3	5	6	8	7	9	10	12	11

라스커의 님의 스프라그-그런디 값

그런디 값을 살펴보면 일정한 주기가 있음을 추측할 수 있고 이는 사실이다.

라스커의 님의 그런디 값

한 무더기의 말로 하는 라스커의 님에서 무더기의 말의 개수가 n일 때, 음이 아닌 정수 k에 대해 그런디 값 $g(n)$은 다음과 같다.

$$g(n) = \begin{cases} 0 & (n = 0) \\ 4k+1 & (n = 4k+1) \\ 4k+2 & (n = 4k+2) \\ 4k+4 & (n = 4k+3) \\ 4k+3 & (n = 4k+4) \end{cases}$$

증명〉 수학적 귀납법을 이용하여 증명하자.

1) $n = 0, 1, 2, 3, 4$일 때, $g(0) = 0, g(1) = 1, g(2) = 2, g(3) = 4, g(4) = 3$이다.

2) $0 \le n < 4k+1$인 n에 대하여 주어진 식이 성립한다고 가정하자.

① $4k+1$개의 한 무더기에서 말을 제거하는 것을 먼저 생각해 보자. 그러면 한 번에 $1, 2, \cdots, 4k+1$개를 제거할 수 있다. 따라서 아래와 같이 생각할 수 있다.

$$\begin{array}{ccc} \text{말 제거 전} & & \text{말 제거 후} \\ 4k+1 & \longrightarrow & 0, 1, 2, \cdots, 4k \end{array}$$

한편, 가정에 의해 n의 값이 $n = 0, 1, 2, \cdots, 4k-2, 4k-1, 4k$일 때, $g(n)$의 값은 순서대로 다음과 같다.

$$0, 1, 2, 4, 3, \cdots, 4k-3, 4k-2, 4k, 4k-1$$

따라서 그런디 값은 0부터 $4k$까지 모든 값이 나온다. 이제 $4k+1$개의 한 무더기를 두 개의 무더기로 나누는 경우를 생각하자. 이때 적당한 정수 l, m에 대해 $(4l, 4m+1)$ 또는 $(4l+2, 4m+3)$ 꼴로 분할된다. $(4l, 4m+1)$의 경우 가정에 의해 $g(4l), g(4m+1)$이 모두 홀수이므로 $g(4l) \oplus g(4m+1)$은 짝수이다. $(4l+2, 4m+3)$의 경우 $g(4l+2), g(4m+3)$이 모두 짝수이므로 $g(4l+2) \oplus g(4m+3)$은 짝수이다. 따라서 $4k+1$개의 한 무더기에서 게임을 한 번 했을 때 나오는 게임 상태의 그런디 값에는 0부터 $4k$까지 모든 값은 나오지만 $4k+1$은 나오지 않는다. 그러므로 $g(4k+1) = 4k+1$이다.

② $4k+2$개의 한 무더기에서 말을 제거하는 것을 생각해 보자. 그러면 무더기를 0개에서 $4k+1$개까지 만들 수 있고, 가정에 의해 그런디 값은 0부터 $4k+1$까지 모든 값이 나온다. 이제 $4k+2$개의 한 무더기를 두 개의 무더기로 나누는 경우를 생각하자. 이때 적당한 정수 l, m에 대해 $(4l, 4m+2)$ 또는 $(4l+1, 4m+1)$ 또는 $(4l+3, 4m+3)$ 꼴로 분할된다. $(4l, 4m+2)$의 경우엔 가정에 의해 $g(4l)$은 홀수이고 $g(4m+2)$은 짝수이므로 $g(4l) \oplus g(4m+2)$은 홀수이다. $(4l+1, 4m+1)$의 경우엔 $g(4l+1) = 4l+1$이고 $g(4m+1) = 4m+1$이므로 $g(4l+1) \oplus g(4m+1)$은 4의 배수이다. $(4l+3, 4m+3)$의 경우엔 $g(4l+3), g(4m+3)$이 모두 4의 배수이므로 $g(4l+3) \oplus g(4m+3)$ 역시 4의 배수이다. 따라서 $4k+2$개의 한 무더기에서 게임을 한 번 했을 때 나오는 게임 상태의 그런디 값에는 0부터 $4k+1$까지 모든 값은 나오지만 $4k+2$는 나오지 않는다. 그러므로 $g(4k+2) = 4k+2$이다.

③ $4k+3$개의 한 무더기에서 말을 제거하는 것을 생각해 보자. 그러면 무더기를 0개에서 $4k+2$개까지 만들 수 있고, 가정에 의해 그런디 값은 0부터 $4k+2$까지 모든 값이 나온다. 이제

$4k+3$개의 한 무더기를 두 개의 무더기로 나누는 경우를 생각하자. 이때 적당한 정수 l, m에 대해 $(4l, 4m+3)$ 또는 $(4l+1, 4m+2)$ 꼴로 분할된다. $(4l, 4m+3)$의 경우 $g(4l)$은 홀수이고 $g(4m+3)$은 짝수이므로 $g(4l) \oplus g(4m+3)$은 홀수이다. $(4l+1, 4m+2)$의 경우 가정에 의해 $g(4l+1)$은 홀수이고 $g(4m+2)$은 짝수이므로 $g(4l+1) \oplus g(4m+2)$은 홀수이다. 특히 $g(4k+2) = 4k+2$, $g(1) = 1$이므로 $g(4k+2) \oplus g(1) = 4k+3$이다. 따라서 $4k+2$개의 한 무더기에서 게임을 한 번 했을 때 나오는 게임 상태의 그런디 값에는 0부터 $4k+3$까지 모든 값은 나오지만, $4k+4$는 나오지 않는다. 그러므로 $g(4k+3) = 4k+4$이다.

④ $4k+4$개의 한 무더기에서 말을 제거하는 것을 생각해 보자. 그러면 무더기를 0개에서 $4k+3$개까지 만들 수 있고, 가정에 의해 그런디 값은 0부터 $4k+2$까지 모든 값과 $4k+4$가 나온다. 이제 $4k+4$개의 한 무더기를 두 개의 무더기로 나누는 경우를 생각하자. 이때 적당한 정수 l, m에 대해 $(4l+1, 4m+3)$ 또는 $(4l+2, 4m+2)$ 또는 $(4l, 4m)$ 꼴로 분할된다. $(4l+1, 4m+3)$의 경우 가정에 의해 $g(4l+1) = 4l+1$이고 $g(4m+3) = 4m+4$이므로 $g(4l+1) \oplus g(4m+3)$은 적당한 정수 p에 대해 $4p+1$ 꼴이다. $(4l+2, 4m+2)$의 경우 $g(4l+2), g(4m+2)$이 모두 짝수이므로 $g(4l+2) \oplus g(4m+2)$은 짝수이다. $(4l, 4m)$의 경우 $g(4l), g(4m)$이 모두 홀수이므로 $g(4l) \oplus g(4m)$는 짝수이다. 따라서 $4k+4$개의 한 무더기에서 게임을 한 번 했을 때 나오는 게임 상태의 그런디 값에는 0부터 $4k+2$까지 모든 값과 $4k+4$는 나오지만, $4k+3$은 나오지 않는다. 그러므로 $g(4k+4) = 4k+3$이다.

그러므로 1), 2)에 의해 주어진 식이 성립한다. ■

이제 그런디 값을 이용하여 라스커의 님의 필승전략을 생각해 보자. 예를 들어 세 무더기의 말의 수가 2, 5, 7인 경우에 대해 라스커의 님을 한다고 하자. 그러면 그런디 값은 순서대로 2, 5, 8이므로 아래 계산에 따라 님합은 15이다.

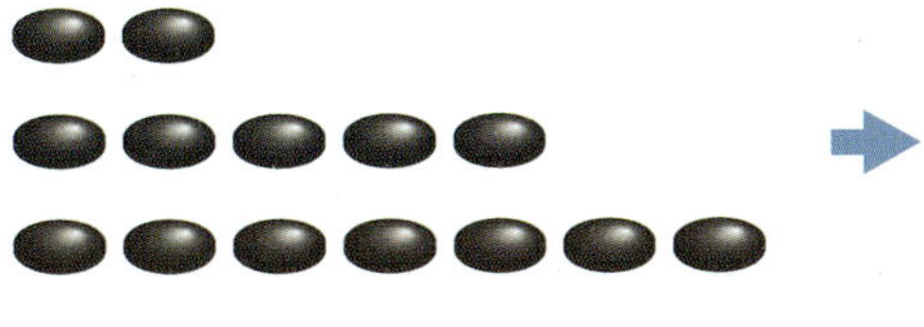

$$
\begin{array}{rrrrrl}
2 \rightarrow & & & 1 & 0_{(2)} & \\
5 \rightarrow & & 1 & 0 & 1_{(2)} & \\
8 \rightarrow & 1 & 0 & 0 & 0_{(2)} & \\
\hline
& 1 & 1 & 1 & 1_{(2)} & \rightarrow 15
\end{array}
$$

돌무더기의 말의 개수가 2, 5, 7 인 경우 라스커의 님의 그런디 값

상대방에게 그런디 값이 0이 되는 P-포지션을 넘겨주는 것이 곧 필승전략이 되므로 말을 제거하거나 분할하여 그런디 값이 0이 되는 것을 생각해 보자. 이때 한 가지 확실한 것은 말의 개수가 2개나 5개인 무더기에서 말을 가져가거나 나눠서는 님합이 0이 되도록 만들 수 없다는 점이다. 따라서 말이 7개 있는 무더기에서 말을 가져오거나 무더기를 나누는 방법을 생각해야 한다. 님합의 성질에 의해 $a \oplus a = 0$임을 알고 있으므로 그런디 값이 8인 7개의 돌 무더기를 그런디 값이 7이 되도록 바꾸면 님합이 0이 되도록 만들 수 있다. 말을 가져가서는 그런디 값이 7이 되도록 만들 수 없으므로 무더기를 나누는 방법을 생각해야 하는데 조금만 생각해 보면 7개의 무더기를 (1, 6)으로 나누면 가능하다는 것을 쉽게 알 수 있다. (사실 (2, 5)나 (3, 4)로 나눠도 된다.)

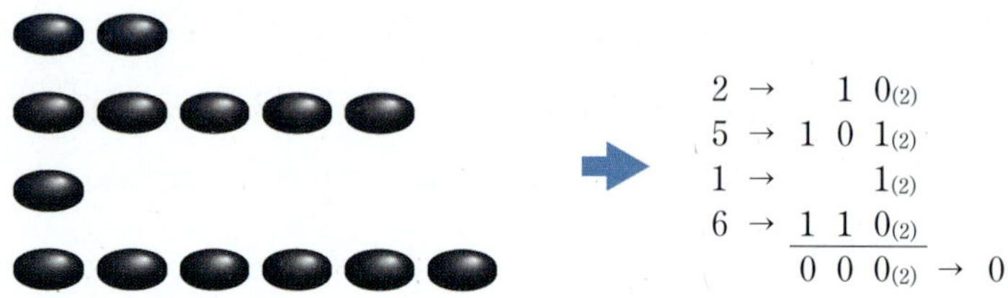

돌무더기의 말의 수가 2, 5, 1, 6인 경우 라스커의 님의 그런디 값

그러면 상대방은 2,5,1,6의 무더기를 받게 되고 위의 계산에 따라 그런디 값이 0인 P-포지션을 넘겨준 것이다. 따라서 이후 최선의 전략으로 게임을 진행한다면 상대방에게 승리하게 된다.

8진법 게임

라스커의 님은 무더기에서 말을 제거하거나 무더기를 여러 무더기로 나누는 규칙을 갖는 게임이므로 케일스와 같은 가져오기 및 깨기 게임(Taking and Breaking Game)이다. 또한 여러 무더기가 있을 때, 1) 한 무더기에 있는 모든 말을 가져오거나 2) 한 무더기에서 일부 말을 가져오거나 3) 한 무더기를 두 무더기로 나눌 수 있기 때문에 라스커의 님은 8진법 게임(Octal Game)이다. (8진법 게임에 대한 이해를 위해 케일스에서 소개한 이론을 먼저 보길 추천한다.)

이제 라스커의 님을 8진법 게임의 표기법으로 표현해 보자. 라스커의 님 게임은 기본적으로 여러 무더기로 하는 님 게임이므로 무더기에서 제거할 수 있는 말의 개수 n은 어떤 수든 가능하다. 따라서 음이 아닌 모든 정수 n에 대해 d_n을 생각해야 한다.

먼저 $n = 0$이라 하자. 즉, 말을 제거하지 않는다고 하자. 그러면 라스커의 님 규칙에 따라 한 무더기를 두 무더기로 나누는 경우만 가능하다. 따라서 $a_0 = b_0 = 0, c_0 = 4$이므로 $d_0 = 4$이다. 이제 $n > 0$인 모든 양의 정수 n에 대하여 한 무더기에서 n개의 말을 제거한다고 하자. 그러면 그 무더기의 말을 모두 가져와 무더기가 없어질 수도 있고 일부 말만 가져와 더 작은 무더기로 남아 있을 수 있으므로 $a_n = 1, b_n = 2$이다. 한편 말을 제거하는 동안에는 한 무더기를 두 무더기로 나눌 수는 없으므로 $c_n = 0$이다. 따라서 모든 양의 정수 n에 대하여 $d_n = 3$이다. 그러므로 라스커의 님을 8진법 게임의 표기법으로 표현하면 아래와 같이 나타낼 수 있다.

$$4.3333\cdots = 4.\dot{3}$$

님 게임의 표현이 $0.\dot{3}$이었던 것을 생각하면 표기만 보더라도 라스커의 님 게임과 님 게임의 차이를 쉽게 생각해 볼 수 있다.

마지막 말의 주인공은 **님 게임과 그 변형 게임**

피보나치 님 Fibonacci Nim

피보나치 님(Fibonacci Nim)은 님(Nim) 게임의 변형 게임 중 하나로 두 사람이 하나의 더미에서 규칙에 따라 교대로 돌을 가져가는 게임이다. 피보나치 수가 게임 전략에 핵심으로 적용되어 피보나치 님이라는 이름이 붙었다. 님과 마찬가지로 특별한 도구 없이 게임을 진행할 수 있다는 것이 특징이다.

게임에 필요한 도구

바둑돌

피보나치 님은 님과 마찬가지로 바둑돌만 있으면 게임을 할 수 있다. 바둑돌은 한 가지 색만 있으면 충분하고, 바둑돌의 개수엔 제한이 없으나 너무 적은 수의 바둑돌을 사용하면 게임이 금방 종료되므로 10개 이상의 바둑돌을 사용하는 것을 권한다. 만약 바둑돌이 없다면 돌, 동전, 클립, 구슬, 연필 등을 사용할 수 있다.

게임 규칙

피보나치 님 게임은 님처럼 교대로 돌을 가져가는 게임으로 상대방이 가져가는 돌의 수에 따라 다음 차례에 가져갈 수 있는 돌 수가 달라진다. 다음 그림처럼 바둑돌을 20개 준비하고 다음과 같은 규칙에 따라 게임을 진행한다. (개수는 자유롭게 정할 수 있다.)

1) 두 사람은 교대로 바둑돌을 가져간다.
2) 먼저 시작하는 사람은 첫 순서에 원하는 만큼의 바둑돌을 가져간다. 하지만 모든 바둑돌을 가져가는 것은 허용되지 않는다.
3) 한 사람이 바둑돌을 가져가고 나면, 그다음 사람은 이전 사람이 가져간 바둑돌 개수의 최대 두 배까지 원하는 만큼의 바둑돌을 가져갈 수 있다.
4) 마지막 바둑돌을 가져가는 사람이 승리한다.

게임의 역사

피보나치 님은 오리건 주립 대학의 로버트 E. 개스켈(Robert E. Gaskell)에 의해 발명되었다. 피보나치 님은 한 무더기 님(One Pile Nim)의 변형 형태로, 피보나치 수가 게임 분석에서 큰 역할을 하기 때문에 피보나치 님이라고 이름 붙였다.

피보나치 수는 자연의 많은 곳에서 찾을 수 있을 뿐만 아니라 여러 수학 주제와도 직접적으로 연관이 되어 있어 그 활용 범위가 매우 광범위하다. 이에 1963년에는 베르너 에밀 호가트 주니어(Verner Emil Hoggatt Jr.) 박사를 중심으로 하여 피보나치 수와 관련된 내용만을 주로 다루는 '피보나치 학회'가 창설되었으며, 지금까지도 1년에 4번씩 피보나치 수와 관련된 수학 주제에 대한 저널 '피보나치 계간지(The Fibonacci Quarterly)'를 발행하고 있다. 1963년 피보나치 계간지 12월호에는 피보나치 님의 필승전략이 처음으로 소개되었는데, 이를 증명한 것은 당시 고등학생이었던 마이클 J. 휘니핸(Michael J. Whinihan)이었다.

필승전략

피보나치 님의 필승전략의 기본 아이디어는 현재 남아 있는 바둑돌의 수를 피보나치 수의 합으로 생각하는 것이다. 이를 위해 먼저 피보나치 수열에 대해 알아보자.

이진법에서는 십진법의 임의의 양의 정수를 이진법으로 나타내기 위해 수열 $b_n = 2b_{n-1}(n \geq 2)$, $b_1 = 1$을 사용한다. 그러면 $n \geq 1$에 대하여 $\{b_n\}$은 $1, 2, 4, 8, 16, \cdots$과 같은 값을 갖는다. 이진법으로 나타내고자 하는 임의의 양의 정수를 수열 $\{b_n\}$의 항의 합으로 나타낸 뒤, 이를 이용해 이진법으로 표현한다. 이때 이진법으로 표현될 수의 오른쪽 끝에서부터 시작해 수열 $\{b_n\}$의 첫 번째 항부터 합의 표현에 사용되는 항에는 1, 사용되지 않은 항에는 0으로 나타내 이진법으로 표현하는 것이다. 예를 들어 양의 정수 10은 $10 = 8 + 2$이므로, $1010_{(2)}$와 같이 나타낼 수 있다. 이와 마찬가지로 피보나치 수열을 $f_n = f_{n-1} + f_{n-2}(n \geq 2)$, $f_0 = 0$, $f_1 = 1$로 정의하면, $n \geq 2$에 대하여 $\{f_n\}$은 $1, 2, 3, 5, 8, 13, \cdots$이다. 이진법과 마찬가지로 임의의 양의 정수를 $n \geq 2$에 대해 수열 $\{f_n\}$의 항의 합으로 나타낸 뒤 1과 0을 사용하면, 피보나치 수열의 표현으로 나타낼 수 있다. 이진법 표현에서 숫자 배열에 아래 첨자 (2)를 사용하여 나타내는 것처럼 피보나치 수 체계에서는 아래첨자 f를 사용한다. 그러면 양의 정수 10은 10010_f, 14는 100001_f 등과 같이 표현할 수 있다. 그런데 피보나치 수 체계에서는 십진법의 수를 표현하는 방법이 유일하지 않다. 가령 10은 10010_f과 1110_f로 동시에 표현이 가능하다. 이에 대해 벨기에의 수학자 제켄도르프(Zeckendorf)는 특정 조건을 추가하면 모든 양의 정수를 피보나치 수 체계로 유일하게 표현할 수 있음을 증명하였고, 이러한 표현 체계를 제켄도르프 표현이라 명명하였다.

제켄도르프의 정리(Zeckendorf's Theorem)

> 피보나치 수열 $\{f_n\}$에서 $n \geq 2$인 항으로 된 피보나치 수에 대해 모든 양의 정수는 연속하지 않은 피보나치 수의 합으로 표현할 수 있고, 그 방법은 유일하다.

증명〉 1) 먼저 임의의 양의 정수 N에 대한 제켄도르프 표현이 존재함을 보이자. 우선 $N = 1, 2, 3$일 때는 각각 피보나치 수이므로 제켄도르프 표현이 존재한다. 이제 임의의 양의 정수 N 미만의 모든 양의 정수에 대하여 제켄도르프 표현이 존재한다고 가정하자. 만약 N이 피보나치 수라면 자명하게 제켄도르프 표현이 가능하다. N이 피보나치 수가 아니라고 하자. 그러면 $f_i < N < f_{i+1}$을 만족하는 피보나치 수 f_i, f_{i+1}이 존재한다. 그러면 $N = f_i + (N - f_i)$라고 할 수 있고, $N < f_{i+1} = f_i + f_{i-1}$이므로, $N - f_i < f_{i-1} < f_i < N$이다.

따라서 가정에 의해 $N - f_i = f_{t_r} + f_{t_{r-1}} + \cdots + f_{t_1}$(단, $l < m$이면 $f_{t_l} < f_{t_m}$)로 표현 가능하다. 그러면 $N = f_i + f_{t_r} + f_{t_{r-1}} + \cdots + f_{t_1}$이고 $f_{t_r} < f_{i-1}$이므로 수학적 귀납법에 의해 모든 양의 정수

N에 대하여 제켄도르프 표현이 존재한다.

2) 이제 제켄도르프 표현의 유일성을 보이자. $Z(N)$을 N에 대한 서로 다른 제켄도르프 표현 방법의 개수라고 정의하자. 즉, $Z(N) = 1$임을 보이자. 먼저 다음과 같은 피보나치 수열의 성질을 이용한다.

$$f_{2k-1} + f_{2k-3} + \cdots + f_5 + f_3 = (f_{2k} - f_{2k-2}) + (f_{2k-2} - f_{2k-4}) + \cdots + (f_4 - f_2) = f_{2k} - 1$$
$$f_{2k} + f_{2k-2} + \cdots + f_4 + f_2 = (f_{2k+1} - f_{2k-1}) + (f_{2k-1} - f_{2k-3}) + \cdots + (f_3 - f_1) = f_{2k+1} - 1$$

이제 $N = f_{n_k} + f_{n_{k-1}} + \cdots + f_{n_1}$(단, $l < m$이면 $f_{t_l} < f_{t_m}$)라 하자. 그러면 위의 사실로부터 $N-1$의 제켄도르프 표현을 아래와 같이 얻을 수 있다.

$$N - 1 = f_{n_k} + f_{n_{k-1}} + \cdots + f_{n_1} - 1$$
$$= \begin{cases} f_{n_k} + \cdots + f_{n_2} & (n_1 = 2) \\ f_{n_k} + \cdots + f_{n_2} + f_{n_1 - 1} + f_{n_1 - 3} + \cdots + f_5 + f_3 & (n_1\text{은 } 2\text{보다 큰 짝수}) \\ f_{n_k} + \cdots + f_{n_2} + f_{n_1 - 1} + f_{n_1 - 3} + \cdots + f_4 + f_2 & (n_1\text{은 } 2\text{보다 큰 홀수}) \end{cases}$$

즉, N의 제켄도르프 표현으로부터 $N-1$의 제켄도르프 표현을 항상 얻을 수 있고, $Z(N) \le Z(N-1)$이 성립함을 알 수 있다. 한편 임의의 N에 대하여 $N \le f_{N+1}$이 성립하고, $Z(f_{N+1}) = 1$이므로 다음이 성립한다.

$$1 = Z(f_{N+1}) \le \cdots \le Z(N) \le \cdots \le Z(2) \le Z(1) = 1$$

따라서 $Z(N) = 1$이다. ■

제켄도르프 정리에 의해 모든 양의 정수는 연속하지 않는 피보나치 수의 합으로 유일하게 표현할 수 있다. 그리고 욕심쟁이 알고리즘(Greedy Algorithm)을 이용해 어떤 양의 정수의 제켄도르프 표현을 찾을 수 있다. 욕심쟁이 알고리즘은 선택의 순간마다 당장 눈앞에 보이는 최적의 상황을 좇아 최종적인 답에 도달하는 기법이다. 어떤 양의 정수의 제켄도르프 표현을 찾기 위해 욕심쟁이 알고리즘을 적용하면 '가능한 한 가장 큰 피보나치 수를 먼저 표시해야 한다.'는 조건을 따라가면 된다. 가령 양의 정수 10은 $10 = 8 + 2$, $10 = 5 + 3 + 2$로 표현할 수 있지만, 8이 5보다 더 큰 수이므로 8을 최적의 수로 인식하여 $10 = 8 + 2$로 결론을 내리게 된다. 따라서 욕심쟁이 알고리즘을 적용한다면 10은 항상 10010_f로 표시되며, 1110_f로는 표시될 수 없다. 이 규칙을 사용하면 십진법으로 주어진 양의 정수의 피보나치 수 체계 표현을 유일하게 나타낼 수 있으며 이는 곧 그 수의 제켄도르프 표현이 된다.

이제 게임의 필승전략을 살펴보기 위해 자신의 차례에서 가져가야 하는 돌의 개수를 생각해 보자. 게임 규칙에 따라 한 사람이 바둑돌을 가져오고 나면, 그다음 사람은 이전 사람이 가져간 바둑돌의 개수의 최대 두 배까지 원하는 만큼의 바둑돌을 가져올 수 있다. 즉, 첫 번째 사람이 1개의 돌을 가져갔다면, 다음 사람은 최대 2개까지 바둑돌을 가져갈 수 있고, 두 번째 사람이 자신이 가져갈 수 있는 최대 개수인 2개의 바둑돌을 가져간다면, 첫 번째 사람은 다시 최대 4개까지 바둑돌을 가져갈 수 있다.

그렇다면 자신의 차례에서 몇 개의 바둑돌을 가져갈 때 게임에서 승리할 수 있을까? 쉽게 알 수 있는 것은 자신의 차례에서 돌을 최대로 가져가는 것이 항상 최선의 선택이 되는 것은 아니라는 것이다. 정확하게는 다음 사람이 이전 사람의 2배의 돌을 가져갈 수 있으므로 자신의 차례에서 남아 있는 돌의 3분의 1 이상을 가져가서는 안 된다. 가령 10개의 돌이 남아 있을 때, 자신의 차례에서 4개의 돌을 가져간다면 다음 상대방은 최대 8개의 돌을 가져갈 수 있는데 남아 있는 돌은 6개뿐이므로 패배할 수밖에 없다. 이제 게임에서 승리하기 위해 자신의 차례에서 가져가야 할 바둑돌의 개수를 생각해 보고자 한다. 필승전략을 증명하기 전에 보조정리를 먼저 알아보자.

보조정리1

임의의 피보나치 수 F와 그보다 작은 수 N에 대하여, $F - N$의 제켄도르프 표현에서 가장 작은 피보나치 수는 $2N$보다 작다.

증명〉 임의의 피보나치 수 $F = f_t$라고 하고, $F - N = D$라고 하자. D의 제켄도르프 표현을 $D = f_{d_k} + f_{d_{k-1}} + \cdots + f_{d_1}$(단, $l < m$이면 $f_{t_l} < f_{t_m}$)라고 하자. 그러면 $F > D$이므로 $f_t \geq f_{d_k+1}$이고, 제켄도르프 표현은 인접하지 않은 피보나치 수들의 합으로 나타나므로 다음 식이 성립한다.

$$D = f_{d_k} + f_{d_{k-1}} + \cdots + f_{d_2} + f_{d_1} \leq f_{d_k} + f_{d_k-2} + f_{d_k-4} + \cdots + f_{d_k-2(k-2)} + f_{d_1}$$

또한 $f_{d_k-2(k-1)} \ge f_{d_1}$이므로 다음 식이 성립한다.

$$
\begin{aligned}
N = F - D = f_t - f_{d_k} - f_{d_{k-1}} - \cdots - f_{d_1} &\ge f_{d_k+1} - (f_{d_k} + f_{d_k-2} + f_{d_k-4} + \cdots + f_{d_k-2(k-2)} + f_{d_1}) \\
&= f_{d_k+1} - f_{d_k} - f_{d_k-2} - \cdots - f_{d_1} \\
&= f_{d_k-1} - f_{d_k-2} - \cdots - f_{d_1} \\
&= f_{d_k-2k+3} - f_{d_1} \ge f_{d_k-2k+1}
\end{aligned}
$$

한편, 피보나치 수열의 정의에 의해 $f_i + f_i > f_{i-1} + f_i$ 즉, $2f_i > f_{i+1}$이므로 다음 식이 성립한다.

$$2N \ge 2f_{d_k-2k+1} > f_{d_k-2k+2} \ge f_{d_1} \quad \blacksquare$$

피보나치 님의 필승전략

n개의 바둑돌 무더기가 있을 때,

1) n이 피보나치 수가 아니라면, 먼저 시작한 사람에게 필승전략이 존재한다. 먼저 시작한 사람은 n의 제켄도르프 표현에서 가장 작은 피보나치 수와 같은 개수의 돌을 가져간다.

2) n이 피보나치 수라면, 두 번째로 시작한 사람에게 필승전략이 존재한다. 직전 상대방이 가져가고 남은 돌의 개수의 제켄도르프 표현에서 가장 작은 피보나치 수와 같은 개수의 돌을 가져간다.

증명〉 1) n은 피보나치 수가 아니므로 n의 제켄도르프 표현을 $n = f_{n_k} + f_{n_{k-1}} + \cdots + f_{n_1}$(단, $l < m$이면 $f_{t_l} < f_{t_m}$)라고 하자. 먼저 시작한 사람이 f_{n_1}개의 돌을 가져가면, 상대방이 가져갈 수 있는 최대 돌의 개수는 $2f_{n_1}$이 되고, 나머지 바둑돌의 수의 제켄도르프 표현에서 가장 작은 피보나치 수는 f_{n_2}이다.

이때 제켄도르프 표현의 정의에 의해 $f_{n_1} < f_i < f_{n_2}$인 피보나치 수 f_i가 존재하고, $f_{n_1} + f_i \le f_{n_2}$를 만족한다. 그러면 $2f_{n_1} < f_{n_1} + f_i \le f_{n_2}$이다. 즉, 먼저 시작한 사람이 n의 제켄도르프 표현에서 가장 작은 피보나치 수(f_{n_1})만큼 돌을 가져간다면, 상대방이 가져갈 수 있는 최대 돌의 개수($2f_{n_1}$)는 나머지 바둑돌의 수의 제켄도르프 표현에서 가장 작은 피보나치 수(f_{n_2})보다 작다.

이때 두 번째 사람이 N개를 가져갔다고 하면 남은 바둑돌의 개수는 $f_{n_k} + f_{n_{k-1}} + \cdots + (f_{n_2} - N)$이고, $f_{n_2} - N$은 다시 제켄도르프 표현으로 나타낼 수 있다.

즉, $f_{n_2} - N = f_{t_p} + f_{t_{p-1}} + \cdots + f_{t_1}$(단, $l < m$이면 $f_{t_l} < f_{tm}$)라고 하면, 남은 바둑돌의 개수의 제켄도르프 표현은 $f_{n_k} + f_{n_{k-1}} + \cdots + f_{n_3} + f_{t_p} + f_{t_{kp-1}} + \cdots + f_{t_1}$이라 할 수 있다. 보조정리1에 의해 $f_{t_1} < 2N$이므로 다음 차례에서 첫 번째 사람은 다시 가장 작은 피보나치 수인 f_{t_1}개의 돌을 가

져갈 수 있다.

즉, 첫 번째 사람이 n의 제켄도르프 표현에서 가장 작은 피보나치 수만큼 바둑돌을 가져가게 되면 두 번째 사람은 첫 번째 사람이 가져가고 남은 바둑돌 수의 제켄도르프 표현에서 가장 작은 피보나치 수보다 항상 더 작은 수의 바둑돌만을 가져갈 수 있다. 또한 두 번째 사람이 몇 개의 바둑돌을 가져가는가에 관계없이 첫 번째 사람은 언제나 남은 바둑돌의 제켄도르프 표현에서 가장 작은 피보나치 수만큼 가져갈 수 있다. 이를 반복하면 남은 바둑돌의 개수는 3, 5와 같이 충분히 작은 피보나치 수가 되는데, 두 번째 사람이 가져갈 수 있는 최대 돌의 개수는 이러한 피보나치 수보다 항상 더 작을 수밖에 없게 되므로, 두 번째 사람은 남은 바둑돌을 모두 가져갈 수 없다. 따라서 먼저 시작한 사람이 항상 승리한다.

2) n이 피보나치 수일 때, 먼저 시작한 사람이 돌을 가져가고 남은 돌의 수가 피보나치 수인 경우가 있고, 피보나치 수가 아닌 경우가 있다. 피보나치 수라면 먼저 시작한 사람이 절반 이상의 돌을 가져간 것이므로 두 번째로 시작한 사람이 남은 돌을 모두 가져가면 승리한다. 피보나치 수가 아니라면 두 번째 시작하는 사람은 필승전략 1)에 따라 움직이면 승리한다. ■

예를 들어, 처음에 10개의 바둑돌이 있다고 가정해 보자. 10은 피보나치 수가 아니고 10의 제켄도르프 표현은 $10 = 8 + 2$이므로, 먼저 시작한 사람은 10의 제켄도르프 표현에서 가장 작은 피보나치 수인 2개를 제거하고 8개의 바둑돌을 남긴다.

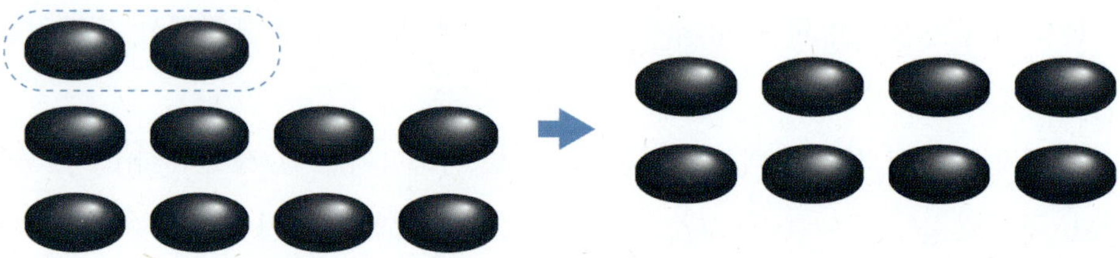

두 번째 사람은 최대 4개의 바둑돌을 제거할 수 있지만 3개 이상을 제거하면 첫 번째 사람이 즉시 승리할 수 있으므로(그다음으로 가져갈 수 있는 최대 개수가 6개 이상이 되기 때문이다.) 두 번째 사람이 바둑돌 2개를 가져간다고 가정해 보자.

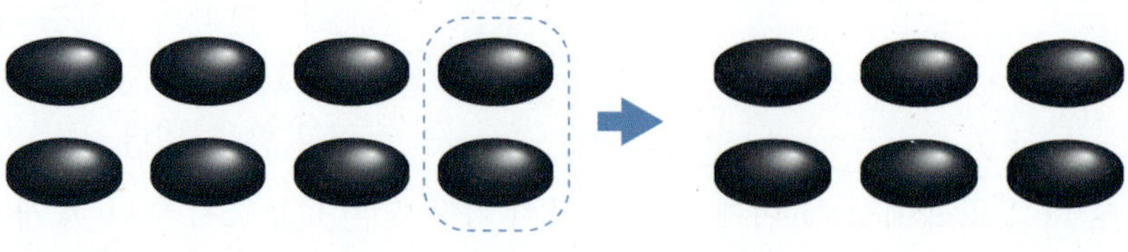

이렇게 하면 6개의 바둑돌이 남고, 6의 제켄도르프 표현은 6 = 5 + 1이므로 첫 번째 사람은 다시 이 표현에서 가장 작은 피보나치 수인 1개를 가져와서 5개의 돌을 남긴다.

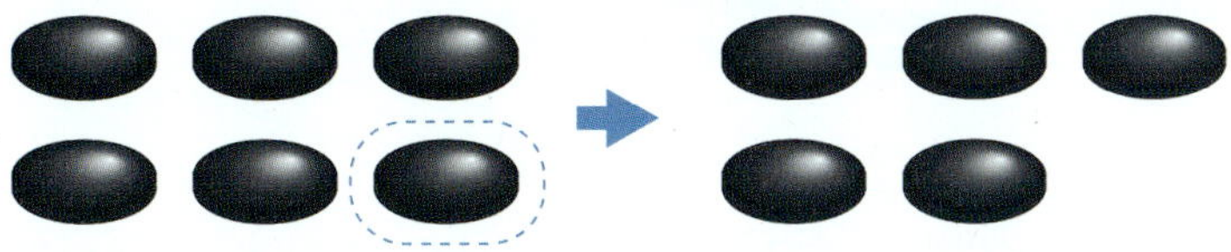

두 번째 사람은 앞서와 마찬가지로 바둑돌 2개를 가져갈 수 있지만, 그것은 즉시 패배하기 때문에 두 번째 사람이 바둑돌을 한 개만 가져간다면 4개의 바둑돌이 남는다.

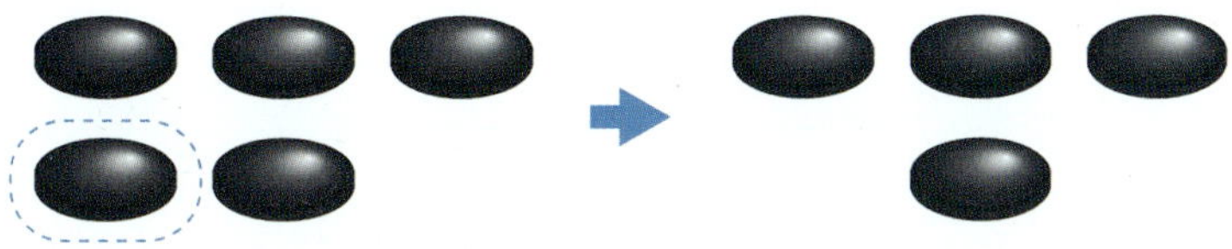

4의 제켄도르프 표현은 4 = 3 + 1이므로 첫 번째 사람은 다시 이 표현에서 가장 작은 피보나치 수인 1을 선택하고 바둑돌 3개를 남긴다.

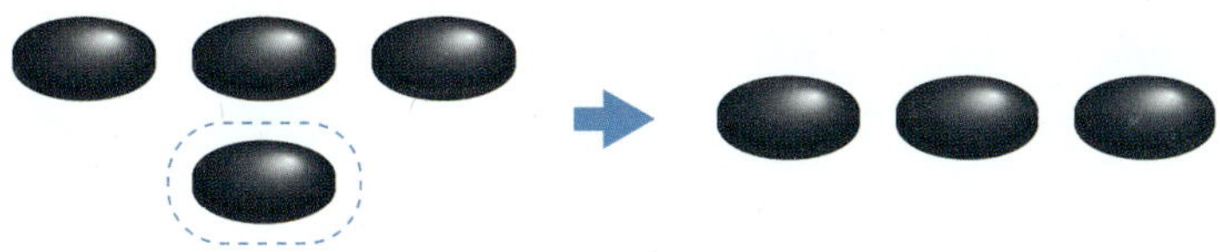

이제 두 번째 사람이 바둑돌 1개를 가져가든 2개를 가져가든, 다음 차례에서 첫 번째 사람이 승리하게 된다.

참프 Chomp

참프(Chomp)는 데이비드 게일(David Gale)이 'Nim Type Game' 중 하나로 처음 소개하였다. 참프의 규칙은 님 게임과 비슷하게 두 사람이 번갈아 가며 초콜릿을 가져가는 것으로 특별한 준비물이 필요하지 않고 게임 규칙 또한 단순하여 어디서나 쉽게 즐길 수 있다.

게임에 필요한 도구

게임판, 연필

게임판

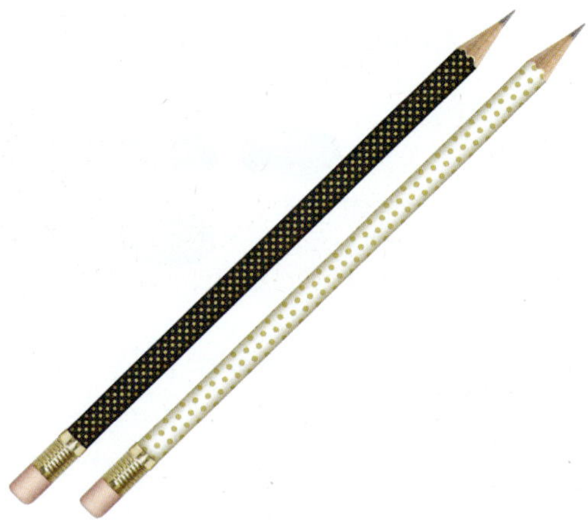

연필

참프 게임은 연필과 종이만 있으면 누구나 해볼 수 있다. 게임판을 따로 준비하지 않아도 종이에 적당한 $m \times n$ 직사각형을 그리고 게임을 진행하면 된다.

게임판 받기

06_님 게임과 그 변형 게임/참프.pdf

게임 규칙

참프는 맨 왼쪽 상단에 독이 들어 있는 $m \times n$ 초콜릿 바에서 시작한다. 규칙은 다음과 같다.

1) 두 사람이 교대로 초콜릿 한 칸을 고르면, 그 칸과 칸의 오른쪽, 그리고 아래에 있는 초콜릿을 모두 제거한다.
2) 초콜릿을 제거하다가 독이 들어있는 초콜릿을 고르는 사람이 진다.

참프의 초콜릿 바를 수식으로 표현해 볼 수 있다. 독이 든 초콜릿 칸은 $(1,1)$로, 전체 초콜릿 바는 $\{(i,j) \mid 1 \leq i \leq m, 1 \leq j \leq n\}$로 표현할 수 있다.

만약 자신의 차례에 어떤 칸 (i_0, j_0)를 고르면 $i \geq i_0$, $j \geq j_0$인 (i, j)칸의 초콜릿을 모두 제거해야 하며 자신의 차례에서 $(1,1)$칸을 고른 사람은 패배하게 된다. 다음은 지은이와 민기가 4×3 초콜릿 바에서 참프를 진행한 예로 지은이의 패배로 끝났다.

0. 게임 시작 1. 지은 차례 2. 민기 차례 3. 지은 차례 4. 민기 차례

게임의 역사

참프 게임의 시작은 프레데릭 슈(Frederik Schuh)가 1952년 발표한 '약수 게임(Game of Divisor)'에서 찾아볼 수 있다. 약수 게임은 두 소수 p, q에 대해 p와 q의 거듭제곱의 곱으로 표현되는 숫자 $N = p^n \times q^m$의 약수를 번갈아 말하는 게임이다. 이때 N의 약수 중 말한 숫자의 배수는 모두 제거해야 하며 마지막으로 1을 말하는 사람이 지게 된다. 가령 $N = 16 \times 27$이라고 하면 숫자를 다음과 같이 나열할 수 있고, 숫자 24를 선택한다면 24의 배수를 모두 제거해야 한다.

1	2	4	8	16
3	6	12	24	48
9	18	36	72	144
27	54	108	216	432

데이비드 게일(David Gale)은 1974년 이러한 '약수 게임'과 유사한 $m \times n$ 초콜릿 바 게임을 발명하여 그의 논문 〈Nim Type Game〉에 발표하였다. 이 초콜릿 바 게임이 지금의 참프 게임이다.

'참프(Chomp)'라는 이름은 마틴 가드너(Martin Gardner)에 의해 처음으로 언급되었다. 영어 단어 'Chomp'가 '(음식을) 쩝쩝 먹는다'는 뜻인데, 초콜릿을 가져가는 것을 먹는 것으로 표현하여 이름 붙여진 것으로 보인다.

여러 수학자가 참프 게임의 필승전략을 찾기 위해 노력했다. 도론 차일베르거(Doron Zeilberger)는 $3 \times n$ 초콜릿 바의 특별한 경우들을 분석하여 컴퓨터 프로그램을 작성하였고, 그의 제자였던 신유 선(Xinyu Sun)은 차일베르거의 결과를 3행 이상의 참프로 확장하여 보다 일반적인 경우에 대해 분석하였다.

게임의 전략

참프 게임의 필승전략이 존재한다는 것은 어렵지 않게 증명할 수 있다.

참프 게임의 필승전략의 존재성

임의의 $m \times n$ 참프 게임은 첫 번째로 시작하는 사람에게 필승전략이 존재한다.

증명〉 게임에서 먼저 시작하는 사람이 선택할 수 있는 경우의 수는 크게 두 가지가 있다. 하나는 (m, n)을 선택하는 것이 필승전략인 경우이다. 이때는 먼저 시작하는 사람이 (m, n)을 선택하면 된다. 다른 하나는 먼저 시작하는 사람이 (m,n)을 선택함으로써 게임에서 지게 되는 경우이다. 그러면 두 번째로 시작하는 사람이 어떤 (i, j)를 선택하여 게임에서 승리할 수 있는 전략이 반드시 존재한다. 그러나 이것은 곧 먼저 시작하는 사람이 (i, j)를 먼저 선택하면 게임에서 승리할 수 있다는 것을 의미한다. 따라서 먼저 시작하는 사람에게 항상 필승전략이 존재한다. ■

하지만 위의 증명은 필승전략의 존재성에 대한 증명일 뿐, 게임에서 승리할 수 있는 구체적인 방법에 대한 정보를 제공해 주지는 못한다. 바둑이나 체스와 같이 참프도 컴퓨터로 분석하는 여러 연구가 진행되었지만, 일반화된 필승전략은 아직 발견되지 않았다. 참프는 2차원 평면에서 진행되므로 이를 일반화해 3차원 참프를 생각할 수 있다. 3차원 참프는 2차원 참프와 규칙은 동일한데 정사각형 초콜릿 한 칸을 정육면체 초콜릿 하나로 바꾸어 3차원 공간에 옮겨온 것이다. 참프와 마찬가지로 하나의 정육면체를 선택하면, 그 정육면체와 함께 오른쪽, 아래, 뒤쪽에 있는 정육면체들을 모두 제거한다. 참프 게임을 발명한 데이비드 게일(David Gale)은 3차원 참프에 대한 필승전략의 발견에 상금 100달러를, 무한히 뻗어가는 정육면체 참프에 대한 필승전략의 발견에 상금 200달러를 제시했다. 2차원 참프에 대한 분석 또한 아직 완전히 마무리되지 않았으므로 매우 도전적인 과제가 아닐 수 없다!

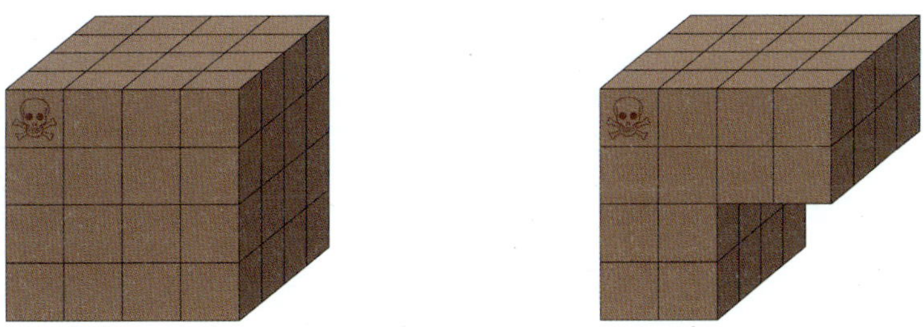

3차원 참프(왼쪽)와 정육면체 하나를 선택해 정육면체를 제거한 모습(오른쪽)

참프 게임의 일반화된 필승전략은 발견되지 않았지만 몇 가지 참프 게임에 대해서는 필승전략을 생각해 볼 수 있다. 참프 게임의 필승전략을 발견하기 위해서는 후진 귀납법(Backwards Induction)을 이용하여 각 상황이 P-포지션인지 또는 N-포지션인지를 판단해 봄으로써 자신의 차례에서 어떤 초콜릿 칸을 선택해야 할지를 생각해 볼 수 있다. (P-포지션과 N-포지션에 대한 이해를 위해 그런디 게임에서 소개한 이론을 먼저 보길 추천한다.) 따라서 몇 가지 특별한 참프 게임에 대해 필승전략을 알아보고 일반적인 경우에 대해 생각해 보고자 한다.

정사각형 참프

정사각형 모양을 가진 참프 게임의 필승전략은 그리 어렵지 않게 생각해 볼 수 있다. (먼저 스스로 생각해 보자.)

정사각형 참프의 필승전략

정사각형 ($m \times m$) 참프 게임의 필승전략은 먼저 시작하는 사람이 $(2, 2)$ 칸을 선택하는 것이다.

정사각형 참프에서는 먼저 시작하는 사람이 오프닝 동작으로 $(2, 2)$ 칸을 선택하면 반드시 승리할 수 있다. 그 이후에는 다음 사람의 움직임을 그대로 모방하여 대칭이 되도록 반복한다면 두 번째로 시작한 사람의 차례에 독이 든 초콜릿 조각 $(1, 1)$ 칸만 남게 되어 승리하게 된다. 예를 들어 4×4 참프를 생각해 보자.

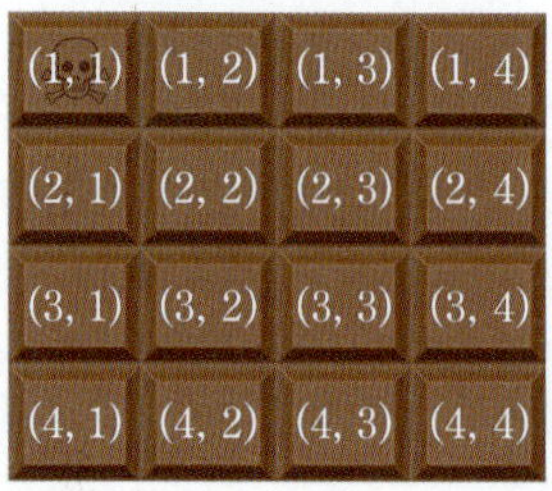

여기에서 먼저 시작한 사람이 $(2, 2)$ 칸을 선택하면 대칭이 되는 모양(이제부터 '대칭 L 모양' 이라고 부르자.)이 남게 된다. 남은 부분에 아래와 같이 번호를 부여해 보자.

이제 상대방이 어떤 칸을 고르더라도 같은 숫자가 쓰여있는 칸을 골라 계속해서 대칭을 유지한다면 결국 두 번째로 시작한 사람의 차례에 독이 든 X 칸만 남게 되어 먼저 시작한 사람이 승리하게 된다. 따라서 모든 정사각형은 N-포지션임을 알 수 있으며 대칭 L 모양은 P-포지션임을 알 수 있다. 즉, 게임을 진행하다가 자신의 차례에 정사각형 모양을 상대방으로부터 넘겨 받거나, 대칭 L 모양을 상대방에게 넘겨줄 수 있다면 반드시 게임에서 승리할 수 있다.

2행 참프

2행으로 이루어진 참프 또한 필승전략이 자명하게 알려져 있다. 2행 이상의 참프에서는 초콜릿 바의 각 행의 길이를 $[a, b, c, \cdots]$ $(a \geq b \geq c \geq \cdots \geq 0)$로 나타낼 수 있다. 이러한 표현을 이용해 2행 참프의 필승전략을 알아보자.

2행 참프 게임의 필승전략

2행($2 \times n$) 참프가 P-포지션이기 위한 필요충분조건은 초콜릿 바가 $[a, a-1]$$(a \geq 1)$의 형태인 것이다.

2행 참프에서는 윗줄이 아랫줄보다 1개 더 많은 상태일 때 P-포지션이 된다. 예를 들어 2×4 초콜릿 바에서 $[4, 3]$ 형태를 생각해 보자. 정사각형 참프와 마찬가지로 아래와 같이 번호를 부여할 수 있다.

이제 자신의 차례에서 어떤 칸을 고르더라도 상대방이 같은 숫자가 쓰여있는 칸을 고르면 결국 독이 든 X 칸만 남게 된다. 길이가 더 길어지더라도 같은 방법을 사용할 수 있으므로 $[a, a-1]$ 형태의 2행 참프는 P-포지션이다. 또한 $[a, b]$ $(a \geq b > 0)$에서 $b \neq a-1$인 형태가 주어진다면, 적당한 칸을 선택하는 한 번의 동작으로 $[a, a-1]$ 또는 $[b+1, b]$인 P-포지션으로 갈 수 있으므로 $b \neq a-1$인 $[a, b]$는 N-포지션이다. 따라서 $[a, a-1]$ 형태는 2행 참프의 유일한 P-포지션이다.

2행 참프에서는 $[a, a-1]$ 형태가 P-포지션이므로 이 형태를 상대방에게 넘기는 것이 게임에서

승리하는 방법이다. 따라서 2행 참프에서 먼저 시작한 사람이 취할 수 있는 최적의 움직임은 $(2, n)$ 칸을 선택하여 $[a, a-1]$ 형태의 초콜릿 바를 상대방에게 넘기는 것이다.

3행 참프

3행 이상으로 이루어진 참프는 2행 참프에 비해 필승전략이 훨씬 더 복잡하다. 먼저 P-포지션이 되는 가장 작은 초콜릿 바의 형태를 찾은 뒤, 초콜릿 바의 크기를 키워가는 귀납적인 방법을 이용하여 P-포지션을 발견할 수 있다. 3행 참프에서 각 행의 길이가 a, b, c일 때 초콜릿 바 형태를 $[a, b, c]$ $(a \geq b \geq c \geq 0)$라고 하고, c를 고정하여 가능한 P-포지션을 찾아보자.

먼저 $c = 0$이면 2행 참프와 같으므로 P-포지션은 $[a, a-1, 0]$이다. $c = 1$일 때, P-포지션을 찾기 위해 2행 참프의 P-포지션을 떠올려 보자. 2행 참프에서 $[3, 2]$가 P-포지션임을 알고 있으므로, 이와 대칭적으로 나타나는 3행 참프의 $[2, 2, 1]$은 P-포지션이다.

[3, 2] 형태의 2행 참프(왼쪽)와 [2, 2, 1] 형태의 3행 참프(오른쪽)

또한 정사각형 참프에서 대칭 L 모양은 P-포지션이므로 $[3, 1, 1]$은 P-포지션이다.

[3, 1, 1] 형태의 3행 참프

사실 $c = 1$일 때의 P-포지션은 $[2, 2, 1]$과 $[3, 1, 1]$뿐이다. 임의의 $\alpha \geq \beta \geq 0$에 대하여 $\alpha + \beta > 0$일 때 $[2+\alpha, 2+\beta, 1]$은 한 번의 움직임으로 $[2, 2, 1]$로 갈 수 있으므로 N-포지션이다. 또한 $\alpha \geq 1$일 때 $[3+\alpha, 1, 1]$은 한 번의 움직임으로 $[3, 1, 1]$로 갈 수 있으므로 N-포지션이다. 따라서 $c = 1$일 때, P-포지션은 $[2, 2, 1]$과 $[3, 1, 1]$뿐이다.

$c = 2$일 때를 살펴보자. $c = 1$일 때 [3, 1, 1]이 P-포지션이므로 [4, 1, 1], [3, 2, 2], [3, 3, 2]가 N-포지션임을, [2, 2, 1]이 P-포지션이므로 [4, 2, 1], [2, 2, 2]가 N-포지션임을 알 수 있다.

[4, 1, 1]

[3, 2, 2]

[3, 3, 2]

[3, 1, 1]

[4, 2, 1]

[2, 2, 2]

[2, 2, 1]

각 행의 길이는 $a \geq b \geq c$이고, [2, 2, 2], [3, 2, 2], [3, 3, 2]가 모두 N-포지션이므로 $c = 2$일 때 가장 적은 수의 초콜릿 바를 갖는 P-포지션은 [4, 2, 2]임을 알 수 있다. 왜냐하면 [4, 2, 2]에서 가능한 모든 움직임은 N-포지션이 되기 때문이다. 또한 이로부터 [4, 3, 2], [4, 4, 2]가 N-포지션임을 알 수 있다.

[3, 2, 2]

[2, 2, 2]

[1, 1, 1]

[4, 2, 2]

[4, 2, 1]

[4, 1, 1]

[4, 2, 0]

[4, 0, 0]

같은 방법을 반복하면 $[5, 3, 2]$가 10개의 조각으로 만드는 가장 작은 P-포지션임을 알 수 있다. 따라서 $[5, 4, 2]$, $[5, 5, 2]$는 N-포지션이고, $[5+\alpha, 3, 2]$ $(\alpha \geq 1)$도 N-포지션임을 알 수 있다. 계속해서 $[6, 4, 2]$와 $[7, 5, 2]$에서의 모든 움직임은 N-포지션이 되므로 각각이 P-포지션임을 알 수 있다. 이로부터 우리는 $[a, b, 2]$가 P-포지션이기 위한 필요충분조건이 $a-b=2$임을 추측할 수 있고 이는 사실이다.

3행 참프에 관한 정리

3행 참프에서 $[a, b, 2]$ $(a \geq b \geq 2)$가 P-포지션이기 위한 필요충분조건은 $a-b=2$인 것이다.

증명〉 다음의 두 명제가 참임을 증명하도록 하자.

$$P_1(n) : [n, m, 2] \ (n-m=2, n \geq m \geq 2)\text{는 } P\text{-포지션}$$
$$P_2(n) : [n, m, 2] \ (n-m \neq 2, n \geq m \geq 2)\text{는 } N\text{-포지션}$$

1) $P_1(4)$는 참이다. 즉, $[4, 2, 2]$는 P-포지션이다.

2) $n=k$일 때, $P_1(4)$, $P_1(5)$, $\cdots$, $P_1(k)$가 참이면 $P_1(k+1)$이 참임을 보이자.

즉, $[k+1, k-1, 2]$가 P-포지션임을 보이자. $[k+1, k-1, 2]$에서 한 번의 이동으로 $[a, b, c]$로 간다고 할 때 그 형태는 아래와 같다.

	$a-b \geq 3$	$a-b=2$	$a-b=1$	$a=b$
$c=2$	$[k+1, k-2, 2]$ $[k+1, k-3, 2]$ $\vdots$ $[k+1, 2, 2]$	없음	$[k, k-1, 2]$	$[k-1, k-1, 2]$ $[k-2, k-2, 2]$ $\vdots$ $[2, 2, 2]$
$c<2$	$[k+1, 1, 1]$ $[k+1, 0, 0]$	$[k+1, k-1, 1]$ $[k+1, k-1, 0]$	없음	$[1, 1, 1]$

$c=0$일 때, P-포지션은 $[a, a-1, 0]$ 형태뿐이므로 $[k+1, 0, 0]$, $[k+1, k-1, 0]$은 N-포지션이다. $c=1$일 때, P-포지션은 $[2, 2, 1]$, $[3, 1, 1]$뿐이므로 $[k+1, 1, 1]$, $[k+1, k-1, 1]$, $[1, 1, 1]$은 N-포지션이다. $c=2$인 경우 한 번의 움직임으로 다음 쪽의 표와 같이 이동할 수 있다.

	이동 전	이동 후
$a-b \geq 3$	$[k+1, k-2, 2]$ $[k+1, k-3, 2]$ $\vdots$ $[k+1, 2, 2]$	$[k, k-2, 2]$ $[k-1, k-3, 2]$ $\vdots$ $[4, 2, 2]$
$a-b=1$	$[k, k-1, 2]$	$[k, k-2, 2]$
$a=b$	$[k-1, k-1, 2]$ $[k-2, k-2, 2]$ $\vdots$ $[4, 4, 2]$ $[3, 3, 2]$ $[2, 2, 2]$	$[k-1, k-3, 2]$ $[k-2, k-4, 2]$ $\vdots$ $[4, 2, 2]$ $[3, 1, 1]$ $[2, 2, 1]$

$\mathrm{P}_1(4)$, $\mathrm{P}_1(5)$, $\cdots$, $\mathrm{P}_1(k)$를 참으로 가정했으므로 $4 \leq n \leq k$에 대해 $[n, n-2, 2]$는 P-포지션이다. 또한 $[2, 2, 1]$, $[3, 1, 1]$도 P-포지션이므로 $c=2$인 경우도 모두 N-포지션이다. 그러므로 수학적 귀납법에 의해 $\mathrm{P}_1(n)$은 참이다. 다음으로 $\mathrm{P}_2(n)$에 대해 생각하자.

3) $n=2, 3$일 때, $\mathrm{P}_2(2)$, $\mathrm{P}_2(3)$은 참이다. 즉, $[2,2,2]$, $[3,3,2]$, $[3,2,2]$는 N-포지션이다. $n \geq 4$에 대해 $\mathrm{P}_2(n)$이 참임을 보이자. 즉, 아래 게임 상태가 N-포지션임을 보이면 된다.

$$[n, n, 2], [n, n-1, 2], [n, n-3, 2], [n, n-4, 2], \cdots, [n, 2, 2]$$

$[n, n, 2], [n, n-1, 2]$는 $[n, n-2, 2]$로 이동 가능하고 $[n, n-2, 2]$가 P-포지션임을 앞에서 보였으므로 $[n, n, 2], [n, n-1, 2]$은 N-포지션이다.

마찬가지로 $[n, n-3, 2], [n, n-4, 2], \cdots, [n, 2, 2]$는 순서대로 다음으로 이동 가능하다.

$$[n-1, n-3, 2], [n-2, n-4, 2], \cdots, [4, 2, 2]$$

이는 모두 P-포지션이므로 $[n, n-3, 2], [n, n-4, 2], \cdots, [n, 2, 2]$는 N-포지션이다. 따라서 $n \geq 2$에 대해 $\mathrm{P}_2(n)$은 참이다.

그러므로 1), 2), 3)에 의하여 주어진 정리가 성립한다. ■

이렇게 귀납적인 방법을 이용하면 초콜릿 바가 $[a, b, c]$일 때, c의 값이 더 큰 경우에도 P-포지션을 찾아낼 수 있으며, 이를 표로 나타내면 아래와 같다.

$c = 0$	$[a, a-1, 0]$ $(a \geq 1)$
$c = 1$	$[3, 1, 1], [2, 2, 1]$
$c = 2$	$[a, a-2, 2]$ $(a \geq 4)$
$c = 3$	$[6, 3, 3], [7, 4, 3], [5, 5, 3]$
$c = 4$	$[8, 4, 4], [9, 5, 4], [10, 6, 4], [7, 7, 4]$
$c = 5$	$[10, 5, 5], [9, 6, 5], [a+11, a+7, 5]$ $(a \geq 0)$

이 표를 이용해 3×5 참프의 필승전략을 생각해 보자.

표를 통해 $c = 3$일 때, $[5, 5, 3]$이 P-포지션임을 알 수 있다. 따라서 먼저 시작한 사람이 $(3, 4)$번째 칸을 선택하여 $[5, 5, 3]$의 형태로 상대방에게 넘겨주는 것이 최선의 전략이다.

이제 $c = 2$일 때, $[a, a-2, 2]$가 P-포지션임을 알고 있으므로 상대방이 1번 또는 2번 칸을 선택할 때 같은 번호의 칸을 선택함으로써 상대방에게 P-포지션을 넘겨줄 수 있다. 또한, $c = 1$일 때, $[3, 1, 1]$과 $[2, 2, 1]$이 P-포지션임을 알고 있으므로 상대방이 3번 또는 4번 칸을 선택한다면, 같은 번호의 칸을 선택함으로써 상대방에게 P-포지션을 넘겨줄 수 있다. 마지막으로 상대방이 5번 칸을 선택할 때 같은 5번 칸을 선택하면 2행 참프의 P-포지션이 되고, 6번 칸을 선택할 때에는 같은 6번 칸을 선택하면 독이 든 X 칸만 남으므로 승리하게 됨이 자명하다. 따라서 3×5 참프에서는 먼저 시작하는 사람에게 필승전략이 있음을 알 수 있다.

참프 게임은 공정 게임이므로 스프라그-그런디 정리(Sprague-Grundy Theorem)에 의해 님 게임과 같은 방법으로 게임을 분석할 수 있다. (스프라그-그런디 값에 대한 이해를 위해 그런디 게임에서 소개한 이론을 먼저 보길 추천한다.) 예를 들어 2×3 참프를 살펴보자. 각각의 상황에서 이동 가능한 게임 상태와 그때의 그런디 값을 유향 그래프로 나타내면 그림1과 같다.

모든 P-포지션의 그런디 값은 0이기 때문에 2×3 참프에서는 $(2, 3)$칸을 선택하는 것이 먼저 시작하는 사람의 필승전략이 됨을 알 수 있다. 사실 이는 2행 참프의 P-포지션과 일치한다. 적당한 모양의 참프 게임에 대한 그런디 값을 계산해 보고, 이를 이용한 필승전략을 찾아보자.

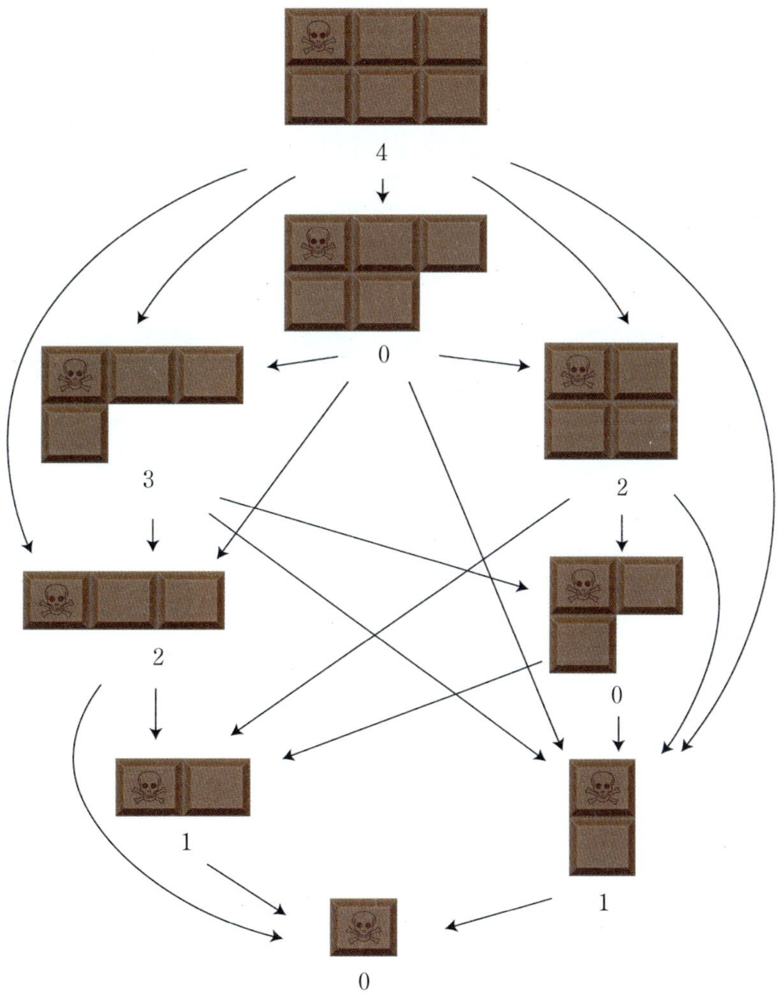

그림1 2×3 참프의 그런디 값

마지막 말의 주인공은 **님 게임과 그 변형 게임**

위토프 게임 Wythoff's Game

위토프 게임(Wythoff's Game)은 님 게임의 변형 게임 중 하나로 두 무더기에서 두 사람이 교대로 규칙에 맞게 돌을 가져가는 게임이다. 중국에 檢石子(검석자, 돌 따기)란 이름의 비슷한 게임이 있었다고 하는데, 네덜란드의 수학자 빌럼 아브라함 위토프(Willem Abraham Wythoff)에 의해 수학적으로 분석되어 위토프 게임이라는 이름이 붙여졌다.

게임에 필요한 도구

바둑돌

위토프 게임의 도구는 아주 단순하다. 바둑돌만으로 충분하며 만약 바둑돌이 없다면 돌, 동전, 클립, 구슬, 연필 등을 사용할 수 있다.

게임 규칙

위토프 게임을 하려면 우선 두 무더기의 바둑돌을 준비해야 한다. 바둑돌의 개수는 정해져 있지 않고 두 무더기의 바둑돌의 개수가 서로 달라도 상관없다. (사실 두 무더기의 바둑돌 개수가 달라야 게임이 좀 더 흥미롭게 진행된다.) 다음과 같은 규칙에 따라 게임을 진행한다.

1) 두 명이 교대로 바둑돌을 가져간다.

2) 바둑돌을 가져갈 때는 한 무더기에서 바둑돌을 원하는 개수만큼 가져가거나 두 무더기에서 서로 같은 개수의 바둑돌을 가져간다.

3) 마지막 바둑돌을 가져가는 사람이 승리한다.

다음은 5개와 3개로 된 두 무더기의 바둑돌에서 미희와 은진이 위토프 게임을 진행한 예이다. 미희가 시작한 게임은 은진의 승리로 끝났다.

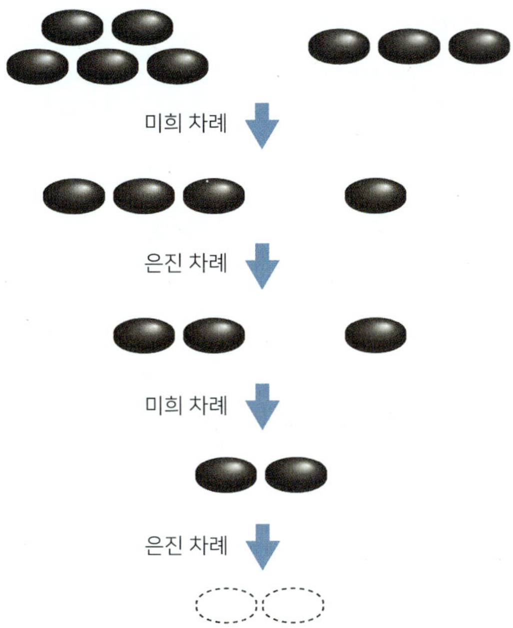

위토프 게임 진행 예시(은진의 승리)

변형 게임 : 코너 퀸

존스 홉킨스 대학의 수학 교수 루퍼스 P. 아이작(Rufus P. Isaacs)이 1960년경에 발명한 게임 코너 퀸(Corner Queen)은 위토프 게임과 같은 게임이다. 체스 판(또는 격자무늬가 그려진 판) 위의 적당한 곳에 퀸을 배치하고 두 사람이 번갈아 가며 퀸을 왼쪽, 아래쪽 또는 왼쪽 아래 방향의 대각선으로만 이동하여 코너 위치에 먼저 도달하게 하는 사람이 승자가 되는 게임이다.

그림1은 미희와 은진의 코너 퀸 게임 진행 예시이다. 게임 시작 상황을 보자. 게임판에 가로, 세로 방향에 번호를 매긴 뒤 살펴보면, 처음 퀸을 배치한 상태는 다섯 개와 세 개의 바둑돌로 구성된 두 무더기에서 위토프 게임을 시작하는 것과 같다는 것을 알 수 있다. 여기서 퀸이 왼쪽으로 움직이는 것은 다섯 개의 바둑돌이 있는 무더기에서 바둑돌을 가져가는 것과 같고, 아래로 움직이는 것은 세 개의 바둑돌이 있는 무더기에서 바둑돌을 가져가는 것과 같으며 왼쪽 아래 방향의 대각선으로 움직이는 것은 두 무더기에서 같은 수의 바둑돌을 가져가는 것과 같다.

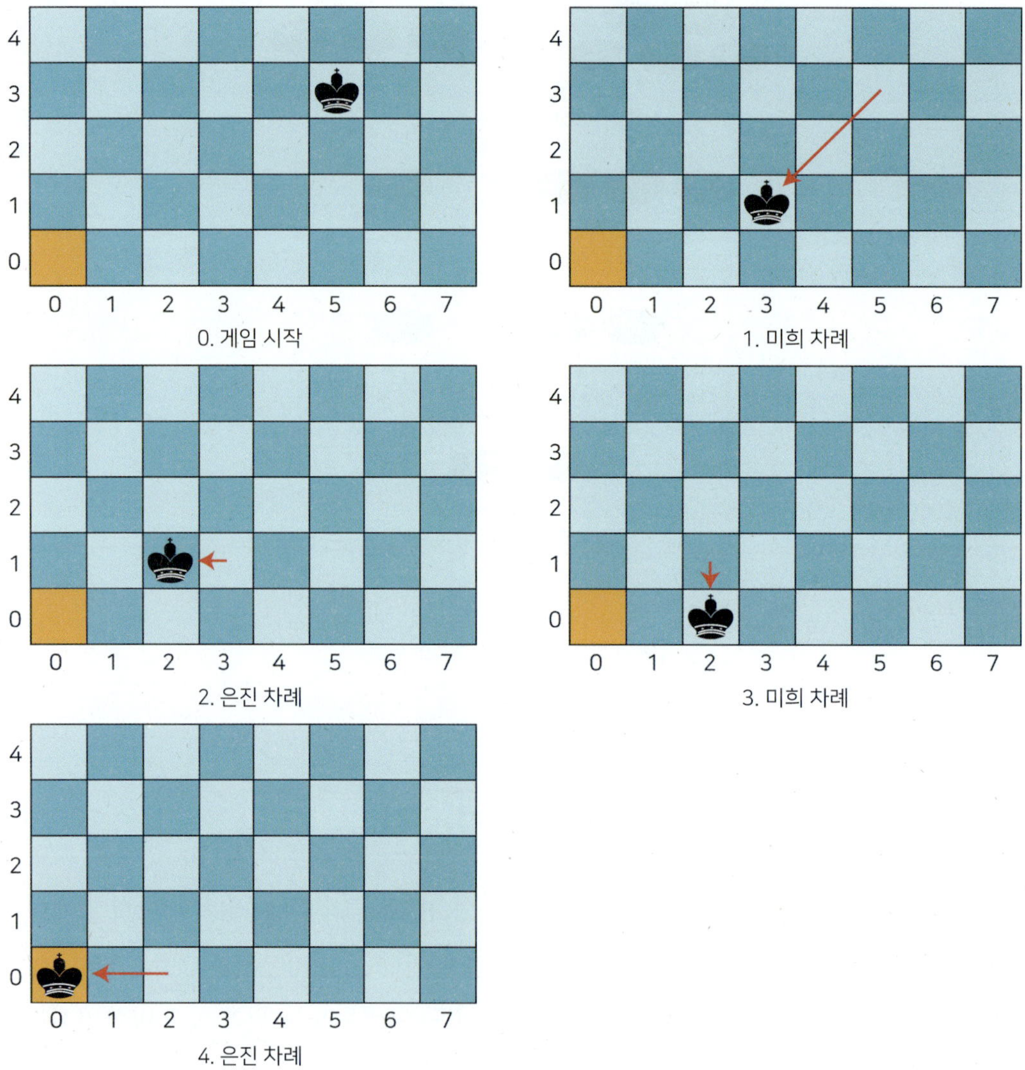

그림1 코너 퀸 게임의 진행 예시

P-포지션과 N-포지션 그리고 그런디 값

위토프 게임의 모든 게임 상태는 한 쌍의 정수 순서쌍 (p, q)로 나타낼 수 있다. 따라서 두 무더기에 바둑돌이 각각 1개와 2개 남아 있다면 이 게임의 상태는 $(1, 2)$로 나타낼 수 있고 순서쌍 $(1, 2)$로 표시된 게임은 순서쌍 $(2, 1)$로 표시된 게임과 같다. 두 명의 게임 참가자는 마지막으로 바둑돌을 가져가 $(0, 0)$의 상태로 만들어야 최종 승자가 된다.

위토프 게임 역시 공정 게임이므로 모든 게임 상태를 P-포지션(P-position)과 N-포지션(N-position)으로 구별할 수 있고 그런디 값도 계산할 수 있다. 게임이 진행되다 어떤 상태가 됐을 때 그 상태 이전에 게임을 한 사람(Previous Player)이 승리할 수 있는 상태이면 이 상태를 P-포지션이라 하고, 이번 차례에 게임을 해야 하는 사람(Next Player)이 승리할 수 있는 상태이면 이 상태를 N-포지션이라 한다. 특별히 더는 게임을 진행할 수 없는 상태를 터미널 포지션(Terminal Position)이라 한다. P-포지션의 경우 그런디 값이 0이고 N-포지션의 경우 그런디 값이 0이 아니다. 이런 점에서 필승전략은 상대방에게 P-포지션인 게임 상태를 넘기는 것이고 그런디 값으로 이야기하면 그런디 값이 0인 게임 상태를 넘기는 것이다. 따라서 각 게임 상태에 대해 P-포지션과 N-포지션 그리고 그런디 값을 알아봄으로써 현재 상황이 내게 유리한지 불리한지를 판단할 수 있다. (P-포지션과 N-포지션에 대한 자세한 설명은 그런디 게임에서 소개한 이론을 먼저 읽어보길 추천한다.)

$(0, 0)$인 게임 상태의 경우 터미널 포지션이므로 P-포지션이고 그런디 값은 0임을 알 수 있다. $(0, 1)$인 게임 상태는 터미널 포지션인 $(0, 0)$으로 갈 수 있으므로 N-포지션이고 그런디 값은 1이다. $(0, 2)$인 게임 상태는 $(0, 0)$, $(0, 1)$인 게임 상태로 갈 수 있고 P-포지션인 $(0, 0)$으로 갈 수 있으므로 N-포지션이고 그런디 값이 0과 1인 게임 상태로 갈 수 있으므로 스프라그-그런디 함수에 의해 그런디 값은 $\text{mex}\{0, 1\} = 2$이다. 비슷하게 $(1, 1)$인 게임 상태는 N-포지션이고 그런디 값이 2임을 알 수 있다.

$(1, 2)$인 게임 상태를 생각해 보자. 그림2와 같은 유향 그래프를 통해 후진 귀납법과 그런디 함수를 이용해 분석하면 $(1, 2)$인 게임 상태는 P-포지션임을 알 수 있다. $(1, 2)$는 P-포지션이므로 양의 정수 p에 대해 $(1 + p, 2), (1, 2 + p), (1 + p, 2 + p)$는 모두 N-포지션이다. 한쪽 또는 양쪽 무더기에서 p개를 제거하여 게임의 상태를 $(1, 2)$로 만들 수 있기 때문이다. $(p, 0)$과 (p, p) 또한 N-포지션이다. 한쪽 또는 양쪽 무더기에서 p개를 제거하면 $(0, 0)$이 되기 때문이다.

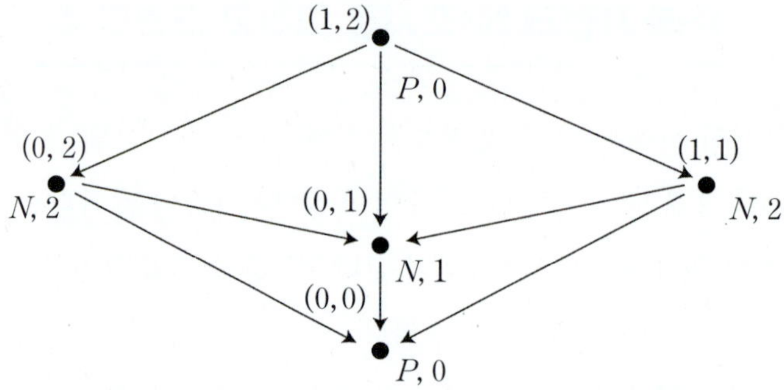

그림2 게임 상태가 (1, 2) 인 위토프 게임의 유향 그래프와 그런디 값

이런 분석을 통해 다른 게임 상태에 대해서도 P-포지션인지 N-포지션인지 그런디 값은 어떻게 되는지 알 수 있다. 다음 표는 게임 상태 (p, q)에 대해 p를 가로축으로, q를 세로축으로 나타낸 뒤 각 게임 상태의 그런디 값을 나타낸 표이다. P-포지션의 그런디 값은 0, N-포지션의 스프라그 그런디 값은 0이 아님을 알고 표를 확인해보자. 그런디 값이 0인 P-포지션을 찾아보면 $(1, 2), (3, 5), (4, 7), (6, 10), (8, 13), (9, 15), \cdots$이다. 어떤 규칙과 패턴이 있는 것 같지 않은가? 뒤에서 이에 대해 알아볼 것이다.

15	15	16	17	18	10	13	12	19	14	0	3	21	22	8	23	20
14	14	12	13	16	15	17	18	10	9	1	2	20	21	7	11	23
13	13	14	12	11	16	15	17	2	0	5	6	19	20	9	7	8
12	12	13	14	15	11	9	16	17	18	19	7	8	10	20	21	22
11	11	9	10	7	12	14	2	13	17	6	18	15	8	19	20	21
10	10	11	9	8	13	12	0	15	16	17	14	18	7	6	2	3
9	9	10	11	12	8	7	13	14	15	16	17	6	19	5	1	0
8	8	6	7	10	1	2	5	3	4	15	16	17	18	0	9	14
7	7	8	6	9	0	1	4	5	3	14	15	13	17	2	10	19
6	6	7	8	1	9	10	3	4	5	13	0	2	16	17	18	12
5	5	3	4	0	6	8	10	1	2	7	12	14	9	15	17	13
4	4	5	3	2	7	6	9	0	1	8	13	12	11	16	15	10
3	3	4	5	6	2	0	1	9	10	12	8	7	15	11	16	18
2	2	0	1	5	3	4	8	6	7	11	9	10	14	12	13	17
1	1	2	0	4	5	3	7	8	6	10	11	9	13	14	12	16
0	0	1	2	3	4	5	6	7	8	9	10	11	12	13	14	15
	0	1	2	3	4	5	6	7	8	9	10	11	12	13	14	15

위토프 게임의 게임 상태 순서쌍에 대한 스프라그-그런디 값

위토프 게임과 피보나치 수열 그리고 황금비

위토프 게임에서 P-포지션인 게임 상태를 어떻게 쉽게 찾을 수 있을까? 위토프 게임과 같은 게임인 코너 퀸 게임을 이용하면 쉽게 P-포지션인 게임 상태를 찾을 수 있다. 코너 퀸 게임판에서 가로, 세로 방향에 번호를 매긴 뒤 가로, 세로 숫자가 만나는 각 칸의 위치를 좌표평면처럼 (p, q)로 나타내자. 다음으로 코너 퀸 게임에서 P-포지션인 위치를 찾고, 위치마다 마름모 표시(◇)를 할 것이다. 우선 자명한 P-포지션인 $(0, 0)$이 있다.

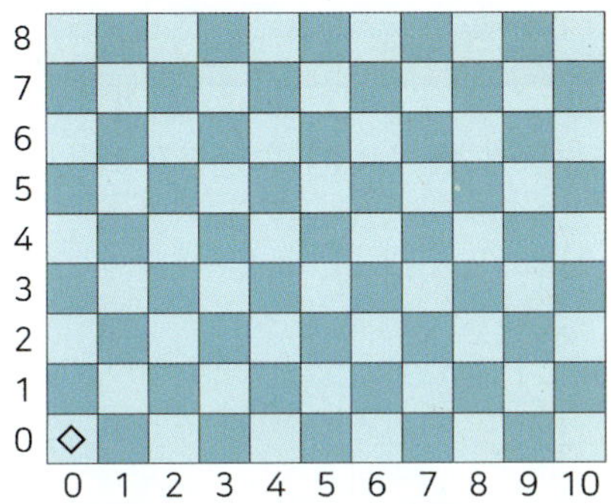

그림3 코너 퀸 게임에서 P-포지션인 $(0, 0)$

P-포지션인 $(0, 0)$으로 갈 수 있는 게임 상태는 N-포지션이므로 $(0, 0)$을 기준으로 오른쪽 가로에 있는 칸, 위쪽 세로에 있는 칸, 오른쪽 위로 올라가는 대각선 칸이 N-포지션이다. 따라서 이 부분을 제외하고 나머지 부분에서 P-포지션을 생각해야 한다. 그림4에서 노란색으로 칠한 부분이 $(0, 0)$으로 갈 수 있는 N-포지션인 게임 상태이다.

노란색으로 칠해지지 않은 칸 중 순서쌍의 숫자가 가장 작은 칸이 다음 P-포지션이다. 이 위치

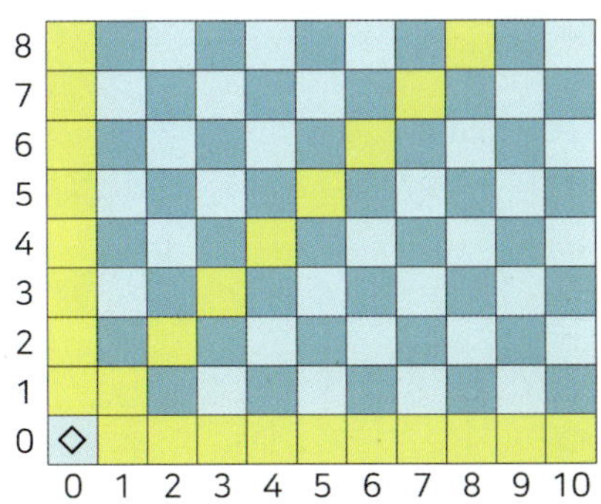

그림4 코너 퀸 게임에서 P-포지션인 $(0, 0)$으로 갈 수 있는 N-포지션인 게임 상태

에서는 N-포지션으로만 갈 수 있기 때문이다. 따라서 $(1, 2)$와 $(2, 1)$이 P-포지션이고 이 칸에 그림5처럼 마름모 표시를 한다.

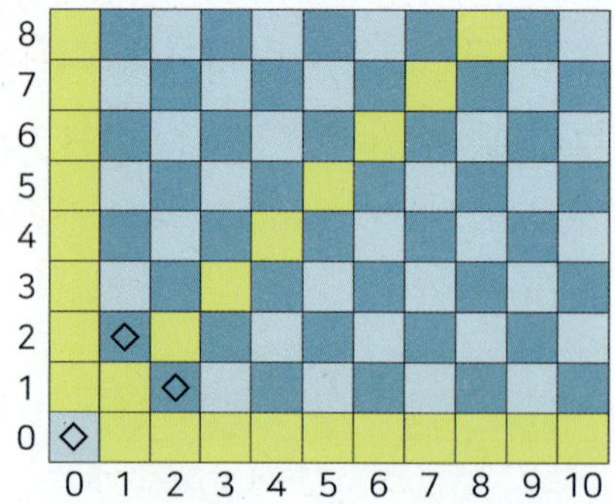

그림5 코너 퀸 게임에서 P-포지션인 $(1, 2)$와 $(2, 1)$

새롭게 포함된 P-포지션인 $(1, 2)$와 $(2, 1)$로 갈 수 있는 칸에 그림6처럼 노란색으로 칠한다.

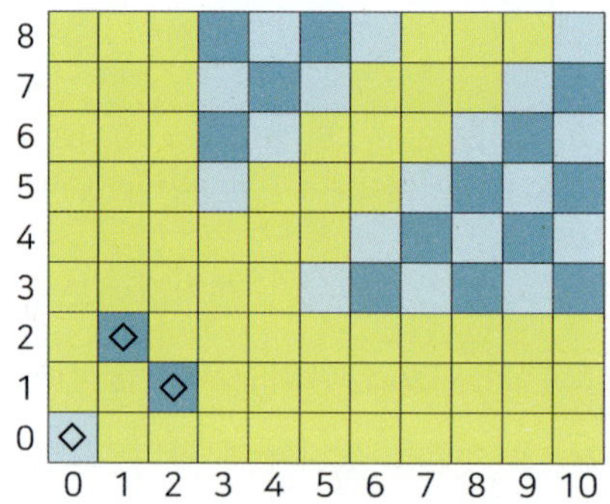

그림6 코너 퀸 게임에서 P-포지션인 $(1, 2)$와 $(2, 1)$으로 갈 수 있는 N-포지션인 게임 상태

노란색으로 칠해지지 않은 칸 중 순서쌍의 숫자가 가장 작은 칸이 그다음 P-포지션이고 그 위치

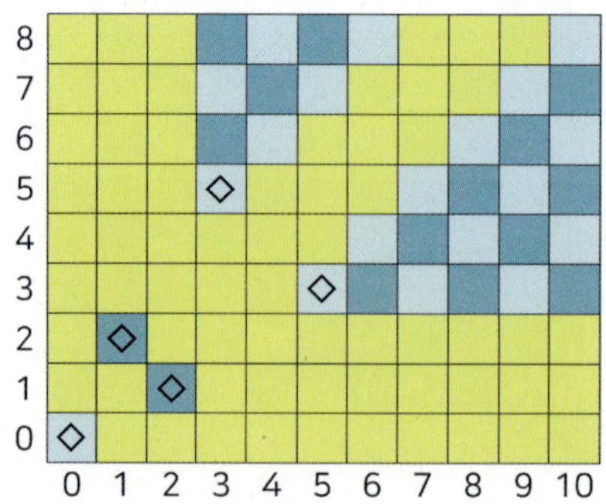

그림7 코너 퀸 게임에서 P-포지션인 $(3, 5)$와 $(5, 3)$

는 $(3, 5)$와 $(5, 3)$이다. 이런 과정을 반복하면 나머지 P-포지션을 찾을 수 있고 이를 시각적으로 표시한 것이 그림8이다.

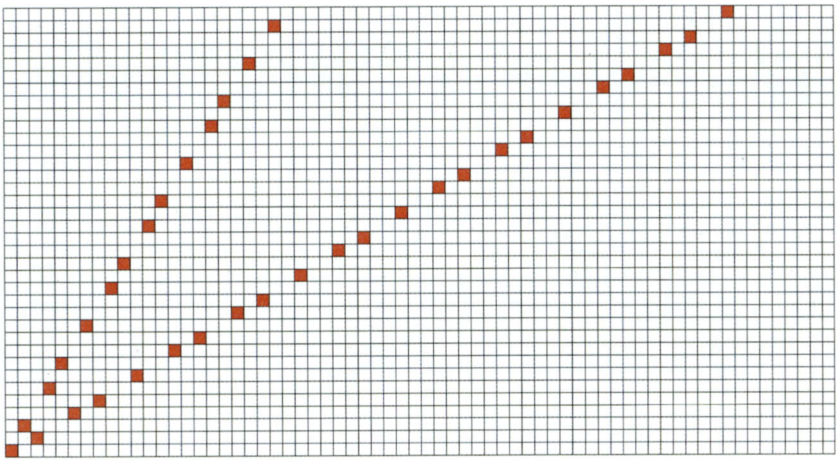

그림8 코너 퀸 게임에서 P-포지션의 위치

위토프 쌍(Wythoff Pair)과 그 성질

위토프 게임을 순서쌍으로 표현할 때, 앞서 이야기한 것처럼 (p, q)인 게임 상태와 (q, p)인 게임 상태는 서로 같으므로 (p, q)로 표현했을 때 $p \le q$인 경우에 대해서만 생각하도록 하자. 이때 터미널 포지션인 $(0, 0)$을 제외한 P-포지션인 위토프 게임의 순서쌍을 위토프 쌍(Wythoff Pair)이라 한다. 위토프 쌍의 처음 30개는 아래 표와 같다.

n	1	2	3	4	5	6	7	8	9	10	11	12	13	14	15
a_n	1	3	4	6	8	9	11	12	14	16	17	19	21	22	24
b_n	2	5	7	10	13	15	18	20	23	26	28	31	34	36	39
n	16	17	18	19	20	21	22	23	24	25	26	27	28	29	30
a_n	25	27	29	30	32	33	35	37	38	40	42	43	45	46	48
b_n	41	44	47	49	52	54	57	60	62	65	68	70	73	75	78

초기 30개의 위토프 쌍

앞에서 이야기한 코너 퀸 게임을 통해 우리는 위토프 쌍을 찾을 수 있지만, 모든 위토프 쌍을 이렇게 찾을 수는 없는 노릇이다. 다행히 모든 위토프 쌍을 구성할 수 있는 정리가 알려져 있다.

위토프 쌍의 생성

자연수 n에 대해 위토프 쌍 (a_n, b_n)을 다음과 같이 구성할 수 있다. (단, $a_n \le b_n$)

1) $(a_1, b_1) = (1, 2)$이다.
2) 위토프 쌍 $(a_1, b_1), (a_2, b_2), \cdots, (a_n, b_n)$에 대해 a_{n+1}은 위토프 쌍의 성분에서 아직 나오지 않은 가장 작은 자연수이다.
3) $b_{n+1} = a_{n+1} + n + 1$이다.

증명〉 수학적 귀납법으로 증명하자.

i) $(0, 0)$은 터미널 포지션이므로 P-포지션이다. 이때 $(1, 1), (0, 1), (0, 2)$은 P-포지션인 $(0, 0)$으로 갈 수 있으므로 N-포지션이다. $(1, 2)$는 N-포지션인 $(1, 1), (0, 1), (0, 2)$으로만 갈 수 있으므로 P-포지션이고 따라서 위토프 쌍이다.

ii) $(a_1, b_1), (a_2, b_2), \cdots, (a_n, b_n)$이 위토프 쌍이라 하자.

이때 임의의 자연수 m, k에 대해 $(a_{n+1}-m, b_{n+1})$과 $(a_{n+1}, b_{n+1}-k)$가 N-포지션임을 보이고 $(a_1, b_1), (a_2, b_2), \cdots, (a_n, b_n)$ 중 하나가 아닌 $(a_{n+1}-m, b_{n+1}-k)$ 역시 N-포지션임을 보이자.

① $a_1, b_1, \cdots, a_n, b_n$ 중 하나는 $a_{n+1}-m$과 같고 b_{n+1}에서 적당한 말을 가져가면 $(a_{n+1}-m, b_{n+1})$에서 위토프 쌍 중 하나로 갈 수 있으므로 N-포지션이다.

② $b_{n+1}-k > a_{n+1}$인 경우 $0 < b_{n+1}-k-a_{n+1} < b_{n+1}-a_{n+1}$이므로 적당한 l이 존재해 $b_{n+1}-k-a_{n+1} = b_l - a_l$이다. 따라서 $b_{n+1}-k, a_{n+1}$에서 적당히 같은 수의 돌을 가져가면 $(a_{n+1}, b_{n+1}-k)$에서 (a_l, b_l)로 갈 수 있다. $b_{n+1}-k = a_{n+1}$인 경우 $(a_{n+1}, b_{n+1}-k)$에서 $(0, 0)$으로 갈 수 있다. $b_{n+1}-k < a_{n+1}$인 경우 $a_{n+1}-b_{n+1}+k < b_{n+1}-a_{n+1}$이면 돌의 수의 차가 같은 다른 위토프 쌍이 있다는 것이므로 적당히 돌을 가져가면 다른 위토프 쌍으로 갈 수 있고, $a_{n+1}-b_{n+1}+k \ge b_{n+1}-a_{n+1}$이면 $b_{n+1}-k$는 $a_1, b_1, \cdots, a_n, b_n$ 중 하나와 같으므로 a_{n+1}에서 적당한 말을 가져가면 위토프 쌍 중 하나로 갈 수 있다. 그러므로 $(a_{n+1}, b_{n+1}-k)$는 N-포지션이다.

③ $(a_{n+1}-m, b_{n+1}-k)$이 P-포지션이라 하자. $(a_1, b_1), \cdots, (a_n, b_n)$ 중 $(a_{n+1}-m, b_{n+1}-k)$와 하나의 성분이 같은 쌍이 존재하고 이를 (a_l, b_l)이라 하자. $a_{n+1}-m+b_{n+1}-k > a_l + b_l$인 경우 $(a_{n+1}-m, b_{n+1}-k)$에서 적당한 돌을 가져가면 (a_l, b_l)이 되는데 이는 $(a_{n+1}-m, b_{n+1}-k)$가 P-포지션이라는 가정에 모순이다. 마찬가지로 $a_{n+1}-m+b_{n+1}-k < a_l + b_l$인 경우 (a_l, b_l)에서 적당한 돌을 가져가면 $(a_{n+1}-m, b_{n+1}-k)$가 되는데 이는 (a_l, b_l)이 P-포지션이라는 가정에

모순이다. 따라서 $(a_{n+1}-m, b_{n+1}-k)$는 N-포지션이다.

(a_{n+1}, b_{n+1})에서 갈 수 있는 상태는 $(a_{n+1}-m, b_{n+1})$과 $(a_{n+1}, b_{n+1}-k)$가 있고 $(a_1, b_1), \cdots, (a_n, b_n)$이 아닌 $(a_{n+1}-m, b_{n+1}-m)$이 있는데 ①, ②, ③에 의해 이들은 모두 N-포지션이다. 따라서 (a_{n+1}, b_{n+1})은 P-포지션이고 위토프 쌍임을 알 수 있다. 더구나 ③에 의하여 음이 아닌 정수 p, q에 대하여 $(a_{n+1}-p, b_{n+1}-q)$ 꼴 중 위토프 쌍은 $(a_1, b_1), (a_2, b_2), \cdots, (a_n, b_n), (a_{n+1}, b_{n+1})$뿐이다.

그러므로 ⅰ), ⅱ)에 의해 주어진 정리가 성립한다. ■

위토프 쌍은 다음과 같은 재미있는 성질이 있다.

위토프 쌍과 자연수의 대응

모든 자연수는 위토프 쌍에서 정확하게 한 번만 나타난다.

증명〉 위토프 쌍을 생성할 때 a_n을 아직 나오지 않은 가장 작은 자연수로 선택하므로 모든 자연수는 위토프 쌍에서 나오게 된다. 이때 서로 다른 두 위토프 쌍 $(a_n, b_n), (a_m, b_m)$에 대해 성분 중 서로 같은 값이 있다고 하자. 그러면 한 위토프 쌍에서 적당한 돌을 가져가면 다른 위토프 쌍으로 갈 수 있는데 이는 둘 다 P-포지션이라는 사실에 모순이다. 따라서 서로 같은 성분 값을 갖는 위토프 쌍은 없고 모든 자연수는 위토프 쌍에서 정확하게 한 번만 나타난다. ■

이 외에도 위토프 쌍은 다양한 수학적 성질을 갖고 있음이 알려져 있다. 그중 몇 가지를 알아보면 다음과 같다.

위토프 쌍의 성질

위토프 쌍 (a_n, b_n)에 대하여 다음이 성립한다.

1) $a_n + n = b_n$

2) $b_n = a_{a_n} + 1$

3) $a_n + b_n = b_{a_n} + 1$

4) $a_n + b_n = a_{b_n}$

증명〉 1) 위토프 쌍의 생성과 관련된 정리에서 알아봤듯이 위토프 쌍은 $a_n + n = b_n$을 만족한다.

2) b_n에 대해 적당한 k가 존재해 $a_k = b_n - 1$이다. 이때 $a_1, a_2, \cdots, a_k, b_1, b_2, \cdots, b_n$에 1부터 b_n까지 자연수가 한 번씩 나타난다. 전체 항의 수는 $k + n$이고 나타나는 자연수 중 b_n이 가장 큰 값이므로 $k + n = b_n$이다. 1)에 의하여 $k = a_n$이므로 $b_n = a_{a_n} + 1$이다.

3) 2)에 의하여 $b_n = a_{a_n} + 1$이고 1)에 의해 $a_{a_n} + a_n = b_{a_n}$이므로 $b_n = b_{a_n} - a_n + 1$이다. 따라서 $a_n + b_n = b_{a_n} + 1$이다.

4) $b_1, b_2, \cdots, b_{a_n}$과 $a_1, a_2, \cdots, a_{b_n}$을 보자. 전체 항의 수는 $a_n + b_n$이고 3)에 의하여 이는 $b_{a_n} + 1$과 같다. 따라서 b_{a_n}은 전체 항의 수보다 1이 작으므로 $b_1, b_2, \cdots, b_{a_n}$과 $a_1, a_2, \cdots, a_{b_n}$ 중 가장 큰 값이 아니다. 따라서 가장 큰 값은 a_{b_n}이다. a_{b_n}는 앞의 위토프 쌍 성분에서 나오지 않은 가장 작은 자연수로 선택하게 되는데 b_{a_n}보다 크고 $b_1, b_2, \cdots, b_{a_n}$과 $a_1, a_2, \cdots, a_{b_n}$의 항의 수는 $b_{a_n} + 1$이므로 $a_{b_n} = b_{a_n} + 1$이다. 다르게 말하면 $b_1, b_2, \cdots, b_{a_n}$과 $a_1, a_2, \cdots, a_{b_n}$에는 1부터 $b_{a_n} + 1$까지의 자연수가 한 번씩 나온다는 것을 알 수 있고 a_{b_n}이 가장 큰 값이므로 $a_{b_n} = b_{a_n} + 1$이다. 이때 3)에 의해 $a_n + b_n = b_{a_n} + 1$이므로 $a_n + b_n = a_{b_n}$이다. ■

위토프 쌍은 피보나치 수열과도 밀접한 관련이 있다.

위토프 쌍과 피보나치 수열

위토프 쌍 (a_n, b_n)에서 첫째 항이 a_n, 둘째 항이 b_n인 피보나치 수열 $g_1, g_2, g_3, g_4, g_5, \cdots$을 생성하면 이들로 이루어진 순서쌍 $(g_1, g_2), (g_3, g_4), (g_5, g_6), \cdots$도 모두 위토프 쌍이다.

증명〉 위토프 쌍 (a_n, b_n)에서 생성한 피보나치 수열의 처음 네 항은 $a_n, b_n, a_n + b_n, a_n + 2b_n$이다. 앞에서 증명한 정리에 의해 $a_n + n = b_n$와 $a_n + b_n = a_{b_n}$이 성립하므로 $a_n + 2b_n = a_{b_n} + b_n = b_{b_n}$이다. 따라서 위토프 쌍 (a_n, b_n)에서 생성한 피보나치 수열의 처음 네 항은 $a_n, b_n, a_{b_n}, b_{b_n}$이다. 이때 (a_{b_n}, b_{b_n})은 위토프 쌍이다. 즉, (g_1, g_2)가 위토프 쌍이면 (g_3, g_4)도 위토프 쌍이다. 일반적으로 음이 아닌 정수 k에 대해 (g_{2k+1}, g_{2k+2})이 위토프 쌍이면 (g_{2k+3}, g_{2k+4})도 위토프 쌍이라 할 수 있다. 따라서 주어진 명제가 성립한다. ■

위토프 쌍과 피보나치 수열과의 관계에서 알아봤듯이 피보나치 수열을 이용해서 다른 위토프 쌍을 생성할 수 있는 위토프 쌍이 있다. 이는 다르게 말하면 다른 위토프 쌍으로 생성할 수 없는 위토프 쌍도 있다는 말이다. 이런 위토프 쌍을 **원시 위토프 쌍**(Primitive Wythoff Pair)이라 한다. 자연수에서 에라토스테네스의 체를 이용해 소수를 찾는 것처럼 정확히 같은 방법으로 위토프 쌍에서 원시 위토프 쌍을 찾을 수 있다. 그렇다면 위토프 쌍이 원시 위토프 쌍인지 확인하려면 에라토스테네스의 체의 방법을 이용해야만 할까? 그렇지 않다. 다음 정리를 이용하면 쉽게 원시 위토프 쌍을 확인할 수 있다.

원시 위토프 쌍의 성질

어떤 위토프 쌍 (a_n, b_n)이 원시 위토프 쌍이 될 필요충분조건은 어떤 양수 k에 대해 $n = a_k$이다.

증명〉 앞에서 증명한 정리에 의하여 위토프 쌍 (a_n, b_n)에서 피보나치 수열을 이용해 생성한 다음 위토프 쌍은 (a_{b_n}, b_{b_n})이다. 따라서 (a_n, b_n)이 원시 위토프 쌍이 아닌 위토프 쌍이면 적당한 자연수 k가 존재하여 $n = b_k$이다. 그런데 모든 자연수는 위토프 쌍에 한 번씩만 나타나므로 적당한 자연수 k에 대해 $n = a_k$이면 (a_n, b_n)이 원시 위토프 쌍이다. 역으로 (a_n, b_n)이 원시 위토프 쌍이라 하자. 적당한 자연수 k에 대해 $n = b_k$라면 (a_n, b_n)은 (a_k, b_k)에서 피보나치 수열을 이용해 생성한 위토프 쌍이므로 원시 위토프 쌍이라는 가정에 모순이 된다. 따라서 적당한 자연수 k에 대해 $n = a_k$이다. 그러므로 주어진 정리가 성립한다. ■

마지막으로 위토프 쌍의 일반항을 알아보자. 놀랍게도 위토프 쌍의 일반항에는 황금비가 이용된다.

위토프 쌍의 일반항과 황금비

자연수 n에 대해 위토프 쌍 (a_n, b_n)은 다음과 같다.

$$a_n = [\alpha n],\quad b_n = [\alpha^2 n]$$

이때, $\alpha = \dfrac{1+\sqrt{5}}{2}$이고 $\alpha^2 = \alpha + 1$이다. (단, $[x]$는 x를 넘지 않는 최대 정수)

증명〉 위토프 쌍은 세 가지 성질을 만족한다.

1) 모든 자연수는 위토프 쌍에서 정확하게 한 번만 나타난다.

2) a_n, b_n은 n이 커짐에 따라 그 값이 점점 커진다.

3) 자연수 n에 대해 $a_n + n = b_n$이다.

그리고 세 가지 성질을 만족하는 것은 위토프 쌍이 유일하다. 자연수 n에 대해 적당한 쌍

(c_n, d_n)이 위 세 조건을 만족한다고 하자. 이때 c_2보다 작은 값은 c_1, d_1인데 모든 자연수가 한 번씩 다 나타나고 $c_1 + 1 = d_1$이므로 $c_1 = 1, d_1 = 2$이다. 이때 (c_n, d_n)이 위토프 쌍과 다르다고 가정하자. 그러면 적당한 자연수 k가 존재하여 $i = 1, 2, 3, \cdots, k$일 때, $(a_i, b_i) = (c_i, d_i)$이고 $(a_{k+1}, b_{k+1}) \neq (c_{k+1}, d_{k+1})$이다. a_{k+1}의 값보다 작은 자연수는 $(a_1, b_1), \cdots, (a_k, b_k)$에서 모두 나타나고 $(c_1, d_1), \cdots, (c_k, d_k)$에서도 모두 나타나는데 $a_{k+1} \neq c_{k+1}$이므로 $a_{k+1} < c_{k+1}$이다. 그런데 n이 커짐에 따라 c_n, d_n은 그 값이 점점 커지므로 a_{k+1}의 값은 c_n, d_n에 나타나지 않는데 이는 모순이다. 따라서 앞의 세 조건을 만족하는 쌍은 위토프 쌍이 유일하다. 그러므로 정리에서 주어진 일반항이 이 세 조건만 만족한다는 것을 보이면 위토프 쌍의 일반항임을 보인 것이다.

주어진 일반항이 2)의 조건을 만족함은 자명하다. 3)의 경우 아래 식에 따라 성립한다.

$$b_n = [\alpha^2 n] = [(\alpha + 1)n] = [\alpha n] + n = a_n + n$$

이제 1)의 조건을 만족함을 보이자. 즉, 모든 자연수 n에 대하여 $a_n = [\alpha n], b_n = [\alpha^2 n]$에서 모든 자연수가 한 번씩만 나타남을 보이자.

먼저 보일 것은 모든 자연수가 일반항에서 나타남을 보일 것이다. $m \geq 2$일 때 $a_{[m/\alpha]}$와 $b_{[m/\alpha^2]}$ 중 하나가 $m - 1$임을 보이자. 먼저 다음 부등식이 성립한다.

$$a_{[m/\alpha]} = [\alpha[m/\alpha]] < m\,,\ b_{[m/\alpha^2]} = [\alpha^2[m/\alpha^2]] < m$$

따라서 $a_{[m/\alpha]}$와 $b_{[m/\alpha^2]}$가 둘 다 $m - 1$이 아니라면 다음이 성립한다.

$$\alpha[m/\alpha] < m - 1,\ \alpha^2[m/\alpha^2] < m - 1$$

앞의 식을 α로, 뒤의 식을 α^2으로 나눈 후 두 부등식을 더하면 다음과 같다.

$$[m/\alpha] + [m/\alpha^2] < \frac{m}{\alpha} - \frac{1}{\alpha} + \frac{m}{\alpha^2} - \frac{1}{\alpha^2} = m - 1$$

그런데 이는 $\frac{m}{\alpha} + \frac{m}{\alpha^2} = m$에 모순이다. 따라서 $m \geq 2$일 때 $a_{[m/\alpha]}$와 $b_{[m/\alpha^2]}$ 중 하나는 $m - 1$이

고 주어진 정리의 일반항에서 모든 자연수가 나타난다.

다음으로 자연수가 한 번씩만 나타남을 보이자. 적당한 자연수 n, m, k에 대해 $a_n = b_m = k$라 하자. $a_n = [\alpha n] = k, b_m = [\alpha^2 m] = k$이므로 다음이 성립한다.

$$k < \alpha n < k + 1, k < \alpha^2 m < k + 1$$

이 식을 약간 변형하면 다음과 같다.

$$\alpha n - 1 < k < \alpha n, \alpha^2 m - 1 < k < \alpha^2 m$$

앞의 식을 α로, 뒤의 식을 α^2으로 나눈 후 두 부등식을 더하면 다음과 같다.

$$n - \frac{1}{\alpha} + m - \frac{1}{\alpha^2} < \frac{k}{\alpha} + \frac{k}{\alpha^2} < n + m$$

이를 계산하면 다음과 같다.

$$n + m - 1 < k < n + m$$

그런데 이는 모순이다. 따라서 자연수는 일반항에서 한 번씩만 나온다. 결과적으로 주어진 일반항은 주어진 조건 1), 2), 3)을 만족하고 위토프 쌍이다. ■

위토프 게임과 관련이 없어 보이는 피보나치 수열, 황금비가 위토프 쌍의 생성 및 일반항과 밀접한 관련이 있다는 사실은 무척 흥미롭다. 그리고 사실 서로 관련이 없어 보이던 수학의 두 분야가 밀접한 관련이 있다는 사실이 밝혀진 경우는 많다. 이것이 바로 수학의 매력 아닐까?

마지막 말의 주인공은 **님 게임과 그 변형 게임**

하켄부시 Hackenbush

하켄부시(Hackenbush)는 라이프 게임(Game of Life)으로 유명한 영국 수학자 존 콘웨이(John Conway)가 1976년에 개발한 게임이다. 콘웨이는 게임 이론과 관련하여 많은 업적을 남겼으며 조합 게임 이론의 기념비적인 책인 《숫자와 게임(On Numbers and Games)》을 집필했다.

게임에 필요한 도구

종이, 연필, 지우개

종이

연필

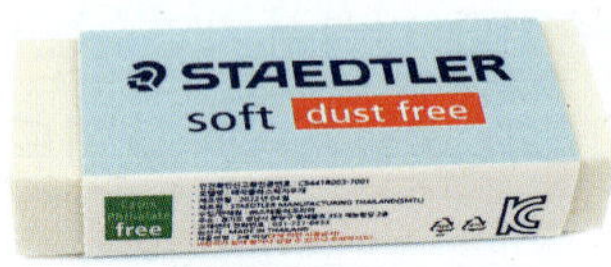

지우개

하켄부시를 하려면 종이, 연필, 지우개가 필요하다. 어디서든 그림을 그릴 수 있는 곳이면 게임이 가능하므로 화이트보드나 칠판 등에 그림을 그려 게임을 할 수 있다. 이 책에서는 몇 가지 예시 그림을 제공하고 있다.

게임판 받기

06_님 게임과 그 변형 게임/하켄부시.pdf

게임 규칙

하켄부시는 먼저 '지면'에 해당하는 점선을 가로로 그리고, 지면에서 출발하는 꼭짓점과 모서리로 이루어진 적당한 그림을 그린 뒤 시작한다. 게임을 하는 두 사람이 번갈아 가며 그림의 모서리 하나를 선택하여 지운다. 모서리를 지웠을 때, 그림의 남은 부분 중 지면과 이어져 있지 않은 부분이 있다면 그 부분은 모두 지운다. 마지막으로 모서리를 지운 사람이 승리한다. 아래 그림1은 서연이와 가인이의 게임 진행 예시로 지우는 것을 색칠로 표현하였다. 서연이 시작한 게임은 가인의 승리로 끝났다.

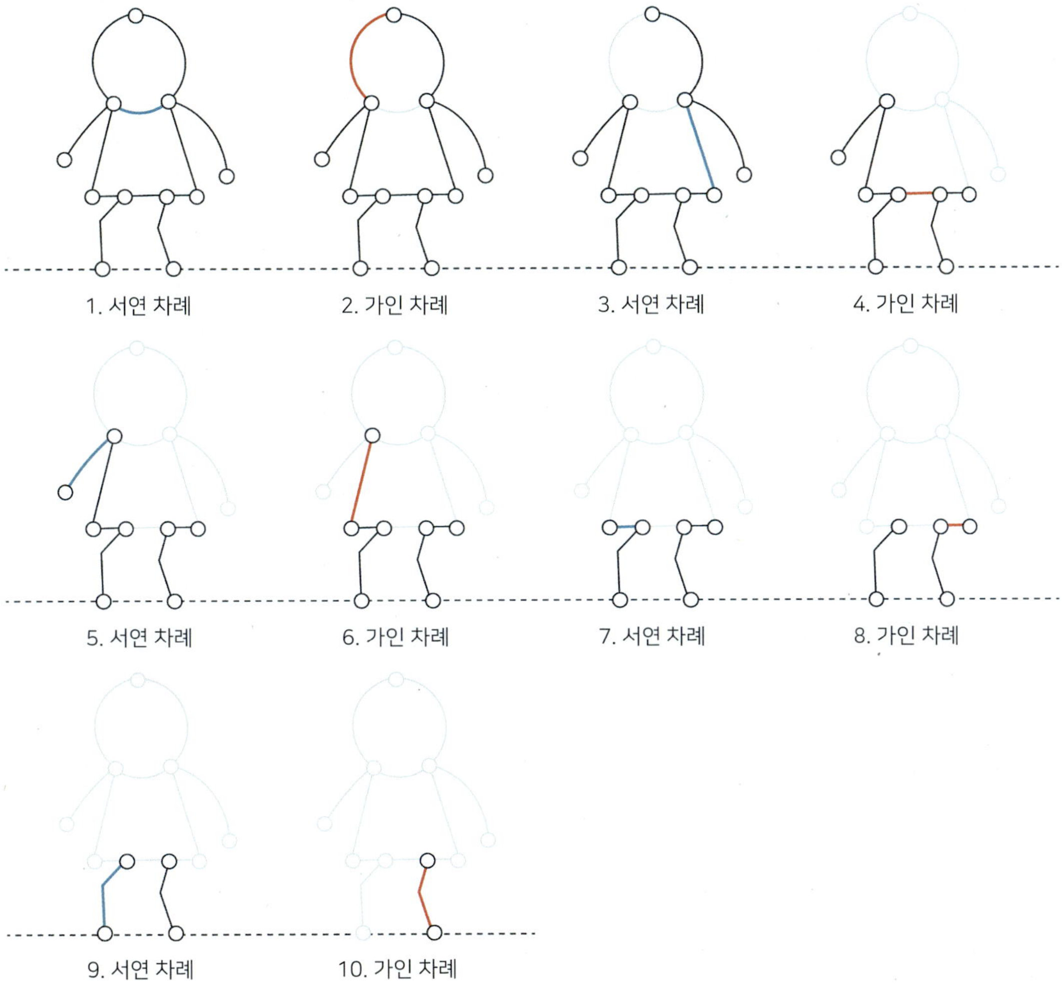

그림1 하켄부시 게임 진행 예시(가인의 승리)

게임의 전략

우리가 알아볼 하켄부시는 모든 모서리가 같은 색으로 되어 있는데 사실 다른 색의 모서리로 이루어진 하켄부시도 있다. 이는 뒤에서 소개할 당파 게임에서 다루고자 한다. 보통 한 가지 색으로 된 하켄부시의 경우 모서리를 녹색으로 칠하는 경우가 많아 '그린 하켄부시'라 부르기도 한다. 그린 하켄부시의 전략을 알아보자.

하켄부시는 두 사람이 모두 모서리를 지운다는 같은 행동을 하므로 공정 게임이고 스프라그-그런디 정리(Sprague-Grundy Theorem)에 의해 님 게임과 같은 방법으로 게임을 분석할 수 있다. 즉, 하켄부시를 분석할 때도 스프라그-그런디 값을 통해 필승전략을 생각해볼 수 있다. (스프라그-그런디 값에 대한 이해를 위해 그런디 게임에서 소개한 이론을 먼저 보길 추천한다.) 먼저 한 줄의 모서리로 이루어진 간단한 경우를 살펴보자.

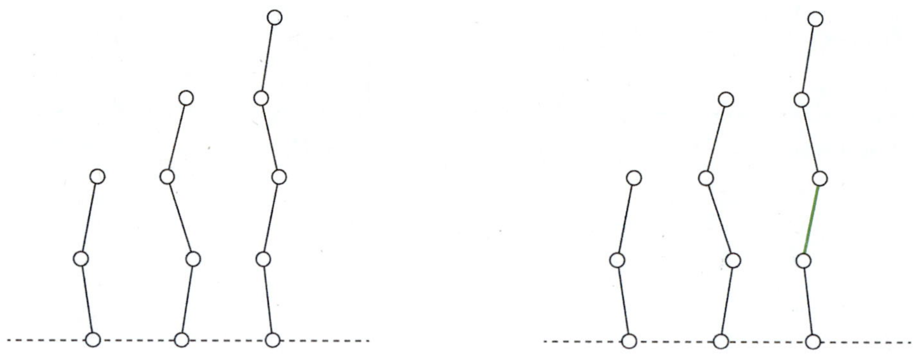

그림2 한 줄의 모서리로 된 하켄부시

그림 2 의 왼쪽에 그려진 하켄부시는 돌의 개수가 2개, 3개, 4개인 세 무더기 님과 동일하게 생각할 수 있으므로, 그런디 값은 다음과 같다.

$$2 \oplus 3 \oplus 4 = 10_2 \oplus 11_2 \oplus 100_2 = 101_2 = 5$$

그렇다면 그림2의 왼쪽에 그려진 하켄부시에서 승리하기 위해서는 맨 처음 어떤 모서리를 선택해야 할까? 모든 P-포지션의 그런디 값은 0이고 P-포지션을 상대방에게 넘겨주는 것이 곧 필승전략임을 알고 있으므로, 그림2의 오른쪽 그림에 있는 초록색 모서리를 가장 먼저 선택해야 함을 알 수 있다. 왜냐하면 초록색 모서리를 선택하고 나면 돌의 개수가 2개, 3개, 1개인 세 무더기 님과 동일한 게임이 되므로, 스프라그-그런디 값은 $2 \oplus 3 \oplus 1 = 10_2 \oplus 11_2 \oplus 1_2 = 0$이 되어 P-포지션을 상대방에게 넘겨줄 수 있기 때문이다.

이제 조금 더 복잡한 하켄부시 게임을 분석하기 위해 몇 가지 전략을 살펴보자. 그림3의 두 하켄부시 그림의 그런디 값은 같다. 그 이유는 왼쪽 그림은 돌의 개수가 3개, 3개인 두 무더기 님과 그런디 값이 같고, 오른쪽 그림은 돌의 개수가 2개, 2개인 두 무더기 님과 그런디 값이 같기 때문이다.

그림3 그런디 값이 같은 두 하켄부시 게임

사람 모양의 하켄부시 그림에 그림3의 두 그림을 각각 붙여 그림4처럼 두 개의 하켄부시 게임을 만든다면 두 개의 하켄부시 게임의 그런디 값은 서로 같을까? 아니면 서로 다를까? 이에 대한 정보를 제공하는 것이 바로 콜론 원리이다.

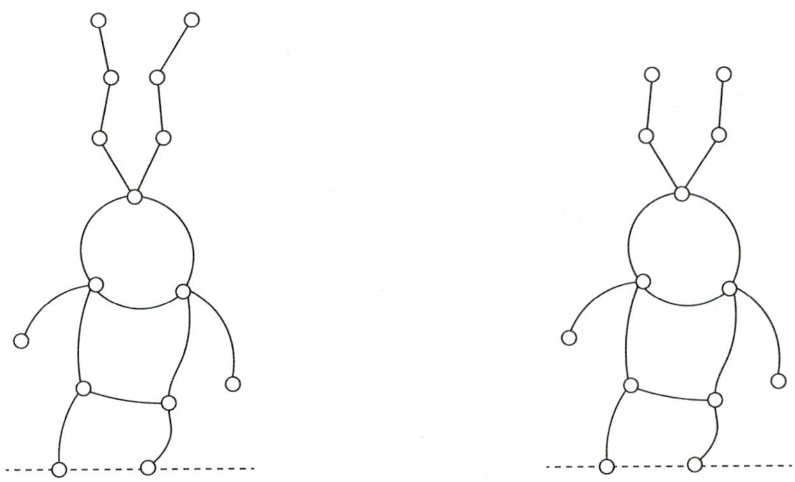

그림4 하켄부시 게임에 그런디 값이 같은 두 하켄부시를 붙여 만든 게임

콜론 원리(Colon Principle)

하켄부시 그림 G, H, K가 있고 하켄부시 그림 H와 K의 그런디 값이 같다고 하자. 이때 H와 G를 붙여 만든 그림 G_1과 K와 G를 붙여 만든 그림 G_2의 그런디 값은 서로 같다.

증명〉 G_1과 G_2의 그런디 값이 같다는 것을 보이기 위해서는 G_1과 G_2의 그런디 값의 님합이 0이 됨을 보이면 충분하다. 그런디 값이 같을 때 그리고 그때만 그런디 값의 님합이 0이기 때문이다. 이제 G_1과 G_2가 모두 그려진 그림에서 하켄부시를 한다고 하자. P-포지션의 그런디 값은 항상 0이므로, 이 게임에서 두 번째 사람에게 필승전략이 존재한다는 것을 보이면 G_1과 G_2가 모두 그려진 그림은 P-포지션이 되어 그런디 값은 0임을 보일 수 있다. 따라서 두 번째 사람에게 필승전략이 존재함을 보이자.

첫 번째 사람이 G_1과 G_2가 모두 그려진 그림에서 어떤 모서리를 선택했다고 하자. 만약 첫 번째 사람이 G_1의 G 부분의 모서리를 선택했다면, 두 번째 사람은 G_2그림에서 같은 모서리를 선택할 수 있다. 만약 첫 번째 사람이 G_1의 H 부분의 모서리를 선택하여 그런디 값이 m인 H'를 얻게 되었다고 하자. H와 K의 그런디 값이 같으므로 만약 m이 H의 그런디 값보다 작다면, 두 번째 사람은 G_2에서 K의 적당한 모서리를 제거하여 그런디 값을 m값으로 만들 수 있다. 또한 m이 H의 그런디 값보다 크다면, 두 번째 사람은 처음 H의 그런디 값과 같아지도록 다시 H'의 모서리를 제거할 수 있다.

이렇게 두 번째 사람은 계속해서 첫 번째 사람이 지우는 모서리에 대응하여 적당한 모서리를 지울 수 있으므로, 결국 마지막에 모서리를 지우는 것은 두 번째 사람이 되고 두 번째 사람은 게임에서 승리하게 된다. 즉, 두 번째 사람에게 항상 필승전략이 존재하므로 이 게임의 그런디 값은 0이고, 따라서 G_1과 G_2의 그런디 값은 같다. ■

콜론 원리는 하켄부시 그림을 분석하는 데 기본이 되면서도 아주 유용한 원리이다. 복잡한 하켄부시 그림을 그와 같은 그런디 값을 갖는 단순한 하켄부시 그림으로 바꾸면, 그 그림이 P-포지션인지 혹은 N-포지션인지를 쉽게 파악할 수 있기 때문이다. 사실 모든 하켄부시는 그림이 아무리 복잡하더라도 한 줄의 모서리들로 이루어진 그림(이제부터 '가지'로 표현하자.)으로 단순화할 수 있다. 따라서 그림을 단순화하여 그런디 값을 찾은 다음 필승전략을 발견할 수 있다. 이제 콜론 원리를 적용해 하켄부시 그림을 단순화하는 구체적인 방법을 살펴보자.

트리(Tree) 단순화하기

첫 번째 전략은 하켄부시 그림에서 모든 모서리가 닫혀있지 않은 트리 형태일 때 이를 단순화하는 것이다. 이때에는 가장 마지막에 나누어진 가지부터 출발하게 되는데, 각 가지의 그런디 값의 님합과 같은 그런디 값을 갖는 하나의 가지로 바꾸어 단순화한다. 아래의 예를 살펴보자.

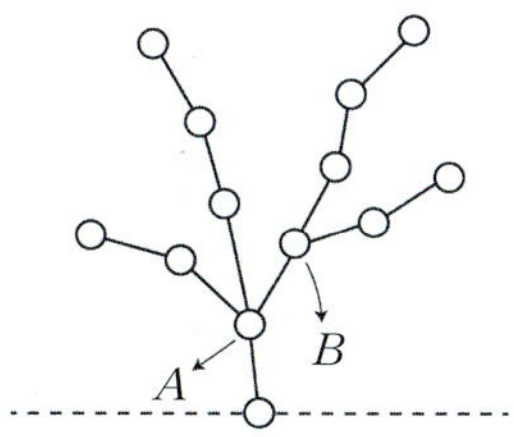

그림5 트리 형태의 하켄부시 그림

이 하켄부시는 꼭짓점 A에서 3개의 가지로 나누어졌고, 꼭짓점 B에서 2개의 가지로 나누어졌으므로, 꼭짓점 B부터 단순화를 시작한다. 각각의 그런디 값이 3, 2이므로 꼭짓점 B에서 뻗은 가지는 그런디 값이 $3 \oplus 2 = 11_2 \oplus 10_2 = 1$인 가지로 단순화하여 그림6과 같이 나타낼 수 있다.

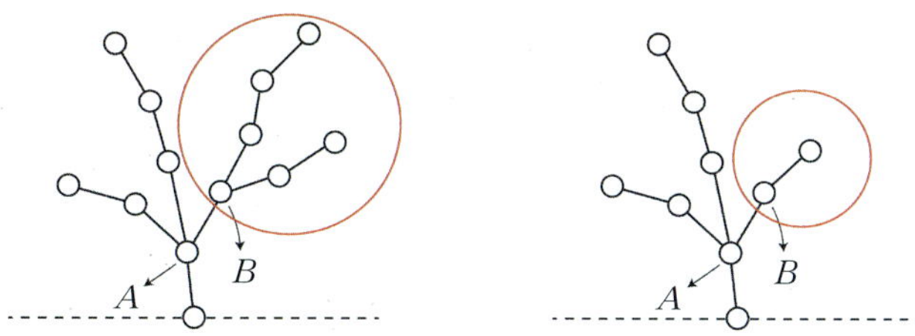

그림6 가지 중 하나 단순화하기

그러면 다시 꼭짓점 A에는 3개의 가지가 나누어져 있고 각각의 그런디 값이 2, 3, 2이므로 꼭짓점 A에서 뻗은 가지는 그런디 값이 $2 \oplus 3 \oplus 2 = 2 \oplus 2 \oplus 3 = 3$인 가지로 단순화하여 나타낼 수 있다. 따라서 이 하켄부시 그림은 그림7과 같이 그런디 값이 4인 가지로 단순화할 수 있다.

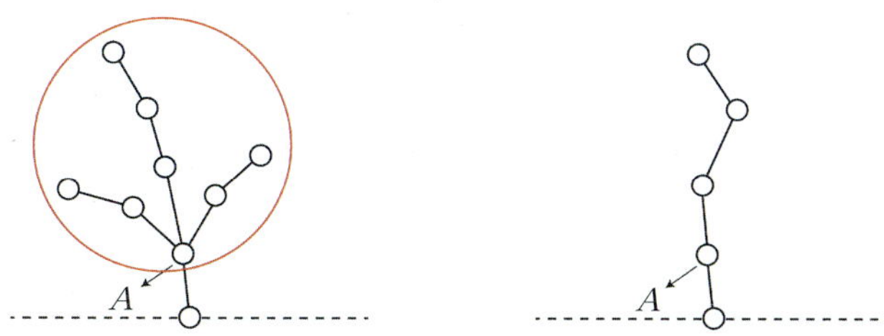

그림7 트리 형태의 하켄부시 그림 단순화하기

루프(Loop)를 가지로 바꾸기

두 번째 전략은 하켄부시 그림에 루프가 있을 경우이다. 루프는 시작점과 끝점이 같은 모서리이다. 이러한 루프는 하나의 모서리와 똑같이 취급할 수 있는데 루프를 선택하여 지우는 것은 곧 모서리 하나를 선택해서 지우는 것과 같은 효과를 낳기 때문이다. 따라서 루프는 하나의 모서리로 단순화하여 표현할 수 있다. 아래 그림을 살펴보자.

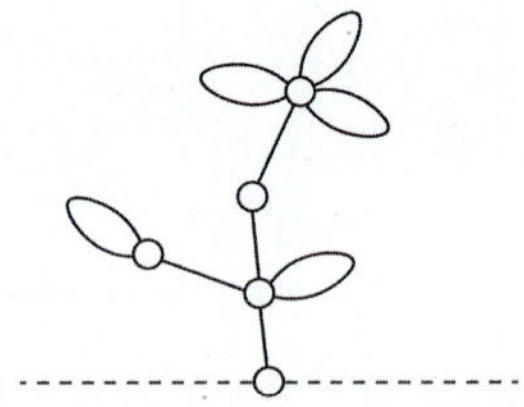

그림8 루프가 있는 하켄부시 그림

이 그림에는 모두 5개의 루프가 있는데 이 루프를 하나의 모서리로 바꾸면 그림9의 두 번째 그림과 같고 가장 위에 세 모서리가 한 꼭짓점에서 나누어지게 된다. 이 세 모서리의 그런디 값이 1, 1, 1이므로 그런디 값이 $1 \oplus 1 \oplus 1 = 1$인 가지로 단순화할 수 있고 이는 그림9의 세 번째 그림과 같다. 그러면 다시 그런디 값이 2, 3, 1인 세 개의 가지가 생긴 것을 알 수 있는데 이 가지의 그런디 값의 님합은 $2 \oplus 3 \oplus 1 = 10_2 \oplus 11_2 \oplus 1_2 = 0$이므로 가지를 제거할 수 있다. 결과적으로 그림8의 하켄부시 그림은 그런디 값이 1인 가지로 단순화할 수 있다.

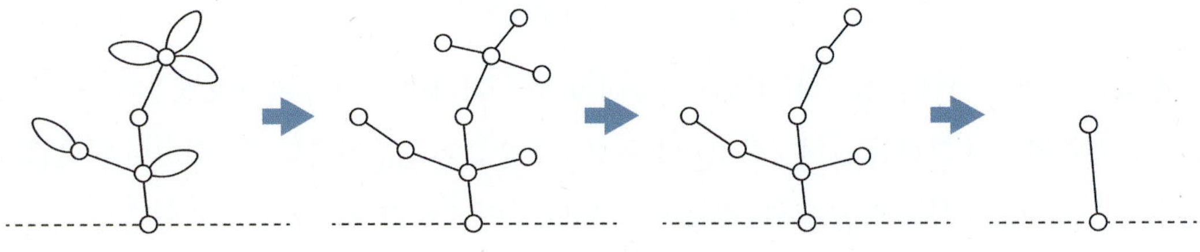

그림9 루프가 있는 하켄부시 그림 단순화하기

꼭짓점 융합하기

세 번째 전략은 꼭짓점을 융합하는 것이다. 하켄부시 게임에서는 일부 꼭짓점을 융합하여 그림을 단순화할 수 있다. 이를 위해 몇 가지 용어를 정의하자.

순환(Cycle)

하켄부시 게임에서 닫혀있는 모양의 그림이 포함될 때, 이 모서리들의 집합을 순환(Cycle)이라 한다.

다음은 순환이 있는 다양한 하켄부시 게임의 예로 지면까지 포함해서 닫혀있는 모양이 나오는 경우도 순환이라 한다. 예를 들어 그림10에서 앞의 두 그림에 순환이 있는 것처럼 세 번째 그림 역시 하켄부시 그림 자체가 하나의 순환을 이루고 있다.

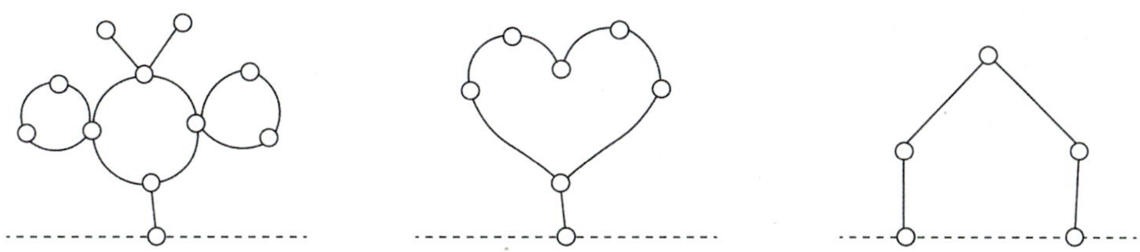

그림10 순환이 있는 하켄부시 그림

순환이 있는 경우 융합을 이용해 하켄부시 그림을 단순화할 수 있다.

융합(Fusion)

순환(Cycle)을 이루는 두 꼭짓점을 하나로 융합(Fusion)한다는 것은, 두 꼭짓점을 하나의 꼭짓점으로 결합하고 두 꼭짓점에 연결된 모서리를 구부려서 결합된 새로운 꼭짓점에서 출발하는 루프(Loop)로 변환하는 것을 의미한다.

그림11은 융합을 이용해 그림을 단순화하는 과정으로 가운데 그림에 있는 하켄부시 게임에 대해 왼쪽 그림은 꼭짓점 x, y를 융합했고, 오른쪽 그림은 꼭짓점 x, z를 융합했다.

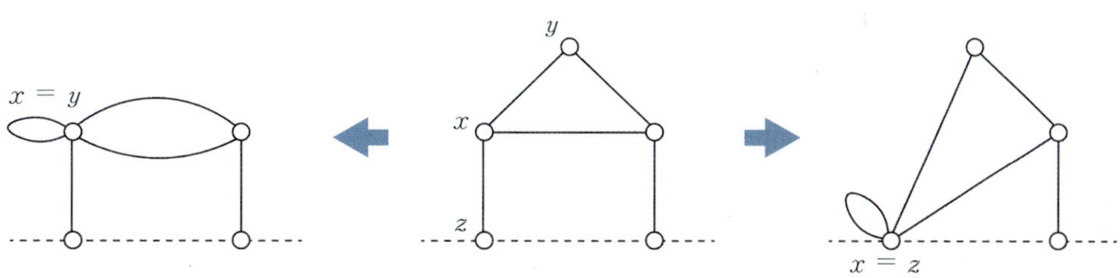

그림11 융합을 이용해 하켄부시 그림을 단순화하는 과정

융합을 이용해 그림을 단순화하는 이유는 융합해도 그런디 값에는 변화가 없기 때문이다. 이를 융합 원리라 한다.

융합 원리(The Fusion Principle)

하켄부시 그림에서는 각 순환의 모든 꼭짓점을 융합하여도 그런디 값이 변하지 않는다.

융합 원리의 자세한 증명이 궁금하다면 1982년에 출판된 존 콘웨이의 책《수학 놀이를 위한 승리 방법(Winning Ways for Your Mathematical Plays)》을 보길 바란다. 융합 원리에 따르면 하켄부시 그림에서 꼭짓점을 융합하는 것은 그런디 값에 영향을 주지 않으므로, 하켄부시 그림에 순환이 포함되어 있을 때 꼭짓점을 융합하며 그림을 단순화함으로써 그런디 값을 쉽게 구할 수 있다.

지금까지 알아본 세 가지 전략(트리 단순화하기, 루프를 가지로 바꾸기, 꼭짓점 융합하기)을 이용하면 하켄부시 그림을 단순화할 수 있고 콜론 원리에 의해 두 그림의 그런디 값은 같으므로, 아무리 복잡한 그림이라고 하더라도 하켄부시 그림의 그런디 값을 찾을 수 있다. 그러면 게임을 진행하는 동안 각 상황에서의 그런디 값이 0이 되는 모서리를 찾아 상대방에게 P-포지션을 넘겨줌으로써 게임에서 승리할 수 있다. 그림12는 가장 처음에 소개했던 하켄부시 그림으로 세 가지 전략을 이용해 그림을 단순화한 모습이다. 단순화한 결과 두 모서리만 남아 그런디 값이 0인 P-포지

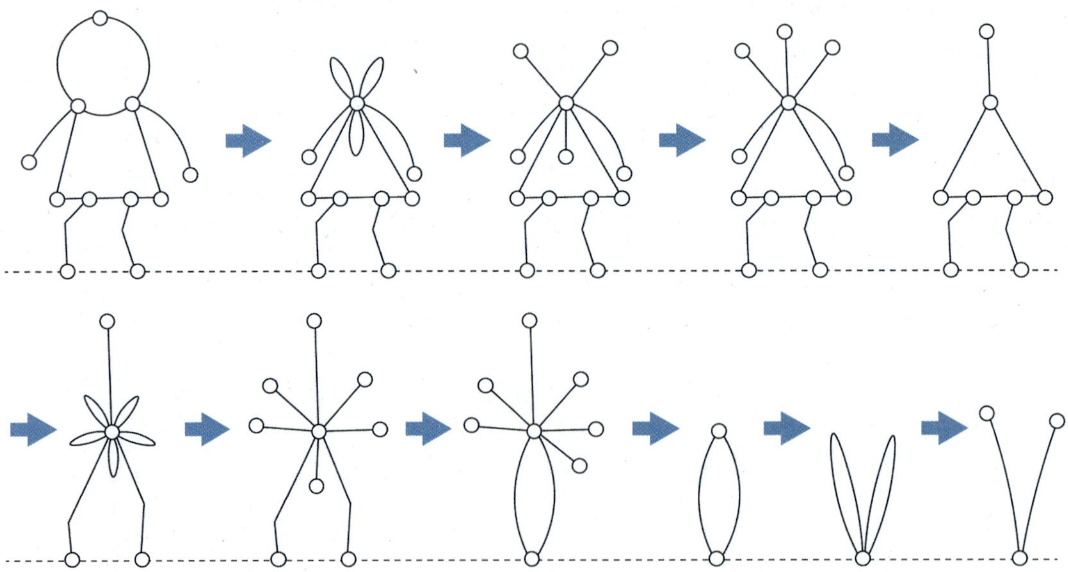

그림12 세 가지 전략을 이용해 하켄부시 그림을 단순화하는 과정

션임을 알 수 있다. 따라서 두 번째로 시작하는 사람에게 필승전략이 존재한다. 이번에는 그림13의 하켄부시 그림에서 그런디 값을 찾아보자. 찾는 과정을 보기 전에 먼저 스스로 생각해보길 권한다.

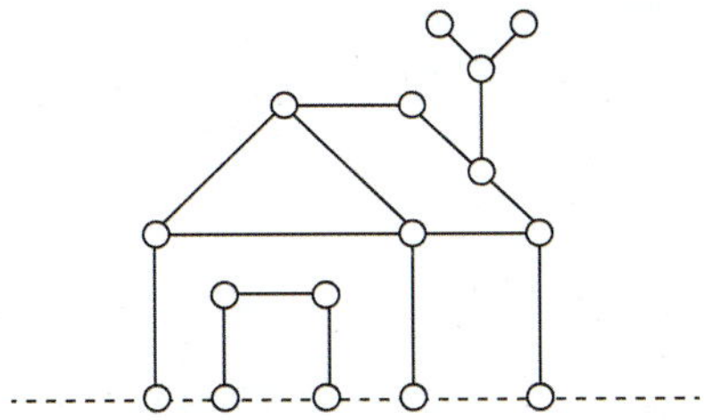

그림13 집 형태의 하켄부시 그림

그림14에서 보듯 집 형태의 하켄부시 그림은 최종적으로 두 모서리만 남게 되고 그런디 값이 0인 P-포지션임을 알 수 있다.

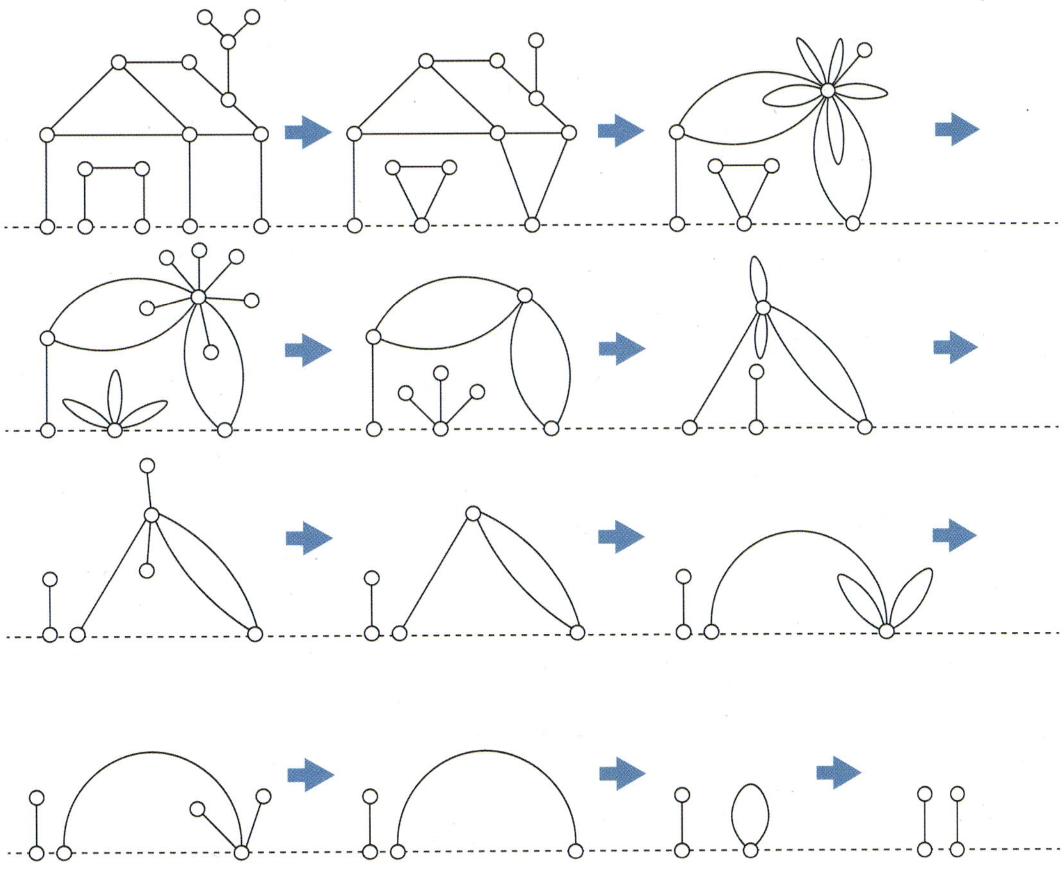

그림14 집 형태의 하켄부시 그림을 단순화하는 과정

Chapter 07

다른 규칙으로 겨루기

당파 게임

어떤 게임을 할까요?

1 **블루-레드 하켄부시(Blue-Red Hackenbush)**

2 **케이크 자르기(Cut Cake)**

3 **두꺼비와 개구리(Toads and Frogs)**

4 **도미니어링(Domineering)**

5 **클로버(Clobber)**

블루-레드 하켄부시
Blue-Red Hackenbush

블루-레드 하켄부시(Blue-Red Hackenbush)는 그린 하켄부시(Green Hackenbush)의 당파 게임 버전으로 파란색과 빨간색 모서리로 이루어진 그림에서 각자 정해진 색으로 된 모서리를 지우며 진행된다. 좀 더 일반적인 형태로 블루-레드-그린 하켄부시가 있다.

게임에 필요한 도구

종이, 파란색과 빨간색 펜

종이

파란색과 빨간색 펜

하켄부시를 하기 위해서는 종이와 두 가지 색의 펜이 필요하다. 어디서든 그림을 그릴 수 있는 곳이면 게임이 가능하므로 화이트보드나 칠판 등에 그림을 그려 게임을 할 수 있다. 이 책에서는 몇 가지 예시 그림을 제공한다. 게임 규칙상 선을 지워야 하는데 두 가지 색을 사용하므로 선을 지우는 것이 어려울 수 있다. 이때는 X표시를 하는 것으로 지우는 것을 대신할 수 있다.

게임판 받기

07_당파 게임/블루-레드 하켄부시.pdf

게임 규칙

블루-레드 하켄부시는 먼저 '지면'에 해당하는 점선을 가로로 그리고, 파란색과 빨간색 펜을 이용해 지면에서 출발하는 꼭짓점과 모서리로 이루어진 적당한 그림을 그린 뒤 시작한다. 게임을 하는 두 사람이 교대로 그림의 모서리 하나를 선택하여 지운다. 이때 한 사람은 파란색 모서리만 지우고, 다른 한 사람은 빨간색 모서리만 지운다. 모서리를 지웠을 때, 그림의 남은 부분 중 지면과 이어져 있지 않은 부분이 있다면 그 부분은 모두 지운다. 마지막으로 모서리를 지운 사람이 승리한다. 아래 그림1은 용민이와 은영이의 게임 진행 예시로 용민은 빨간색 모서리를, 은영은 파란색 모서리를 지운다. 용민이 시작한 게임은 은영이의 승리로 끝났다.

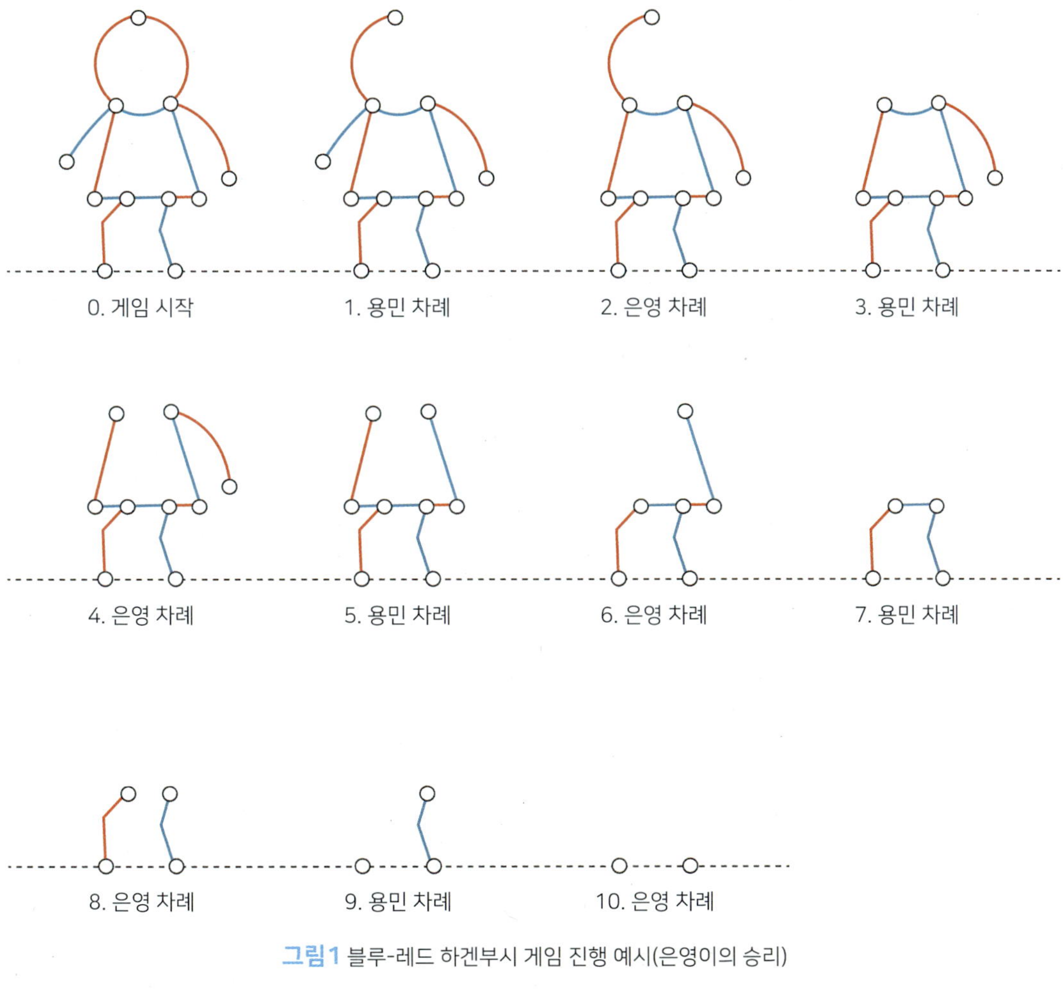

그림1 블루-레드 하켄부시 게임 진행 예시(은영이의 승리)

변형 게임 : 블루-레드-그린 하켄부시

블루-레드-그린 하켄부시는 블루-레드 하켄부시에 초록색 모서리가 추가된 게임이다. 즉, 주어진 그림은 빨간색, 파란색, 초록색 모서리로 되어 있다. 기본적인 규칙은 블루-레드 하켄부시와 같으며 초록색 모서리의 경우 두 사람 모두 지울 수 있다. 따라서 한 사람은 빨간색이나 초록색 모서리를 지우고 다른 한 사람은 파란색이나 초록색 모서리를 지운다. 모서리를 지웠을 때, 그림의 남은 부분 중 지면과 이어져 있지 않은 부분이 있다면 그 부분은 모두 지운다. 두 사람이 교대로 모서리를 지워 마지막으로 모서리를 지운 사람이 승리한다.

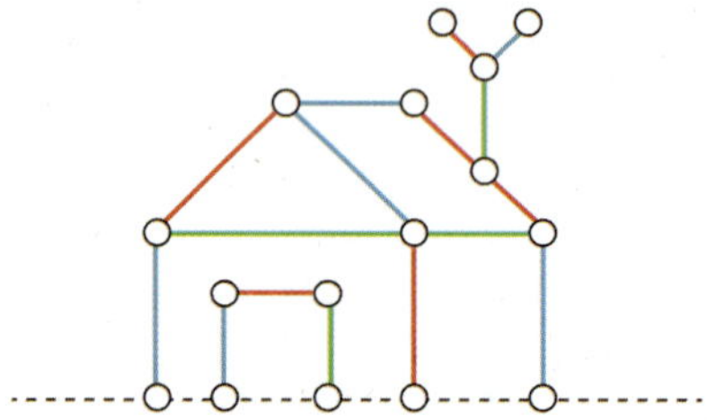

그림2 블루-레드-그린 하켄부시 예시

당파 게임

게임은 세대와 지역을 막론하고 인류의 가장 보편적인 놀이 중 하나이다. 유럽에서, 아프리카에서, 아시아에서 다양한 게임이 등장하고 발전했다. 정확한 기원이 언제인지 알 수 없을 만큼 역사도 오래되었다. 하지만 게임에 대한 수학적 분석이 시도된 것은 얼마 되지 않았다. 본격적인 연구는 1900년대에 들어서 시작되었다고 할 수 있다.

게임의 수학적 성질을 탐구하는 조합 게임 이론도 1900년대에 발전하기 시작했다. 조합 게임 이론에서는 전통적으로 우연에 의해 결정되는 게임에 대해서는 크게 관심을 두지 않는다. 주로 탐구하는 것은 순차적으로 진행되는 2인용 완전 정보 게임이다. **완전 정보 게임**이란 게임에 참가하는 모든 사람이 게임의 진행 상황이나 변화와 관련된 정보를 언제든 알 수 있는 게임을 말한다. 조합 게임 이론 초기에 수학자들이 관심을 두고 연구한 것은 공정 게임(Impartial Games)이다. **공정 게임**은 게임에 참여하는 두 사람이 선택할 수 있는 행동이 같은 게임을 말한다. 앞에서 알아봤던 님, 그런디 게임, 케일스, 하켄부시 등이 공정 게임의 대표적인 예라 할 수 있다. 1901년 찰스 L. 부턴

(Charles L. Bouton)의 님에 관한 연구를 시작으로 다양한 공정 게임에 관한 연구가 진행됐으며 1930년 스프라그-그런디 정리를 통해 모든 공정 게임을 분석할 수 있게 되었다.

사실상 공정 게임은 완전히 해결되었기 때문에 수학자들의 관심은 자연스럽게 다른 게임으로 넘어갔다. 바로 당파 게임(Partizan Games)이다. **당파 게임**은 한 사람은 할 수 있고 다른 사람은 할 수 없는 행동이 있는 게임을 말한다. 우리에게 잘 알려진 바둑, 장기, 체스 등이 당파 게임의 대표적인 예이다. 조합 게임 이론에서는 당파 게임 중에서도 **조합 게임**(Combinatorial Game)에 초점을 맞춰 연구가 진행됐다. 그렇다면 조합 게임은 무엇일까? 일반적으로 조합 게임은 다음과 같이 정의할 수 있다.

조합 게임

조합 게임은 다음 조건을 만족한다.

1) 두 사람이 교대로 게임을 진행한다.

2) 한 사람이 더는 게임을 진행하지 못할 때 게임의 승자가 결정된다.

3) 가능한 게임의 상태는 유한하며, 유한 회 안에 게임이 종료된다.

4) 게임의 어떤 행동도 우연에 의해 결정되지 않는다.

5) 두 사람은 게임의 진행이나 변화와 관련된 정보를 언제든 알 수 있다.

조합 게임은 유한 횟수 안에 게임이 종료되고 한 사람이 더는 게임을 진행하지 못할 때 승자가 결정되므로 무승부가 존재하지 않는다. 보통 마지막으로 행동하는 사람이 승리하는 것으로 하며 이를 **정규 게임**(Normal Game)이라 한다. 반대로 마지막으로 행동하는 사람이 패배하는 것으로 할 수도 있는데 이를 **불행형 게임**(Misère Game)이라 한다. 조합 게임에 대해 이야기할 때 승리 조건에 대한 특별한 언급이 없다면 정규 게임을 의미한다. 정리하면 조합 게임은 2인이 순차적으로 진행하는 완전 정보 게임으로 우연에 의해 행동이 결정되지 않고 유한 횟수 안에 게임이 종료되어 승자가 결정되는 게임이라 할 수 있다.

사실 조합 게임 이론에서 말하는 공정 게임은 기본적으로 조합 게임을 전제로 하고 있다. 따라서 공정 게임은 조합 게임의 조건을 모두 만족하면서 두 사람이 할 수 있는 행동이 같은 게임을 말한다. 반면 당파 게임은 조합 게임을 전제로 하지는 않는다. 따라서 조합 게임인 당파 게임과 조합 게임이 아닌 당파 게임을 구별해 생각할 필요가 있다. 조합 게임인 당파 게임이라 하면 블루-레드 하켄부시, 두꺼비와 개구리, 도미니어링 등을 들 수 있고 조합 게임이 아닌 당파 게임이라면 바둑, 체스 등을 들 수 있다. 하지만 여기서 우리가 생각할 것은 조합 게임인 당파 게임이다. 따라서 앞으로 특별한 언급 없이 당파 게임을 이야기한다면 조합 게임인 당파 게임으로 생각하면 된다.

조합 게임 이론에서 가장 크게 관심을 두는 것은 게임을 진행하는 두 사람 중 누구에게 필승전략이 존재하는가 하는 점이다. 이와 관련해 기본적으로 생각할 수 있는 것은 게임의 초기 배치에서 누구에게 필승전략이 존재하는가 하는 점이다. 그리고 이는 자연스럽게 게임에서 나타나는 각 게임 상태에서의 필승전략을 탐구하는 문제로 연결된다.

공정 게임에서는 무승부가 없고 두 사람이 할 수 있는 행동이 같기 때문에 필승전략과 관련해 중요한 것은 '순서'이다. 즉, 필승전략이 자신에게 있는지 아니면 상대에게 있는지는 오로지 순서에 의해 결정된다. 게임 상태가 어떤지에 따라 이번 차례에 게임을 해야 하는 사람에게 필승전략이 있을 수도 있고 이전에 게임을 한 사람에게 필승전략이 있을 수도 있다. 이런 관점에서 두 사람 모두 최선의 전략으로 게임을 한다고 했을 때 공정 게임의 모든 게임 상태는 두 가지로 나눌 수 있다. 한 가지는 그 게임 상태 이전에 게임을 한 사람(Previous Player)이 승리할 수 있는 상태이고 다른 한 가지는 이번 차례에 게임을 해야 하는 사람(Next Player)이 승리할 수 있는 상태이다. 전자의 게임 상태를 ***P*-포지션**(P-position)이라 하고, 후자의 게임 상태를 ***N*-포지션**(N-position)이라 한다.

대표적인 공정 게임인 그린 하켄부시를 예로 생각해보자. 그린 하켄부시는 블루-레드 하켄부시와 다르게 모든 모서리가 초록색으로 되어 있고 두 사람 모두 모든 모서리를 지울 수 있다. 그린 하켄부시를 진행해 아래와 같이 남았다고 하자. 이때 이번 차례에 지우는 사람(Next Player)이 어떻게 지운다고 해도 이전에 모서리를 지운 사람(Previous Player)이 승리하게 된다. 따라서 이 게임 상태는 P-포지션이라 할 수 있다.

반면 아래 게임 상태는 이번 차례에 지우는 사람이 승리하게 되므로 N-포지션이다.

이렇게 공정 게임에서 모든 게임 상태는 두 가지 중 하나만 해당한다. 이렇게 두 가지 상태만 있는 것은 앞서 언급했듯 두 사람이 할 수 있는 행동이 같고 무승부가 존재하지 않기 때문이다. 그렇다면 당파 게임의 경우는 어떨까?

당파 게임에서도 공정 게임과 마찬가지로 P-포지션과 N-포지션이 존재한다. 즉, 두 사람이 모두 최선의 전략으로 게임을 한다고 했을 때, 이전에 게임을 한 사람이 승리할 수 있는 상태가 있고 이번 차례에 게임을 하는 사람이 승리할 수 있는 상태가 있다. 하지만 두 사람이 할 수 있는 행동이 다르므로 둘 중 한 명에게 절대적으로 유리한 상태도 존재한다. 한마디로 누가 할 차례인지에 상관없이 승리자가 결정되는 상태가 존재하는 것이다.

이해를 돕기 위해 블루-레드-그린 하켄부시를 생각해보자. 이때 빨간색 모서리를 지우는 사람을 레드(Red)라 하고, 파란색 모서리를 지우는 사람을 블루(bLue)라 하자. 아래와 같은 게임 상태에서는 둘 중 먼저 하는 사람이 지게 된다. 레드가 먼저 하면 블루가 할 수 있는 동작만 남고 블루가 먼저 하면 레드가 할 수 있는 동작만 남기 때문이다. 따라서 이 게임 상태는 P-포지션이다.

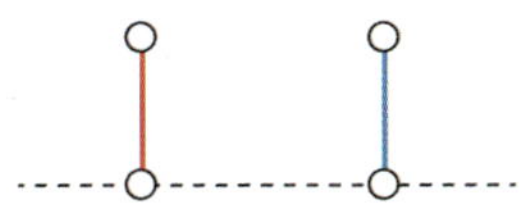

다음으로 아래와 같은 게임 상태를 보자. 먼저 하는 사람이 초록색 모서리를 지우면 게임에서 이기게 된다. 따라서 이 게임 상태는 N-포지션이다.

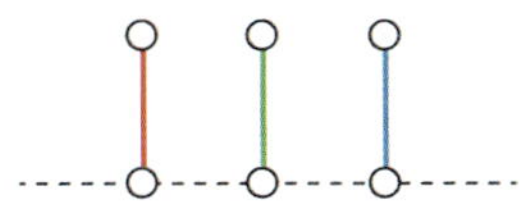

아래 그림과 같은 게임 상태는 어떤가? 이 게임 상태는 레드가 할 수 있는 동작밖에 없으므로 누가 먼저 시작하든 레드가 승리하게 된다.

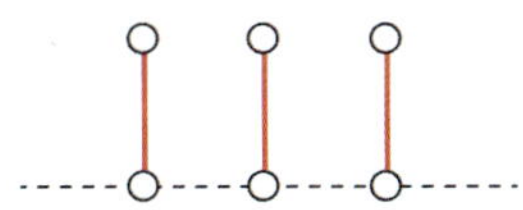

마찬가지로 아래 게임 상태는 블루가 할 수 있는 동작밖에 없으므로 누가 먼저 시작하든 블루가 게임에서 승리하게 된다.

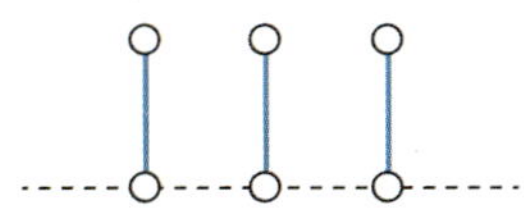

이렇게 당파 게임에서는 모든 게임 상태를 네 가지로 분류할 수 있다. 전통적으로 당파 게임에서는 두 게임 참가자를 **왼쪽**(Left)과 **오른쪽**(Right)이라 부르기 때문에 이 이름을 그대로 사용하면 당파 게임에서 모든 게임 상태를 다음과 같이 나타낼 수 있다.

상태	이름	설명
N-포지션 (N-position)	퍼지 게임 (Fuzzy Game)	이번 차례인 사람(Next Player)에게 필승전략이 존재하는 게임
P-포지션 (P-position)	제로 게임 (Zero Game)	이전에 한 사람(Previous Player)에게 필승전략이 존재하는 게임
L-포지션 (L-position)	양의 게임 (Positive Game)	왼쪽(Left)에게 필승전략이 존재하는 게임
R-포지션 (R-position)	음의 게임 (Negative Game)	오른쪽(Right)에게 필승전략이 존재하는 게임

당파 게임에서 가능한 네 가지 게임 상태

게임의 순서에 따른 승패를 기준으로 생각하면 네 가지 게임 상태는 아래 표와 같이 나타낼 수 있다.

당파 게임에서 게임 상태의 분류		오른쪽(Right)이 할 차례	
		오른쪽(Right) 승리	왼쪽(Left) 승리
왼쪽(Left)이 할 차례	왼쪽(Left) 승리	N-포지션(퍼지 게임)	L-포지션(양의 게임)
	오른쪽(Right) 승리	R-포지션(음의 게임)	P-포지션(제로 게임)

당파 게임에서 게임 순서와 승패에 따른 네 가지 게임 상태

여기서 알 수 있는 것은 필승전략에 따른 게임 상태를 분석하고자 할 때 공정 게임에서는 순서만 중요하지만, 당파 게임에서는 순서와 함께 각자 앞으로 할 수 있는 행동의 수가 중요하다는 점이다. 한 명이 할 수 있는 행동의 수가 절대적으로 많다면 필승전략을 따질 때 순서는 중요한 요소가 못 된다. 반면 각자 할 수 있는 행동의 수가 비슷(?)하다면 그때는 순서가 필승전략의 중요한 요소가 된다.

당파 게임과 초현실수

당파 게임의 필승전략을 분석하고자 할 때 효과적인 방법은 무엇일까? 한 가지 방법은 각 게임 상태가 누구에게 얼마나 이점이 있는지 알아보는 것이다. 여기서 이점은 당연하게도 승리에 대한 이점이다. 만약 한 사람이 다른 사람보다 얼마나 이점이 있는지 계산하여 게임 상태를 표현할 수 있다면 필승전략이 누구에게 있는지 쉽게 판단할 수 있을 것이다. 그리고 이것이 당파 게임 분석의 기본 아이디어다.

어떻게 하면 각 게임 상태에서 한 사람이 가진 이점을 잘 정의할 수 있을까? 블루-레드-그린 하켄부시의 예를 통해 생각해보자. 당파 게임의 전통적인 표기법에 따라 파란색(bLue) 모서리를 지우는 사람을 **왼쪽**(Left)이라 하고 빨간색(Red) 모서리를 지우는 사람은 **오른쪽**(Right)이라 하겠다. 아래 게임 상태를 보자. 이 상태는 왼쪽이 할 수 있는 행동만 두 번 있으므로 왼쪽에게 2만큼의 이점이 있다고 할 수 있다.

반면 아래 게임 상태는 오른쪽이 할 수 있는 행동만 두 번 있으므로 오른쪽에게 2만큼의 이점이 있다고 할 수 있다.

그런데 누구에게 얼마의 이점이 있다는 식의 표기는 표현에 번거로움이 있다. 따라서 이를 좀 더 간결하게 표현할 수 없을까? 좋은 방법이 하나 있다. 바로 음수와 양수를 사용하는 것이다. 위의 상황처럼 왼쪽에게 2의 이점이 있을 때는 2로 나타내고, 오른쪽에게 2의 이점이 있을 때는 -2로 나타내는 것이다. 그리고 이런 표현법을 따르면 게임 상태에서 생기는 이점이 양수로 표현될 때는 왼쪽에게 이점이 있으므로 양의 게임이라는 것을 알 수 있고 음수로 표현될 때는 오른쪽에게 이점이 있으므로 음의 게임이라는 것을 알 수 있다. 한마디로 게임 상태의 이점이 양수면 왼쪽에게 필승전략이 있고, 게임 상태의 이점이 음수면 오른쪽에게 필승전략이 있다. 사실 양의 게임과 음의 게임이란 이름이 붙여진 이유도 여기에 있다.

물론 이렇게 양수나 음수로 표현할 수 없는 게임 상태가 있다. 당장 생각할 수 있는 것은 제로 게임과 퍼지 게임이다. 이 두 게임은 누구에게 이점이 있다고 보기 어려우므로 양수나 음수로 표현하기엔 부적절하다. 사실 이름에서 알 수 있듯이 제로 게임의 이점은 0으로 정의한다. 그렇다면 퍼지 게임은? 당장 간단히 이야기하면 '*' 등의 기호로 표현한다고 할 수 있지만 바로 이야기할 만큼 간단하지 않으므로 이는 추후 다시 이야기하도록 하자. 한 가지 확실한 것은 게임 상태의 이점이 양수로 표현되는 경우는 왼쪽에게 필승전략이 있고, 음수로 표현되는 경우엔 오른쪽에게 필승전략이 있으며, 제로 게임일 때는 이점이 0으로 표현되도록 정의할 것이란 점이다. 문제는 이를 바탕으로 각 게임 상태를 정의하는 것이 생각보다 간단하지 않다는 것이다. 왜 그럴까? 아래 게임 상태를 보자.

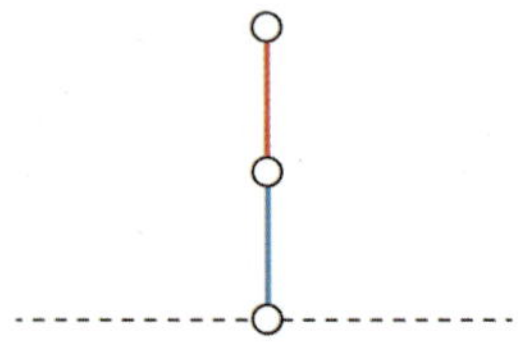

이 게임 상태의 이점은 어떻게 정의해야 할까? 왼쪽과 오른쪽이 할 수 있는 행동이 각각 하나씩 있으므로 0으로 정의해야 할까? 그렇지 않다. 0으로 정의한다는 것은 제로 게임이라는 것인데 게임을 진행해 보면 알 수 있지만 위 게임은 제로 게임이 아닌 왼쪽에게 필승전략이 있는 양의 게임이다. 따라서 적당한 양수로 게임의 이점이 정의돼야 한다. 게임의 이점이라는 것은 두 사람이 할 수 있는 행동의 수와 관련이 있지만 단순하게 할 수 있는 행동의 수를 세어서 차이를 따지는 것으로 결정되지 않는다. 더구나 위 게임 상태는 왼쪽과 오른쪽이 할 수 있는 행동이 각각 하나씩이라 볼 수도 없다. 그 이유는 한 사람의 행동이 다른 사람의 행동에 영향을 미치기 때문이다. 만약 왼쪽이 먼저 게임을 해서 파란색 모서리를 지운다면 빨간색 모서리는 사라지므로 오른쪽이 할 수 있는 행동은 사라지게 된다. 반면 오른쪽이 먼저 게임을 해서 빨간색 모서리를 지운다면 파란색 모서리는 여전히 남아있으므로 왼쪽이 할 수 있는 행동도 남아 있게 된다.

여기서 각 게임 상태 그 자체만으로는 게임 상태의 이점을 정확하게 파악할 수 없다는 점을 이해하는 것이 중요하다. 각 게임 상태의 이점을 정확하게 파악하기 위해서는 그 이후 게임 진행이 어떻게 되는지를 봐야 한다. 다시 말해 각 게임 상태에서 왼쪽이 게임을 했을 때는 어떤 게임 상태로 변할 수 있고 오른쪽이 게임을 했을 때는 어떤 상태로 변할 수 있는지를 종합적으로 고려해 게임 상태의 이점을 따져야 한다는 것이다.

이런 점에서 각 게임 상태의 이점은 귀납적으로 정의될 수밖에 없다. 왜 귀납적으로 정의돼야 한다는 것일까? 예를 들어 아래 그림과 같은 게임 상태를 보자.

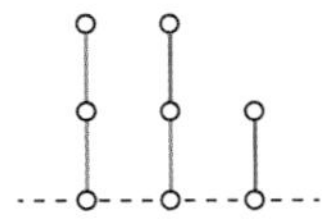

이 게임 상태의 이점을 정의하기 위해서는 이 게임 상태에서 왼쪽과 오른쪽에 의해 진행될 수 있는 아래 그림의 게임 상태를 고려해야 한다. 그런데 이 아래 다섯 개의 게임 상태의 이점을 모른다면 위 게임 상태의 이점도 알 수 없다. 따라서 아래 다섯 개의 게임 상태의 이점이 먼저 정의되어야 위 그림의 게임 상태의 이점도 정의될 수 있고 이는 반복된다. 결과적으로 게임 상태의 이점의 정의는 게임 종료 시점부터 시작되어야 한다.

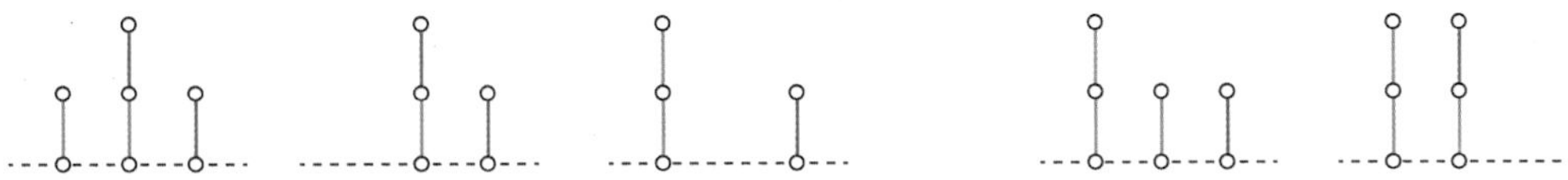

지금까지의 내용을 정리해 보자. 당파 게임에서는 게임의 필승전략을 분석하기 위해 각 게임 상태에서 게임에 참여한 사람의 이점을 정의한다. 이 이점이 양수로 정의된다는 것은 왼쪽에게 필승전략이 있다는 것이고, 음수로 정의된다는 것은 오른쪽에게 필승전략이 있다는 것이다. 제로 게임의 경우 0으로 정의한다. 또한 각 게임 상태의 이점은 이후 가능한 게임 진행을 고려해 귀납적으로 정의된다. 이제 본격적인 정의를 살펴보자.

당파 게임의 게임 상태

당파 게임의 게임 상태 G에서 왼쪽(Left)이 한 번 게임을 해서 나올 수 있는 게임 상태의 집합을 G^L, 오른쪽(Right)이 한 번 게임에 의해 나올 수 있는 게임 상태의 집합을 G^R이라 하자. 이때 게임 상태 G는 다음과 같이 정의한다.

$$G = \{ G^L \mid G^R \}$$

만약 $G^L = \{G_1, G_2, \cdots, G_n\}$, $G^R = \{H_1, H_2, \cdots, H_m\}$이면 다음과 같이 표현할 수 있다.

$$G = \{ G_1, G_2, \cdots, G_n \mid H_1, H_2, \cdots, H_m \}$$

조합 게임 이론에서는 이처럼 각 게임 상태를 이후 진행 가능한 게임 상태를 통해 정의한 후, 각 게임 상태에 하나의 값을 대응시킨다. 이 대응시키는 값이 앞서 이야기했던 이점에 대한 수학적 정의라 할 수 있다. 즉, 각 게임 상태를 이점을 나타내는 하나의 값으로 정의하되, 그 게임 상태에서 갈 수 있는 게임 상태의 값을 통해 정의하는 것이라 할 수 있다. 또한 이 값은 앞서 알아본 내용에 따라 다음 성질을 만족한다. 보통 게임 상태의 값을 간단히 게임값이라 한다.

게임 상태의 성질1

게임 상태 G에 대해 다음이 성립한다.

1) $G > 0$이면 필승전략은 왼쪽에게 있다.

2) $G < 0$이면 필승전략은 오른쪽에게 있다.

3) $G = 0$이면 두 번째로 시작하는 사람에게 필승전략이 있다.

몇몇 예를 통해 게임 상태 성질에 대한 이해를 높여 보자. 각 게임 상태의 값은 귀납적으로 정의되므로 가장 먼저 생각해 볼 수 있는 것은 두 사람 모두 아무런 행동을 할 수 없는 게임의 종료 상태이다. 예를 들어 블루-레드 하켄부시에서의 종료 상태라면 다음과 같다.

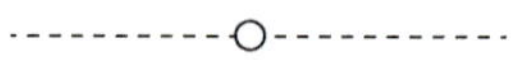

이 게임 상태는 두 사람 모두 할 수 있는 행동이 없으므로 정의에 따라 다음과 같이 나타낼 수 있다.

$$\{ \mid \}$$

또한 이전에 한 사람에게 필승전략이 존재하는 상태이므로 제로 게임이다. 따라서 게임값을 0으로 정의할 수 있다.

$$0 = \{ \mid \}$$

다음 게임 상태를 보자.

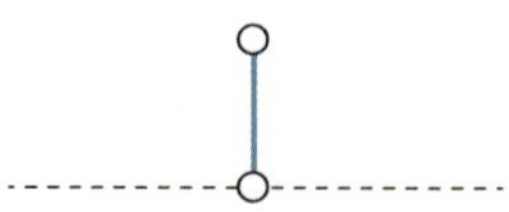

이 게임 상태는 왼쪽만 할 수 있는 행동이 있고 왼쪽이 진행 가능한 게임 상태는 $0 = \{\ \mid\ \}$이다. 따라서 정의에 따라 다음과 같이 나타낼 수 있다.

$$\{\ 0 \mid\ \}$$

앞서 알아봤듯 이 경우 왼쪽에게 1만큼의 이점이 있다고 할 수 있으므로 다음과 같이 정의할 수 있다.

$$1 = \{\ 0 \mid\ \}$$

일반적으로 자연수 n에 대해 다음과 같이 정의한다.

$$n = \{\ n-1 \mid\ \}$$

다음 게임 상태를 보자.

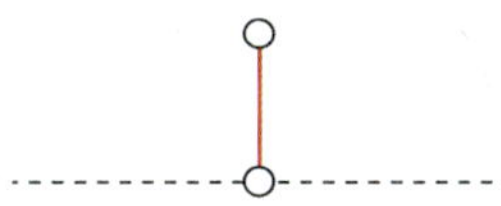

이 게임 상태는 오른쪽만 할 수 있는 행동이 있고 오른쪽이 진행 가능한 게임 상태는 $0 = \{\ \mid\ \}$이다. 따라서 정의에 따라 다음과 같이 나타낼 수 있다.

$$\{\ \mid 0\ \}$$

앞서 알아봤듯 이 경우 오른쪽에게 1만큼의 이점이 있다고 할 수 있으므로 다음과 같이 정의할 수 있다.

$$-1 = \{\ \mid 0\ \}$$

일반적으로 자연수 n에 대해 다음과 같이 정의한다.

$$-n = \{\ \mid -n+1\ \}$$

조금 더 복잡한 게임 상태를 보자. 바로 아래와 같은 상태이다.

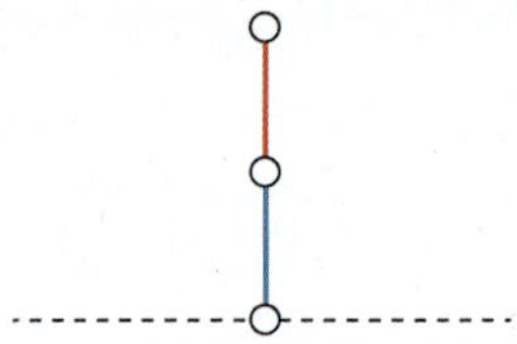

이 게임 상태는 왼쪽이 게임을 하면 모서리가 하나도 남지 않는 제로 게임이 되고, 오른쪽이 게임을 하면 파란색 모서리만 하나 남게 되므로 다음과 같이 나타낼 수 있다.

$$\{\ 0 \mid 1\ \}$$

게임을 한 번 하면 0으로 가거나 1로 가게 되므로 이 게임 상태의 값을 평균으로 생각해 $\frac{1}{2}$로 정의할 수 있다.

$$\frac{1}{2} = \{\ 0 \mid 1\ \}$$

일반적으로 자연수 n과 정수 p에 대해 다음이 성립한다.

$$\frac{2p+1}{2^{n+1}} = \left\{\ \frac{p}{2^n} \mid \frac{p+1}{2^n}\ \right\}$$

이상의 내용을 정리하면 다음과 같다.

게임 상태의 성질2

자연수 n과 정수 p에 대해 게임 상태 G는 다음과 같이 정의된다.

1) $0 = \{\ \mid\ \}$

2) $n = \{\ n-1 \mid\ \}$

3) $-n = \{\ \mid -n+1\ \}$

4) $\frac{2p+1}{2^{n+1}} = \left\{\ \frac{p}{2^n} \mid \frac{p+1}{2^n}\ \right\}$

여기서 한 가지 알아야 할 점은 게임 상태의 값이 항상 평균으로 주어지는 것은 아니라는 점이다. 다음과 같은 게임을 생각해보자.

$$\{\ -1 \mid 2\ \}$$

왼쪽이 게임을 하면 -1이 되므로 오른쪽에게 필승전략이 있는 게임 상태가 된다. 반면 오른쪽이 게임을 하면 2가 되므로 왼쪽에게 필승전략이 있는 게임 상태가 된다. 즉, 게임을 하는 사람이 지게 되는 것이다. 바로 제로 게임이다. 따라서 다음과 같이 정의된다.

$$0 = \{\ -1 \mid 2\ \}$$

지금까지 $\{\ G_1 \mid H_1\ \}$ 꼴로 표현되는 게임 상태만 알아봤지만, 보통의 경우 게임 상태가 주어졌을 때 왼쪽이나 오른쪽이 진행 가능한 게임 상태는 둘 이상이다. 이런 일반적인 경우에 게임 상태의 값을 어떻게 구해야 할까? 다행히 이런 일반적인 경우도 앞에서 알아본 성질을 이용해 게임 상태의 값을 생각해 볼 수 있다.

게임 상태의 성질3

게임 상태 G에 대해 G^L의 원소 중 가장 큰 값을 G_M, G^R의 원소 중 가장 작은 값을 G_m이라 하자. 이때 다음이 성립한다.

$$G = \{\ G^L \mid G^R\ \} = \{\ G_M \mid G_m\ \}$$

이 성질을 통해 다음과 같은 계산이 가능하다.

$$G = \{\ -2, -1, 0 \mid 1, 2, 3\ \} = \{\ 0 \mid 1\ \} = \frac{1}{2}$$

조합 게임 이론에서는 게임 상태 $G = \{\ G_1 \mid H_1\ \}$의 게임값과 관련해 $G_1 < H_1$인 경우 G의 값은 **가장 단순한 수**(Simplest Number)로 정의된다고 설명한다. 그런데 문제는 단순한 수라는 것이 한 번에 간단하게 설명될 만큼 단순하지 않다는 것이다. 그나마 다음에 소개할 성질은 왜 단순한 수라 하는지 조금이나마 이해하게 해준다.

게임 상태의 성질4

게임 상태 $G = \{ \ G_1 \mid H_1 \ \}$에 대해 $G_1 < H_1$일 때, G의 값은 다음과 같이 정의된다.

1) G_1과 H_1 사이에 정수가 존재하면 G의 값은 그중 절댓값이 가장 작은 값으로 정의된다.

2) G_1과 H_1 사이에 정수가 존재하지 않으면 $\frac{i}{2^m}$꼴로 표현되는 G_1과 H_1 사이의 수 중 m이 가장 작은 값으로 G의 값이 정의된다. (단, m은 자연수, i는 정수)

이 정리를 이용하면 꽤 많은 게임 상태의 값을 구해볼 수 있다. 몇 가지만 구해보면 다음과 같다.

$$\left\{ \ 2\frac{1}{2} \mid 4\frac{1}{2} \ \right\} = 3$$

$$\{ \ -3, -1 \mid 7, 10, 12 \ \} = 0$$

$$\left\{ \ -5, 0, 1, 3, 4\frac{1}{2} \mid 4\frac{7}{8} \ \right\} = 4\frac{3}{4}$$

다음으로 알아볼 것은 퍼지 게임이다. 블루-레드-그린 하켄부시에서 아래 그림과 같은 게임 상태를 생각해보자.

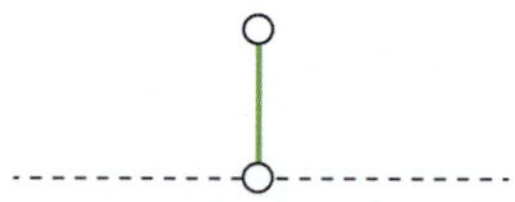

왼쪽과 오른쪽 중 먼저 하는 사람이 승리하는 게임 상태이므로 퍼지 게임이다. 두 사람 모두 게임 상태 $0 = \{ \ \mid \ \}$로 갈 수 있으므로 정의에 따라 다음과 같이 나타낼 수 있다.

$$\{ \ 0 \mid 0 \ \}$$

이 게임 상태의 값은 어떻게 정의해야 할까? 양의 게임이나 음의 게임이 아니므로 양수나 음수로 정의할 수는 없다. 제로 게임과 구별되어야 하므로 0으로 정의할 수도 없다. 결국 이 게임 상태의 값을 정의하기 위해 새로운 기호가 필요하다. 조합 게임 이론에서는 '*'를 사용해 다음과 같이 정의한다.

$$* = \{ \ 0 \mid 0 \ \}$$

이 외에도 퍼지 게임인 다양한 게임 상태가 있는데 모두 숫자로 표현되지 않는다.

마지막으로 알아볼 것은 게임 상태의 합과 음의 게임 상태이다.

게임 상태의 합과 음의 게임 상태

게임 상태 G와 H에 대해 게임 상태의 합과 음의 게임 상태는 다음과 같이 정의한다.

$$G + H = \{G^L + H, G + H^L \mid G^R + H, G + H^R\}$$
$$-G = \{-G^R \mid -G^L\}$$

위 정의를 이해하기 위해 아래와 같은 게임을 생각해보자.

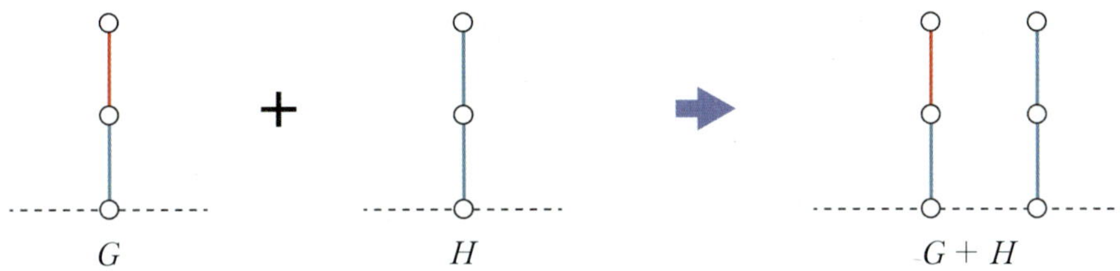

왼쪽이 두 게임이 합쳐진 $G + H$에서 게임을 한다고 할 때, G를 선택해 한 번 행동하거나 H를 선택해 한 번 행동해야 한다. 따라서 왼쪽의 행동으로 나올 수 있는 게임 상태는 $G^L + H$ 또는 $G + H^L$이다. 마찬가지로 오른쪽의 행동으로 나올 수 있는 게임 상태는 $G^R + H$ 또는 $G + H^R$이다. 사실 여기서 G^L은 집합이고 H는 하나의 값이므로 실제 계산은 다음과 같이 이루어진다.

$$G^L + H = \{G_1, G_2, \cdots, G_n\} + H = \{G_1 + H, G_2 + H, \cdots, G_n + H\}$$

$G + H^L$, $G^R + H$, $G + H^R$의 경우도 마찬가지다. 음의 게임 상태는 원래 게임 상태와 정확히 반대되는 게임 상태이다. 블루-레드 하켄부시로 예를 든다면 빨간색 모서리를 파란색 모서리로 바꾸고 파란색 모서리는 빨간색 모서리로 바꾼 게임 상태라 할 수 있다. 블루-레드-그린 하켄부시라면 블루-레드 하켄부시처럼 빨간색 모서리를 파란색 모서리로 바꾸고, 파란색 모서리는 빨간색 모서리로 바꾸되 초록색 모서리는 그대로 두는 게임 상태라 할 수 있다.

게임값은 숫자인 경우도 있지만, 숫자가 아닌 경우도 있기 때문에 보통 두 게임 상태가 주어졌을 때 그 합이 어떻게 되는지 생각하는 것은 쉽지 않다. 이와 관련된 성질을 하나만 알아보자.

게임 상태의 합의 성질

임의의 게임 상태 G에 대해 다음이 성립한다.

1) $G + 0 = G$

2) $G + (-G) = 0$

먼저 쉽게 생각할 수 있는 것은 임의의 게임 상태에 제로 게임을 더한 경우이다. 위 성질 1)에서 알 수 있듯 임의의 게임 상태에 제로 게임을 더해도 승패에는 변함이 없다. 따라서 게임 상태 G가 퍼지 게임이라면 $G + 0$ 역시 퍼지 게임이고, 게임 상태 G가 양의 게임이라면 $G + 0$ 역시 양의 게임이며, 게임 상태 G가 음의 게임이라면 $G + 0$ 역시 음의 게임이다. 물론 게임 상태 G가 제로 게임이라면 $G + 0$ 역시 제로 게임이다. 블루-레드-그린 하켄부시의 예를 통해 생각해 보자.

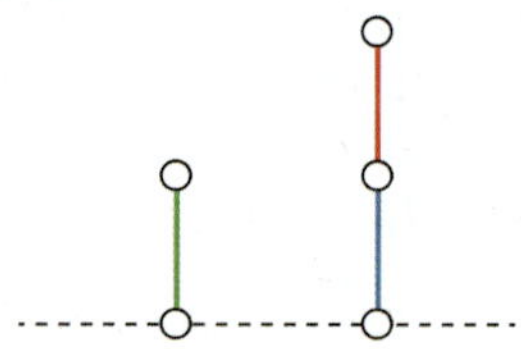

위 그림의 게임 상태는 두 개의 게임 상태가 합쳐져 있는데 순서대로 게임 상태의 값이 0과 $\frac{1}{2}$이다. 따라서 위 그림의 게임 상태의 값은 $\frac{1}{2}$임을 알 수 있다. 즉, 왼쪽에게 필승전략이 있다.

성질 2)는 주어진 게임 상태와 그 게임의 음의 게임 상태의 합이 제로 게임임을 말하고 있다. 즉, 두 번째로 시작하는 사람에게 필승전략이 있다는 것으로 이것이 성립하는 것을 보이는 것은 어렵지 않다. 두 번째로 시작하는 사람이 $G + (-G)$에서 승리하는 방법은 먼저 시작하는 사람과 대칭적으로 게임을 하는 것이다. 대칭적으로 한다는 것이 무엇인지 예를 들어 생각해 보자.

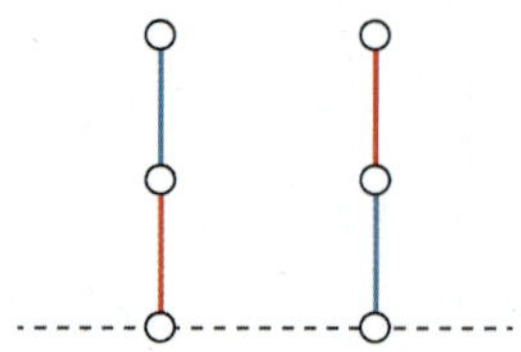

만약 먼저 시작하는 사람이 두 그림 중 한쪽에서 모서리를 지운다면 두 번째로 시작하는 사람은 다른 쪽의 그림에서 같은 위치에 있는 모서리를 지우면 된다. 그리고 이후에도 이 전략을 유지한다. 이를 반복하면 마지막으로 모서리를 지우는 사람은 두 번째로 시작한 사람이 되고 두 번째로 시작한 사람은 게임에서 승리하게 된다.

지금까지 당파 게임에서 게임 상태의 정의와 게임 상태 값과 관련된 몇몇 성질에 대해 알아보았다. 하지만 이는 관련 이론의 매우 일부에 불과하다. 사실 전체 이론은 책 한 권으로 설명하기 부족할 정도로 방대하다. 여기서는 몇몇 문제 상황을 생각해 볼 정도의 수준에서 최소한의 내용만 알아보았다. 이후 필요에 따라 좀 더 추가적인 내용을 알아볼 것이다.

당파 게임 분석에 대한 이러한 이론은 조합 게임 이론의 아버지라 할 수 있는 수학자 존 콘웨이(John Conway)가 도입하고 체계를 잡은 것이다. 콘웨이는 영국 출신의 수학자로 조합 게임뿐 아니라 매듭 이론, 유한군, 정수론 등 다양한 분야에 많은 업적을 남겼다. (BBC에서 만든 페르마의 마지막 정리 다큐멘터리에도 등장한다.)

당파 게임 이론과 관련해 좀 더 깊이 있는 내용이 궁금하다면 1976년 출간한 그의 저서 《숫자와 게임에 대하여(On Numbers and Games)》를 보길 추천한다. 콘웨이는 이와 같은 게임 상태에 대한 정의로부터 새로운 수 개념을 생각해 냈는데 바로 **초현실수**(Surreal Number)이다. 초현실수는 '가장 큰 순서체(Ordered Field)'로 모든 실수와 순서수(Ordinal Number)를 포함한다. 게임에 대한 분석을 위해 새로운 이론 체계를 세우고 새로운 수 개념까지 고안한 콘웨이의 천재성이 놀랍기만 하다. 20세기 대표적인 수학자 중 한 명인 콘웨이는 2020년 4월 11일 코로나19 합병증으로 인해 사망했다. 수학계의 또 하나의 별이 그렇게 우리 곁을 떠났다.

블루-레드 하켄부시의 필승전략

앞에서 알아본 당파 게임 이론을 이용해 블루-레드 하켄부시 게임 상태가 주어졌었을 때 누구에게 필승전략이 있는지 분석할 수 있다. 먼저 몇 가지 간단한 예를 살펴보자.

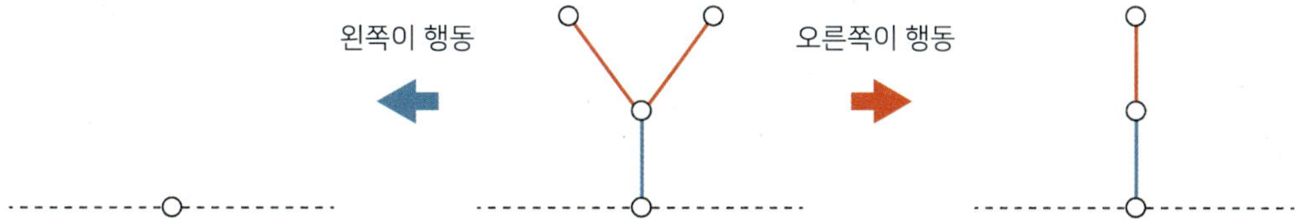

앞쪽의 그림의 경우 왼쪽이 행동하면 제로 게임으로 가고 오른쪽이 행동하면 $\frac{1}{2}$인 게임 상태로 가므로 다음과 같이 계산할 수 있고 필승전략이 왼쪽에게 있음을 알 수 있다.

$$\left\{\ 0 \mid \frac{1}{2}\ \right\} = \frac{1}{4}$$

다음과 같은 게임 상태를 생각해 보자.

왼쪽과 오른쪽이 진행 가능한 게임 상태를 통해 다음과 같이 게임 상태의 값을 구할 수 있다. 따라서 필승전략은 왼쪽에게 있다.

$$\left\{\ 0, \frac{1}{2} \mid 1\ \right\} = \frac{3}{4}$$

이제 앞의 두 경우를 활용해 다음과 같은 게임 상태를 생각해 보자.

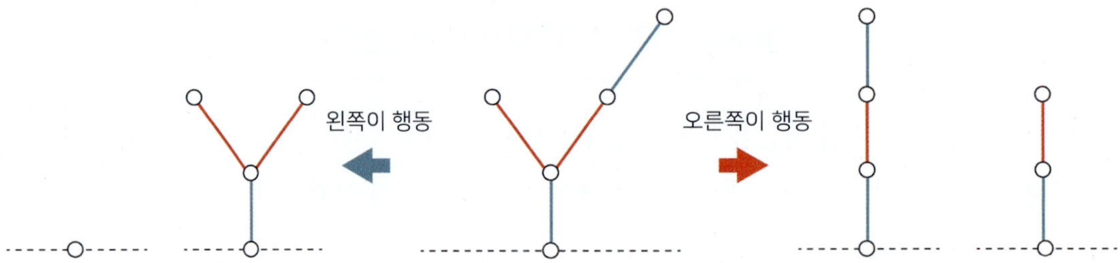

왼쪽과 오른쪽이 진행 가능한 게임 상태를 통해 다음과 같이 게임 상태의 값을 구할 수 있다. 따라서 필승전략은 왼쪽에게 있다.

$$\left\{\ 0, \frac{1}{4} \mid \frac{1}{2}, \frac{3}{4}\ \right\} = \frac{3}{8}$$

당파 게임에서 게임 상태의 값을 구하려면 귀납적인 과정을 거쳐야 하므로 조금만 복잡해져도 게임 상태의 값을 파악하기가 쉽지 않다. 하지만 블루-레드 하켄부시에서는 조금 더 쉽게 구할 수 있는 몇몇 정리가 알려져 있다. 그중 한 가지가 바로 테아 반 루드의 법칙(Thea Van Roode's Rule)이다.

테아 반 루드의 법칙

블루-레드 하켄부시에서 하나의 가지로 된 게임 상태의 게임값은 다음과 같은 과정을 통해 구할 수 있다.

1) 파란색 모서리는 양수의 값을 갖고, 빨간색 모서리는 음수의 값을 갖는다.

2) 바닥부터 시작해 처음으로 색이 변하기 전까지의 모든 모서리의 값은 1 또는 -1이다.

3) 첫 번째 색이 변경된 이후 모든 모서리의 값의 절댓값은 직전 모서리 값의 절댓값의 절반으로 줄어든다.

4) 게임 상태의 값은 모든 모서리의 값의 합과 같다.

이 법칙으로 아래 게임 상태의 값을 구하면 그림에서 보듯 순서대로 $\frac{11}{8}$과 $-\frac{3}{16}$임을 알 수 있다.

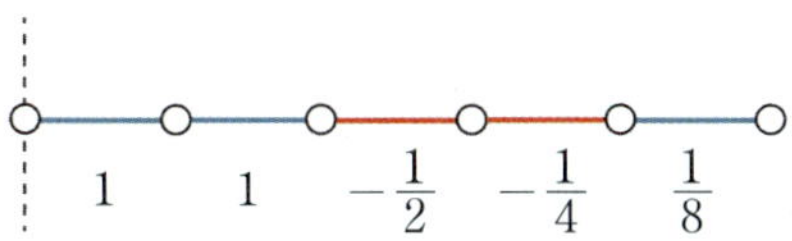

$$1+1+\left(-\frac{1}{2}\right)+\left(-\frac{1}{4}\right)+\frac{1}{8}=\frac{11}{8}$$

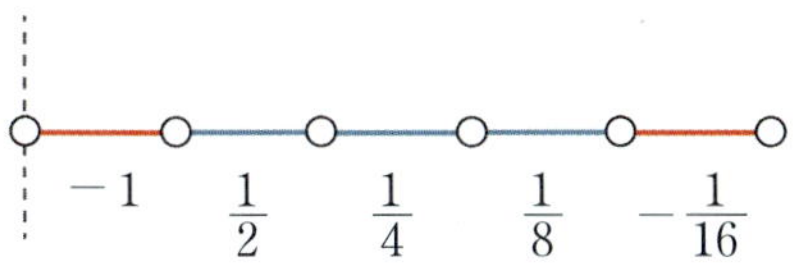

$$(-1)+\frac{1}{2}+\frac{1}{4}+\frac{1}{8}+\left(-\frac{1}{16}\right)=-\frac{3}{16}$$

마찬가지로 다른 게임 상태에 대해서도 아래와 같이 구할 수 있다.

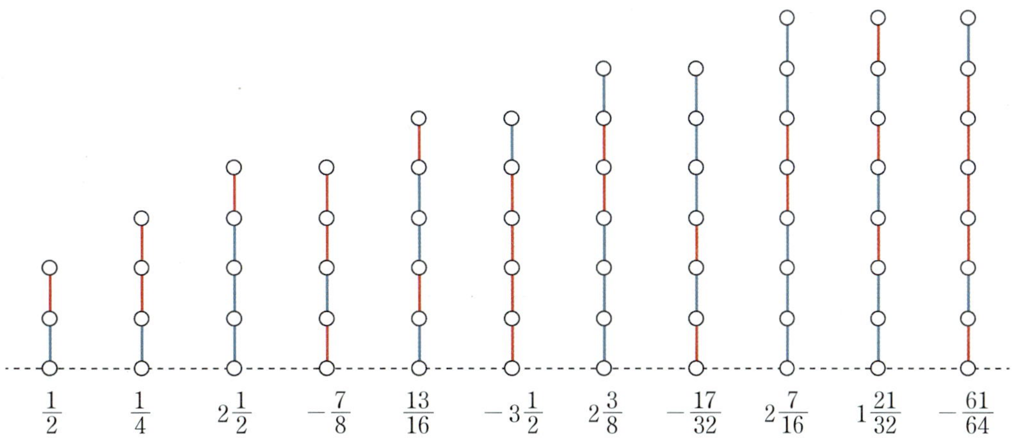

지금까지 내용을 바탕으로 좀 더 복잡한 게임 상태를 생각해 보자. 아래와 같은 게임 상태는 세 개의 게임 상태가 합쳐져 있는데 앞에서 알아본 것처럼 순서대로 게임 상태의 값이 $\frac{13}{16}, 2\frac{3}{8}, \frac{1}{4}$이다. 따라서 이 게임 상태의 값은 $3\frac{7}{16}$이다.

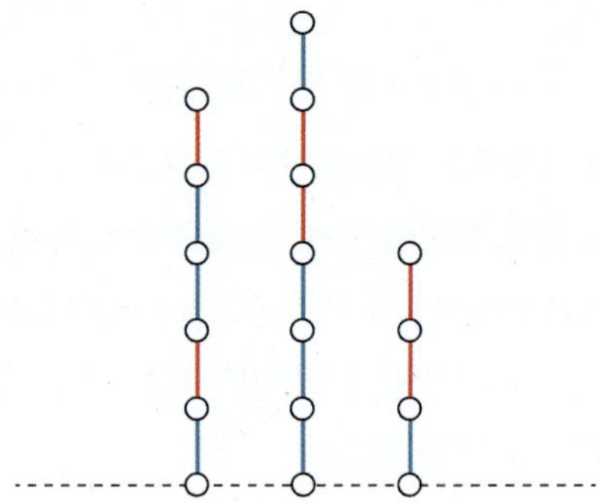

아래는 좀 더 복잡한 형태의 게임 상태로 그림에서 보듯 그 값이 $\frac{1}{2}$임을 알 수 있다. 따라서 필승전략은 왼쪽에게 있다.

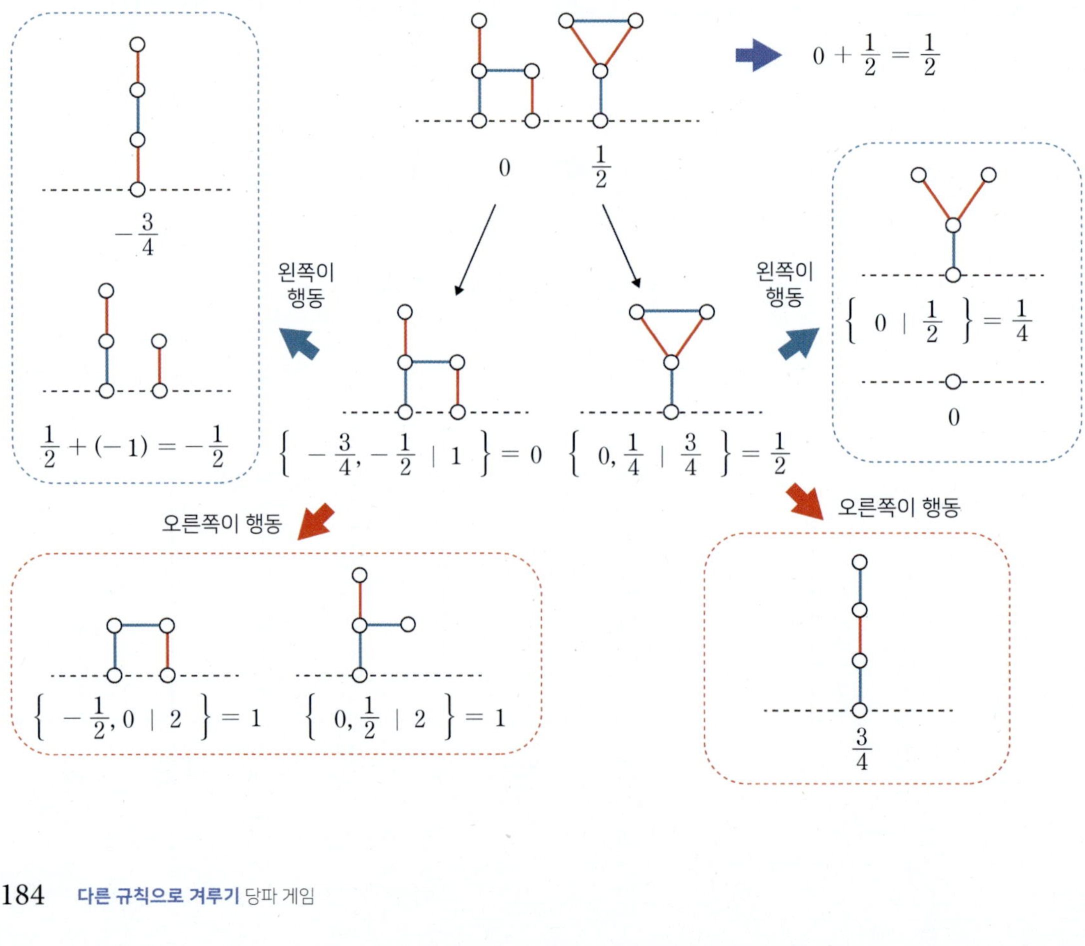

이렇게 당파 게임 이론을 사용하면 블루-레드 하켄부시를 분석할 수 있고 누구에게 필승전략이 있는지 알 수 있다. 직접 블루-레드 하켄부시의 여러 가지 게임 상태를 분석해 보고 누구에게 필승 전략이 있는지 알아보자!

케이크 자르기 Cut Cake

케이크 자르기(Cut Cake)는 종이와 연필만 있으면 어디서든 쉽게 할 수 있는 게임으로 규칙도 단순하다. 하지만 그 전략은 단순하지 않아 흥미롭게 게임을 할 수 있다.

게임에 필요한 도구

게임판, 연필

게임판

연필

케이크 자르기 게임판은 사각형 격자 형태로 되어 있기 때문에 빈 종이만 있으면 어디서든 쉽게 그려서 게임을 해볼 수 있다.

게임판 받기

07_당파 게임/케이크 자르기.pdf

게임 규칙

케이크 자르기는 두 사람이 사각형 격자 형태의 케이크를 자르는 게임으로 아래 그림은 5 × 6 케이크이다. 이때 한 사람은 가로로만 케이크를 자르고 다른 한 명은 세로로만 케이크를 자른다. 두 사람이 교대로 케이크를 잘라 마지막에 자르는 사람이 승리한다.

아래는 케이크 자르기 예시로 자르는 것을 파란색과 빨간색으로 표시하였다. 가로로 자르는 사람이 먼저 시작한 게임은 세로로 자르는 사람의 승리로 끝났다.

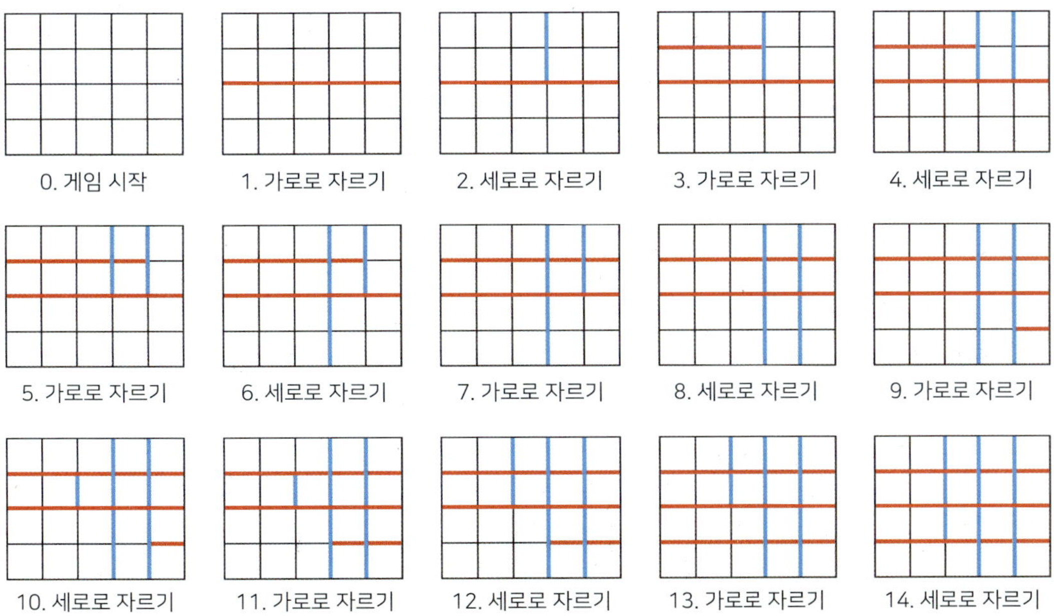

케이크 자르기 게임 진행 예시

케이크 자르기의 필승전략

당파 게임 이론을 이용해 케이크 자르기의 필승전략을 분석해 보자. (당파 게임 이론에 대한 이해를 위해 블루-레드 하켄부시에서 소개한 이론을 먼저 보길 추천한다.) 당파 게임의 전통적인 표기법에 따라 세로로 케이크를 자르는 사람을 **왼쪽**(Left)이라 하고 가로로 케이크를 자르는 사람을 **오른쪽**(Right)이라 하겠다. 게임 상태의 값을 귀납적으로 구해야 하므로 먼저 생각할 것은 다음과 같은 게임 상태이다.

왼쪽과 오른쪽 모두 할 수 있는 행동이 없으므로 제로 게임이고 게임 상태의 값은 0이다. 아래와 같은 게임 상태의 경우 그 값이 순서대로 1, 2, 3, 4임을 쉽게 알 수 있다. 일반적으로 $1 \times n$ 케이크의 게임 상태의 값은 $n - 1$이다.

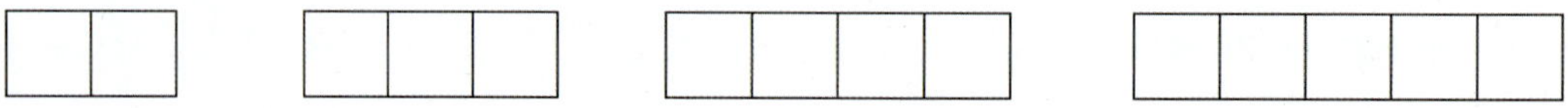

비슷하게 아래와 같은 게임 상태의 경우 그 값이 순서대로 $-1, -2, -3, -4$이다. 일반적으로 $n \times 1$ 케이크의 게임 상태의 값은 $1 - n$이다.

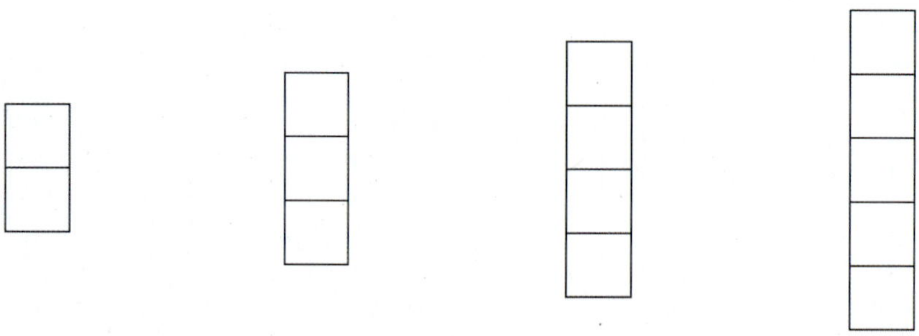

아래와 같이 2×2 케이크를 생각해 보자.

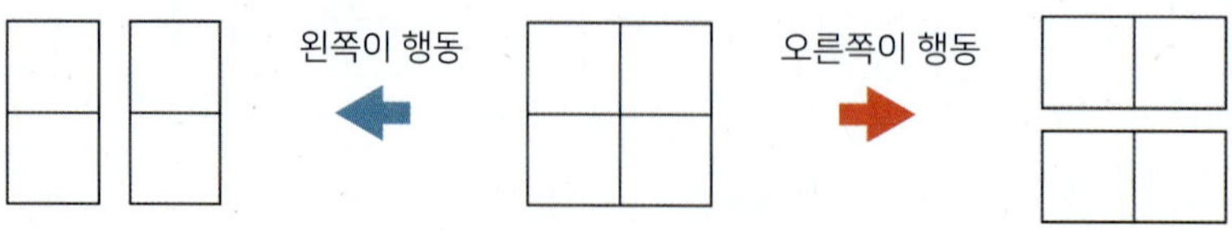

왼쪽과 오른쪽이 진행 가능한 게임 상태를 통해 아래와 같이 게임값을 구할 수 있다.

$$\{ -2 \mid 2 \} = 0$$

따라서 2×2 케이크는 제로 게임임을 알 수 있다. 다음으로 2×3 케이크를 생각해 보자.

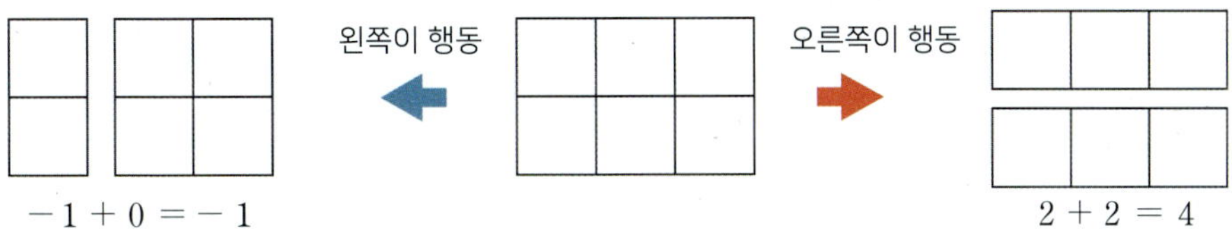

위의 그림에서 보듯 왼쪽과 오른쪽이 진행 가능한 게임 상태를 통해 아래와 같이 값을 구할 수 있다.

$$\{ -1 \mid 4 \} = 0$$

2×3 케이크 역시 제로 게임이다. 그렇다면 2×4 케이크는 어떨까?

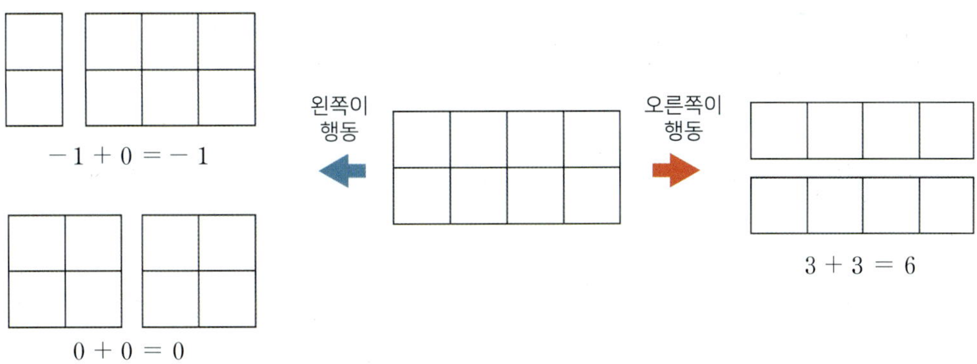

위의 그림에서 보듯 왼쪽과 오른쪽이 진행 가능한 게임 상태를 통해 아래와 같이 값을 구할 수 있다.

$$\{ -1, 0 \mid 6 \} = 1$$

2×4 케이크는 양의 게임이므로 왼쪽에게 필승전략이 존재한다.

3×2 케이크는 2×3 케이크의 음의 게임 상태이므로 게임값이 0임을 알 수 있다. 마찬가지로 4×2 케이크는 2×4 케이크의 음의 게임 상태이므로 게임값이 -1임을 알 수 있다. 일반적으로 $2 \times n$ 케이크에 대해 다음이 성립한다.

$2 \times n$ 케이크의 게임값

자연수 n에 대해 $2 \times n$ 케이크의 게임값은 $\left[\frac{n}{2}\right] - 1$이다. (단, $[x]$는 x를 넘지 않는 최대 정수)

증명〉 수학적 귀납법으로 증명하자.

1) $n = 1$일 때, 2×1 케이크는 오른쪽만 행동할 수 있고 이때 오른쪽이 케이크를 자르면 제로 게임이 된다. 따라서 게임값은 $\{\ \mid 0\ \} = -1$이다.

2) $n = k$일 때, $2 \times k$ 케이크의 게임값이 $\left[\frac{k}{2}\right] - 1$이라 하자. $2 \times (k+1)$ 케이크의 경우 오른쪽이 할 수 있는 행동은 하나밖에 없다. 바로 $1 \times (k+1)$ 케이크 두 개로 나누는 것이다. $1 \times (k+1)$ 케이크의 게임값은 k이므로 오른쪽의 행동으로 진행되는 게임 상태의 값은 $2k$이다. 다음으로 왼쪽이 자르는 경우를 생각해 보자. 왼쪽은 적당한 l에 대해 $2 \times l$ 케이크와 $2 \times (k+1-l)$ 케이크로 자르게 되고 두 케이크의 게임값은 각각 $\left[\frac{l}{2}\right] - 1$과 $\left[\frac{k+1-l}{2}\right] - 1$이다. 따라서 왼쪽의 행동으로 진행되는 게임 상태의 값은 $\left[\frac{l}{2}\right] + \left[\frac{k+1-l}{2}\right] - 2$이다. 이때 $l = 1, \cdots, \left[\frac{k+1}{2}\right]$이다. 따라서 $2 \times (k+1)$ 케이크의 게임 상태를 G라 할 때 다음이 성립한다.

$$G = \left\{\left[\frac{1}{2}\right] + \left[\frac{k}{2}\right] - 2, \cdots, \left[\frac{[(k+1)/2]}{2}\right] + \left[\frac{k+1-[(k+1)/2]}{2}\right] - 2 \mid 2k\ \right\}$$

당파 게임의 성질에 따라 G의 값은 $l = 1, \cdots, \left[\frac{k+1}{2}\right]$에 대해 $\left[\frac{l}{2}\right] + \left[\frac{k+1-l}{2}\right] - 2$의 최댓값보다 1이 크다. 이때 다음이 성립한다.

$$\left[\frac{l}{2}\right] + \left[\frac{k+1-l}{2}\right] - 2 \leq \left[\frac{l+k+1-l}{2}\right] - 2 = \left[\frac{k+1}{2}\right] - 2$$

또한 k가 짝수인 경우 $l = 1$이면 다음이 성립한다.

$$\left[\frac{l}{2}\right] + \left[\frac{k+1-l}{2}\right] - 2 = \left[\frac{1}{2}\right] + \left[\frac{k}{2}\right] - 2 = \left[\frac{k+1}{2}\right] - 2$$

비슷하게 k가 홀수인 경우 $l = 2$이면 다음이 성립한다.

$$\left[\frac{l}{2}\right] + \left[\frac{k+1-l}{2}\right] - 2 = \left[\frac{2}{2}\right] + \left[\frac{k-1}{2}\right] - 2 = \left[\frac{k+1}{2}\right] - 2$$

따라서 $\left[\frac{l}{2}\right] + \left[\frac{k+1-l}{2}\right] - 2$의 최댓값은 $\left[\frac{k+1}{2}\right] - 2$이다.

$2 \times (k+1)$ 케이크의 게임값은 $\left[\frac{l}{2}\right] + \left[\frac{k+1-l}{2}\right] - 2$의 최댓값보다 1 큰 값이므로 게임값이 $\left[\frac{k+1}{2}\right] - 1$임을 알 수 있다.

그러므로 1), 2)에 의하여 주어진 명제가 성립한다. ■

$n \times 2$ 케이크의 경우 $2 \times n$ 케이크의 음의 게임 상태이므로 위 정리를 통해 $n \times 2$ 케이크의 게임값이 $1 - \left[\frac{n}{2}\right]$임을 쉽게 알 수 있다. 다른 다양한 크기의 케이크에 대해서도 이와 같은 과정을 반복하면 게임값을 구할 수 있고 이는 다음 표와 같다.

높이	너비														
	1	2	3	4	5	6	7	8	9	10	11	12	13	14	15
1	0	1	2	3	4	5	6	7	8	9	10	11	12	13	14
2	−1	0	0	1	1	2	2	3	3	4	4	5	5	6	6
3	−2	0	0	1	1	2	2	3	3	4	4	5	5	6	6
4	−3	−1	−1	0	0	0	0	1	1	1	1	2	2	2	2
5	−4	−1	−1	0	0	0	0	1	1	1	1	2	2	2	2
6	−5	−2	−2	0	0	0	0	1	1	1	1	2	2	2	2
7	−6	−2	−2	0	0	0	0	1	1	1	1	2	2	2	2
8	−7	−3	−3	−1	−1	−1	−1	0	0	0	0	0	0	0	0
9	−8	−3	−3	−1	−1	−1	−1	0	0	0	0	0	0	0	0
10	−9	−4	−4	−1	−1	−1	−1	0	0	0	0	0	0	0	0
11	−10	−4	−4	−1	−1	−1	−1	0	0	0	0	0	0	0	0
12	−11	−5	−5	−2	−2	−2	−2	0	0	0	0	0	0	0	0
13	−12	−5	−5	−2	−2	−2	−2	0	0	0	0	0	0	0	0
14	−13	−6	−6	−2	−2	−2	−2	0	0	0	0	0	0	0	0
15	−14	−6	−6	−2	−2	−2	−2	0	0	0	0	0	0	0	0

케이크 자르기에서 게임 상태의 값

표를 보면 상당히 규칙적인 패턴을 보인다는 것을 알 수 있다. 먼저 쉽게 파악할 수 있는 것은 제로 게임이다. 제로 게임의 경우 대각선 방향으로 1×1 사각형, 2×2 사각형, 4×4 사각형의 형태로 나타남을 알 수 있다. 이는 일반적으로 다음과 같이 나타낼 수 있다.

케이크 자르기의 제로 게임

$2^{p-1} \le m < 2^p$, $2^{q-1} \le n < 2^q$인 정수 p, q에 대하여 $m \times n$ 케이크가 제로 게임일 필요충분조건은 $p = q$이다.

그리고 표의 게임값과 위 정리를 통해 아래 정리가 성립함을 쉽게 알 수 있다.

케이크 자르기의 필승전략

$2^{p-1} \le m < 2^p$, $2^{q-1} \le n < 2^q$인 정수 p, q에 대하여 $m \times n$ 케이크의 필승전략은 다음과 같다.

1) $p < q$일 때 필승전략은 왼쪽에게 존재한다.

2) $p = q$일 때 제로 게임으로 두 번째로 하는 사람에게 필승전략이 존재한다.

3) $p > q$일 때 필승전략은 오른쪽에게 존재한다.

따라서 이 정리를 활용하면 $m \times n$ 케이크가 주어졌을 때 누구에게 필승전략이 있는지 쉽게 판단해 볼 수 있다. 예를 들어 23×32 케이크를 생각해 보자. $p = 5, q = 6$이므로 왼쪽에게 필승전략이 존재함을 알 수 있다. 그런데 게임값을 구할 수는 없을까? 사실 아래 공식을 이용하면 필승전략뿐 아니라 각 케이크 크기에 따른 게임값도 구할 수 있다.

케이크 자르기의 게임값

$2^{p-1} \le m < 2^p$, $2^{q-1} \le n < 2^q$인 정수 p, q에 대하여 $m \times n$ 케이크의 게임값은 다음과 같다.

1) $m \le n$일 때 게임값은 $\left[\frac{n - 2^{q-1}}{2^{p-1}}\right] + 2^{q-p} - 1$이다.

2) $m \ge n$일 때 게임값은 $-\left[\frac{m - 2^{p-1}}{2^{q-1}}\right] - 2^{p-q} + 1$이다.

이 공식을 이용해 앞에 예를 들었던 23×32 케이크의 게임값을 구해보자. $p = 5, q = 6$이므로 게임값은 $\left[\frac{32 - 2^5}{2^4}\right] + 2^1 - 1 = 1$임을 알 수 있다. 케이크 자르기는 다른 당파 게임에 비해 비교적 단순한 규칙의 게임으로 게임값 역시 정수로만 나온다. 그리고 퍼지 게임은 존재하지 않는다. 앞에서 알아본 여러 성질을 이용해 케이크 자르기를 탐구해 보자.

다른 규칙으로 겨루기 **당파 게임**

두꺼비와 개구리

Toads and Frogs

두꺼비와 개구리(Toads and Frogs)는 연속적인 사각형 열에서 두꺼비와 개구리를 이동하는 게임이다. 두꺼비와 개구리는 한쪽 방향으로만 이동할 수 있고 규칙도 단순하다. 하지만 분석이 쉬운 것은 아니다. 실제 게임의 복잡도가 NP-Hard임이 증명되었다. 즉, 컴퓨터를 이용한다고 해도 분석이 어려울 만큼 경우의 수가 많다고 할 수 있다.

게임에 필요한 도구

게임판, 두꺼비 말, 개구리 말

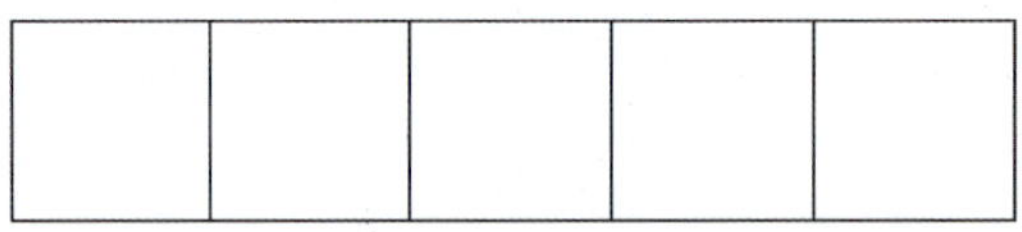

게임판

두꺼비 말

개구리 말

두꺼비와 개구리 게임판은 $1 \times n$ 크기의 사각형 격자로 되어있어 게임판이 없어도 쉽게 그려서 게임을 할 수 있다. 두꺼비 말과 개구리 말은 바둑돌이나 동전으로 대신할 수 있고 게임에 따라 한 개나 그 이상을 사용한다.

게임판 받기

07_당파 게임/두꺼비와 개구리.pdf

게임 규칙

두꺼비와 개구리는 아래와 같이 게임판 왼쪽 끝에 두꺼비 말을 놓고 오른쪽 끝에 개구리 말을 놓은 후 게임을 진행한다. 아래 그림은 1×5 크기의 게임판을 사용하지만 다른 크기의 $1 \times n$ 게임판을 사용해도 된다. 두꺼비 말과 개구리 말 역시 양쪽 끝에 두 개씩 놓았지만 한 개나 세 개 이상 놓아도 된다. 다음과 같은 규칙에 따라 게임을 진행한다.

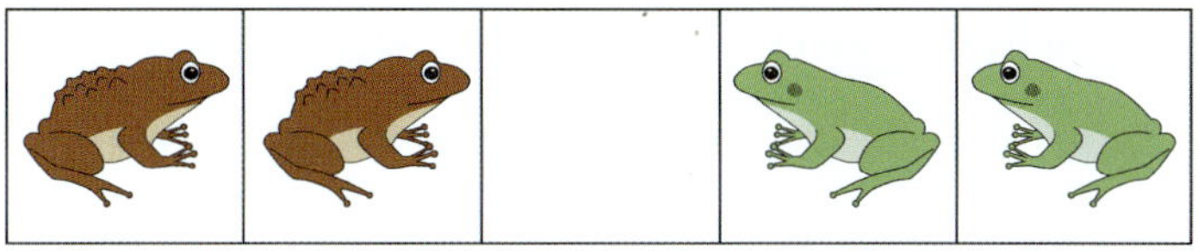

1) 한 사람은 두꺼비를 움직이고 다른 한 사람은 개구리를 움직이며 게임은 교대로 진행된다.
2) 두꺼비는 오른쪽 옆 빈칸으로 한 칸 움직이거나 바로 오른쪽 옆에 있는 개구리를 뛰어넘어 그 다음 빈칸으로 이동할 수 있다. 단, 두꺼비가 두꺼비를 뛰어넘어 이동할 수는 없다.

두꺼비가 이동하는 두 가지 방법

3) 개구리는 왼쪽 옆 빈칸으로 한 칸 움직이거나 바로 왼쪽 옆에 있는 두꺼비를 뛰어넘어 그다음 빈칸으로 이동할 수 있다. 단, 개구리가 개구리를 뛰어넘어 이동할 수는 없다.

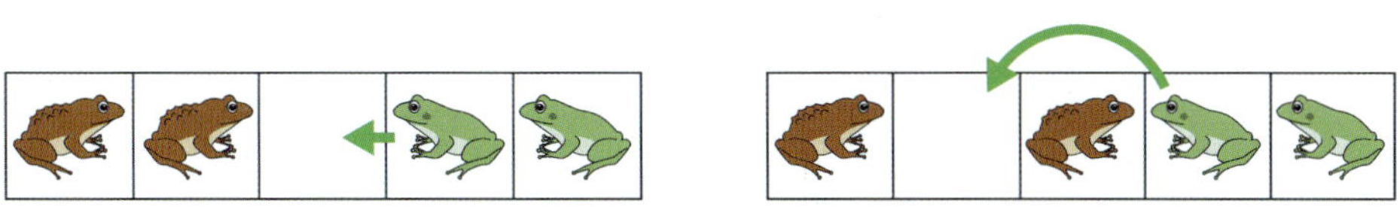

개구리가 이동하는 두 가지 방법

4) 마지막으로 움직이는 사람이 게임에서 승리한다.

변형 게임 : 1인용 두꺼비와 개구리

1인용 두꺼비와 개구리는 혼자 하는 게임이다. $2n+1$ 게임판을 사용하며 왼쪽과 오른쪽에 각각 n개의 두꺼비 말과 개구리 말을 놓고 가운데 칸을 비워둔 아래와 같은 배치에서 시작한다.

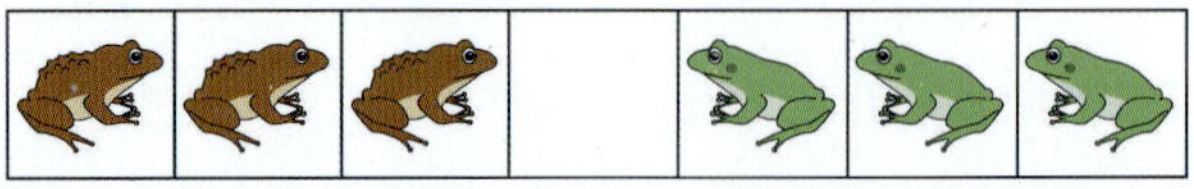

기본 규칙은 두꺼비와 개구리와 같으나 반드시 두꺼비와 개구리를 번갈아 움직일 필요는 없고 두꺼비를 연속적으로 움직이거나 개구리를 연속적으로 움직여도 된다. 게임의 목표는 가장 적은 움직임으로 아래와 같은 배치를 만드는 것이다.

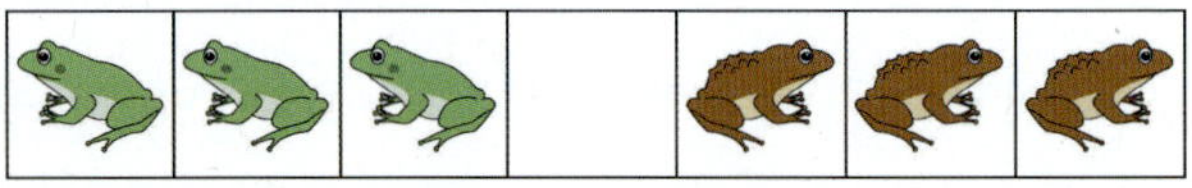

퍼지 게임과 무한소

두꺼비와 개구리의 필승전략을 알아보기 위해 당파 게임과 관련해 퍼지 게임과 무한소에 대해 알아보자. (블루-레드 하켄부시에서 소개한 당파 게임 이론에 대한 이해가 선행되어야 하므로 그 내용을 먼저 보길 추천한다.) 퍼지 게임은 게임 상태가 주어졌을 때 먼저 하는 사람에게 필승전략이 존재하는 게임이다. 대표적인 퍼지 게임은 $\{\ 0 \mid 0\ \}$으로 먼저 하는 사람이 제로 게임으로 갈 수 있으므로 먼저 하는 사람에게 필승전략이 존재함을 알 수 있다. 조합 게임 이론에서는 '*'를 사용해 다음과 같이 정의한다. '*'를 읽을 때는 '스타(Star)'라고 읽는다.

$$* = \{\ 0 \mid 0\ \}$$

*는 양의 게임도 아니고 음의 게임도 아니며 물론 제로 게임도 아니다. 따라서 0보다 크지는 않지만 0보다 작지도 않고 무엇보다 0도 아니다. 이런 점에서 기호로 다음과 같이 표현한다.

$$* \parallel 0$$

$*$는 수가 아니기 때문에 자연스럽게 $\{\ 0 \mid * \ \}$, $\{\ * \mid 0\ \}$와 같은 게임 상태를 생각해 볼 수 있다. 사실 여기서 알아보고자 하는 것도 바로 이것을 어떻게 정의해야 하는가이다. 예상할 수 있듯이 수로 표현할 수 없는 수많은 게임 상태가 존재한다. 그리고 사실 당파 게임 이론에서 중요한 게임 상태는 대부분 수로 표현되지 않는다. 이에 대해 알아보기 위해 몇 가지 개념을 살펴보자. 먼저 알아야 할 것은 두 게임 상태의 비교이다.

게임 상태의 비교

게임 상태 G와 H에 대해 다음과 같이 정의한다.

1) $G > H$: $G - H$는 양의 게임, 즉 왼쪽에게 필승전략이 존재
2) $G < H$: $G - H$는 음의 게임, 즉 오른쪽에게 필승전략이 존재
3) $G = H$: $G - H$는 제로 게임, 즉 두 번째로 하는 사람에게 필승전략이 존재
4) $G \parallel H$: $G - H$는 퍼지 게임, 즉 먼저 하는 사람에게 필승전략이 존재

이 정의를 이용해 $*$를 다른 게임 상태와 비교해 볼 수 있다. 0보다는 크지도 작지도 않다고 하였다. 그렇다면 양의 게임이나 음의 게임과 비교하면 어떨까? 재미있게도 다음과 같은 성질이 성립한다.

$*$의 성질

모든 양수 x에 대하여 $-x < * < x$가 성립한다.

증명〉 $x - *$이 양의 게임임을 보이면 충분하다. $-* = \{\ -0 \mid -0\ \} = \{\ 0 \mid 0\ \} = *$이므로 $x - * = x + *$이다. 이때 $x + * = \{\ x^L + *, x \mid x^R + *, x\ \}$이므로 왼쪽이 먼저 게임을 하면 x로 갈 수 있고 $x > 0$이므로 왼쪽에게 필승전략이 존재한다. 오른쪽이 먼저 게임을 할 때 오른쪽에게 필승전략이 있다고 가정하자. 오른쪽이 x로 가면 왼쪽이 승리하므로 적당한 $G \in x^R$가 존재해 $G + * \leq 0$이 성립한다. 이때 G는 숫자이고 $*$는 숫자가 아니므로 $G + * < 0$이다. 따라서 $G + *$에서 왼쪽이 게임을 한 번 하면 0 이하인 게임 상태로 가게 된다. 그러므로 $G + *^L \leq 0$이다. 이때 $x < G$이므로 $x + *^L = x + 0 = x \leq 0$인데 이는 모순이다. 즉, 오른쪽에게 필승전략이 존재하지 않는다. 따라서 $x - * > 0$이므로 $x + * > 0$이고 $-x < * < x$가 성립한다. ■

$*$의 이와 같은 성질은 수학의 한 개념을 떠오르게 한다. 바로 **무한소**(Infinitesimal)이다.

무한소

모든 양수 x에 대하여 게임 상태 G가 $-x < G < x$를 만족할 때 G를 무한소라 한다.

이제 $\{\ 0 \mid * \ \}$와 $\{\ * \mid 0\ \}$에 대해 생각해 보자. 이 게임 상태를 숫자로 표현할 수 있을까? 결론부터 말하면 숫자로 표현할 수 없는데 그 이유는 이 두 게임은 모두 무한소이기 때문이다. 따라서 새로운 기호 표현이 필요하다.

업과 다운

게임 상태 업(Up)과 그것의 음의 게임상태 다운(Down)에 대해 다음과 같이 정의한다.

$$\uparrow = \{\ 0 \mid * \ \}$$
$$\downarrow = \{\ * \mid 0\ \}$$

업과 다운은 무한소이지만 퍼지 게임은 아니다.

업과 다운의 성질

게임 상태 업(Up)과 다운(Down)에 대해 다음이 성립한다.

1) $\uparrow = \{\ 0 \mid * \ \}$은 양의 게임인 무한소이다. 즉, 양의 무한소이다.

2) $\downarrow = \{\ * \mid 0\ \}$은 음의 게임인 무한소이다. 즉, 음의 무한소이다.

증명〉 1) $\uparrow = \{\ 0 \mid * \ \}$이 양의 게임임을 보이자. 이 게임 상태에서 왼쪽이 게임을 하면 제로 게임이 되므로 왼쪽이 승리한다. 반면 오른쪽이 게임을 하면 퍼지 게임이 되므로 왼쪽이 승리한다. 따라서 왼쪽에게 필승전략이 있으므로 양의 게임이고 $\uparrow > 0$이다. 임의의 양수 x에 대하여 $x - \uparrow > 0$임을 보이자. 먼저 다음이 성립한다.

$$x - \uparrow = x + \downarrow = \{\ x^L + \downarrow, x + * \mid x^R + \downarrow, x\ \}$$

왼쪽이 먼저 게임을 하면 $x + *$로 갈 수 있고 $x + * > 0$이므로 왼쪽에게 필승전략이 존재한다. 오른쪽이 먼저 게임을 할 때 오른쪽에게 필승전략이 있다고 가정하자. 오른쪽이 x로 가면 왼쪽이 승리하므로 적당한 $G \in x^R$가 존재해 $G + \downarrow \leq 0$이 성립한다. 이때 G는 숫자이고 $\downarrow$는 숫자가 아니므로 $G + \downarrow < 0$이다. 따라서 $G + \downarrow$에서 왼쪽이 게임을 한 번 하면 0 이하인 게임 상태로 가게 된다. 그러므로 $G + \downarrow^L \leq 0$이다. 이때 $x < G$이므로 $x + \downarrow^L = x + * \leq 0$인데 이는 모순이다. 즉, 오른쪽에게 필승전략이 존재하지 않는다. 따라서 $x - \uparrow > 0$이므로 $-x < \uparrow < x$가 성립한다.

2) 앞과 같은 방법으로 보일 수 있다. ■

마지막으로 알아볼 것은 게임 상태 $\{ \uparrow \mid \downarrow \}$이다. 이 게임 상태를 표현하기 위해 또 다른 기호가 필요할까? 그렇지 않다. 다음이 성립하기 때문이다.

업과 다운

게임 상태 업(Up)과 다운(Down)에 대해 다음이 성립한다.

$$\{ \uparrow \mid \downarrow \} = *$$

증명〉 $\{ \uparrow \mid \downarrow \} - *$이 제로 게임임을 보이면 된다. $G = \{ \uparrow \mid \downarrow \}$라 하면 $* = -*$이므로 $G + *$가 제로 게임임을 보이는 것과 같다. 왼쪽이 먼저 게임을 해서 G에서 $\uparrow$로 진행되면 오른쪽은 $\uparrow$에서 $*$로 진행할 수 있고 게임 상태는 $* + *$가 된다. 그런데 $* + * = 0$이다. 이 상태에서 한 명이 게임을 하면 $*$만 남게 되어 퍼지 게임이 되기 때문이다. 한마디로 $* + *$에서 게임을 먼저 하는 사람이 패배하게 된다. 따라서 오른쪽이 승리하게 된다. 왼쪽이 $*$에서 0으로 가면 오른쪽은 G에서 $\downarrow$로 갈 수 있다. 따라서 오른쪽에게 필승전략이 존재한다. 결과적으로 왼쪽이 어떻게 게임을 해도 오른쪽이 승리한다. 그리고 마찬가지로 오른쪽이 먼저 할 때 왼쪽에게 필승전략이 존재함을 보일 수 있다. 그러므로 $G + *$는 제로 게임이고 $\{ \uparrow \mid \downarrow \} = *$가 성립한다. ■

두꺼비와 개구리의 필승전략

당파 게임 이론을 이용해 두꺼비와 개구리의 필승전략을 분석해 보자. (당파 게임 이론에 대한 이해를 위해 블루-레드 하켄부시에서 소개한 이론을 먼저 보길 추천한다.) 여러 마리의 두꺼비와 개구리를 사용하는 게임의 경우 분석하기가 쉽지 않지만 두 마리 이하씩을 사용하는 경우엔 비교적 간단히 분석할 수 있다.

1X4 게임판에서의 두꺼비와 개구리

1 × 4 게임판에서 양 끝에 두꺼비 말과 개구리 말이 하나씩 있는 게임을 분석해 보자. 두꺼비에게 필승전략이 있을 경우 양의 게임으로, 개구리에게 필승전략이 있을 경우 음의 게임으로 생각할 것이다. 그림1에서 알 수 있듯이 초기 배치의 게임값은 0으로 두 번째로 시작하는 사람에게 필승 전략이 존재한다. 아마도 누군가는 이러한 분석이 번거롭게 느껴질 수 있다. 1 × 4 게임판에서 두꺼비와 개구리는 사실상 선택할 수 있는 행동이 유일하고 굳이 게임값을 찾지 않아도 누구에게 필승전략이 있는지 쉽게 알 수 있기 때문이다. 하지만 이런 체계적인 이론을 통한 접근은 복잡한 문제 상황에서 문제를 해결할 수 있는 강력한 도구가 되고 이는 두꺼비와 개구리에서도 마찬가지다.

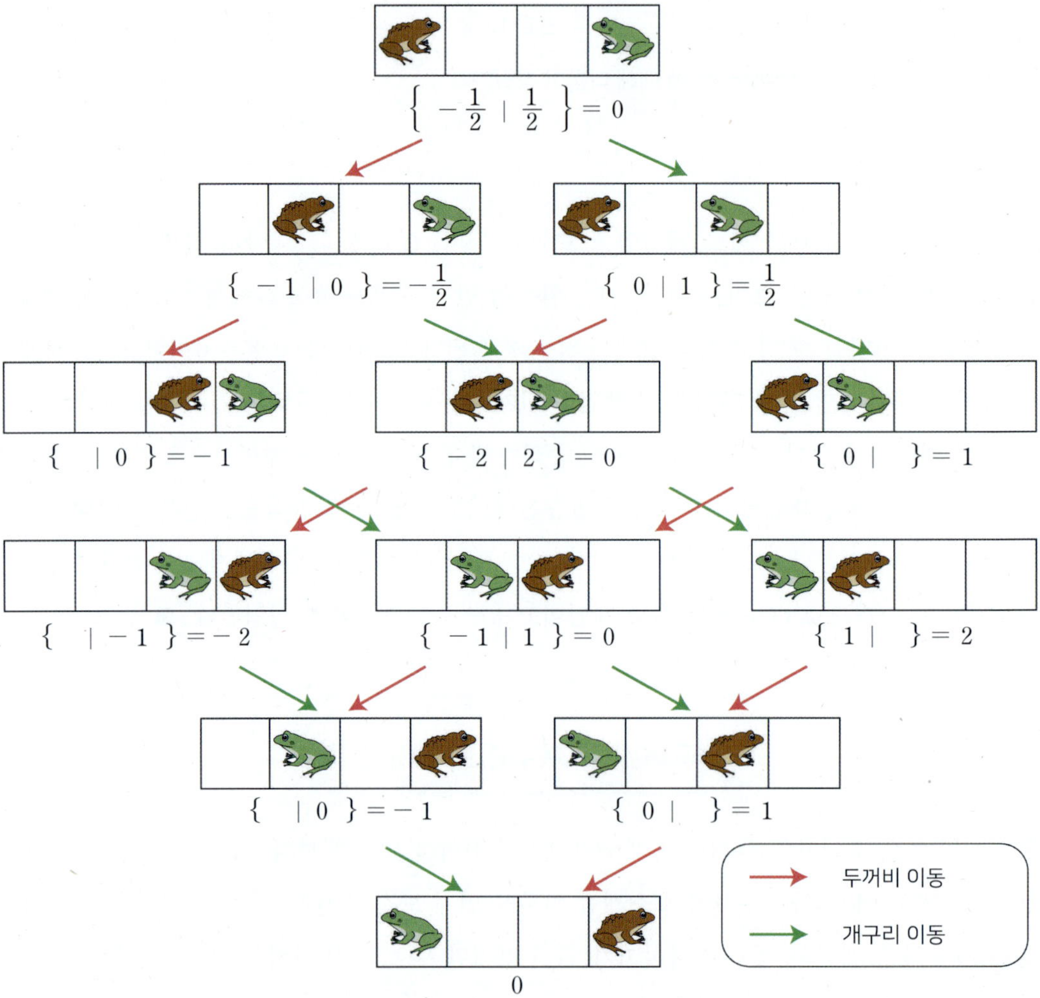

그림1 1 × 4 게임판에서 두꺼비와 개구리 분석

1X5 게임판에서의 두꺼비와 개구리

이번엔 1 × 5 게임판에서 양 끝에 두꺼비 말과 개구리 말이 두 개씩 있는 게임을 분석해 보자. 그림 2 에서 보듯 퍼지 게임으로 먼저 하는 사람에게 필승전략이 있음을 알 수 있다.

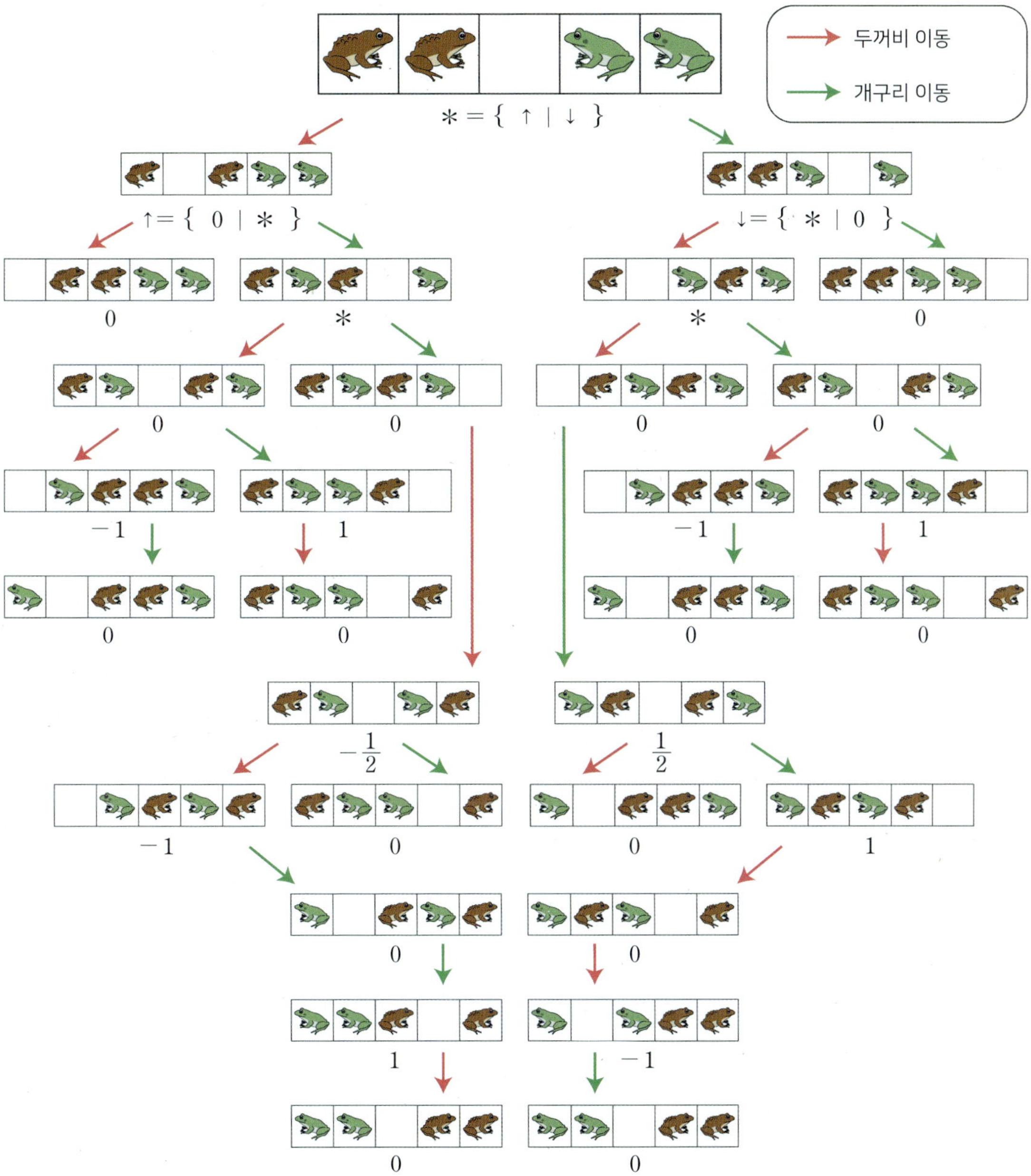

그림2 1 × 5 게임판에서 두꺼비와 개구리 분석

일반적인 게임판에서의 두꺼비와 개구리

작은 게임판에서의 두꺼비와 개구리를 분석하는 것은 어렵지 않으나 게임판이 커지면 두꺼비와 개구리를 분석하기가 쉽지 않다. 컴퓨터 과학과 교수인 제프 에릭슨(Jeff Erickson)은 두꺼비와 개구리와 관련해 여러 성질을 증명했다. 그중 몇 가지는 다음과 같다.

두꺼비와 개구리의 게임값

음이 아닌 정수 m, n에 대하여 두꺼비 말을 T, 개구리 말을 F, 빈칸을 □로 나타낼 때, 두꺼비와 개구리의 게임값은 다음과 같다.

1) $(\mathrm{TF})^m \mathrm{T}\square(\mathrm{TF})^n = 2^{-n}$

2) $\mathrm{TF}\square\mathrm{F}\square^{n+3} = \{\ n \mid 0\ \}$

3) $\mathrm{T}\square^n\mathrm{F} = \begin{cases} * & (n\text{이 홀수}) \\ 0 & (n\text{이 짝수}) \end{cases}$

4) $n \geq 2$일 때, $\mathrm{T}^n\square\mathrm{F}\square\mathrm{F} = 0$

또한 제프 에릭슨(Jeff Erickson)은 몇 가지 추측을 제시하기도 했다. 그중 하나는 분모가 2의 거듭제곱으로 표현되는 임의의 유리수에 대해 이 값을 갖는 두꺼비와 개구리 게임 상태가 존재한다는 것인데 그 자신이 1996년에 증명하였다. 또 다른 추측은 두꺼비와 개구리가 NP-Hard라는 것으로 2000년 제시 헐(Jesse Hull)이 증명했다.

NP-Hard는 시간 복잡도와 관련된 개념이다. 시간복잡도란 컴퓨터 과학에서 어떤 문제를 해결하는데 걸리는 시간(또는 연산 횟수)을 말한다. NP 문제는 현재까지 알려진 방법으로는 다항 시간 안에 풀 수 없는 문제인데 NP-Hard는 간단히 말해 기존에 알려진 NP 문제만큼 어려운 문제라고 할 수 있다. (정확한 개념은 좀 복잡하다.) 쉽게 말해 개구리와 두꺼비는 컴퓨터로 해결하기에도 계산 시간이 너무나 오래 걸리는 어려운 문제라 할 수 있다.

1인용 두꺼비와 개구리의 해법

$2n+1$ 게임판에서 가운데 빈칸을 기준으로 왼쪽에는 n개의 두꺼비 말이 있고 오른쪽에는 n개의 개구리 말이 있다고 하자. 이때 n개의 두꺼비 말이 가운데 빈칸을 기준으로 오른쪽으로 이동하고 n개의 개구리말이 왼쪽으로 이동하기 위해 각 말이 움직이는 횟수를 생각해 볼 것이다.

두꺼비는 같은 두꺼비를 넘을 수 없고, 개구리는 같은 개구리를 넘을 수 없다. 또한 두꺼비와 개구리가 원하는 위치까지 도달하기 위해서는 서로를 넘어야 한다. n개의 두꺼비와 n개의 개구리가 있으므로 전체 점프하는 횟수는 n^2이다. 또한 한 마리를 기준으로 생각했을 때 $n+1$칸을 이동해야 하므로 전체 이동하는 칸의 수는 $2n(n+1)$이다. 한 번 점프로 두 칸을 이동하므로 이 둘의 차가 전체 움직이는 횟수이다. 즉, $2n^2+2n-n^2=n^2+2n$번 움직이게 된다. n^2이 점프의 횟수이고 $2n$이 바로 옆 칸으로 이동하는 횟수이다.

퍼즐의 해법은 생각보다 간단한데 점프와 옆으로 한 칸으로 이동하는 것이 가능하면 점프를 선택하는 것이다. 또한 옆으로 한 칸 이동은 중간에 한 번만 제외하면 두꺼비와 개구리가 교대로 이뤄진다. 점프를 J라 하고 옆으로 한 칸 이동하는 것을 S하자. 특히 두꺼비가 한 칸 이동하는 것은 S_T, 개구리가 한 칸 이동하는 것을 S_F라 할 것이다. 이때 이동은 다음과 같이 표현할 수 있다. S 사이에 J가 1번부터 n번으로 늘어나다가 다시 1번으로 줄어드는 패턴을 보인다.

$$S_T J S_F JJ S_T JJJ S_F \cdots S \underbrace{J\cdots J}_{n-1} S \underbrace{J\cdots J}_{n} S \underbrace{J\cdots J}_{n-1} S J \cdots S_F JJJ S_T JJ S_F J S_T$$

그림3은 $n=2$일 때, 이러한 움직임에 따른 해법이다. 물론 개구리가 먼저 움직이기 시작할 수 있으므로 대칭적인 움직임이 가능하다. 이 퍼즐은 $m+n+1$ 게임판에서 m개의 두꺼비말과 n개의 개구리말을 사용하는 경우로 일반화할 수 있다. 이 경우 움직이는 총횟수는 $mn+m+n$이며 mn이 점프의 횟수이고 $m+n$이 바로 옆 칸으로 이동하는 횟수이다.

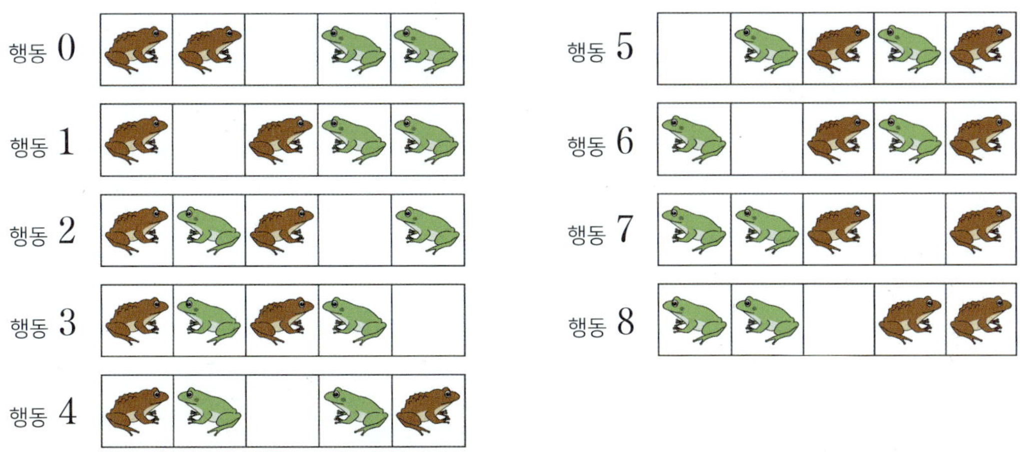

그림3 1인용 두꺼비와 개구리의 해법($n=2$)

다른 규칙으로 겨루기 **당파 게임**

도미니어링 Domineering

도미니어링(Domineering)은 1973년경 예란 안데르손(Göran Andersson)에 의해 알려진 게임으로 크로스크램(Crosscram) 또는 도미노(Dominoes)라고 불리기도 한다.

게임에 필요한 도구

게임판, 2가지 색의 펜

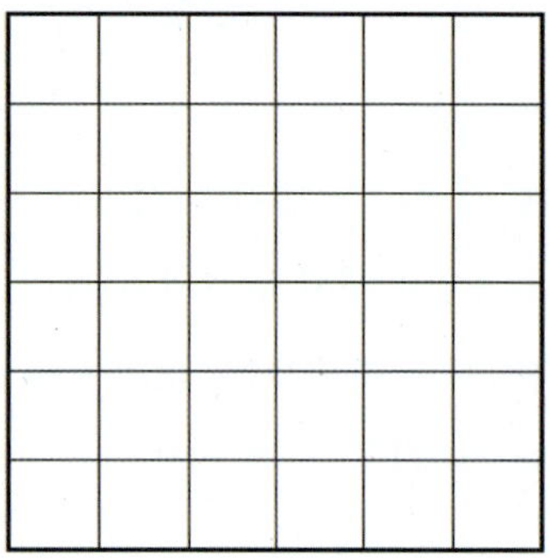

게임판

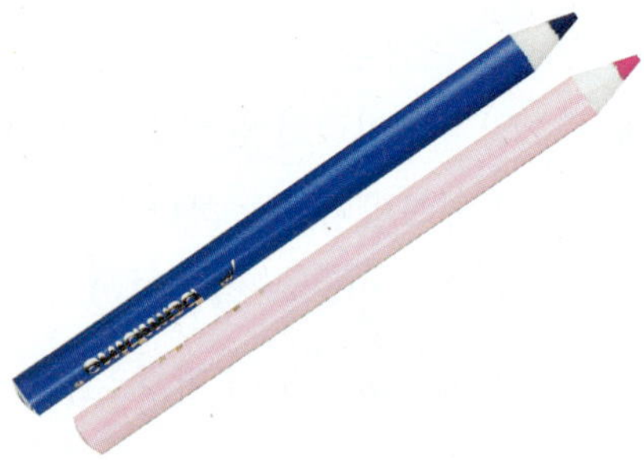

2가지 색의 펜

도미니어링은 2가지 색의 1 × 2 크기의 도미노를 이용하여 게임을 진행하는 것이 보통이지만, 이러한 도미노가 없을 때는 2가지 색의 펜을 이용하여 1 × 2 크기의 직사각형을 칠하는 방식으로 진행할 수 있다. 이때 게임판은 모눈종이 등을 사용할 수 있어 어디서든 쉽게 게임을 할 수 있다.

게임판 받기

07_당파 게임/도미니어링.pdf

게임 규칙

아래와 같은 게임판을 준비하고 다음과 같은 규칙에 따라 게임을 진행한다. 보통 1×2 크기의 도미노를 이용해 게임을 진행하나 여기서는 펜을 사용하는 방법으로 설명하도록 한다.

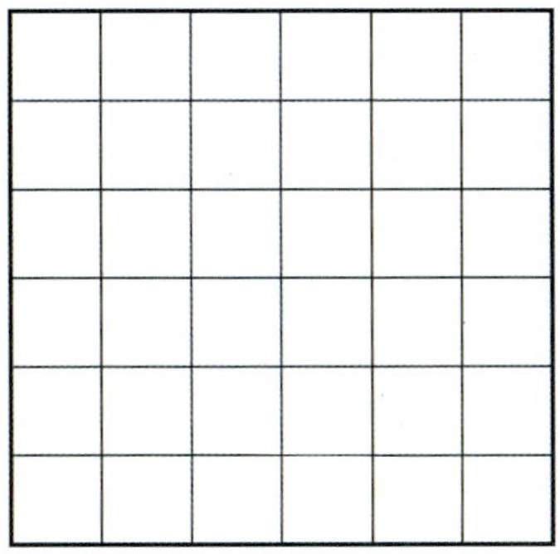

1) 두 사람은 두 가지 색의 펜을 하나씩 나누어 갖고, 빈칸에 교대로 1×2 크기의 직사각형을 그려 칸을 차지한다.
2) 직사각형을 그릴 때 한 명은 가로가 긴 직사각형(1×2)만 그리고 다른 한 명은 세로가 긴 직사각형(2×1)만 그린다.
3) 마지막으로 직사각형을 그리는 사람이 게임에서 승리한다.

아래 그림은 두 사람이 도미니어링을 진행한 예로 도미노의 숫자는 게임의 순서를 의미한다. 가로로 긴 도미노를 사용한 사람이 먼저 시작해 세로로 긴 도미노를 사용하는 사람의 승리로 끝났다.

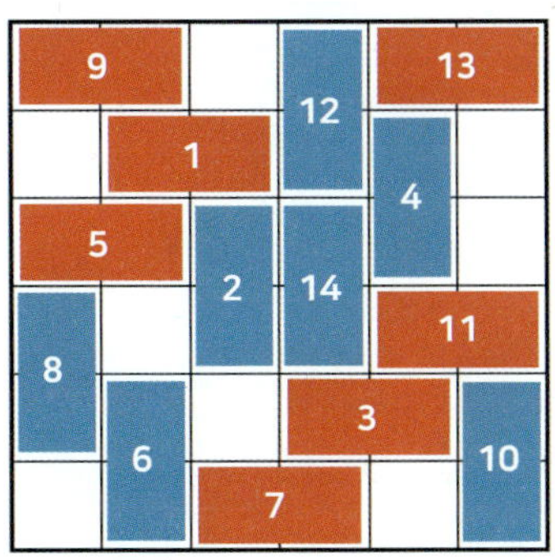

도미니어링 게임의 진행 예시

스위치 게임

도미니어링의 필승전략을 알아보기 위해 당파 게임과 관련해 스위치 게임에 대해 알아보자. (블루-레드 하켄부시와 두꺼비와 개구리에서 소개한 당파 게임 이론에 대한 이해가 선행되어야 하므로 그 내용을 먼저 보길 추천한다.) 도미니어링에서 세로로 긴 직사각형(2×1)을 놓는 사람을 왼쪽(Left), 가로로 긴 직사각형(1×2)을 놓은 사람을 오른쪽(Right)이라 할 것이다.

본 내용을 알아보기 전에 도미니어링의 간단한 게임 상태를 살펴보자. 바로 아래와 같은 게임 상태로 게임값이 순서대로 $0, -1, -1, -2, -2$임을 알 수 있다.

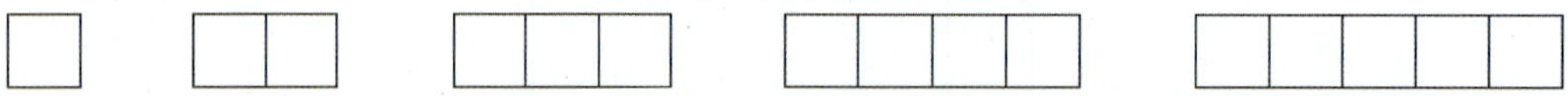

마찬가지로 아래와 같은 게임 상태의 경우 게임값이 순서대로 $1, 1, 2, 2, 3$임을 알 수 있다.

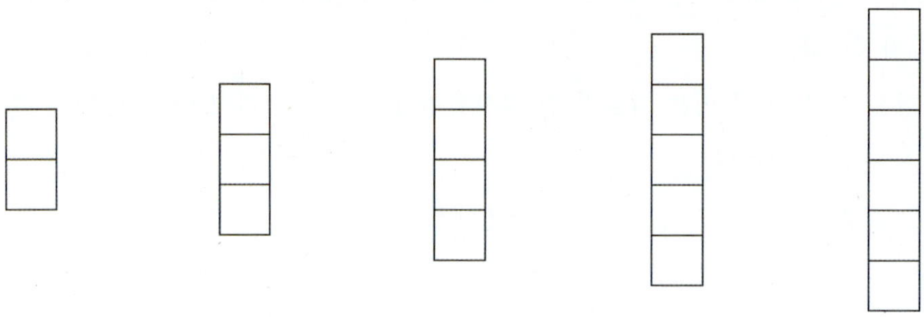

이제 아래와 같은 2×2 게임판을 생각해 보자.

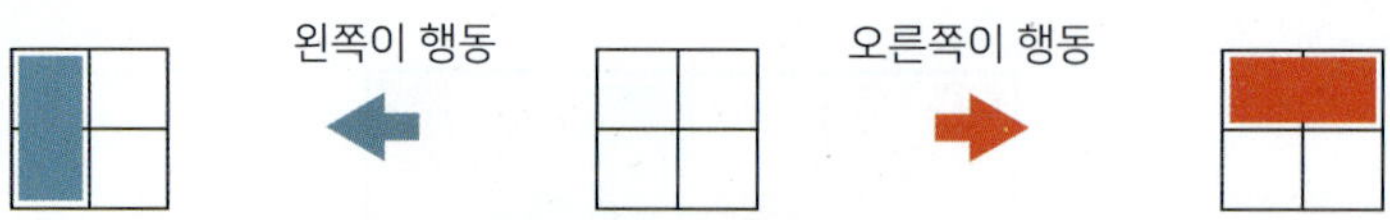

이 게임 상태의 경우 재미있게도 다음과 같이 표현된다.

$$\{\ 1 \mid -1\ \}$$

하나 더 살펴보자. 다음 게임 상태의 경우에도 $\{\ 0 \mid -1\ \}$로 표현됨을 알 수 있다.

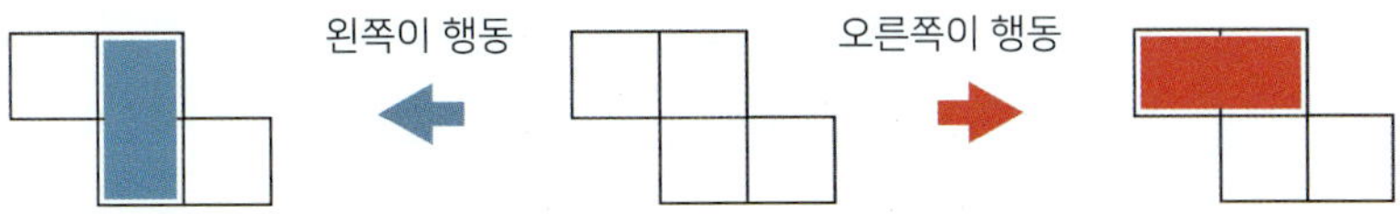

지금까지 알아본 게임 상태는 $\{\ x \mid y\ \}$ 꼴로 표현했을 때 $x \leq y$인 게임 상태였다. 그런데 도미니어링에서는 위와 같이 재미있는 게임 상태가 존재한다. 위와 같이 $x > y$인 경우 이를 어떻게 표현하고 정의할 수 있을까? 이에 대해 생각해 보자.

스위치 게임

두 수 x, y에 대하여 $x > y$일 때 게임 상태 $\{\ x \mid y\ \}$를 스위치 게임(Switch Games) 또는 간단히 스위치(Switches)라 한다. 또한 스위치 게임의 게임값을 스위치 값(Switch Values)이라 한다. 특별히 스위치 게임 중 $\{\ x \mid -x\ \}$인 게임을 간단히 $\pm x$로 표시한다.

스위치 게임이 수가 아닌 것은 자명하다. 하지만 몇 가지 정리를 이용하면 간단하게 표현할 수 있다.

숫자 회피 정리

수 x와 수가 아닌 게임 상태 G에 대하여 G^L에 적당한 게임 상태 H가 존재해 $H + x > G + x^L$이 성립한다.

이 정리를 이용하면 다음을 증명할 수 있다.

숫자 변환 정리

수 x와 수가 아닌 게임 상태 G에 대하여 다음이 성립한다.

$$G + x = \{\ G^L + x \mid G^R + x\ \}$$

증명〉 $G + x = \{\ G^L + x, G + x^L \mid G^R + x, G + x^R\ \}$이다. 숫자 회피 정리에 의해 $G^L + x$와 $G + x^L$ 중 $G^L + x$에 최댓값이 존재하고 마찬가지로 $G^R + x$와 $G + x^R$ 중 $G^R + x$에 최솟값이 존재한다. 따라서 주어진 식이 성립한다. ■

숫자 변환 정리를 스위치 게임에 적용하면 다음과 같은 성질이 성립함을 알 수 있다.

스위치 게임과 수의 합

두 수 x, y가 $x > y$를 만족할 때, 임의의 수 z에 대해 다음이 성립한다.

$$\{\ x \mid y\ \} + z = \{\ x+z \mid y+z\ \}$$

이 정리를 이용하면 스위치 게임을 다음과 같이 표현할 수 있음을 알 수 있다.

스위치 게임의 표현

두 수 x, y가 $x > y$를 만족할 때, $u = (x+y)/2, v = (x-y)/2$라 하면 다음이 성립한다.

$$\{\ x \mid y\ \} = u \pm v$$

실제로 다음이 성립힌다.

$$\{\ x \mid y\ \} = \{\ u+v \mid u-v\ \} = u + \{\ v \mid -v\ \} = u \pm v$$

이 성질을 이용해 스위치 게임을 표현해 보자. 앞에서 알아본 아래 게임 상태는 $\{\ 0 \mid -1\ \}$이다.

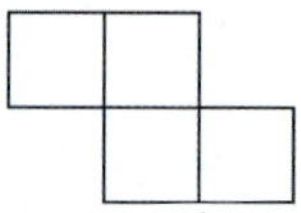

위 성질을 이용하면 다음과 같이 표현됨을 알 수 있다.

$$\{\ 0 \mid -1\ \} = -\frac{1}{2} \pm \frac{1}{2}$$

특수한 형태지만 여러 스위치 게임의 합도 계산해 볼 수 있는데 예를 들면 다음과 같다.

$$\begin{aligned}\{\ 3 \mid 1\ \} + \{\ 4 \mid 2\ \} + \{\ 1 \mid 0\ \} &= \{\ 3 \mid 1\ \} + 5 + \{\ -1 \mid -3\ \} + \{\ 1 \mid 0\ \} \\ &= (\{\ 3 \mid 1\ \} + \{\ -1 \mid -3\ \}) + 5 + \{\ 1 \mid 0\ \} \\ &= 0 + 5 + \{\ 1 \mid 0\ \} \\ &= \{\ 6 \mid 5\ \}\end{aligned}$$

다음으로 스위치 게임의 필승전략에 대해 생각해 보자. 바로 다음 정리로 증명은 간단하니 직접 생각해 보자.

스위치 게임의 필승전략

두 수 x, y가 $x > y$를 만족할 때, 스위치 게임 $\{\ x \mid y\ \}$에 대해 다음이 성립한다.

1) $x < 0$이면 오른쪽에게 필승전략이 존재한다. 즉, 음의 게임이다.

2) $y > 0$이면 왼쪽에게 필승전략이 존재한다. 즉, 양의 게임이다.

3) $y \leq 0 \leq x$이면 먼저 하는 사람에게 필승전략이 존재한다. 즉, 퍼지 게임이다.

그렇다면 여러 개의 스위치 게임을 더할 때는 어떨까? 바로 다음과 같은 경우이다.

$$x + \{\ x_1 \mid -x_1\ \} + \{\ x_2 \mid -x_2\ \} + \{\ x_3 \mid -x_3\ \} + \cdots$$
$$= x \pm x_1 \pm x_2 \pm x_3 \pm \cdots$$

이 경우 다음과 같은 방법으로 누구에게 필승전략이 있는지 알아볼 수 있다.

스위치 게임의 합의 필승전략

임의의 수 x와 $x_1, x_2, \cdots, x_n$에 대하여 스위치 게임의 합 $x \pm x_1 \pm x_2 \pm \cdots \pm x_n$의 필승전략은 다음과 같다. (단, $x_1 > x_2 > \cdots > x_n$)

1) 왼쪽이 먼저 게임을 했을 때, $x + x_1 - x_2 + x_3 - \cdots + (-1)^{n-1}x_n > 0$이면 왼쪽에게 필승전략이 존재한다.

2) 왼쪽이 두 번째로 게임을 했을 때, $x - x_1 + x_2 - x_3 + \cdots + (-1)^n x_n \geq 0$이면 왼쪽에게 필승전략이 존재한다. (단, n은 짝수)

예를 들어 다음과 같은 스위치 게임의 합을 보자.

$$3 \pm 5 \pm 3 \pm 2 \pm 1$$

이 게임의 경우 $3 + 5 - 3 + 2 - 1 = 6$이고 $3 - 5 + 3 - 2 + 1 = 0$이므로 왼쪽이 먼저 시작하든 두 번째로 시작하든 승리하게 됨을 알 수 있다. 간단하게 하나만 더 생각해 보자. $\pm 2 \pm 2$의 경우는 어떨까? $+2 - 2 = 0$이므로 왼쪽이 먼저 할 경우 패배하고 $-2 + 2 = 0$이므로 왼쪽이 두 번째로 하면 승리한다. 즉, 제로 게임이다. 따라서 $\pm 2 \pm 2 = 0$이다.

도미니어링의 필승전략

몇몇 간단한 도미니어링 게임에 대해 분석해 보자. 먼저 알아볼 게임 상태는 아래와 같다. 그림에서 알 수 있듯이 둘 다 제로 게임으로만 갈 수 있으므로 그 값이 $*$이다.

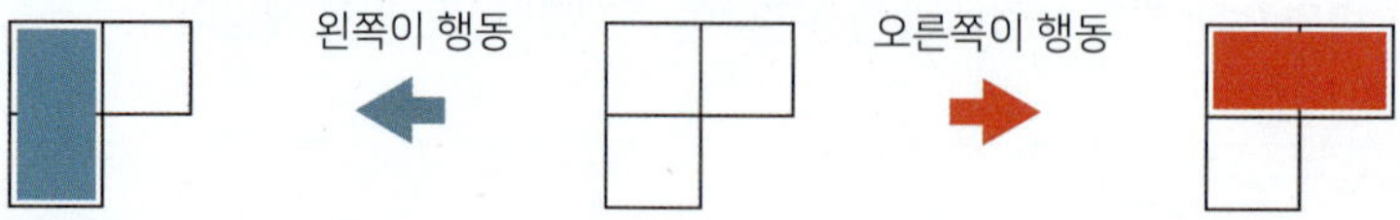

다음 게임 상태를 보자.

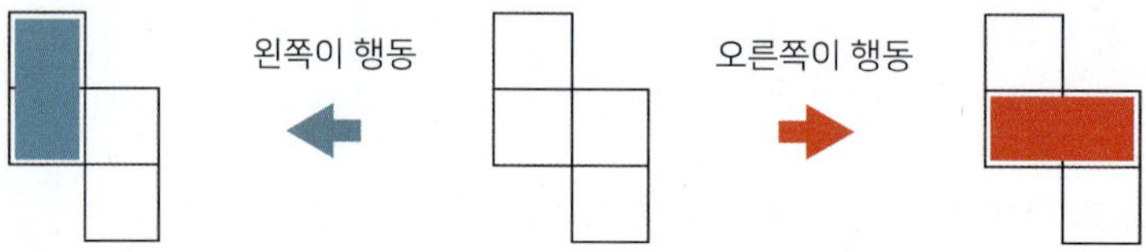

왼쪽과 오른쪽이 갈 수 있는 게임 상태를 통해 다음과 같이 게임 상태의 값을 구할 수 있다.

$$\{ 1 \mid 0 \} = \frac{1}{2} \pm \frac{1}{2}$$

다음 게임 상태를 보자.

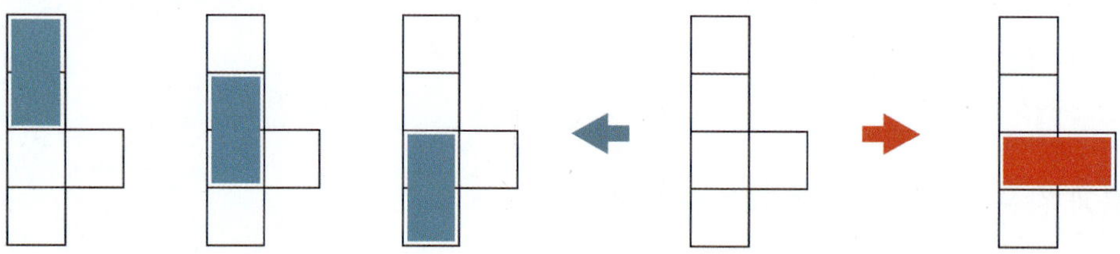

왼쪽과 오른쪽이 갈 수 있는 게임 상태를 통해 다음과 같이 게임 상태의 값을 구할 수 있다.

$$\{ *, 0, 1 \mid 1 \} = \{ 1 \mid 1 \} = 1 + \{ 0 \mid 0 \} = 1 + *$$

$1 + *$의 경우 보통 간단히 $1*$로 표현한다. 따라서 위 게임 상태의 값은 $1*$이다. 하나의 게임 상태를 더 살펴보자.

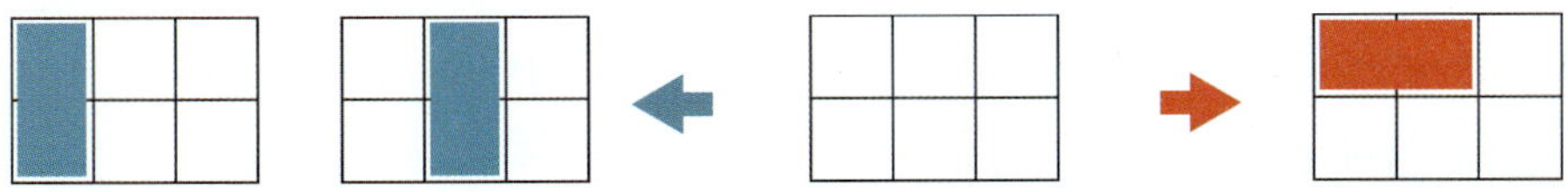

왼쪽과 오른쪽이 갈 수 있는 게임 상태를 통해 아래와 같이 게임값을 구할 수 있다. (오른쪽이 갈 수 있는 게임 상태의 값은 각자 구해보자.)

$$\left\{ \pm 1, 2 \mid -\frac{1}{2} \right\} = \left\{ 2 \mid -\frac{1}{2} \right\} = \frac{3}{4} \pm \frac{5}{4}$$

다른 도미니어링의 게임 상태에 대해서도 비슷하게 게임값을 구해볼 수 있다. 몇몇 예시는 아래 그림과 같다. 다만 한 가지 알아야 할 것은 지금까지 알아본 내용은 매우 기초적인 내용으로, 이를 이용해 표현할 수 없는 다양한 게임 상태가 있다는 점이다. 조합 게임 이론에서는 다양한 표현과 개념을 활용해 여러 게임 상태의 값을 표현하고 성질을 탐구하고 있다.

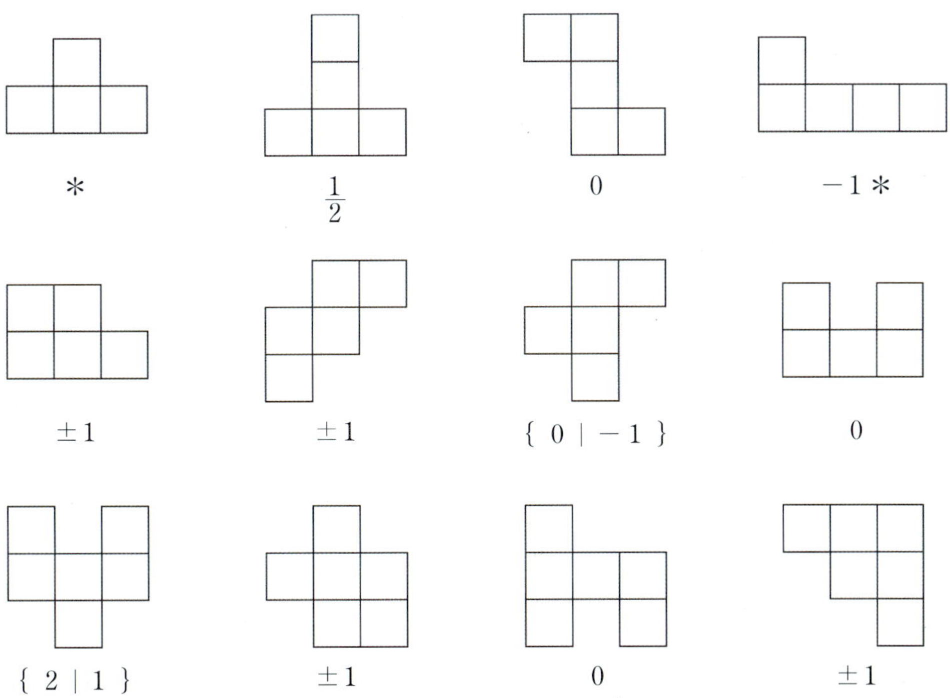

여러 도미니어링 게임 상태의 게임값

6×6 게임판에서 도미니어링을 진행해 아래와 같은 게임 상태가 되었다고 하자. 현재 세로가 긴 직사각형(2×1)을 놓는 왼쪽이 게임을 해야 할 차례이다. 이 게임 상태의 게임값을 구하고 누구에게 필승전략이 있는지 알아보자.

게임판의 빈칸의 각 게임값을 구하면 다음과 같다.

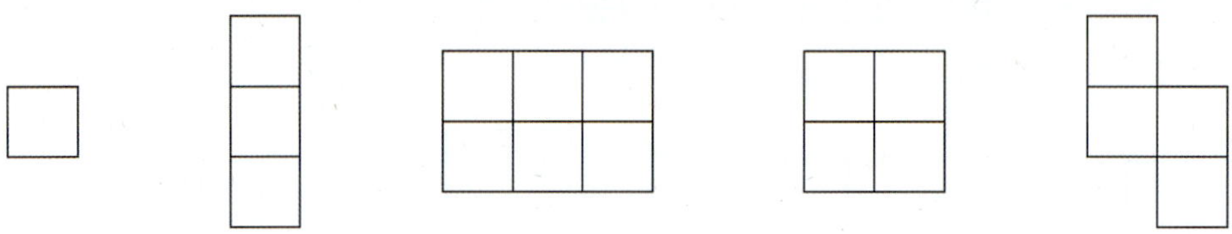

0　　1　　$\frac{3}{4} \pm \frac{5}{4}$　　± 1　　$\frac{1}{2} \pm \frac{1}{2}$

따라서 위 게임 상태의 게임값은 다음과 같다.

$$0 + 1 + \frac{3}{4} \pm \frac{5}{4} \pm 1 + \frac{1}{2} \pm \frac{1}{2} = 2\frac{1}{4} \pm \frac{5}{4} \pm 1 \pm \frac{1}{2}$$

왼쪽이 게임을 할 차례이므로 $2\frac{1}{4} + \frac{5}{4} - 1 + \frac{1}{2}$을 계산하면 3임을 알 수 있다. 따라서 왼쪽에게 필승전략이 존재한다. 이렇게 당파 게임을 이용해 도미니어링의 게임 상태를 분석하고 누구에게 필승전략이 있는지 알아볼 수 있다.

도미니어링은 많은 수학자에 의해 연구되었다. 이 중에서도 가장 중요하게 탐구되는 문제는 $n \times n$ 게임판이 주어졌을 때 누구에게 필승전략이 있냐는 점이다. 8×8 게임판의 경우 2000년 세 명의 컴퓨터 과학자 데니스 브루커(Dennis Breuker), 요스 위터베이크(Jos Uiterwijk), 야프 반 덴 헤릭(Jaap Van Den Herik)에 의해 해결되었는데 먼저 시작하는 사람에게 필승전략이 있다. 이후 이들은 그들의 분석 프로그램을 향상시켜 9×9 게임판도 해결하였다. 10×10 게임판은 2002년 네이선 불럭(Nathan Bullock)에 의해 해결되었고, 8×8 게임판과 9×9 게임판을 해결했던 요스 위터베이크(Jos Uiterwijk)는 2016년 11×11 게임판을 해결하였다. 게임판의 크기에 따라 누구에게 필승전략이 있는지는 아래 표와 같다.

n \ m	1	2	3	4	5	6	7	8	9	10	11	12
1	P	R	R	R	R	R	R	R	R	R	R	R
2	L	N	N	R	L	N	N	R	L	N	N	R
3	L	N	N	R	R	R	R	R	R	R	R	R
4	L	L	L	N	L	N	L	R	L	R	L	R
5	L	R	L	R	P	R	R	R	R	R	R	R
6	L	N	L	N	L	N	L	R	L	N	N	R
7	L	N	L	R	L	R	N	R	R	R	R	R
8	L	L	L	L	L	L	L	N	L	R	L	R
9	L	R	L	R	L	R	L	R	N	R	R	R
10	L	N	L	L	L	N	L	L	L	N	L	-
11	L	N	L	R	L	N	L	R	L	R	N	R
12	L	L	L	L	L	L	L	L	L	-	L	-

$n \times m$ 게임판에서의 도미니어링의 필승전략 (L : 왼쪽 / R : 오른쪽 / N : 1*st* / P : 2*nd*)

다른 규칙으로 겨루기 **당파 게임**

클로버 Clobber

클로버(Clobber)는 마이클 H. 앨버트(Michael H. Albert), J.P. 그로스먼(J.P. Grossman), 리처드 노바코프스키(Richard Nowakowski)가 2001년에 만든 게임으로 다른 게임에 비해 상당히 최근에 만들어진 게임이다. 짧은 역사에 비해 상당히 많은 학자의 관심을 받으며 폭넓게 연구되었고 컴퓨터 올림피아드의 종목으로 채택되기도 했다.

게임에 필요한 도구

게임판, 바둑돌

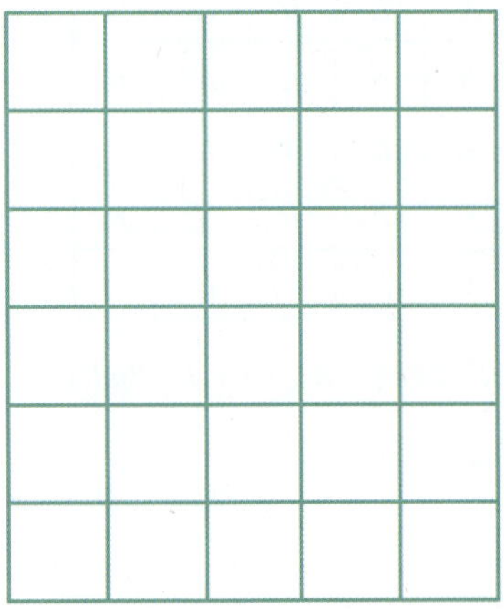

게임판

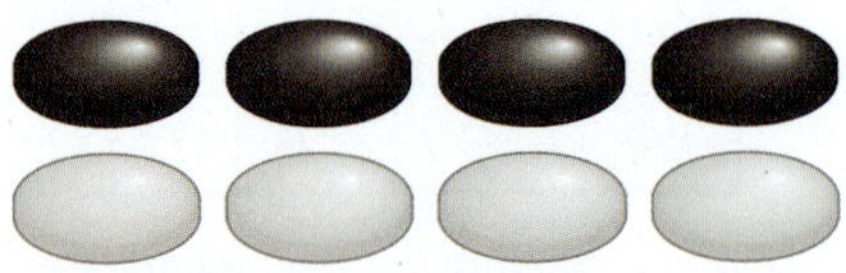

바둑돌

클로버 게임판은 크기가 다양하다. 표준 게임판은 위 그림에 있는 6 × 5 게임판이지만 컴퓨터에서는 일반적으로 10 × 10 크기의 게임판을 사용한다.

게임판 받기

07_당파 게임/클로버.pdf

게임 규칙

클로버는 아래와 같이 게임판에 말을 배치한 후 다음과 같은 규칙에 따라 게임을 진행한다.

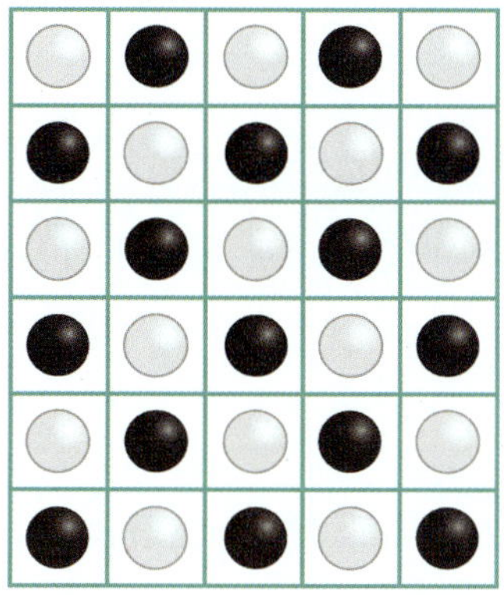

1) 두 사람은 흰색과 검은색 중 자신의 말을 선택한 후 교대로 게임을 한다. 보통 흰색부터 시작한다.
2) 자신의 차례에 자신의 말 중 하나의 상하좌우에 있는 상대방 말을 하나 잡을 수 있고 잡을 때 사용한 말을 잡은 위치에 놓는다. 이렇게 상대 말을 잡는 것을 '클로버'라고 한다.

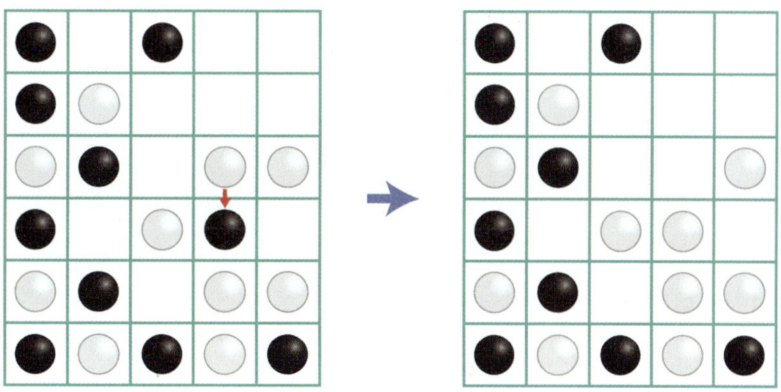

클로버에서 상대 말을 잡는 모습

3) 마지막으로 말을 잡는 사람이 승리한다.

클로버는 상대 말을 잡는 단순한 동작만 있지만, 컴퓨터 올림피아드의 종목으로 채택될 정도로 게임을 잘하기는 쉽지 않다.

변형 게임

클로버에는 몇몇 변형 게임이 있다. 이에 대해 알아보자.

솔리테어 클로버(Solitaire Clobber)

솔리테어 클로버는 혼자서 하는 클로버이다. 기본적인 규칙은 클로버와 같으며 가능한 한 많은 말을 제거하는 것이 목표이다. 클로버와 마찬가지로 흰색과 검은색 말을 교대로 잡는다.

카니발 클로버(Cannibal Clobber)

카니발 클로버는 독일 수학자 잉고 알트회퍼(Ingo Althoefer)가 2003년에 제안한 게임으로 상대 말뿐 아니라 자신의 말을 잡는 것도 가능하다. 즉, 자신의 말 상하좌우에 있는 상대의 말이나 자신의 말을 잡을 수 있다. 마지막으로 말을 잡는 사람이 승리한다.

산제고(San Jego)

산제고도 잉고 알트회퍼가 2015년에 고안한 게임으로 카니발 클로버를 변형해 만들었다. 보통 4 × 6 크기의 게임판을 사용한다. 산제고에서는 여러 말이 쌓여있는 것을 건물이라 정의한다. 게임을 진행하며 각 말을 다른 말 위에 올려놓기 때문에 동전이나 체커 등 서로 올려놓을 수 있는 말을 사용해야 한다. 아래 그림과 같이 말을 배치한 후 게임을 시작하며 각 말에 쓰여있는 숫자는 그 말이 있는 건물의 층수를 의미한다. 즉, 산제고는 각자의 말 12개를 사용해 1층으로 된 24개의 건물에서 게임을 시작하며 규칙은 다음과 같다.

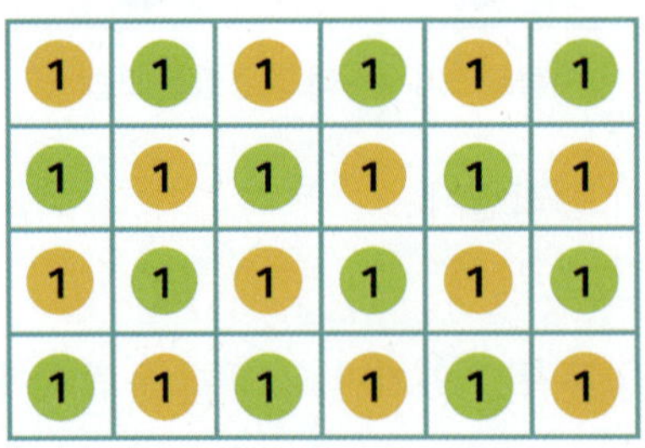

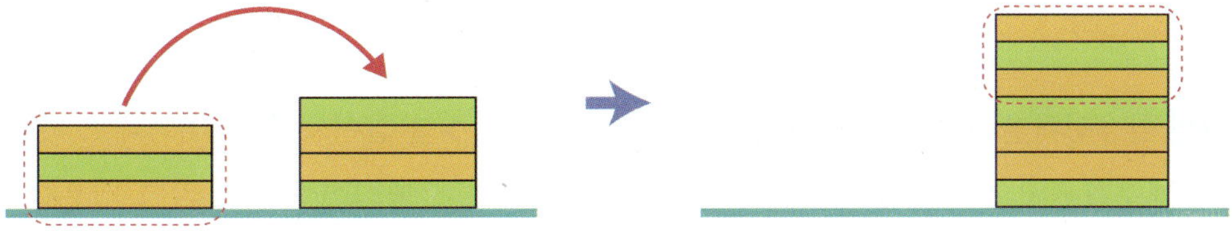

건물 옮기기

1) 두 사람은 교대로 게임을 진행하며 건물의 가장 위에 있는 말의 주인이 그 건물의 주인이 된다.

2) 자신의 차례에 자신의 건물 중 하나를 선택해 그 건물 상하좌우에 있는 건물 위로 옮긴다. 이때 상하좌우에 있는 건물은 자신의 건물이어도 되고 상대의 건물이어도 된다. 또한 건물의 높이는 상관이 없다. 즉, 낮은 건물을 높은 건물 위로 올려도 된다.

3) 게임 진행 중 한 명이 더는 건물을 옮길 수 없다면 건물을 옮길 수 있는 나머지 한 사람만 더는 건물을 옮길 수 없을 때까지 혼자 게임을 한다.

4) 두 사람 다 자신의 건물을 옮길 수 없을 때 게임이 종료되며 가장 높은 건물을 가진 사람이 승리한다.

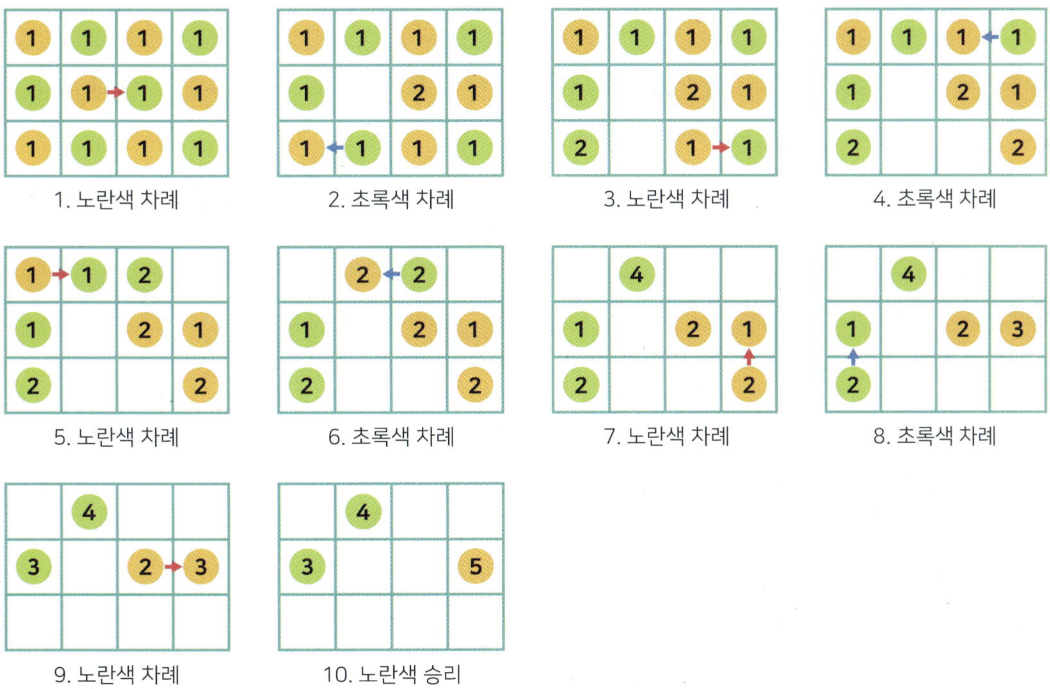

산제고 게임 진행 예시(초록색 4층, 노란색 5층으로 노란색 승리)

숫자와 업 그리고 스타

클로버의 필승전략을 알아보기 위해 업, 스타와 관련된 성질을 알아보자. (블루-레드 하켄부시와 두꺼비와 개구리에서 소개한 당파 게임 이론에 대한 이해가 선행되어야 하므로 그 내용을 먼저 보길 추천한다.) 당파 게임에는 숫자로 표현되지 않는 수많은 게임 상태가 있고 이를 표현하기 위한 여러 표현을 도입하였다. 업의 합도 다음과 같이 간단히 표현한다.

업의 합과 다운의 합

두 개의 업의 합 $\uparrow + \uparrow$을 $\Uparrow$로 표현하며 더블 업(Double-Up)이라 한다. 비슷하게 세 개의 업의 합 $\uparrow + \uparrow + \uparrow$은 트리플 업(Triple-Up)이라 하고 ⤊로 표현한다. 마찬가지로 더블 다운은 $\Downarrow = \downarrow + \downarrow$이고, 트리플 다운은 ⤋ $= \downarrow + \downarrow + \downarrow$이다. 일반적으로 n개의 $\uparrow$의 합은 $n \cdot \uparrow$으로, n개의 $\downarrow$의 합은 $n \cdot \downarrow$으로 표현한다.

합을 간단히 나타내는 또 다른 방법은 초등학교 시절 배우는 대분수의 표현이다. 대분수는 정수와 분수의 합을 축약적으로 나타낸다. 예를 들어 $2\frac{1}{2}$은 $2 + \frac{1}{2}$을 의미한다. 당파 게임에서는 이 방식을 그대로 가져와 게임 상태의 합을 간단히 표현한다.

숫자와 업과 스타의 합

숫자와 업(또는 다운)과 스타의 합에서 더하기 기호를 생략해 간단히 나타낼 수 있다. 이때 숫자, 업, 스타의 순서로 나타내고 순서를 바꿔 표현하지 않는다.

예를 들어 다음과 같이 표현할 수 있다.

$$4 + \Uparrow + * = 4\Uparrow*$$

위의 표기법에 따라 $\uparrow*$로 표현하지만 $*\downarrow$로 표현하지 않는다. 이런 표현법으로 나타날 수 있는 몇 가지 게임 상태의 성질에 대해 알아보자. 먼저 $\uparrow*$을 생각하자. $\uparrow = \{\ 0 \mid *\ \}$, $\downarrow = \{\ * \mid 0\ \}$, $* = \{\ 0 \mid 0\ \}$이므로 다음이 성립한다.

$$\uparrow* = \{\ \uparrow + *^L, \uparrow^L + * \mid \uparrow + *^R, \uparrow^R + *\ \} = \{\ \uparrow, * \mid \uparrow, 0\ \}$$

게임 상태 $\uparrow *$의 진행 과정은 아래 그림과 같다. $* + *$의 경우 게임을 하면 퍼지 게임 $*$가 하나 남게 되므로 제로 게임임을 알 수 있고 따라서 0과 같다.

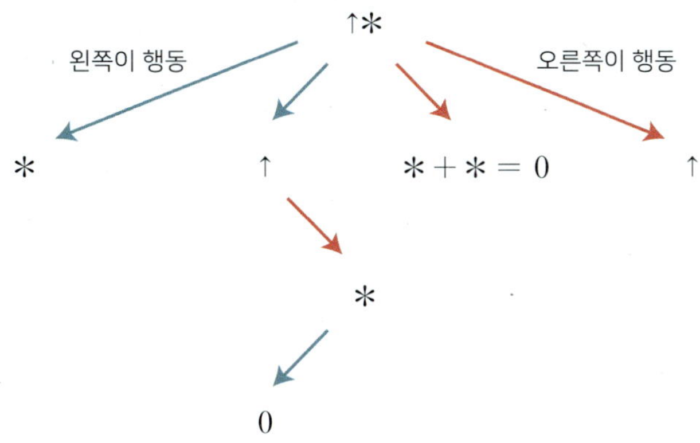

게임 상태 $\uparrow *$ 의 진행 과정

$\uparrow *$에서 왼쪽이 $\uparrow$로 갈 경우 필연적으로 오른쪽은 $*$로 가게 되고 다시 왼쪽은 0으로 가게 된다. 결과적으로 위 상태에서 왼쪽이 $\uparrow$로 간다는 것은 0으로 가는 것과 같다. 또한 $0 < \uparrow$이다. 따라서 다음이 성립한다.

$$\uparrow * = \{ \ \uparrow, * \mid \uparrow, 0 \ \} = \{ \ 0, * \mid 0 \ \}$$

다음으로 $\Uparrow$에 대해 생각해 보자. $\Uparrow$의 진행 과정은 아래 그림과 같다.

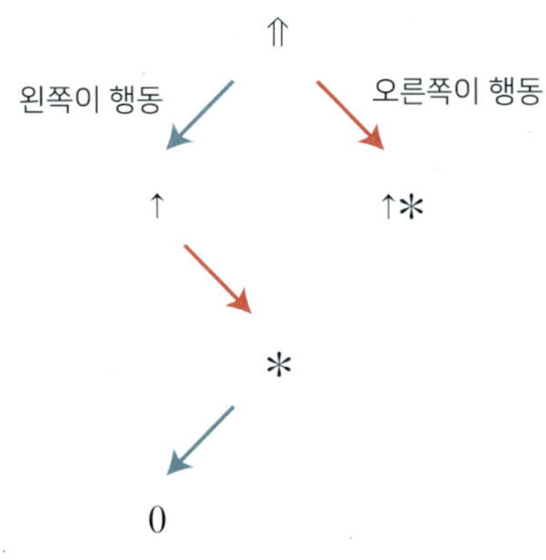

게임 상태 $\Uparrow$ 의 진행 과정

$\uparrow *$와 마찬가지로 왼쪽이 $\Uparrow$에서 $\uparrow$로 갈 경우 필연적으로 오른쪽은 $*$로 가게 되고 다시 왼쪽은 0으로 가게 된다. 결과적으로 위 상태에서 왼쪽이 $\uparrow$로 간다는 것은 0으로 가는 것과 같다. 따라서 다음이 성립한다.

$$\Uparrow = \{\ \uparrow \mid \uparrow * \ \} = \{\ 0 \mid \uparrow * \ \}$$

일반적으로 다음이 성립함이 알려져 있다.

업과 스타의 성질

1 이상의 정수 n에 대해여 $n\cdot\uparrow$와 $n\cdot\uparrow *$는 다음과 같다. (단, $n\cdot\uparrow * = (n\cdot\uparrow) *$)

$$n\cdot\uparrow = \{\ 0 \mid (n-1)\cdot\uparrow * \ \}$$

$$n\cdot\uparrow * = \begin{cases} \{\ 0 \mid (n-1)\cdot\uparrow \ \} & (n > 1) \\ \{\ 0, * \mid 0 \ \} & (n = 1) \end{cases}$$

마찬가지로 $n\cdot\downarrow$와 $n\cdot\downarrow *$는 다음과 같다.

$$n\cdot\downarrow = \{\ (n-1)\cdot\downarrow * \mid 0 \ \}$$

$$n\cdot\downarrow * = \begin{cases} \{\ (n-1)\cdot\downarrow \mid 0 \ \} & (n > 1) \\ \{\ 0 \mid 0, * \ \} & (n = 1) \end{cases}$$

클로버의 필승전략

당파 게임 이론을 이용해 몇몇 게임 상태를 분석해 보자. 검은색에게 필승전략이 있을 때 양의 게임, 흰색에게 필승전략이 있을 때 음의 게임으로 생각할 것이다. 먼저 한 가지 알아야 할 점은 클로버의 분석이 어렵다는 것이다. 간단한 게임 상태조차 간단히 표현되지 않는다. 따라서 몇 가지 간단한 게임 상태만 알아보도록 하자. 먼저 알아볼 것은 다음과 같은 게임 상태이다.

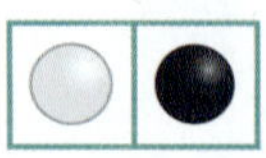

검은색과 흰색이 모두 0인 게임 상태로 가므로 앞의 게임 상태는 *이다. 다음으로 아래 게임 상태를 생각해 보자. 검은색과 흰색이 갈 수 있는 게임 상태를 통해 ↑임을 알 수 있다.

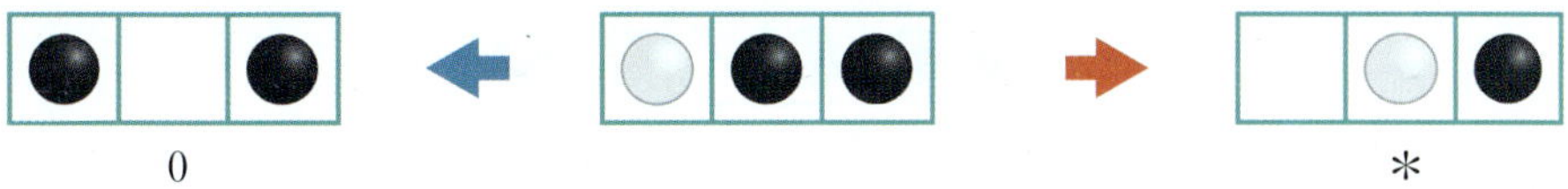

비슷한 과정으로 다음이 성립함을 쉽게 알 수 있다.

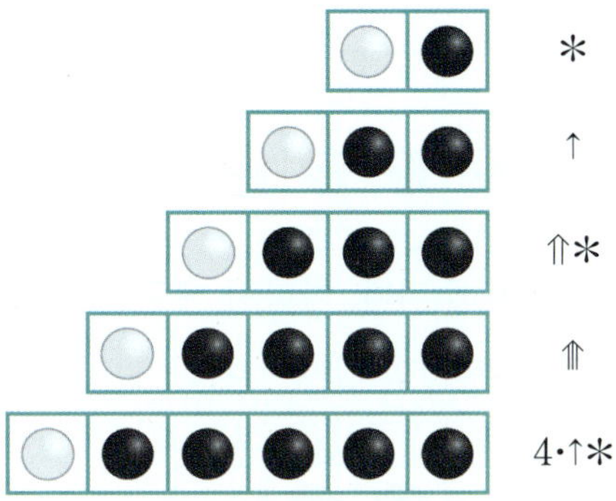

따라서 다음과 같이 게임이 진행됨을 알 수 있다.

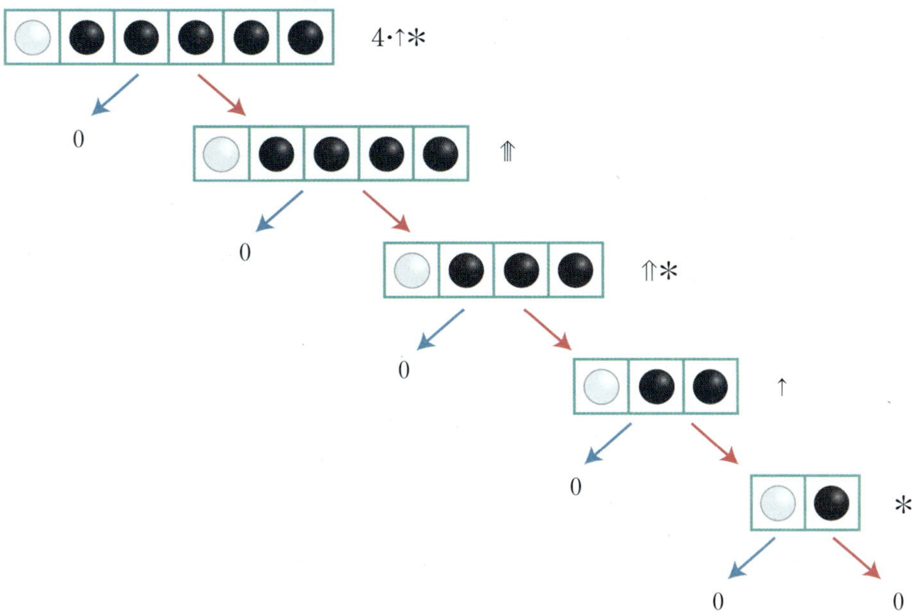

다음으로 짝수 n에 대해 다음과 같은 게임 상태를 생각해 보자.

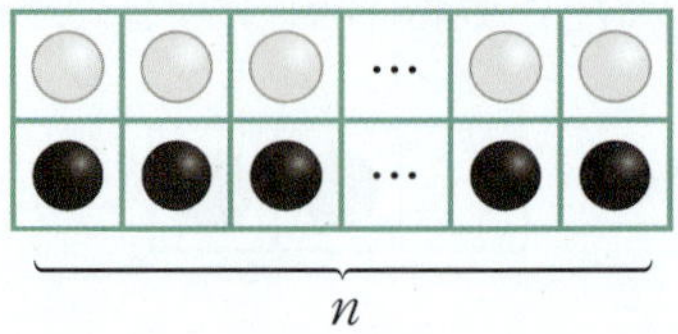

한 명이 게임을 할 때 다른 한 사람은 게임판의 가운데를 중심축으로 180도 회전이동한 위치의 말을 움직일 수 있다. 예를 들면 아래 그림과 같다.

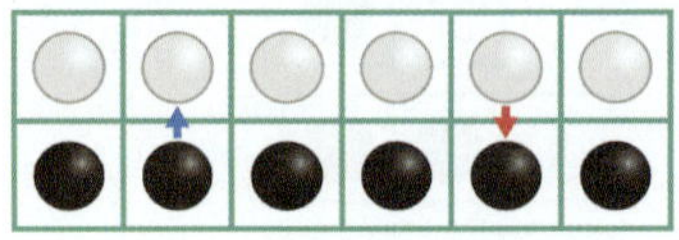

이를 반복하면 두 번째로 하는 사람이 승리하게 된다. 따라서 제로 게임으로 게임값은 0이다. 마지막으로 하나를 더 살펴보자. 바로 아래와 같은 게임 상태이다.

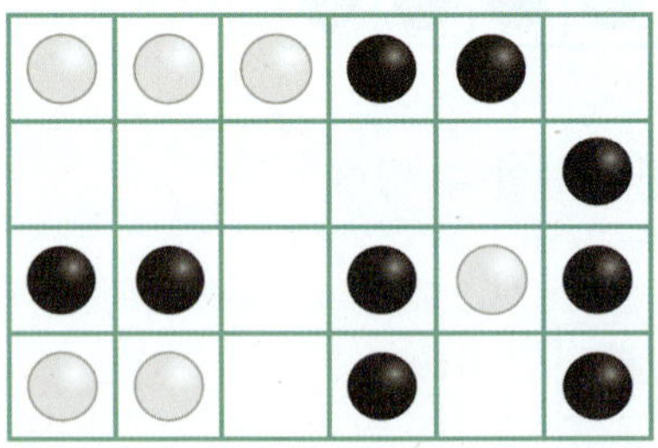

이 중 아래의 경우 게임값이 0이다.

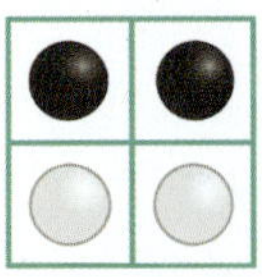

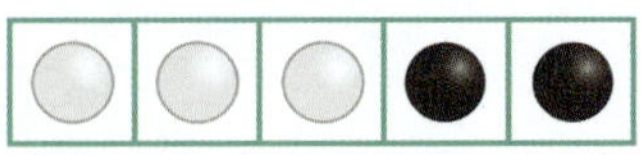

따라서 아래 게임 상태의 게임값을 구하는 것과 같다.

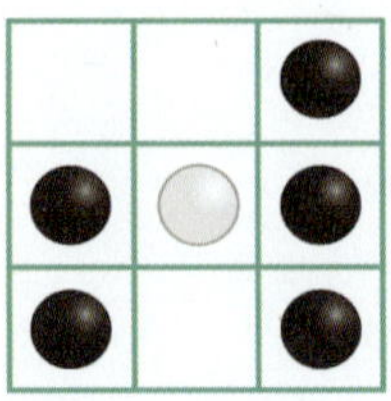

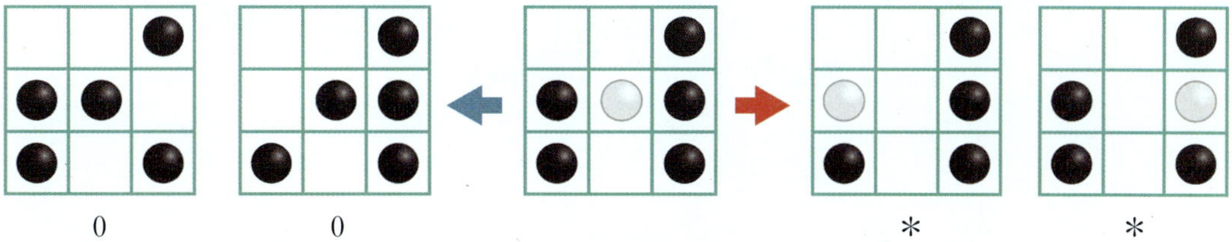

위의 그림을 통해 주어진 게임 상태의 값은 $\uparrow = \{\ 0\ |\ *\ \}$임을 알 수 있다.

클로버의 다른 게임 상태에 대해서도 당파 게임 이론을 이용해 게임값을 구해볼 수 있다. 클로버를 만든 리처드 J. 노바코프스키(Richard J. Nowakowski) 외 몇몇 수학자는 다음과 같은 추측을 제시하기도 했다.

클로버의 게임값에 대한 추측

양의 정수 n에 대하여 검은색 말을 ●, 흰색 말을 ○라 할 때, 다음이 성립할 것으로 예상된다. (단, $[x]$는 x를 넘지 않는 최대 정수)

1) $n \neq 3$일 때 $(●○)^n$은 퍼지 게임이다. 즉, 먼저 시작하는 사람에게 필승전략이 있다.

2) $(●●○)^n = [(n+1)/2]\cdot\uparrow$

3) 홀수 n에 대하여 $\begin{pmatrix} ○ \\ ● \end{pmatrix}^n$은 퍼지 게임이다. 즉, 먼저 시작하는 사람에게 필승전략이 있다.

위의 추측에서 2)의 경우 $n \leq 13$일 때 성립함이 알려져 있다.

Chapter 08

하나하나 흥미로운 기타 수학게임

어떤 게임을 할까요?

1 만칼라(Mancala)

2 젓가락 게임(Chopsticks Game)

3 크램(Cram)

4 도부츠쇼기(どうぶつしょうぎ)

5 새싹 게임(Sprouts)

6 은화 게임(Silver Dollar Game)

7 L 게임(L Game)

8 바그찰(Bagh-Chal)

하나하나 흥미로운 **기타 수학게임**

만칼라 Mancala

만칼라는 바둑, 체스와 같이 오랜 역사가 있는 게임이다. 만칼라라는 용어는 '이동'이란 의미의 아랍어로 'naqala'에서 유래했다. 만칼라를 할 때, 한 바구니에서 다른 바구니로 움직이기 때문에 이러한 이름이 붙었다. 전 세계적으로 여러 가지 변형 게임이 있다.

게임에 필요한 도구

게임판, 구슬 48개

만칼라 게임판

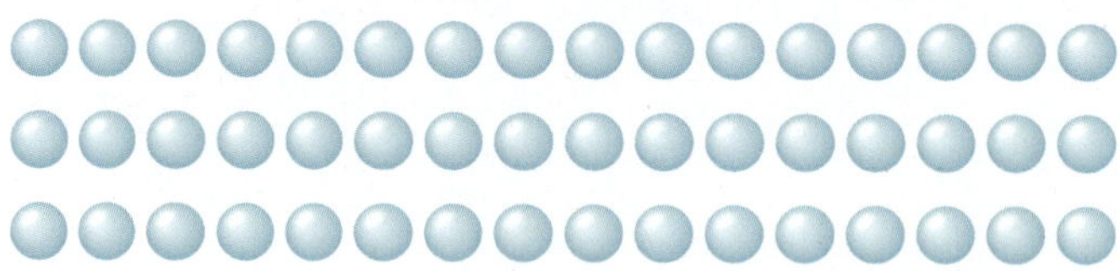

구슬 48개

만칼라는 만칼라 게임판과 구슬 48개가 필요하다. 구슬 대신 돌이나 동전 등으로 대체할 수 있고 게임판은 직접 그려서 사용할 수 있어 특별한 준비물이 필요하지 않다.

게임판 받기

08_기타 수학 게임/만칼라.pdf

게임 규칙

만칼라를 시작하기 위해 먼저 아래 그림과 같이 구슬 48개를 12개의 작은 바구니에 각각 4개씩 배치한다.

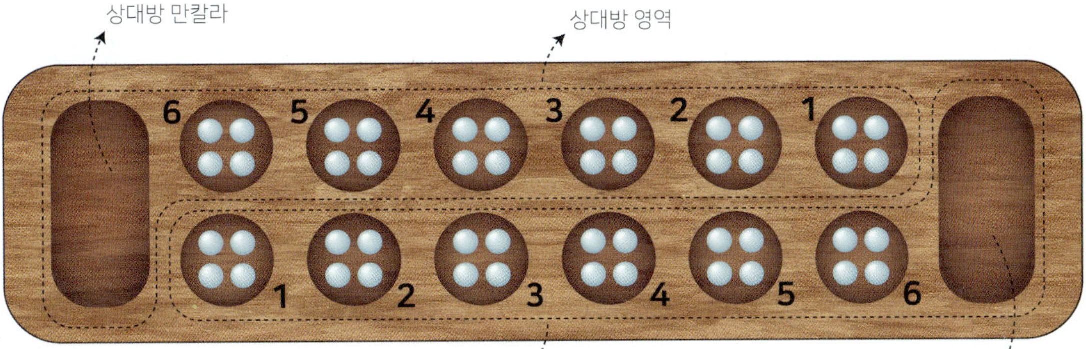

게임은 두 사람이 마주 보며 진행하고, 각각 자신의 오른쪽에 비어있는 바구니를 '만칼라'라고 부른다. 자신과 가까이 있는 바구니 6개와 만칼라는 자신의 '영역'이다. 게임이 끝난 후 자신의 영역에 구슬의 수가 많은 쪽이 승리한다. 만칼라는 다음과 같은 규칙에 따라 게임을 진행한다.

1) 두 사람이 번갈아 가며 자신 앞에 있는 6개의 작은 바구니 중 하나를 선택한다.
2) 바구니를 선택하면 그 바구니 안의 모든 구슬은 그다음 바구니부터 시계 반대 방향으로 놓여 있는 바구니에 하나씩 옮긴다.

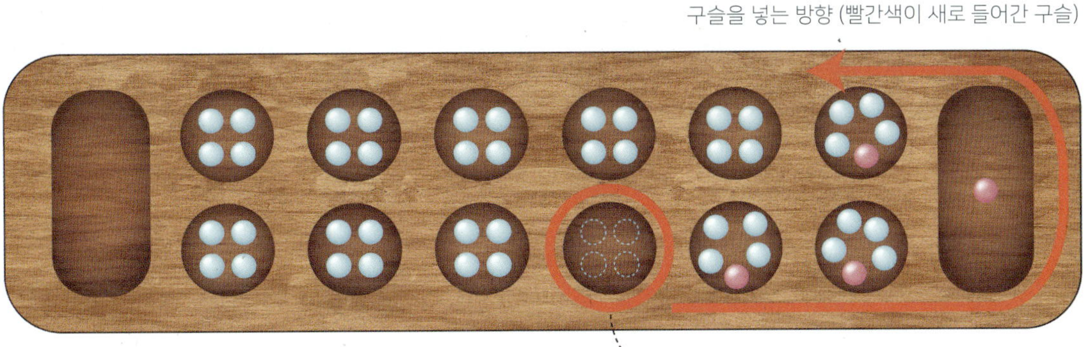

네 번째 바구니를 선택해 시계 반대 방향으로 구슬을 하나씩 옮긴 모습

3) 만칼라에 들어간 구슬은 더는 움직이지 않고, 상대방의 만칼라를 만나면 건너뛰고 다음 바구니에 구슬을 넣는다.

4) 구슬을 움직이다가 마지막 구슬이 만칼라에 옮겨지면, 한 번 더 이동할 기회를 얻는데 이를 프리턴(Free Turn)이라 한다.

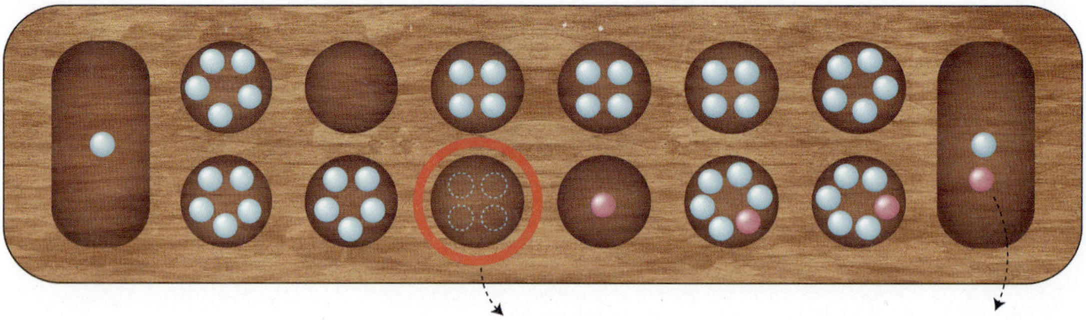

세 번째 바구니 선택 세 번째 바구니의 마지막 구슬

세 번째 바구니를 선택해 마지막 구슬을 만칼라에 옮기며 프리턴 기회를 얻은 모습

5) 구슬을 움직이다가 마지막 구슬이 비어있는 자신의 바구니에 들어갈 경우, 비어있던 바구니에 들어간 구슬과 마주 보는 상대편 바구니의 구슬을 모두 얻어 자신의 만칼라에 넣는데 이를 잡기(Capture)라 한다.

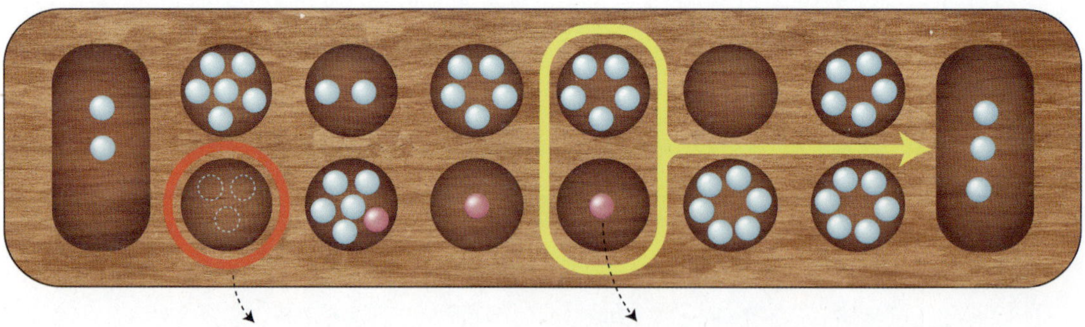

첫 번째 바구니 선택 첫 번째 바구니의 마지막 구슬

첫 번째 바구니의 마지막 구슬이 비어있던 바구니에 들어가 노란색 부분의 상대방 구슬을 잡은 모습

6) 두 사람 중 한 사람의 영역(만칼라 제외)에 있는 구슬이 모두 없어지면 게임이 끝나고, 만칼라와 자신의 영역에 있는 바구니 안의 구슬의 총개수가 많은 쪽이 승리한다.

바구니에 있는 구슬을 손으로 세보는 것이 허용되지 않는다는 것을 규칙으로 소개하는 경우도 있다. 이 규칙을 적용하면 게임을 하는 동안 정확한 구슬의 수를 외워야 하는데 만약 한 바구니에 10개 이상의 구슬이 있다면 이는 쉽지 않다. 그러나 오히려 이러한 점이 게임을 재미있게 만드는 요인이 될 수 있다.

게임의 역사

만칼라는 오랜 역사가 있는 게임으로 그 흔적이 곳곳에서 발견되었다. 이스라엘의 한 목욕탕에서 발견된 도자기 판과 바위 조각 등은 무려 기원 후 2세기와 3세기 사이의 것으로 추정된다고 하며 이집트에서 발견된 또 다른 흔적은 기원후 7세기의 것으로 추정된다고 한다. 어떤 역사학자는 만칼라가 세계에서 가장 오래된 게임이라고 주장하곤 하는데 이 또한 과언이 아님을 알 수 있다. 만칼라는 초기 아프리카에서 부족을 이끌어갈 지혜로운 추장을 뽑기 위한 용도로 사용되었으며 부족 간의 교류, 신들과 소통을 위한 매개체 역할을 했던 전통 게임으로 알려져 있다.

만칼라는 국경에 구애받지 않고 유행하였다. 아프리카 전역에서 게임을 즐겼으며 동유럽 발트해 인근에서도 한때 매우 인기 있었다. 또 특정 세대나 계급에서만 이루어지지 않고 왕족과 평민, 어른과 어린이 등 모든 사람이 이 게임을 즐겼다. 만칼라는 과거와 현재를 이어주는 가족 놀이로서, 친구들

바르샤바 국립 민족지 박물관에 전시된 서아프리카의 만칼라 보드

사이에서 유희의 한 형태로서 다양하게 즐길 수 있었기 때문에 오래도록 지속되어 왔다.

만칼라의 도구인 게임판과 구슬은 다양하게 변형될 수 있는데, 부유한 사람들은 금으로 덮인 상아판을 게임판으로 사용하기도 하고 대리석을 사용하기도 했다. 큰 준비물 없이 땅에 몇 개의 구멍을 만든 후 돌멩이를 이용하여 게임을 할 수도 있다.

게임의 역사가 오래된 만큼 각 나라마다 게임 규칙에 조금씩 차이가 있으며 부르는 이름 또한 다양하다. 만칼라는 800개 이상의 또 다른 이름을 가지고 있는데, 예를 들어 인도네시아에서는 '다콘(Dakon)', 북미에서는 '칼라(Kalah)'라고 부른다. 또한 각 나라의 게임판이나 규칙, 게임의 관행 등을 연구하다 보면 게임이 확산된 곳의 지리적 특성이나 패턴 또한 함께 연구할 수 있어 그 지역에 살고 있던 주민들의 이주 경로도 함께 연구할 수 있다고 한다.

변형 게임

만칼라는 전 세계적으로 다양한 형태로 유행했기에 그 변형도 다양하다. 기본적으로 구슬을 한 방향으로 내려놓는다는 규칙(Sowing)은 동일하며, 잡기(Capture)규칙이 게임에 따라 다르다. 일반적으로는 두 사람이 하는 게임이지만, 세 명 이상이 하거나 혼자 하는 것도 가능하다.

콩클락 (Congklak)

콩클락(Congklak)은 인도네시아, 말레이시아, 싱가포르 등에서 인기 있는 만칼라의 변형 게임이다. 콩클락 게임은 초기에 주로 왕족과 궁궐 거주자들이 즐겼지만, 이후 일반 대중에게 퍼져나갔다.

콩클락은 각자 7개씩 총 14개의 바구니와 만칼라의 역할을 하는 홈(Home)으로 이루어진 보드판에서 진행된다. 각 바구니에는 7개의 구슬이 있으며 게임은 다음과 같은 규칙에 따라 진행한다.

1) 자신의 차례에 바구니 하나를 선택하여 시계 방향으로 하나씩 구슬을 내려놓는다.

2) 구슬을 내려놓는 것이 구슬이 있는 바구니(나와 상대방 바구니 모두 해당)에서 끝나면 이 바구니의 구슬을 모두 들어서 시계 방향으로 내려놓기를 반복한다. 구슬을 내려놓는 중 상대방의 홈을 만나면 뛰어넘는다.

3) 구슬을 내려놓다 마지막 구슬이 홈에 옮겨지면, 한 번 더 이동할 기회를 얻는데 이를 프리턴(Free Turn)이라 한다. 구슬이 있는 자신의 바구니 중 하나를 선택해 시계 방향으로 내려놓기를 반복한다.

4) 구슬을 내려놓는 것이 자신의 빈 바구니에서 끝나면 마주 보는 상대방 바구니의 구슬을 모두 얻어 자신의 홈에 넣는데 이를 잡기(Capture)라 한다. 잡기를 한 후 턴을 종료하고 만약 상대편 바구니도 비어 있다면 잡기 없이 턴을 종료한다.

5) 구슬을 내려놓다 마지막 구슬이 상대의 빈 바구니에 들어가면 턴을 종료한다.

6) 모든 구슬이 바구니에서 사라질 때까지 반복하고 홈에 많은 구슬을 가지는 사람이 승리한다.

츠카루마(Tchuka Ruma)

츠카루마는 점과 상자 게임(Dot and Boxes)을 발명한 에두아르 뤼카(Édouard Lucas)가 발명하였으며 1895년 프랑스 수학자 앙리 들라노이(Henri Delannoy)에 의해 처음으로 알려졌다. 츠카루마는 혼자서 하는 만칼라 게임이라 할 수 있다. 오른쪽 끝에 만칼라의 역할을 하는 루마(Ruma)가 있다. 루마를 제외한 각 바구니는 구슬을 2개씩 포함하고 있다. 츠카루마는 다음과 같은 규칙에 따라 진행한다.

1) 바구니를 하나 선택해 오른쪽 방향으로 구슬을 하나씩 내려놓는다. 루마(Ruma)까지 구슬을 내려놓고 구슬이 남으면 다시 가장 왼쪽에 있는 바구니부터 오른쪽 방향으로 구슬을 넣는다.

2) 구슬을 움직이다가 마지막 구슬이 루마에 놓이면, 한 번 더 이동할 기회를 얻는데 이를 프리턴(Free Turn)이라 한다.

3) 마지막 구슬이 비어있지 않은 바구니에 놓이면, 이 바구니에 있는 구슬 모두 들어서 오른쪽 방향으로 하나씩 떨어뜨린다.

4) 마지막 구슬이 비어있는 바구니에 놓이면 그대로 게임이 종료된다.

5) 게임의 목표는 루마(Ruma)에 가능한 한 많은 구슬을 모으는 것이다.

사실 츠카루마는 만칼라의 어린이용 버전으로 만들어진 게임으로 몇 번의 움직임으로 어렵지 않게 모든 구슬을 루마에 넣을 수 있다. 해법은 아래와 같다.

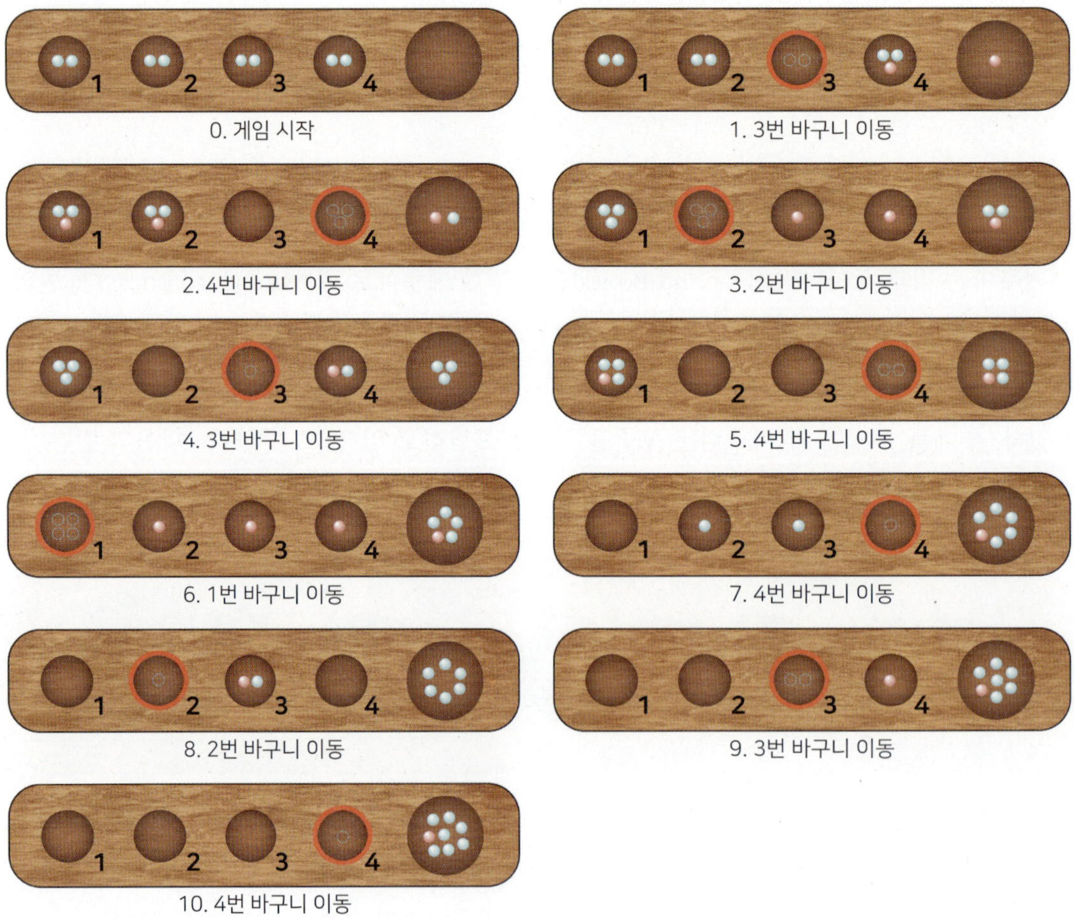

츠카루마의 해법

아와리(Oware, Awari)

아와리는 만칼라와 같이 역사가 매우 오래된 게임으로 그 유래가 정확하지 않으나 아프리카에서 처음으로 시작된 것으로 보인다. 아와리는 만칼라와 마찬가지로 각자 6개의 바구니와 오른쪽 끝에 비어있는 바구니 '만칼라'를 갖고 있다. 각 바구니마다 4개씩 총 48개의 구슬을 놓고 게임을 시작하며 다음과 같은 규칙에 따라 게임을 진행한다.

1) 두 사람이 번갈아 가며 자신 앞에 있는 6개의 작은 바구니 중 하나를 선택한다.
2) 바구니를 선택하면 그 바구니 안의 모든 구슬은 그다음 바구니부터 시계 반대 방향으로 놓여있는 바구니에 하나씩 옮긴다. 이때 자신의 만칼라나 상대방의 만칼라를 만나면 건너뛴다.
3) 구슬을 이동할 때 마지막으로 구슬을 내려놓는 바구니의 구슬이 2개 또는 3개가 된다면 그때 구슬을 잡을 수 있다.

1. 다섯 번째 바구니 선택 후 이동

2. 구슬이 3개가 된 바구니 구슬 잡기

4) 2개 또는 3개의 구슬이 있는 영역이 마지막 구슬을 내려놓은 곳을 포함하여 여러 개 연속된다면 모두 잡을 수 있다.

1. 여섯 번째 바구니 선택 후 이동

2. 구슬이 2개 또는 3개가 된 연속된 바구니 구슬 잡기

5) 만약 구슬이 많아서 한 바퀴 돌아 원래 위치로 되돌아왔다면 처음 바구니는 건너뛰고 다음 바구니에 구슬을 넣는다.
6) 한 사람의 영역에 더는 구슬이 없고, 다른 사람의 영역에 구슬이 남아있다면 구슬을 움직여서

구슬이 없는 사람의 영역으로 넘겨주어야 하며 이것이 불가능하다면 게임은 끝난다. 게임이 끝난 후 자신의 바구니에 있는 구슬은 모두 만칼라로 가져온다.

7) 만칼라에 더 많은 구슬을 보관한 사람이 승리한다.

간단한 만칼라 분석

먼저 간단한 만칼라 게임을 분석해 보자. 12개의 구슬로 하는 게임 분석은 간단하다. 왜냐하면 전체 구슬의 수가 적어 움직임의 수가 제한되기 때문이다. 결과적으로 말하면 만약 두 사람이 서로 최선의 플레이를 한다면, 먼저 움직이는 사람이 항상 7 대 5로 승리하게 된다. 지민이와 예진이의 만칼라 게임을 통해 실제 그런지 알아보자. 12개의 구슬로 하는 만칼라에서는 첫 번째 이동이 가장 중요한데, 먼저 움직이는 사람이 첫 번째 이동에서 상대방의 구슬을 잡아야만 한다.

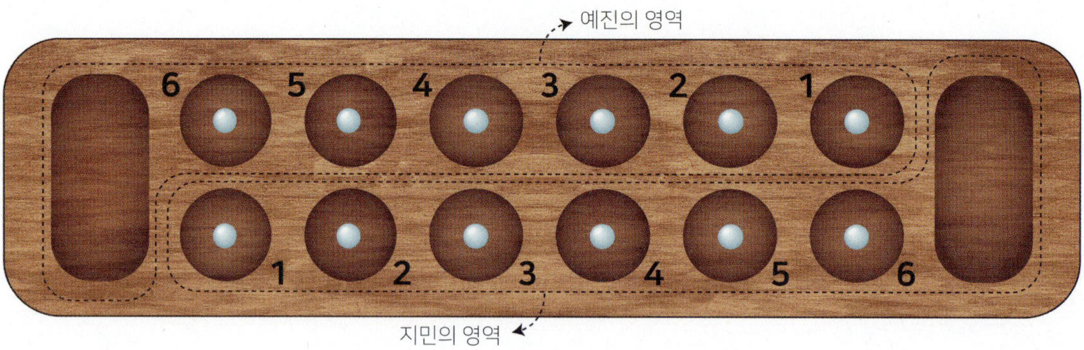

먼저 지민이가 움직인다고 하자. 지민이는 첫수에 6번 바구니에 있는 구슬을 만칼라로 이동하여 프리턴의 기회를 얻는다. 그러고 나면 5번 바구니에 있는 구슬을 6번 바구니로 이동하여 예진이의 1번 바구니에 있는 구슬을 잡아 만칼라에 총 3개의 구슬이 있게 된다.

이후에는 사실 예진이가 어떻게 움직이더라도 지민이가 승리하는 것을 막을 수는 없다. 즉, 먼저 움직인 사람에게 항상 필승전략이 존재한다는 것이다. 예진이도 최선의 플레이를 하기 위해 지민이와 마찬가지로 움직여 다음 그림과 같은 결과를 얻었다고 하자.

이제 지민이가 선택할 수 있는 경우의 수는 2가지이다. 4번 바구니를 선택하여 예진이의 구슬을 잡거나, 2번 바구니를 선택하여 자신의 구슬을 보호하는 것이다. (다음 차례에서 예진이가 4번 바구니를 선택하여 구슬을 잡을 것이기 때문이다.) 지민이가 2번 바구니를 선택하여 구슬을 보호한다면, 경기가 무승부로 끝나게 된다는 것을 어렵지 않게 알 수 있다. 따라서 지민이의 최선의 움직임은 4번 바구니를 이동하여 예진이의 구슬을 잡는 것이다.

지민이의 구슬을 잡는 것이 이 시점에서 예진이의 최선의 선택이지만, 다음 차례에서 다시 지민이가 예진이의 구슬을 잡으면 7 대 5로 게임이 종료된다. 예진이가 중간에 움직임을 바꾸더라도 결과가 달라지지 않는다. 먼저 움직이는 사람이 첫 번째 움직임에서 상대방의 구슬을 잡으면, 두 번째로 움직이는 사람은 승리할 수 없다. 따라서 12개의 구슬로 만칼라 게임을 한다면 먼저 움직이는 사람이 승리하게 된다.

만칼라 게임 상태의 경우의 수

만칼라에서 가장 먼저 생각해 볼 수 있는 수학적 특징은 가능한 게임 상태의 경우의 수가 얼마인가 하는 것이다. 만칼라 게임은 48개의 구슬로 게임이 진행되므로 가능한 게임 상태의 경우의 수가 너무 많아 다음 상황을 예측하기 어렵다. 간단히 생각해 보더라도 한 사람의 차례에서 12개의 바구니와 2개의 만칼라, 총 14개의 영역에 48개의 구슬이 배열될 수 있으므로 ${}_{14}H_{48} = {}_{14+48-1}C_{48} = {}_{61}C_{48}$가지의 위치가 가능하고 총 2명이 게임을 진행하므로 게임 순서를 생각하면 $2 \times {}_{61}C_{48} \fallingdotseq 1.31 \times 10^{13}$의 경우의 수가 나타날 수 있다. 물론 구슬을 임의로 배열하지 않고 규칙에 따라 진행되므로 모든 배열이 가능한 것은 아니지만 그렇다고 하더라도 경우의 수가 매우 크다는 것은 분명하다.

이 때문에 만칼라는 컴퓨터 과학에서도 흥미로운 주제 중 하나이다. 1950년대에는 '칼라 게임 회사(The Kalah Game Company)'에서 만칼라와 기본적인 규칙을 동일하게 하고 상업적으로 변형하여 '칼라(Kalah)게임'을 출시하였고 1960년에 칼라 게임의 컴퓨터 버전을 처음 공개하였다. 만칼라는 한 사람당 6개의 바구니와 바구니당 4개의 구슬을 이용하여 진행하는 것이 일반적이지만, 칼라 게임은 바구니의 개수와 구슬의 개수를 바꿀 수 있다. 이를 kalah(m, n) $(1 \leq m \leq 6, 1 \leq n \leq 6)$으로 표기하여 m은 바구니의 개수, n은 바구니당 구슬의 개수를 표현하였다.

2000년에는 당시 대학원생이었던 제프리 어빙(Geoffrey Irving)과 그의 연구팀은 논문 〈Solving Kalah〉에서 칼라 게임에 '빈 바구니 잡기(Empty Capture)'라는 한 가지 변형 규칙을 추가하여 게임의 필승전략을 밝혔다. '빈 바구니 잡기'는 마지막 구슬이 빈 바구니에 놓이게 되었을 때, 상대방의 바구니가 비어있더라도 마지막 구슬을 자신의 만칼라로 가져오는 규칙이다. 어빙과 연구팀은 컴퓨터 프로그램을 작성하여 변형된 칼라 게임의 모든 경우의 수에 대한 데이터 베이스를 구축하여 승리전략을 발견하였다. 아래의 표는 두 사람이 최적의 게임을 했을 때, 먼저 시작한 사람이 승리하는지 패배하는지를 계산한 표이다. 표에서 알 수 있듯이 먼저 시작한 사람이 대체로 유리하다.

	한 바구니당 구슬 수					
바구니 수	1	2	3	4	5	6
1	무	패	승	패	승	무
2	승	패	패	패	승	승
3	무	승	승	승	승	패
4	승	승	승	승	승	무
5	무	무	승	승	승	승
6	승	승	승	승	승	승

이를 바탕으로 어빙과 연구팀은 두 사람이 완벽한 게임을 할 때 이동해야 하는 구슬의 순서를 다음 표와 같이 제시하였다. 각자 바구니에 왼쪽부터 1 ~ 6번의 번호를 부여한다. 예를 들어 45 − 3은 먼

저 시작한 사람이 4번 바구니를 움직인 후 프리턴을 얻어 5번 바구니의 구슬을 움직이고, 다음 사람이 3번 바구니의 구슬을 이동하는 것을 의미한다.

(m, n)	게임 순서
(4, 1)	43-43-2
(4, 2)	4-4-341-342-2434
⋮	⋮
(6, 4)	36-21-4-4-6264-2-5-6-156-5-646563-64-5-2-4-3-1-65-2-4
(6, 5)	23-13-16-3-5-62-64-4-56-31-4-3-3-456-6-5-462-1-65-2-63-465-5-365-4-4

그러나 이 전략은 '빈 바구니 잡기'라는 규칙이 포함된 전략이다. 2015년 마크 롤링스(Mark Rawlings)는 일반적인 규칙의 칼라 게임에 대한 분석을 시도하였고 컴퓨터 프로그램을 이용하여 (6, 4) 칼라게임 즉, 일반적인 만칼라에 대한 필승전략을 아래와 같이 제시하였다.

첫 번째 선수의 움직임	결과	첫 번째 선수의 움직임 이후 초기 게임 진행
1	14점 차 패	36-3-265-1-64-5-6
2	10점 차 패	36-5-261-4-361-5
31	6점 차 패	34-2-6-1-5-1-62-4-5
32	무승부	36-5-261-3-4-1-63
34	2점 차 승	326-21-5-35-156
35	4점 차 승	23-25-5-12-4-2-6-5
36	8점 차 승	21-2-5-65-4-6165
4	2점 차 패	35-24-6-15-2656
5	8점 차 패	324-25-3-1-1-4-5-5
6	4점 차 승	25-261-4-4-3-65-6

표에서 알 수 있듯 먼저 시작한 사람이 36(3번 바구니 이동 후 6번 바구니 이동)으로 시작하는 것이 필승전략이다. 이와 같이 컴퓨터 과학에서 만칼라는 모두 해결되었다. 그러나 실제 게임을 진행할 때 모든 경우의 수를 계산해내기란 불가능하다. 어빙(Irving)은 만칼라(kalah(6, 4))를 할 때, 가능한 위치의 수가 1.31×10^{13}의 약 5% 정도라고 밝혔지만, 이마저도 컴퓨터 프로그램의 도움 없이 계산해낼 수는 없다. 따라서 실제 게임을 할 때는 유용한 전략을 많이 알고 각 상황에 활용해야 한다.

만칼라 전략

만칼라의 전략에 대해 알아보자.

오프닝 전략

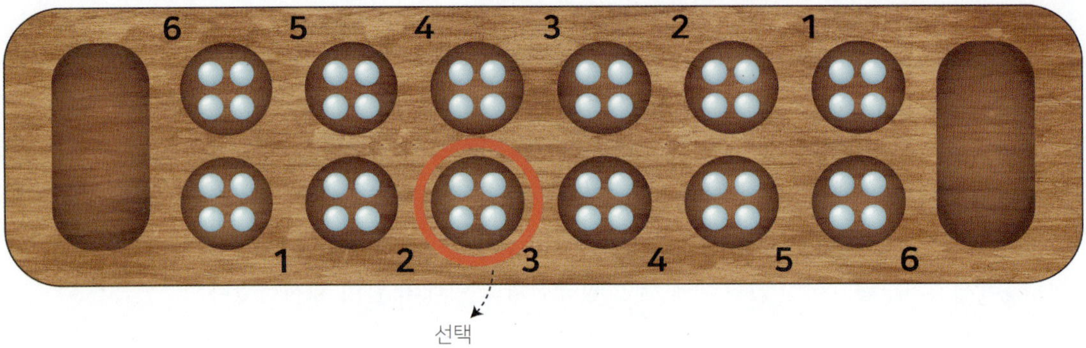

먼저 시작하는 사람이 3번 바구니를 선택하는 것이 최적의 오프닝 전략이다. 이렇게 하면 마지막 구슬이 만칼라에 떨어져 프리턴을 얻을 수 있기 때문이다. 그다음으로는 5번 또는 6번 바구니를 선택하여 상대방이 같은 오프닝을 하지 못하도록 막는 것이 좋다.

프리턴 활용

만칼라를 할 때 마지막 구슬이 만칼라에 도착하면 프리턴을 얻어 추가 동작을 할 수 있다. 이 규칙을 이용하면 많은 추가 턴을 하나의 동작으로 묶을 수 있다. 예를 들어 아래 그림과 같은 상황은 한 번에 모든 구슬을 만칼라에 넣을 수 있다. 어떤 순서로 구슬을 넣어야 할지 스스로 생각해 보자. 이와 같이 프리턴을 잘 활용한다면 많은 구슬을 한꺼번에 만칼라에 넣을 수 있으므로 유리하다.

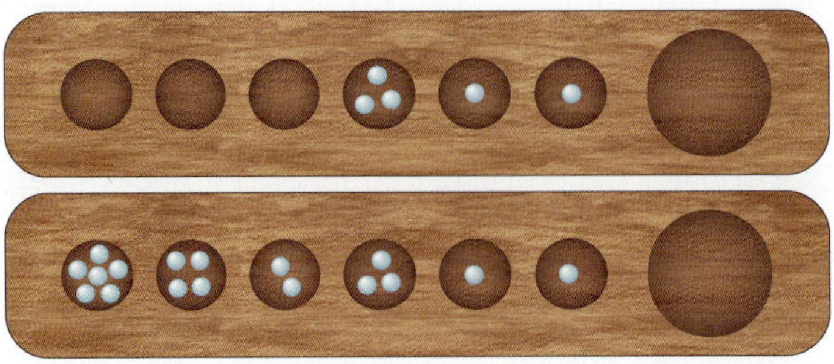

비행(Flight)

비행은 구슬이 잡히는 것을 보호하는 동작이다. 아래와 같이 상대방이 3번 바구니의 구슬을 5번 바구니로 옮길 가능성이 있으면, 2번 바구니를 미리 비움으로써 구슬이 잡히는 것을 방지할 수 있다.

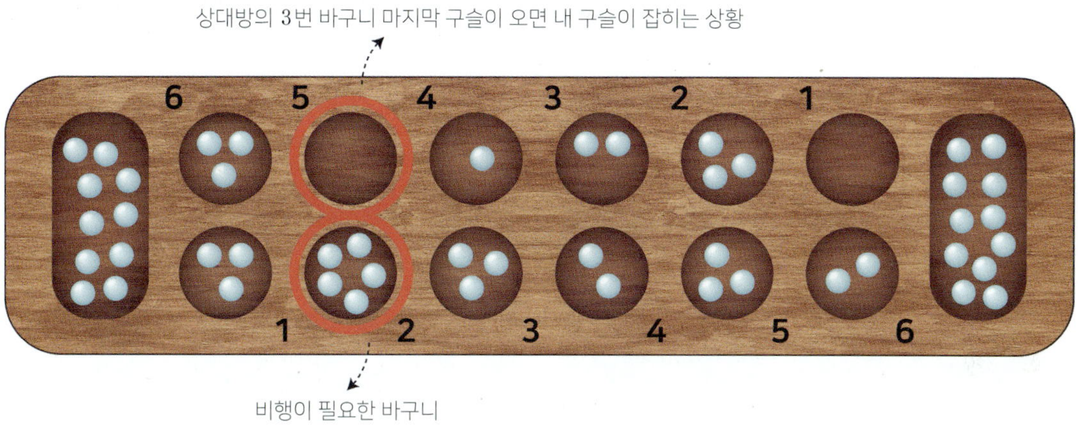

위협(Threat)

위협은 상대방이 공격하지 못하고 방어하게 만드는 방법이다. 아래에서 내가 할 차례일 때 상대방이 3번 바구니의 구슬을 옮겨 자신을 잡을 것을 예상하고, 2번 바구니의 구슬을 옮겨 상대의 공격을 방어할 수도 있지만, 그보다는 3번 바구니를 비우는 전략을 선택할 수 있다. 이렇게 하면 상대방은 상황이 역전되어 자신의 4번 바구니의 구슬이 잡힐 위험이 있으므로 공격을 멈추고 방어할 수밖에 없다.

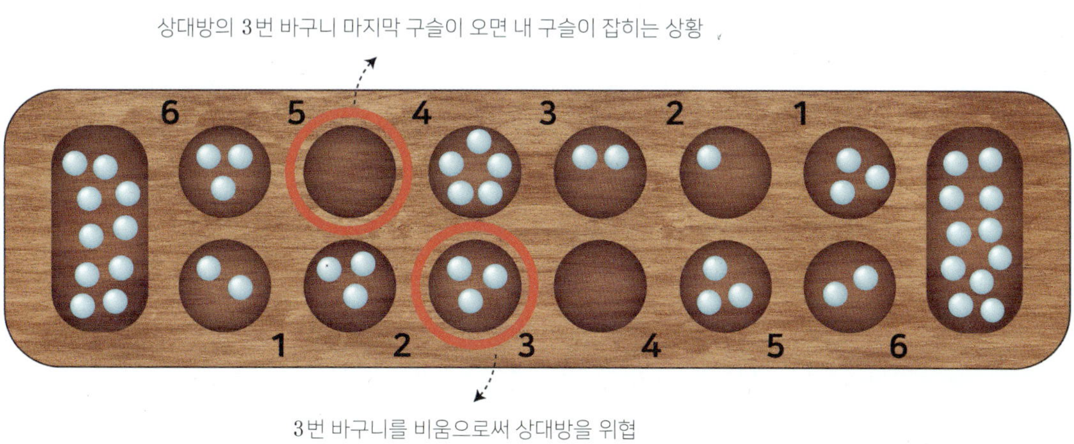

오버킬(Overkill)

오버킬은 자신의 구슬이 대량으로 잡히는 것을 막기 위해 상대방 바구니 구슬의 개수를 바꾸어 방어하는 것을 의미한다. 내 5번 바구니의 구슬이 잡히는 것을 막기 위해 5번 바구니를 직접 비울 수도 있지만, 6번 바구니의 구슬을 옮겨 상대방의 1번 바구니 구슬의 개수를 바꿀 수도 있다.

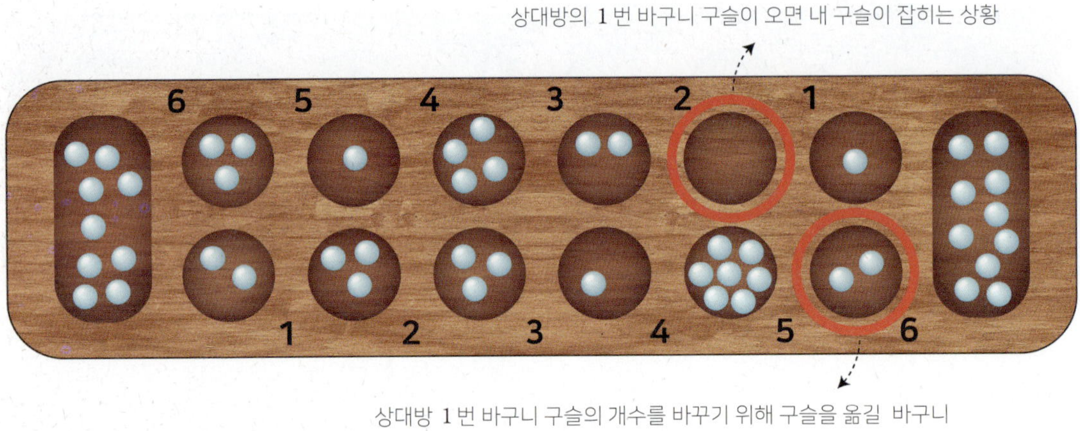

구슬 쌓기(Hoarding)

구슬 쌓기는 특정 바구니에 구슬이 쌓이도록 하고 그 바구니에서는 구슬을 옮기지 않으면서 게임을 진행하는 것이다. 이 바구니는 '가상 만칼라'의 역할을 한다. 이 바구니를 유지한 채 게임이 끝나게 되면 이 바구니의 구슬은 모두 만칼라로 이동할 수 있으므로 유리하다. 따라서 다른 바구니의 구슬을 먼저 움직이고 상대방의 영역에 있는 구슬을 빨리 모두 만칼라로 보낼 수 있도록 하여 이 바구니를 잘 지키는 것이 중요하다.

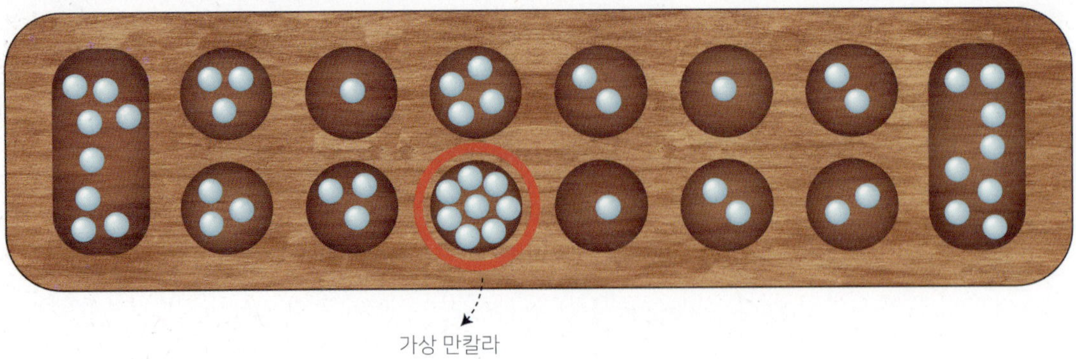

48개의 구슬로 구성된 만칼라를 진행하는 것은 매력적이면서도 도전적이다. 이 정도의 복잡성을 갖는 게임의 최적의 전략을 찾는 것은 매우 어렵기 때문이다. 그러나 앞에서 소개한 전략은 게임에서 유리한 위치를 선점하는 데 크게 도움이 된다. 따라서 만칼라를 할 때 앞서 소개한 전략을 바탕으로 자신이 지금 할 수 있는 가장 좋은 움직임이 무엇인지 집중하면 이것이 곧 경기를 승리하는 전략이 될 것이다.

젓가락 게임 Chopsticks Game

젓가락 게임(Chopsticks Game)은 두 명 이상의 사람이 두 손을 이용하는 게임으로 우리나라와 일본, 중국 어린이 사이에 널리 퍼져있는 게임이다. 아무런 도구가 필요하지 않으며 자신의 손으로 상대방 손을 두드리며 게임을 진행한다.

게임에 필요한 도구

손

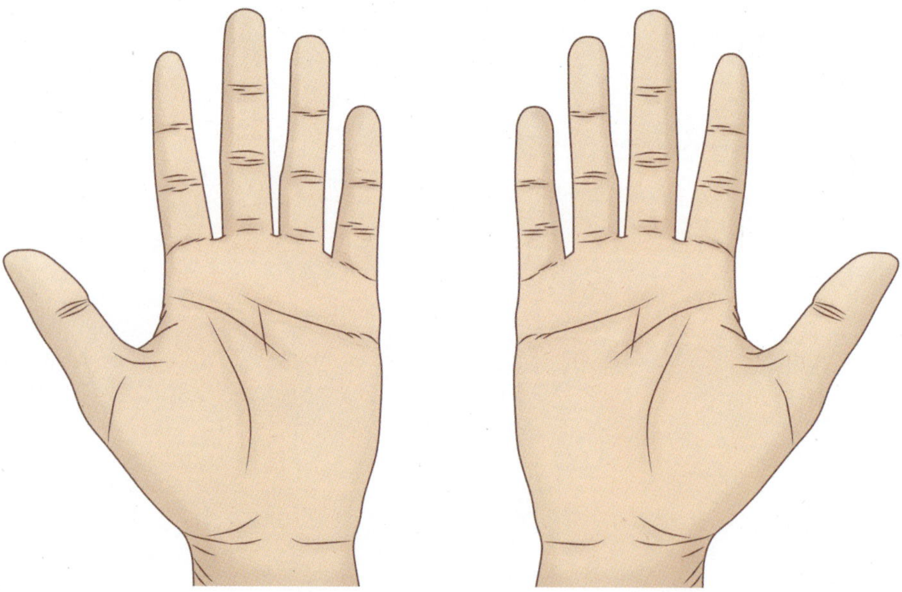

젓가락 게임은 양손만 있으면 할 수 있는 게임으로 특별한 준비물이 필요하지 않아 어디서나 쉽게 즐길 수 있다.

게임 규칙

젓가락 게임은 두 명 이상의 사람이 할 수 있는 게임으로 보통 두 명이 한다. 아래 그림과 같이 각자 집게손가락을 하나씩 펴고 게임을 시작하며 손가락이 하나 이상 펴져 있으면 그 손은 **살아 있는 손**이고 펴져 있는 손가락이 없으면 **죽어 있는 손**이다. 게임은 다음과 같은 규칙에 따라 진행한다.

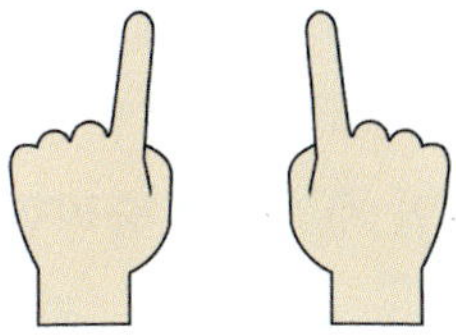

1) 두 사람은 교대로 자신의 차례에 상대방을 공격하거나 자신의 손가락을 나눈다.
2) 공격할 때 죽지 않은 자신의 손 중 하나로 죽지 않은 상대방의 손 중 하나를 두드린다. 이때 공격당한 상대방 손의 손가락 수는 공격한 손의 손가락 수만큼 증가한다. 공격으로 손의 손가락의 수가 5개 이상이 되면 공격당한 손의 모든 손가락을 접어야 하며 그 손은 죽은 손이 된다.

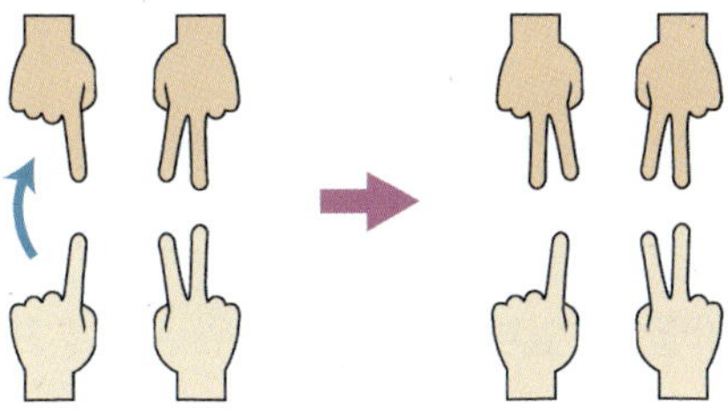

젓가락 게임에서 상대방을 공격한 경우

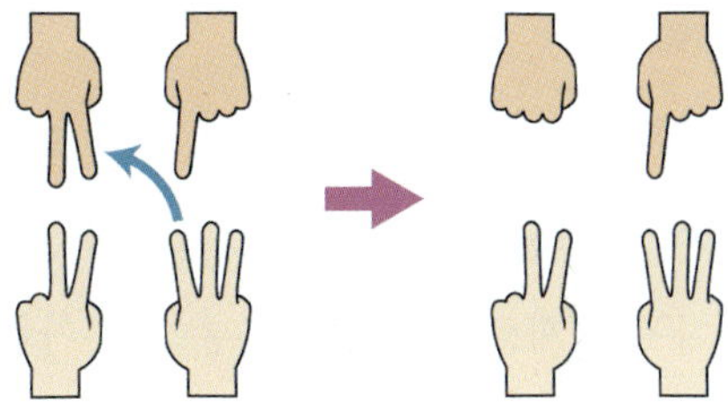

공격당한 손의 모든 손가락을 접은 경우

3) 손가락을 나눌 때는 두 손을 부딪친 후 두 손의 손가락의 합이 같도록 한 손의 손가락을 다른 손으로 이동한다. 단, 단순히 두 손의 손가락 수를 서로 바꾸거나 한 손에 손가락이 5개 이상 되도록 이동해 죽게 하는 것은 안 된다.

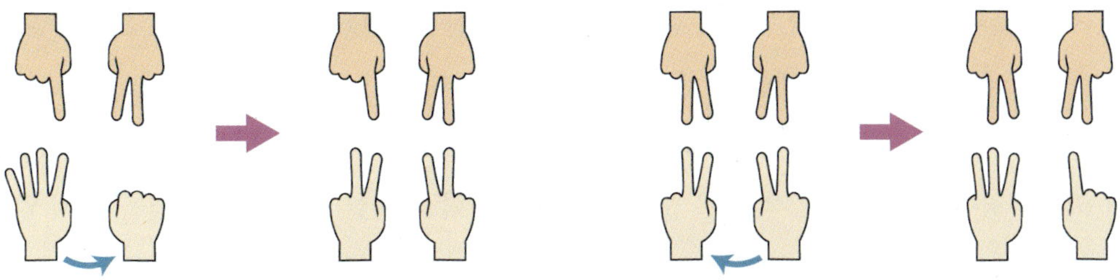

젓가락 게임에서 자신의 손가락을 나누는 경우

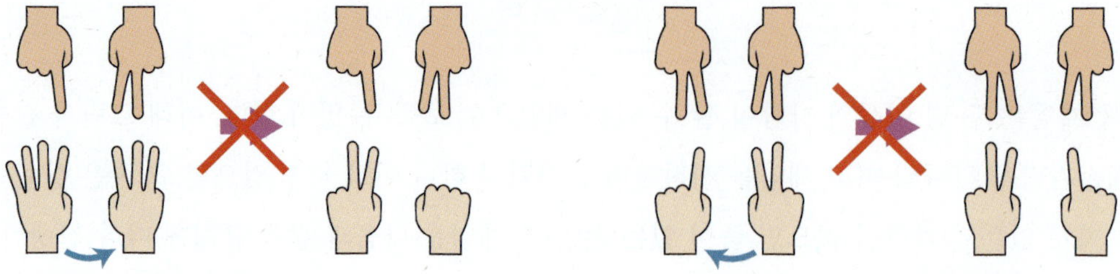

손가락을 나누는 것이 불가능한 경우 : 손가락을 보내 한 손 죽게 하기(왼쪽)와 두 손의 손가락 수 서로 바꾸기(오른쪽)

4) 상대방의 양손이 모두 죽은 손이 되면 게임에서 승리한다.

변형 게임

젓가락 게임에는 여러 변형 게임이 있다. 이 중 몇 가지를 알아보자.

체리(Cherri)

체리 규칙을 적용하면 자신의 차례에 두 손의 손가락 수가 다를 때 두 손의 손가락 수를 서로 바꾸는 것이 허락된다. 예를 들어 왼손의 손가락 수가 1개, 오른손의 손가락 수가 2개일 때 왼손의 손가락 수를 2개로 바꾸고 오른손의 손가락 수를 1개로 바꿀 수 있다. 다만 이 경우 무한루프를 통해 무승부를 만들 수 있으므로 이를 피하기 위해 연속적으로 체리 규칙을 사용하는 횟수를 제한할 수 있다.

메타(Meta)

양손의 손가락의 합이 5보다 클 때, 전체 개수에서 5개를 뺀 후 남은 숫자만큼의 손가락을 나눌 수 있다. 예를 들어 두 손에 각각 4개의 손가락이 남아있을 때 정식 규칙에서는 손가락을 나눌 수 없으나 이 규칙에서는 5를 뺀 3개를 두 손에 나눌 수 있다. 따라서 두 손에 손가락을 1개, 2개로 나누거나 3개, 0개로 나눌 수 있다. 손가락 합이 7개인 경우도 5개를 빼고 나눌 수 있게 된다. 손가락의 합이 6개인 경우엔 5개를 뺀 후 남은 숫자만큼의 손가락을 나눌 수도 있고 5개를 빼지 않고 나눌 수도 있다. 예를 들어 두 손에 2개와 4개의 손가락이 남아있다면 5개를 뺀 후 1개와 0개로 나누거나 5개를 빼지 않고 3개와 3개로 나눌 수 있다.

롤오버(Roll Over)

한 손의 손가락이 5개가 될 때만 그 손은 죽은 손이 된다. 5개가 넘으면 5를 뺀 만큼의 손가락이 남는다. 예를 들어 공격으로 손가락이 7개가 되면 5를 뺀 2개가 남는다.

나누는 방법 변형(Variations on How to Divide)

손가락을 나누는 경우에는 두 가지가 있다. 하나는 두 손 모두 살아 있을 때 나누는 경우고 다른 하나는 살아 있는 손과 죽어 있는 손이 하나씩 있을 때 나누는 경우다. 이 중 하나만 허락한다.

다른 수(Different Numbers)

표준 젓가락 게임은 숫자 5를 기준으로 손가락 수가 5 이상일 때 죽는다. 이를 변경해 게임을 할 수 있다. 예를 들어 기준을 4로 변경한다면 손가락 수가 4개 이상일 때 죽은 손이 된다.

필승전략

젓가락 게임은 두 번째로 시작하는 사람에게 필승전략이 있다. 즉, 먼저 시작하는 사람이 어떻게 하든 두 번째로 시작하는 사람이 항상 승리할 수 있다. 두 번째로 하는 사람이 승리하기 위한 기본 전략은 상대방의 손 중 하나를 죽은 손으로 만들고 다른 한 손에는 손가락 하나만 남기는 것이다.

손가락이 하나만 남게 되면 할 수 있는 행동은 상대를 공격하는 것밖에 없다. 이 사실을 활용하면 손가락이 하나 남은 사람을 상대로 쉽게 승리할 수 있다. 따라서 먼저 손가락이 하나만 남은 사람에게 승리하는 법을 알아보고 게임 시작 후 먼저 시작하는 사람의 손가락이 하나만 남게 하는 방법을 생각해 보자. 편의를 위해 손가락 수는 오름차순의 두 자릿수로 표시하도록 한다. 예를 들어 23은 두 손의 손가락 수가 2개, 3개인 경우를 의미한다. 02 – 14로 표시하면 먼저 시작한 사람은 02로 손가락이 남아있고 두 번째로 시작한 사람은 14로 손가락이 남아있음을 의미한다. 또한 자신의 손가락을 나눠 한 손을 죽은 손으로 만드는 것을 '손가락을 합친다'라고 할 것이다.

보조정리

손가락의 수가 01인 사람이 먼저 시작할 때, 두 번째로 시작하는 사람의 손가락 수가 04 또는 14가 아니면 두 번째로 시작하는 사람에게 필승전략이 존재한다.

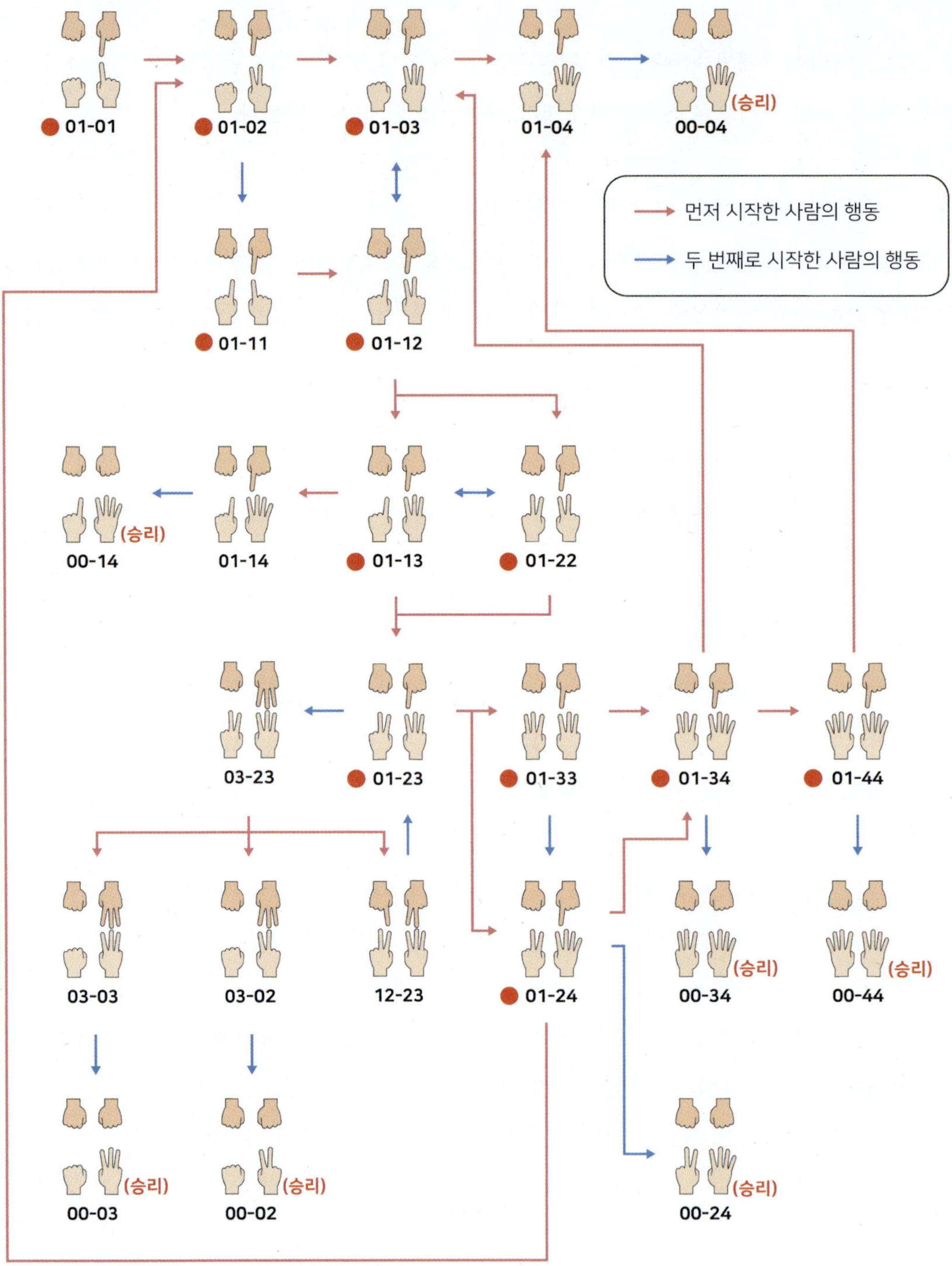

그림1 손가락이 01인 사람이 먼저 시작할 때 두 번째로 시작한 사람의 필승전략

그림1은 손가락의 수가 01인 사람이 먼저 시작할 때, 두 번째로 시작한 사람의 필승전략을 나타낸 것으로 먼저 시작한 사람의 가능한 모든 행동에 대해 필승전략에 따른 두 번째로 시작한 사람의 행동을 나타낸 것이다.

두 번째로 시작한 사람은 04 또는 14만 아니면 필승전략이 존재한다. 04와 14를 제외하고 가능한 경우는 01, 02, 11, 03, 12, 13, 22, 23, 24, 33, 34, 44이므로 이 12가지 경우 두 번째로 시작한 사람에게 필승전략이 존재하는 것이다. 그림1에서 이 게임 상태를 빨간 점으로 표시하였다.

그림에서 빨간색 화살표는 먼저 시작한 사람이 행동을 나타낸 것이고, 파란색 화살표는 두 번째로 시작한 사람의 행동을 나타낸 것이므로 빨간 점이 있는 게임 상태에서 게임을 시작할 때 빨간색 화살표부터 출발해 빨간색 화살표와 파란색 화살표를 교대로 따라가 보면 게임의 승패를 판단해 볼 수 있다. 그리고 어떠한 경우든 항상 두 번째로 시작한 사람이 승리함을 알 수 있다. 한번 각 게임 상황에 대해 화살표를 따라가며 게임의 진행을 살펴보아라.

복잡해 보일 수 있지만, 대부분의 경우 두 번째로 시작하는 사람의 전략은 자신이 할 차례에 4개의 손가락이 있는 손을 만드는 것이다. 이후 1개의 손가락이 있는 상대의 손을 쳐 게임에서 승리할 수 있다.

이제 젓가락 게임에서의 필승전략에 대해 생각해 보자. 앞서 말했듯 젓가락 게임은 두 번째로 시작하는 사람에게 필승전략이 존재한다.

젓가락 게임의 필승전략

젓가락 게임은 두 번째로 시작하는 사람에게 필승전략이 존재한다. 대부분의 경우 두 번째로 시작하는 사람은 먼저 시작한 사람의 손가락 수를 01로 만든 후 필승전략을 통해 최종적으로 승리하게 된다.

먼저 시작하는 사람이 처음에 할 수 있는 행동은 두 가지인데 하나는 자신의 손가락을 합치는 것이고 다른 한 가지는 두 번째로 시작하는 사람을 공격하는 것이다. 먼저 자신의 손가락을 합치는 경우에 대해 생각해 보자. 처음 시작할 때 손가락 수가 11이므로 먼저 시작한 사람이 자신의 손가락을 합치면 02가 되고 그림2의 과정을 통해 두 번째로 시작하는 사람이 먼저 시작하는 사람의 손가락 수를 01로 만들 수 있음을 알 수 있다. (물론 먼저 시작하는 사람이 어떻게 하느냐에 따라 01을 만들기 전에 두 번째로 시작한 사람이 쉽게 승리할 수도 있다.) 따라서 앞서 알아봤던 보조정리에 의해 두 번째로 시작하는 사람이 승리하게 된다.

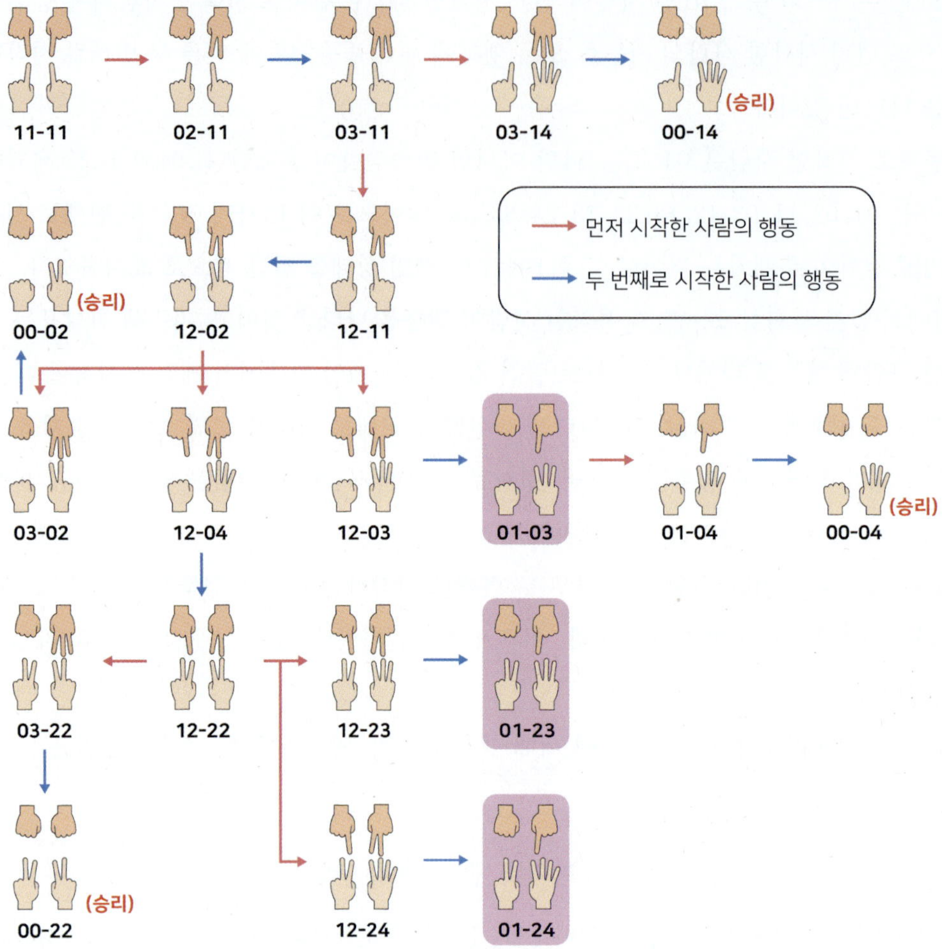

그림2 먼저 시작한 사람이 손가락을 합치는 것으로 시작할 때 두 번째로 시작한 사람의 필승전략

다음으로 먼저 시작하는 사람이 두 번째로 시작하는 사람을 공격하는 경우를 생각해 보자. 그림3과 앞서 알아봤던 보조정리에 따라 두 번째로 시작하는 사람이 승리할 수 있음을 알 수 있다. 그러므로 젓가락 게임은 먼저 시작하는 사람이 어떤 행동을 하더라도 두 번째로 시작하는 사람에게 필승전략이 존재한다.

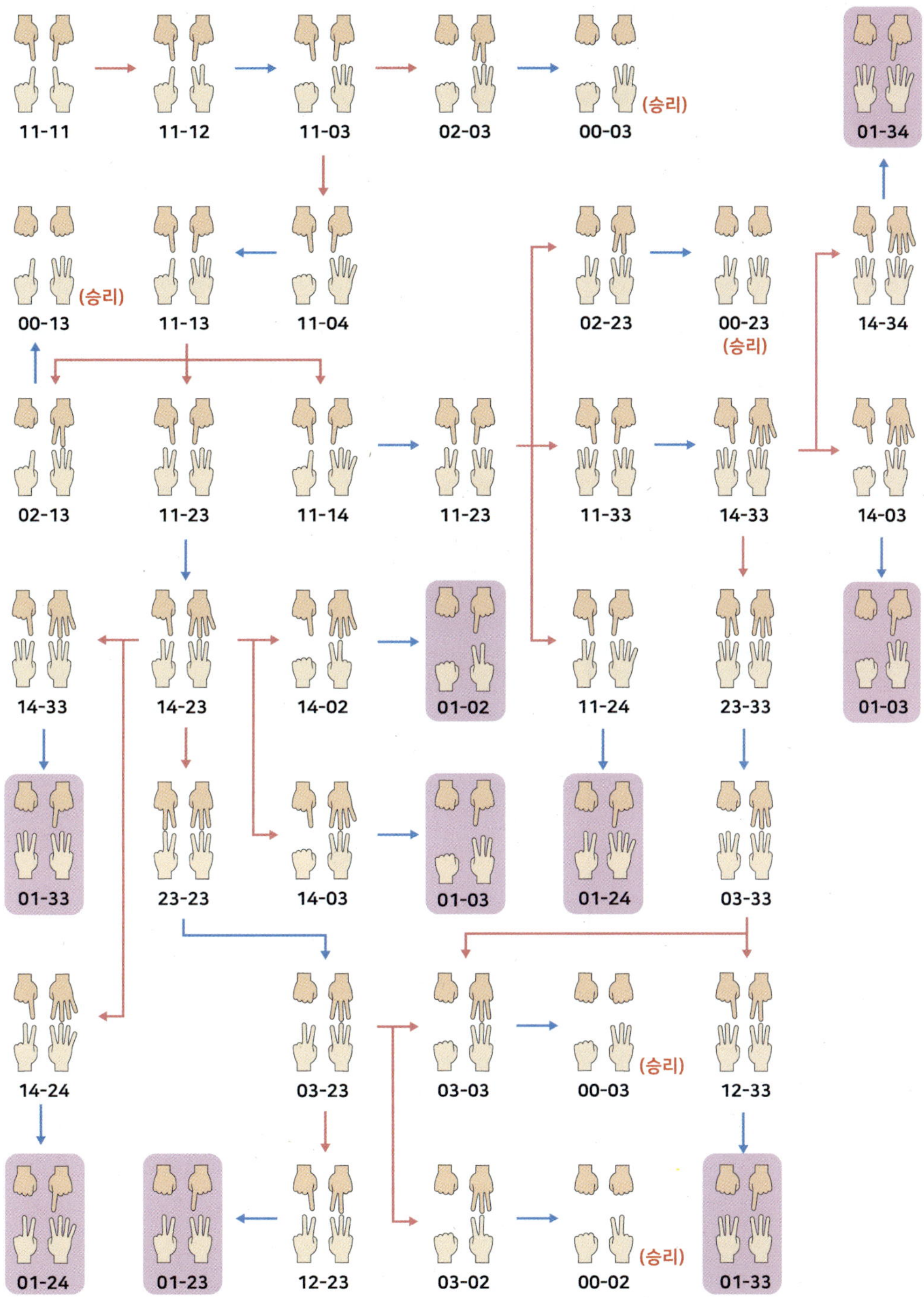

그림3 먼저 시작한 사람이 공격으로 시작할 때 두 번째로 시작한 사람의 필승전략

크램 Cram

크램(Cram)은 두 사람이 정사각형으로 이루어진 게임판에 1 × 2 크기의 도미노를 교대로 놓아 가는 게임이다. 1973년경 예란 안데르손(Göran Andersson)에 의해 발명된 2인용 게임인 도미니어링(Domineering)의 변형으로 마틴 가드너(Martin Gardner)의 기사를 통하여 사람들에게 널리 알려졌다.

게임에 필요한 도구

게임판, 2가지 색의 펜

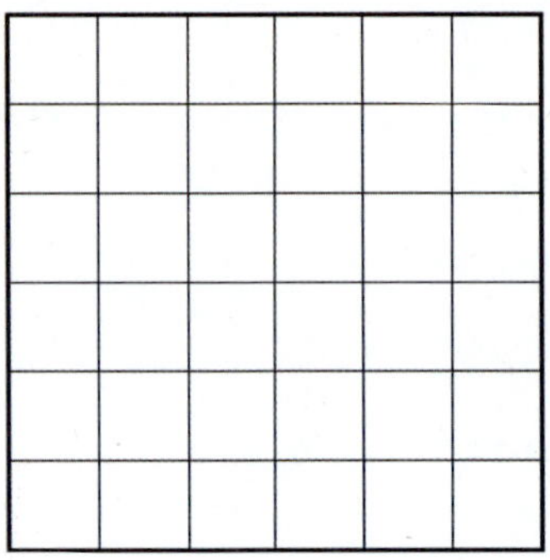

게임판

2가지 색의 펜

크램은 기본적으로 6 × 6 게임판에서 진행되지만, 게임판의 크기는 다양하게 구성할 수 있고 불규칙한 다각형이나 원통형 판에서 할 수도 있다. 2가지 색의 1 × 2 크기의 도미노를 이용하여 게임을 진행하는 것이 보통이지만, 이러한 도미노가 없을 때는 2가지 색의 펜을 이용하여 1 × 2 크기의 직사각형을 칠하는 방식으로 진행할 수 있다. (같은 색이어도 된다.)

게임판 받기

08_기타 수학 게임/크램.pdf

게임 규칙

6 × 6 크기의 정사각형 게임판을 준비하고 다음과 같은 규칙에 따라 게임을 진행한다. 보통 1 × 2 크기의 도미노 말을 이용해 게임을 진행하나 여기서는 펜을 사용하는 방법으로 설명하도록 한다.

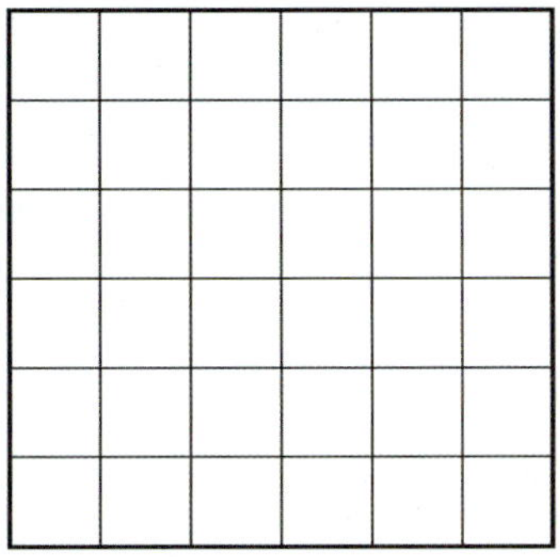

1) 두 사람은 두 가지 색의 펜을 하나씩 나누어 갖고, 빈칸에 교대로 1 × 2 크기의 직사각형을 그려 칸을 차지한다.
2) 가로(1 × 2) 또는 세로(2 × 1) 직사각형을 그려 칸을 차지할 수 있다.
3) 마지막으로 직사각형을 그리는 사람이 게임에서 승리한다.

아래 그림은 두 사람이 6 × 6 게임판에서 순서대로 게임을 진행한 예로 도미노 말의 숫자는 게임의 순서를 의미한다. 빨간색 도미노를 사용한 사람이 먼저 시작해 파란색 도미노를 사용하는 사람이 승리했다.

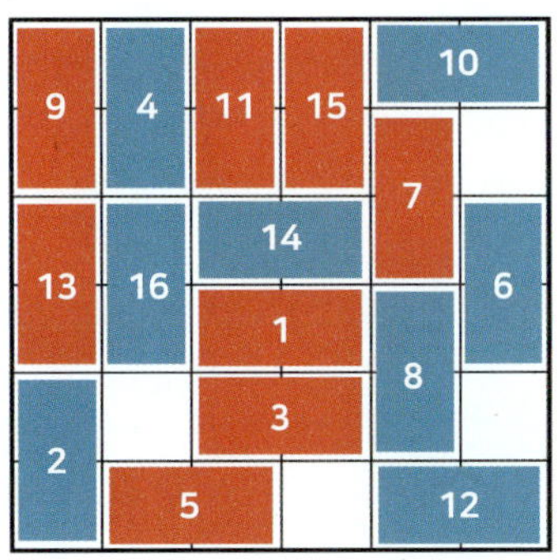

6 × 6 크램 게임의 진행 예

크램의 그런디 값

크램은 학자들 사이에서 도미니어링만큼 많은 관심을 받진 못했다. 선형 크램(Linear Cram)이라고 불리는 $1 \times n$ 크램은 이미 1934년 도슨(Dawson)에 의해 알려지게 되었으며 1956년 가이(Guy)와 스미스(Smith)에 의해 그런디 값이 구해졌다. $1 \times n$ 크램의 그런디 값의 수열은 처음엔 매우 불규칙하지만, 53항 이상부터 34의 주기를 갖는다. $2 \times n$ 크램의 경우 n이 짝수인 게임판의 그런디 값은 0이고 n이 홀수인 게임판의 그런디 값은 1로 알려져 있다. 더 큰 크램 게임판에 대한 최초의 체계적인 조사는 마틴 슈나이더(Martin Schneider)의 2009년 석사 논문에 실려 있다. 논문에는 $n = 9$ 이하일 때 $3 \times n$ 게임판 및 4×5, 5×5, 5×7 게임판에 대한 그런디 값이 실려 있다. 2010년 레모인(Lemoine)과 비엔노(Viennot)가 이를 확장하여 $n = 18$ 이하일 때 $3 \times n$ 게임판, $n = 9$ 이하일 때 $4 \times n$ 게임판, 또한 $n = 8$ 이하일 때 $5 \times n$ 게임판에 대해서도 그런디 값을 구했다. 몇몇 간단한 형태는 그런디 값을 직접 계산해 볼 수 있다. $1 \times n$ 크램부터 알아보자.

1Xn 크램

크램도 공정 게임이므로 그런디 값을 이용하여 설명이 가능하다. (스프라그-그런디 정리에 대한 이해가 선행돼야 하므로 그런디 게임에서 소개한 이론을 먼저 보길 추천한다.) 크램에서 아래 그림과 같이 빈칸이나 한 칸은 터미널 포지션이므로 그런디 값이 0이다.

다음으로 1×2 크램과 1×3 크램은 한 번 하면 터미널 포지션이 되기 때문에 그런디 값은 1이다.

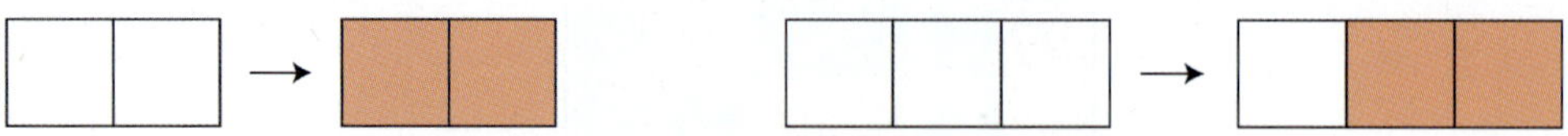

1×4 크램의 경우 그림1을 보면 팔로워의 그런디 값이 0과 1임을 알 수 있다. 따라서 스프라그-그런디 함수에 의해 1×4 크램의 그런디 값은 $\text{mex}\{0, 1\} = 2$이다. 마찬가지로 1×5 크램의 경우 그

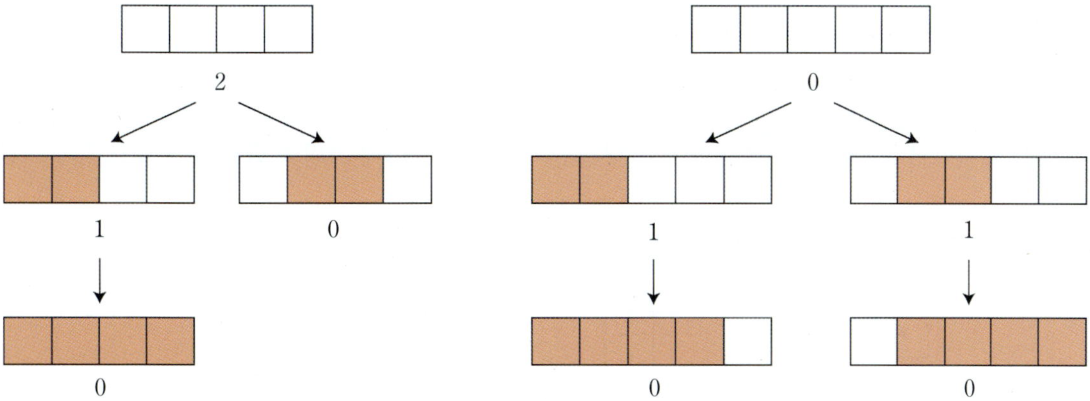

그림1 1 × 4 크램(왼쪽)과 1 × 5 크램(오른쪽)의 유향 그래프와 그런디 값

림1을 보면 팔로워의 그런디 값이 1이므로 1 × 5 크램의 그런디 값은 0이다. 이와 같은 과정을 반복하면 1 × n 크램의 그런디 값을 순차적으로 구할 수는 있지만, n의 값이 커질수록 생각해야 할 경우의 수가 복잡해진다. 그림2를 보면 1 × 6 크램의 그런디 값은 3임을 알 수 있다. (게임의 진행 과정에서 대칭적이거나 남는 모양이 같은 경우 생략하였다.)

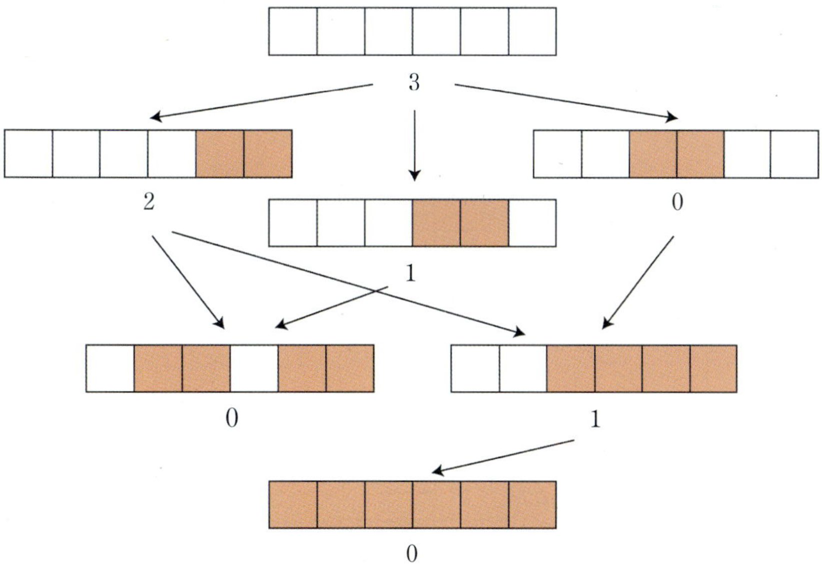

그림2 1 × 6 크램의 유향 그래프와 그런디 값

정사각형을 점으로 생각하고 변을 맞대고 있는 것을 선으로 연결한다면 크램의 게임 상태를 그래프로 나타낼 수 있다. 크램의 경우 그래프로 나타냈을 때 그래프의 연결 관계가 같으면 그런디 값 또한 같게 된다. 몇 가지 예를 통하여 살펴보자.

그래프로 나타냈을 때 1×3 크램과 같은 연결관계인 경우는 아래 그림과 같다. 1×3 크램의 그런디 값은 1이므로 이들의 그런디 값은 모두 1로 같다.

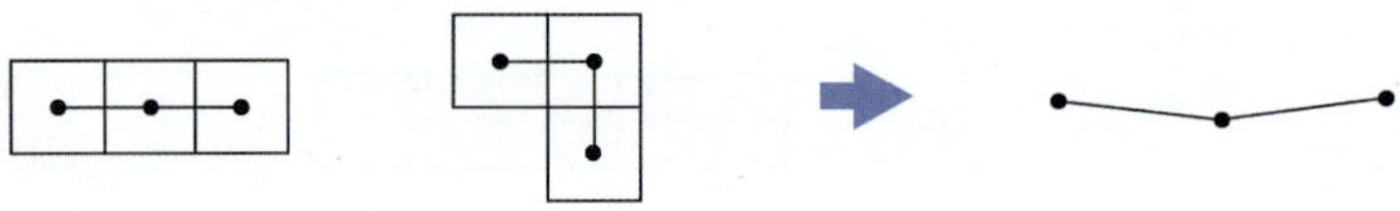

1×4 크램을 그래프로 나타냈을 때 연결 관계가 같은 경우는 아래 그림과 같고, 1×4 크램의 그런디 값이 2가 되므로 나머지 모양들도 그런디 값은 모두 2가 된다.

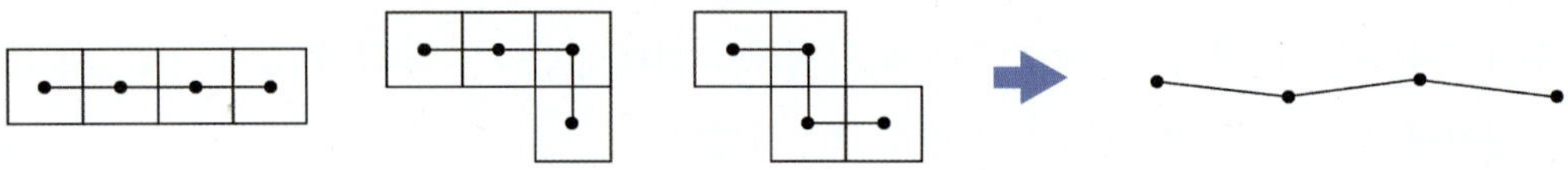

다음으로 T자 모양의 게임 상태를 생각하자. 정사각형 5개를 T자 모양으로 연결한 도형의 그런디 값을 조사해 보면, 아래 그림처럼 2가 됨을 알 수 있다. (게임의 진행 과정에서 대칭적이거나 남는 모양이 같은 경우 생략하였다.)

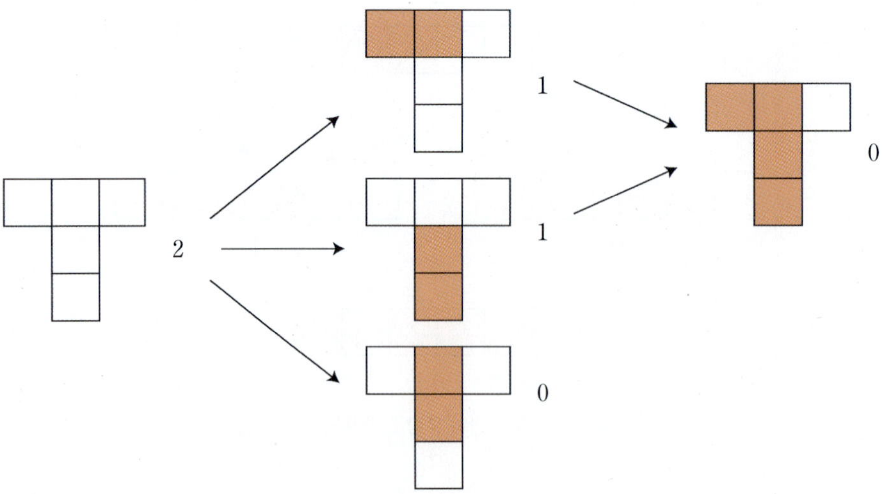

T자 모양을 그래프로 나타냈을 때 연결 관계가 같은 경우는 아래 그림과 같고, 이들의 그런디 값은 모두 2가 된다.

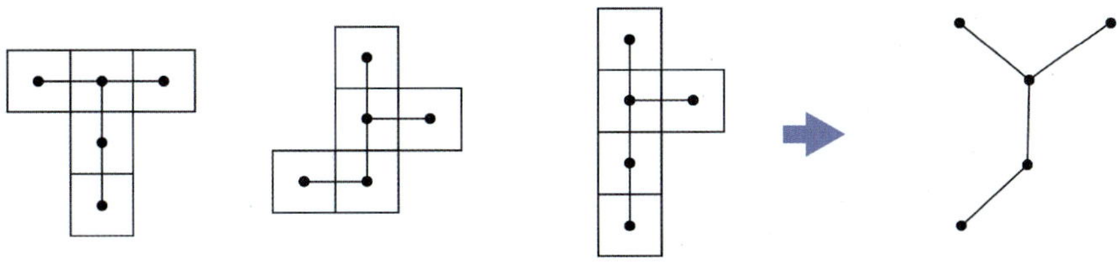

1×5 크램을 그래프로 나타냈을 때 연결 관계가 같은 경우는 아래 그림과 같고, 1×5 크램의 그런디 값이 0이 되므로 나머지 모양들도 그런디 값은 모두 0이 된다.

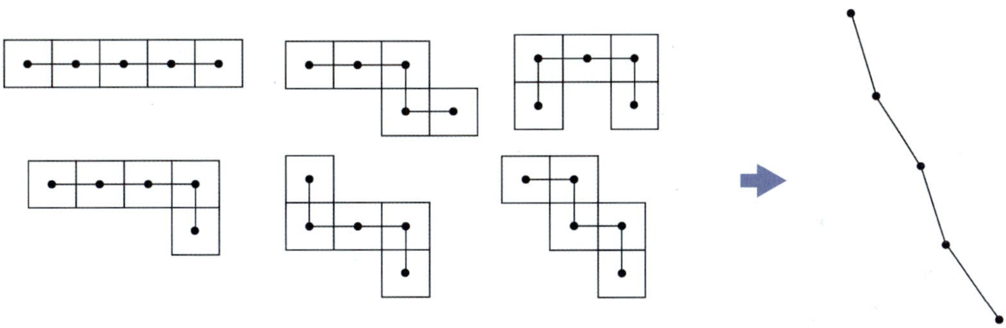

3×3 크램의 그런디 값을 구하면 그림3에서 알 수 있듯 0이 된다. (게임의 진행 과정에서 대칭적이거나 남는 모양이 같은 경우 생략하였다.) 그림3의 세 번째 단계 또는 두 번째 단계의 게임의 상태에서 그런디 값을 구할 때, 위에서 언급된 연결 관계가 같은 도형들을 이용하면 좀 더 쉽게 그런디 값을 구할 수도 있다. 그런디 이론에서 언급된 바와 같이 게임을 할 때 최선의 전략은 상대방에게 그런디 값이 0인 상태를 넘기는 것이다. 또한 어떤 게임 상태가 그런디 값이 0이 아니라면 그런디 값이 0인 상태로 갈 수 있고, 그런디 값이 0이라면 그런디 값이 0이 아닌 상태로 갈 수밖에 없다. 따라서 3×3 크램의 그런디 값은 0이므로 두 사람이 최선의 전략으로 게임을 한다면 먼저 시작하는 사람이 패배하게 된다.

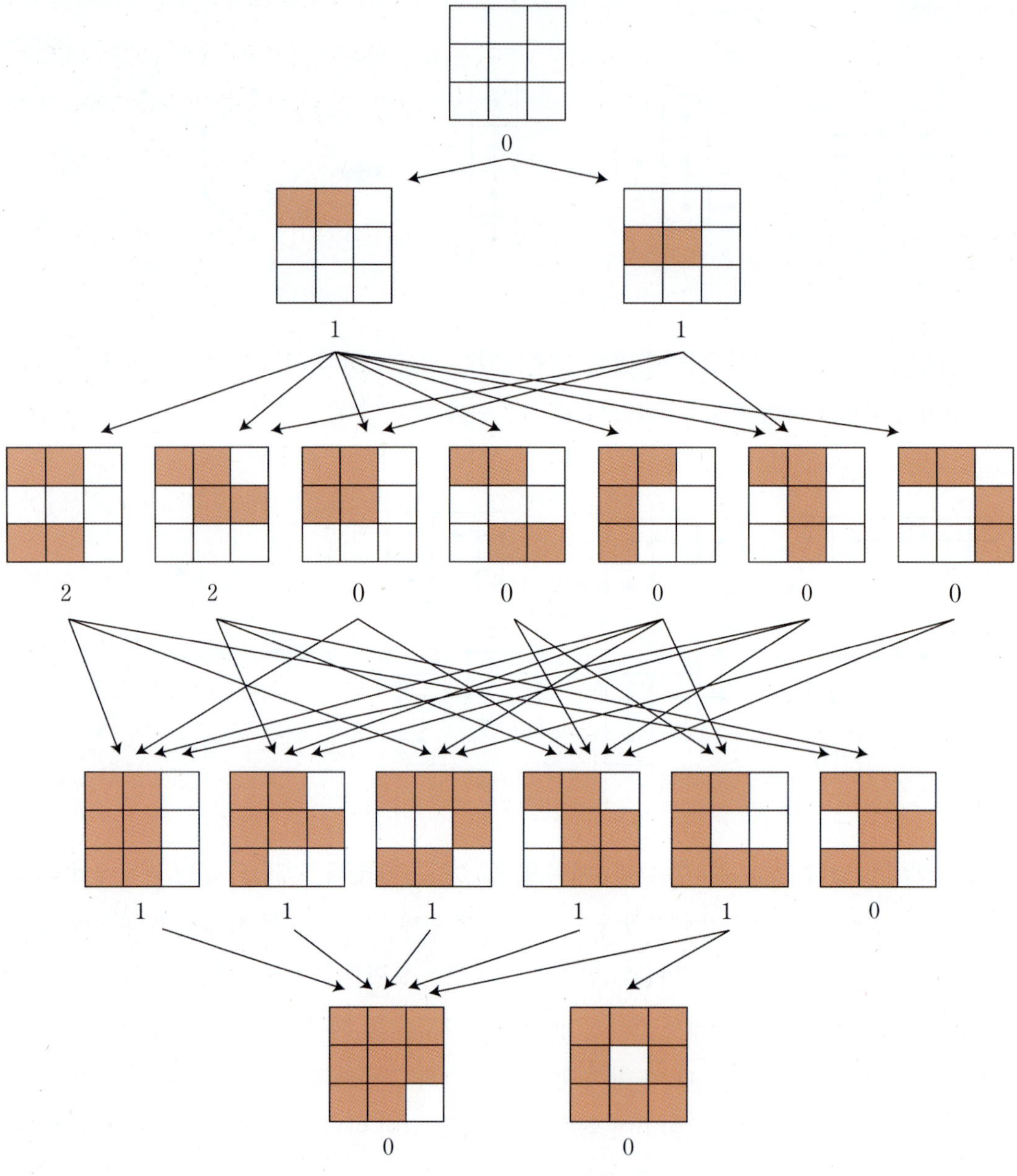

그림3 3 × 3 크램의 유향 그래프와 그런디 값

스프라그-그런디 정리에 따르면 게임의 상태가 여러 개의 하위 게임으로 분해되는 경우 전체 게임의 상태에 대한 그런디 값은 하위 게임의 그런디 값의 님합과 같게 된다. 예를 들어 그림4와 같이 게임이 진행된 상태에서 그런디 값을 구하고자 한다면 남은 부분들의 그런디 값의 님합을 통하여 구할 수 있다.

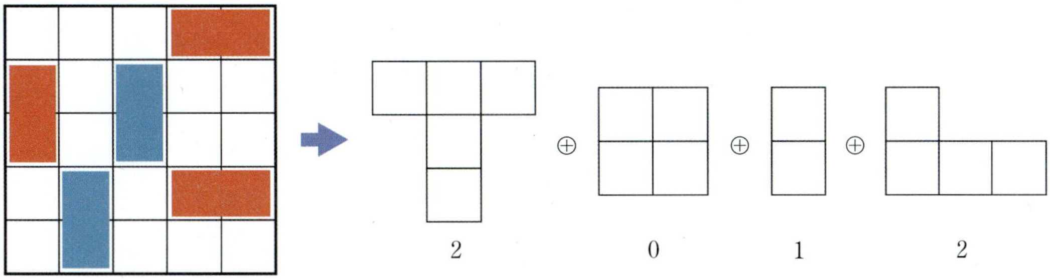

그림4 5 × 5 크램에서 게임이 5회 진행된 게임 상태의 그런디 값 구하기

이들의 하위 부분들에 대한 그런디 값을 조사하면 순서대로 $2, 0, 1, 2$이다. 따라서 이 값의 님합을 구하면 다음과 같다.

$$10_2 \oplus 0_2 \oplus 1_2 \oplus 10_2 = 1_2 = 1$$

즉, 빨간색 도미노를 사용한 사람이 먼저 시작하면 파란색 도미노를 사용한 사람이 할 차례에 게임 상태의 그런디 값이 1이 되므로 최선의 전략으로 두었을 때 파란색 도미노를 사용한 사람이 게임에서 승리하게 된다. 이 방법을 사용하면 게임의 진행 중 나타나는 여러 가지 게임 상태에 대해서도 그런디 값을 계산하여 누구에게 필승전략이 있는지 알아볼 수 있다.

게임판 크기에 대한 필승전략

이제 위에서 언급했던 내용을 일반화하고자 한다. 크램은 일반적으로 6×6 게임판에서 진행하는 것이 보통이지만, 이를 확장하여 $n \times m$ 게임판에서 진행한다고 할 때, n과 m의 값이 짝수인지 또는 홀수인지에 따라 취해야 할 전략이 달라진다. 이에 대해 크램의 필승전략과 관련된 두 가지 전략을 소개하고자 한다.

크램 게임판 크기에 대한 필승전략

$n \times m$ 크램에서 게임을 진행할 때,

1) n, m이 모두 짝수이면 나중에 시작하는 사람에게 필승전략이 존재한다.

2) n과 m 중 하나는 짝수이고 다른 하나는 홀수이면 먼저 시작하는 사람에게 필승전략이 존재한다.

정리의 두 가지 내용을 살펴보자. 먼저 1)에 대한 증명은 간단하다. 나중에 시작한 사람은 먼저 시작한 사람이 도미노를 놓을 때마다 게임판의 중심을 대칭축으로 점대칭인 위치에 도미노를 놓으면 승리하게 된다. 따라서 $n \times m$ 크램의 그런디 값은 0이다. 예를 들어 아래 그림은 4×4 크램 게임판에서 게임을 진행한 상황이다. 빨간색 도미노를 사용하는 사람이 먼저 시작했고 파란색 도미노를 사용하는 사람은 빨간색 도미노를 사용하는 사람과 점대칭이 되도록 도미노를 놓아 승리했다.

다음으로 2)에 대한 증명을 해보자. 이 경우는 먼저 시작한 사람이 승리할 수 있다. 먼저 시작한 사람이 두 개의 중앙 사각형에 도미노를 놓은 후 1)의 전략에 따라 나중에 두는 사람이 놓은 위치와 점대칭인 위치에 도미노를 놓으면 게임에서 승리한다. 결과적으로 $n \times m$ 크램에서 n과 m 중 하나는 짝수이고 다른 하나는 홀수인 경우 0이 아닌 그런디 값을 갖는다. 예를 들어 아래 그림은 4×5 게임판에서 게임을 진행한 상황으로 먼저 시작한 빨간색 도미노를 사용하는 사람이 승리했다.

$n \times m$ 크램에서 n과 m이 모두 홀수인 경우 크램 게임의 그런디 값이나 필승전략에 대해 일반화

된 내용은 아직 알려진 바가 없다. $n \times m$ 크램에서 현재까지 알려진 그런디 값을 표로 정리하면 다음과 같다.

$n \times m$	4	5	6	7	8	9
4	0	2	0	3	0	1
5	2	0	2	1	1	1
6	0	2	0	5	0	-
7	3	1	5	1	-	-

$n \times m$ 크램의 그런디 값

도부츠쇼기 どうぶつしょうぎ

쇼기(しょうぎ)는 우리나라 장기와 비슷한 일본 전통 게임이다. 일본 쇼기기사인 키타오 마도카(きたお まどか)는 2008년 쇼기를 널리 알리기 위해 어린이용 쇼기 게임을 만들었다. 그 게임이 바로 도부츠쇼기(どうぶつしょうぎ)이다. 도부츠쇼기의 귀여운 동물 말은 키타오 마도카의 동료인 쇼기기사 후지타 마이코(ふじた まいこ)가 디자인했다.

게임에 필요한 도구

게임판, 동물 말 각각 2개

게임판

동물 말 각각 2개

이 책에서는 도부츠쇼기 동물 말 이미지 원작자인 후지타 마이코의 허락으로 도부츠쇼기와 고로고로 도부츠쇼기의 동물 말을 원작 그대로 소개한다.

게임판 받기

08_기타 수학 게임/도부츠쇼기.pdf

게임 규칙

아래 그림처럼 말을 배치한다. 내 앞에 놓인 4개의 말이 나의 말이다. 배치가 끝나면 다음과 같은 규칙에 따라 게임을 진행한다.

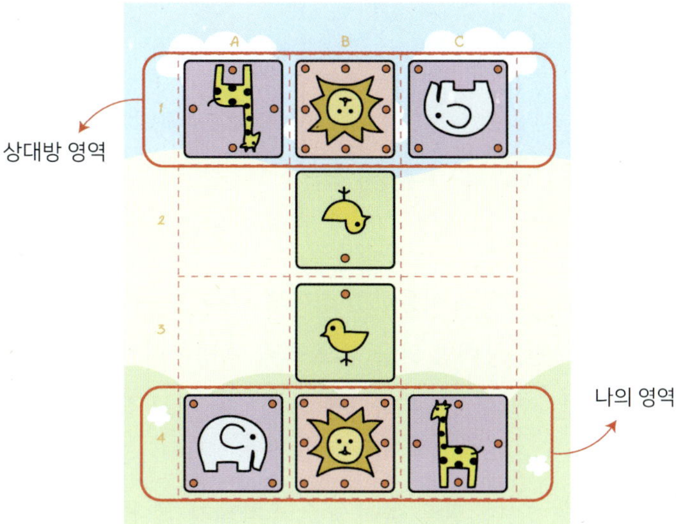

1) 두 사람은 교대로 규칙에 따라 말을 움직인다. 말은 아래 그림처럼 각각 점이 찍힌 방향으로 한 칸 이동할 수 있다.

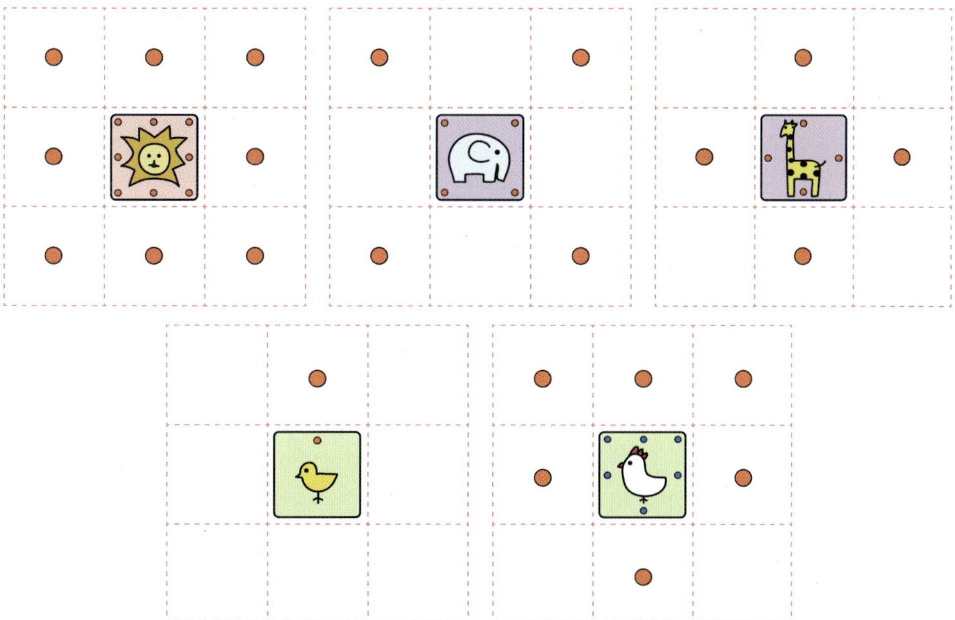

2) 말을 이동할 때, 특별 규칙이 하나 있는데 바로 병아리의 승진 규칙이다. 내 병아리가 상대방 영역까지 이동하면 병아리는 즉시 닭으로 승진한다.

3) 나의 말이 상대방 말이 있는 곳으로 이동하면 상대방 말을 잡는다. 잡은 상대방 말은 가지고 있다가 다시 사용할 수 있다. 단, 상대방 닭을 잡으면 즉시 병아리가 된다.
4) 내가 잡은 상대방 말이 있다면 내 말 중 하나를 움직이는 대신 잡은 말 중 하나를 게임판의 빈 곳 중 원하는 곳에 올려놓을 수 있다. 즉, 말을 이동하는 것과 잡았던 말을 빈 곳에 올려놓는 것 중 하나를 선택해 행동할 수 있다. 말을 올려 놓으면 차례가 끝나며 게임판에 올려놓은 말은 내 말로 사용한다.
5) 잡은 병아리를 올려놓을 때 상대방 영역에 올려놓으면 이 병아리는 닭으로 승진하지 않는다. 다만 잡은 병아리를 상대방 영역이 아닌 곳에 올려놓았을 경우 이후 차례에서 상대방 영역으로 이동하면 닭으로 승진한다.
6) 나의 차례를 넘길 수 없고 말을 이동하거나 잡은 말을 올려놓는 것 중 하나를 반드시 해야 한다.
7) 게임 진행 중 3번 같은 형태가 반복되면 게임은 무승부로 종료된다.
8) 상대방의 사자를 잡거나 내 사자가 상대방 영역으로 이동한 후 바로 다음 차례에 잡히지 않으면 승리한다.

도부츠쇼기의 묘미는 잡은 말을 다시 나의 말로 사용할 수 있다는 점이다. 이런 점이 전략적으로 많은 상황을 고려하게 하고 게임의 재미를 한층 높인다. 게임 규칙 중 흥미로운 것은 내가 잡은 병아리를 상대방의 영역에 놓게 되면 이 병아리는 닭으로 승진하지 못한다는 규칙이다. 이후 게임에서 이 병아리는 움직이지 못하므로 이렇게 게임을 진행하는 것이 의미 없어 보일 수 있다. 하지만 경우에 따라 상대방 영역에 잡은 병아리를 놓는 것이 승리의 열쇠가 될 수 있다.

변형 게임

도부츠쇼기의 변형 게임에 대해 알아보자.

고로고로 도부츠쇼기(ごろごろどうぶつしょうぎ)

고로고로 도부츠쇼기는 일본 쇼기 연맹에서 고안한 게임으로 키타오 마도카는 감수를 맡았다. 6 × 5 게임판에서 게임이 진행되며 도부츠쇼기에서 등장하는 기린과 코끼리 대신 개와 고양이가 등장한다. 병아리가 닭으로 승진하는 것처럼 고양이가 힘센 고양이로 승진하기 때문에 보통 고양이를 뒤집으면 힘센 고양이가 나오도록 말을 만든다. 아래 그림처럼 말을 배치하고 다음과 같은 규칙에 따라 게임을 진행한다.

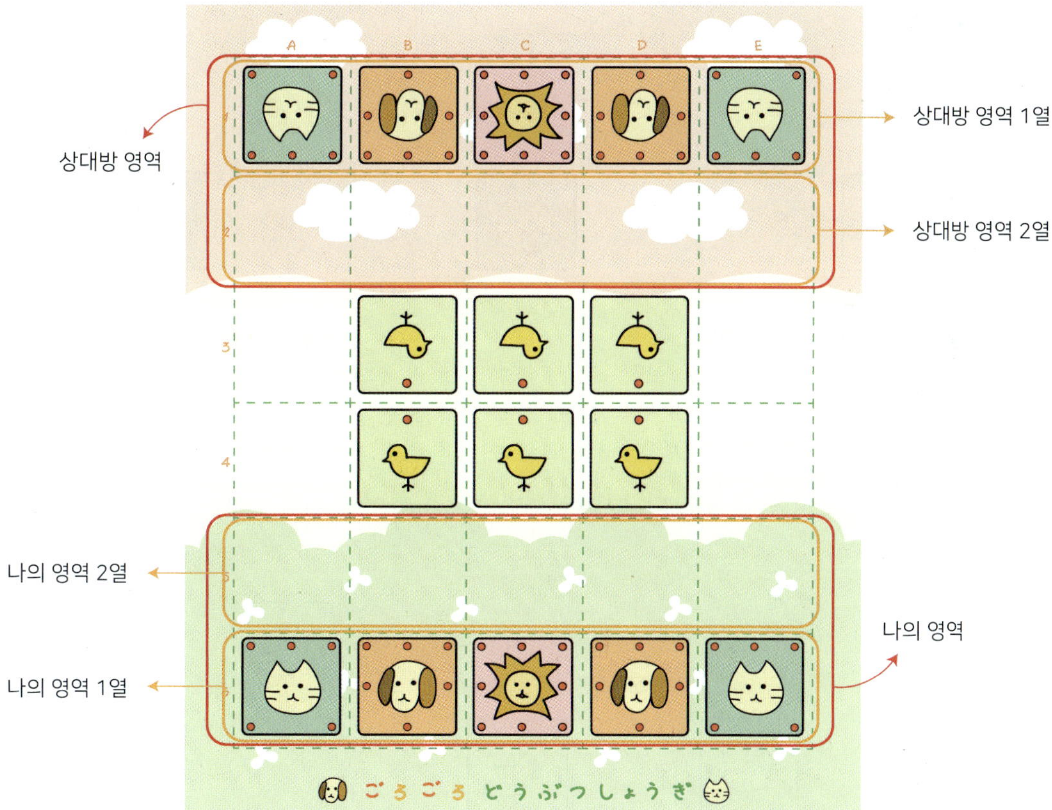

1) '푸리고마(Furigoma)' 규칙에 따라 두 사람 중 누가 먼저 게임을 할지를 결정한다. 푸리고마는 병아리 말(뒷면은 닭) 3개를 던져 병아리가 많이 나오면 말을 던진 사람이 먼저 게임을 시작하

고, 닭이 많이 나오면 말을 던진 사람이 두 번째로 게임을 시작하는 규칙이다. 보통 더 나이가 많거나 게임을 더 잘하는 사람이 말을 던진다.

2) 두 사람은 교대로 규칙에 따라 말을 움직인다. 말은 아래 그림처럼 각각 점이 찍힌 방향으로 한 칸 이동할 수 있다.

3) 말을 이동할 때, 병아리가 상대방 영역 2열로 이동하면 닭으로 승진할지 말지를 결정할 수 있다. 다시 말해 닭으로 승진해도 되고 그대로 병아리로 있어도 된다. 상대방 영역 2열에서 1열

로 가면 즉시 닭으로 승진한다.

4) 말을 이동할 때, 고양이가 상대방 영역이 아닌 곳에서 상대방 영역으로 가거나 상대방 영역에서 상대방 영역이 아닌 곳으로 나오면 고양이는 힘센 고양이로 승진한다.

5) 나의 말이 상대방 말이 있는 곳으로 이동하면 상대방 말을 잡는다. 잡은 상대방 말은 다시 사용할 수 있다. 단, 상대방 닭을 잡으면 즉시 병아리가 되고, 힘센 고양이는 고양이가 된다.

6) 내가 잡은 상대방 말이 있다면 내 말 중 하나를 움직이는 대신 잡은 말 중 하나를 게임판의 빈 곳 중 원하는 곳에 올려놓을 수 있다. 즉, 말을 이동하는 것과 잡았던 말을 빈 곳에 올려놓는 것 중 하나를 선택해 행동할 수 있다. 단, 잡은 병아리의 경우 상대방 1열에 올려놓을 수 없다. 말을 올려놓으면 차례가 끝나며 게임판에 올려놓은 말은 내 말로 사용된다.

7) 각 세로 줄에 내 병아리가 두 마리 이상 있을 수 없다. 단, 닭과 병아리는 같은 세로 줄에 있을 수 있다.

8) 게임 진행 중 같은 형태가 4번 반복되면 게임은 무승부로 종료된다.

9) 나의 차례를 넘길 수 없고 말을 이동하거나 잡은 말을 올려놓는 것 중 하나를 반드시 해야 한다.

10) 다음 차례에 내 말이 상대방 사자를 잡을 수 있으면 이를 '체크(Check)'라 한다. 체크를 당한 경우 사자를 피하는 것과 체크한 말을 잡는 것 중 하나를 반드시 해야 한다.

11) 사자가 체크를 당했을 때, 사자가 잡히는 것을 피할 수 없으면 이를 '체크메이트(Checkmate)'라 한다. 아래 그림은 상대방 사자가 체크메이트를 당한 예이다.

12) 잡힌 병아리를 보드에 놓아 체크메이트가 되는 것은 허락되지 않는다. 예를 들어 아래 그림과 같은 상황에서는 병아리를 사자 앞에 놓으면 체크메이트가 되므로 이는 허락되지 않는다.

13) 상대방의 사자를 잡으면 게임에서 승리한다.

큰 숲의 도부츠쇼기(おおきな森のどうぶつしょうぎ)

큰 숲의 도부츠쇼기는 9 × 9 게임판에서 진행되며 기린, 사자, 코끼리, 병아리, 닭 외에도 토끼, 고양이, 개, 멧돼지 등 다양한 동물이 등장한다. 게임 규칙은 쇼기와 완전히 같다. 쇼기의 규칙 소개는 생략한다.

십이장기

십이장기는 국내 리얼리티 게임쇼 더 지니어스에서 도부츠쇼기를 변형해 만든 게임이다. 도부츠쇼기와 같은 크기의 게임판을 사용하며 사자, 기린, 코끼리, 병아리, 닭 대신 왕(王), 장(將), 상(相), 자(子), 후(侯)가 등장한다. 다음 두 가지만 도부츠쇼기와 규칙이 다르고 나머지 규칙은 같다.

1) 내가 잡은 말을 게임판의 빈 곳에 놓을 때 상대방 영역이 아닌 곳에 놓아야 한다.
2) 무승부 규칙이 존재하지 않는다.

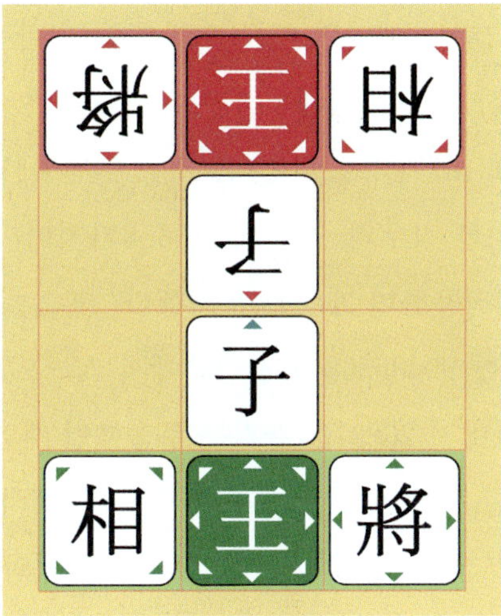

그림 1 십이장기의 말 배치

필승전략

일본 도쿄대 교수인 다나카 테츠로(Tanaka Tetsuro)는 2009년 〈An Analysis of a Board Game Dōbutsu Shōgi〉를 통해 도부츠쇼기의 필승전략을 분석했다. 그의 분석에 따르면 두 사람이 최선의 전략으로 게임을 할 때 나중에 하는 사람에게 필승전략이 존재하며 게임은 78수 안에 끝나게 된다. 이에 대해 알아보자.

그가 도부츠쇼기를 분석하기 위해 사용한 방법은 역행 해석(Retrograde Analysis)이다. 역행 해석은 체스에서 주어진 게임 상태에 이르기까지 어떻게 게임이 진행됐는지 분석하는 방법이다. 체스에서 가능한 게임의 경우의 수가 워낙 많아서 체스의 필승전략을 알아보는 데 역행 해석이 사용되지는 않지만, 특정 체스 게임 상태를 분석하는 데는 많이 사용된다. 이 역행 해석의 또 다른 이름은 후진 귀납법으로 그런디 이론에서 알아봤던 바로 그 내용이다. 게임이 진행되다 어떤 상태가 됐을 때 그 상태 이전에 게임을 한 사람(Previous Player)이 게임에 승리할 수 있는 상태면 이 상태를 P-포지션(P-position)이라 하고, 이번 차례에 게임을 해야 하는 사람(Next Player)이 승리할 수 있는 상태면 이 상태를 N-포지션(N-position)이라 한다. 특별히 더는 게임을 진행할 수 없는 상태를 터미널 포지션(Terminal Position)이라 한다. 후진 귀납법은 P-포지션인 터미널 포지션에서부터 출발해 그 이전에 가능한 게임 상태가 N-포지션인지 P-포지션인지 분석하는 방법으로 이에 대한 자세한 이해를 원하면 그런디 게임의 이론 소개를 보기 바란다.

다나카 테츠로는 역행 분석을 하기 위해 컴퓨터를 이용해 도부츠쇼기에서 가능한 게임 상태를 모두 찾았고 그 경우의 수는 246803167가지로 나왔다. 이 중 절반 이상은 터미널 포지션(게임이 끝난 상태)으로 터미널 포지션을 제외한 경우의 수는 99485568가지이다. 그는 이 게임 상태에 역행 해석, 즉, 후진 귀납법을 반복해서 적용하며 게임을 분석했다.

그 결과 터미널 포지션을 제외한 99485568가지 경우에서 N-포지션은 56474473가지, P-포지션은 40328395가지가 나왔고 나머지 2682700가지는 무승부인 게임 상태로 나왔다. 그는 N-포지션(내가 할 차례에서 최선의 수를 두면 승리할 수 있는 포지션)에서 실제 승리하기 위해 필요한 수가 최대인 경우도 조사했는데 그 값은 173이라 한다. 아래 그림 2 의 게임 상태가 바로 이 경우로 승

그림2 승리하기까지 173수가 필요한 게임 상태

리하기 위해서는 최대 173수를 둬야 한다.

도부츠쇼기는 상대방 말을 잡고 이를 내가 다시 사용할 수 있기 때문에 상대방 말을 많이 잡았다면 내가 할 수 있는 행동은 그만큼 많아진다. 그렇다면 선택할 수 있는 행동이 가장 많은 경우는 몇 가지일까? 다나카 테츠로의 조사에 따르면 최대 38가지 행동이 선택 가능한 게임 상태가 존재한다. 이런 게임 상태는 모두 34가지인데 재미있게도 모두 N-포지션이다. 즉, 게임을 할 차례인 사람이 승리할 수 있는 국면이다. 그중 하나가 그림3이다. 실제로 선택 가능한 행동이 38가지인지 세어보아라. 터미널 포지션을 제외하고 가능한 게임 상태에서 선택 가능한 평균 행동의 수는 약 9.4라고 한다.

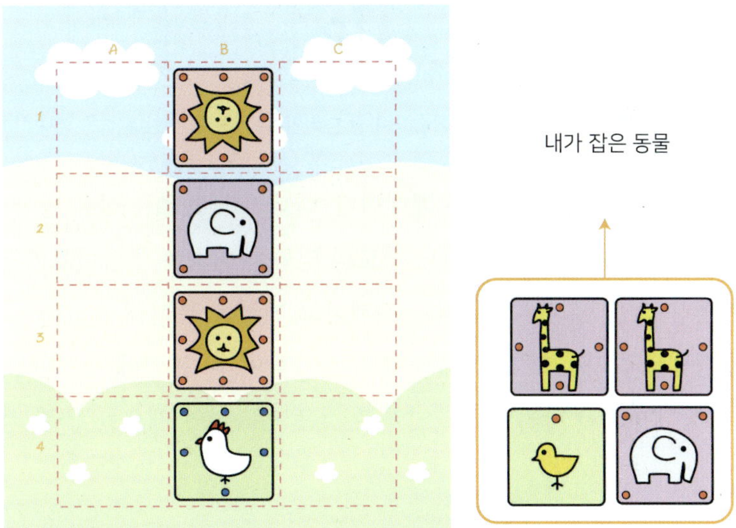

그림3 선택 가능한 행동이 38 가지인 게임 상태

도부츠쇼기 규칙 중 잡은 병아리를 상대방의 영역에 놓게 되면 이 병아리는 닭으로 승진하지 못한다는 규칙이 있는데 이 규칙은 사실상 잡은 병아리를 상대방의 영역에 놓지 말라는 것처럼 들린다. 병아리는 앞으로만 이동할 수 있는데 상대방 영역에서 닭으로 승진하지 못하면 이후 턴에서는 전혀 움직일 수 없어 계륵과 같은 존재가 된 것처럼 보이기 때문이다. 실제로 많은 경우 상대방 영역에 잡은 병아리를 놓는 것은 이후 게임에서 불리하게 작용한다. 하지만 이것이 유리한 경우도 있다. 좀 더 정확히 말하면 잡은 병아리를 상대방 영역에 놓아야지만 승리를 할 수 있고 이 외에 다른 행동을 선택하면 패배하게 되는 게임 상태가 있다. 다나카 테츠로에 따르면 이런 경우는 모두 68가지로 그림4가 그중 하나이다. 그림4의 상태에서는 잡은 병아리를 상대방 영역 가운데에 둬야만

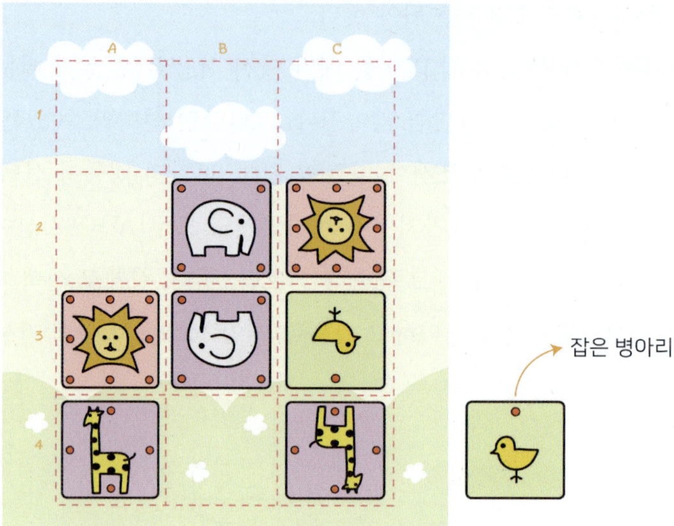

그림4 잡은 병아리를 상대방 영역에 놓아야만 승리할 수 있는 게임 상태(잡은 병아리를 상대방 영역 가운데에 두면 승리)

승리할 수 있고 다른 경우에는 패배한다. 다나카 테츠로는 잡은 병아리를 상대방의 영역에 놓는 것을 허락하는 규칙이 게임에 어느 정도의 영향을 미치는지 알아보기 위해 잡은 병아리를 상대방 영역에 놓는 것을 금지하는 규칙을 전제하고 게임을 분석해 보았다. 그 결과 게임의 승패가 바뀌는 게임 상태를 찾기는 했지만, 나중에 하는 사람이 78수 안에 승리한다는 사실에는 변화가 없었다.

다나카 테츠로가 마지막으로 알아본 것은 연속적인 체크를 통해 최종적으로 체크메이트를 만들

그림5 가장 긴 연속적인 체크를 통해 게임에서 승리할 수 있는 게임 상태(23번째 수에 체크메이트로 승리)

어 승리할 수 있는 가장 긴 수는 얼마인가 하는 점이다. 체크는 다음 차례에 상대방 사자를 잡을 수 있는 상태이고 체크메이트는 사자가 잡히는 것을 피할 수 없는 상태이다. 즉, 계속해서 사자를 공격하다가 체크메이트로 사자를 잡을 수 있는 상태를 확인한 것이다. 그 결과 가장 긴 수는 23수로 나타났다. 그림5의 두 상태가 바로 그 예이다. 그림5의 왼쪽 그림의 경우 연속적인 체크를 고집하지 않는다면 7수 안에 승리할 수 있다.

도부츠쇼기는 잡은 말을 다시 사용할 수 있다는 규칙을 통해 게임이 뻔하지 않고 흥미롭게 흘러가도록 잘 설계된 게임이다. 더구나 규칙이 간단해 배우기도 쉽다. 가족이나 친구와 함께 도부츠쇼기의 매력에 빠져보자.

새싹 게임 Sprouts

새싹 게임(Sprouts)은 종이와 연필만으로 할 수 있는 게임이다. 라이프 게임으로 유명한 수학자 존 콘웨이(John Conway)와 영국의 컴퓨터 과학자 마이클 S. 패터슨(Michael S. Paterson)에 의해 만들어졌다. 단순한 규칙에 비해 여러 전략을 사용해야 하는 흥미로운 게임이다.

게임에 필요한 도구

종이, 연필

종이

연필

게임 규칙

새싹 게임은 종이와 연필만으로 할 수 있다. 종이에 몇 개의 점을 그린 후 게임을 시작하는데 보통 두 개의 점을 찍는 것이 일반적이다. 아래와 같이 점을 찍은 후, 다음과 같은 규칙에 따라 게임을 진행한다.

1) 두 사람은 교대로 두 점을 연결하는 선을 그리고 그린 선 위에 점을 추가한다.

2) 선을 그릴 때 다른 선에 닿거나 교차해서는 안 된다. 다만 연결하는 두 점이 같은 점이어도 된다. 즉, 한 점에서 시작해 자신으로 돌아오는 선을 그려도 된다.

3) 선 위에 점을 추가할 때는 선의 양 끝점에 추가할 수 없다.

4) 한 점에 연결할 수 있는 선은 최대 세 개까지이다. 어떤 점에도 세 개가 넘는 선을 연결할 수는 없다. 이런 관점에서 한 점에서 자신으로 선을 그어 연결한 경우 그 점에 두 개의 선이 연결된 것으로 본다. 또한 선 위에 추가되는 점은 이미 두 개의 선이 연결된 것이다.

5) 마지막으로 게임을 한 사람이 승리한다.

다음은 동화와 용민의 새싹 게임 진행 예시이다. 동화가 시작한 게임은 동화의 승리로 끝났다.

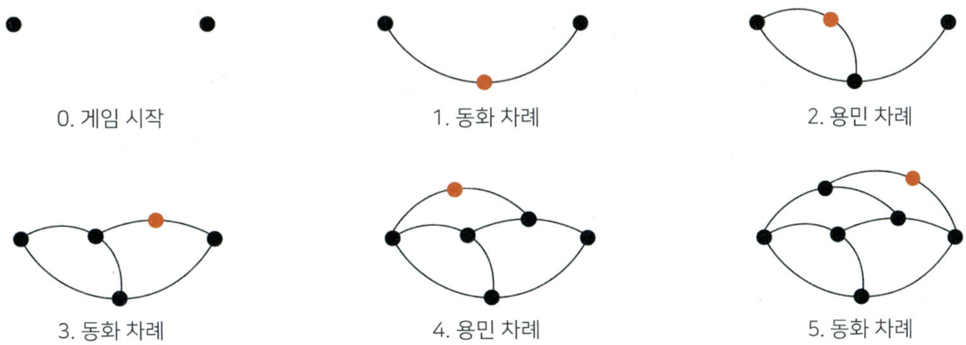

새싹 게임의 진행 예시(동화의 승리)

변형 게임

새싹 게임에는 다양한 변형 게임이 있다. 그중 몇 가지에 대해 알아보자.

림(Rims)

림(Rims)은 주어진 그림에서 하나 이상의 점을 통과하는 루프를 교대로 그리는 게임이다. 이때 어떤 루프도 점을 공유하지 않으며 선이 서로 만나거나 교차해서는 안 된다. 마지막으로 루프를 그리는 사람이 승리한다.

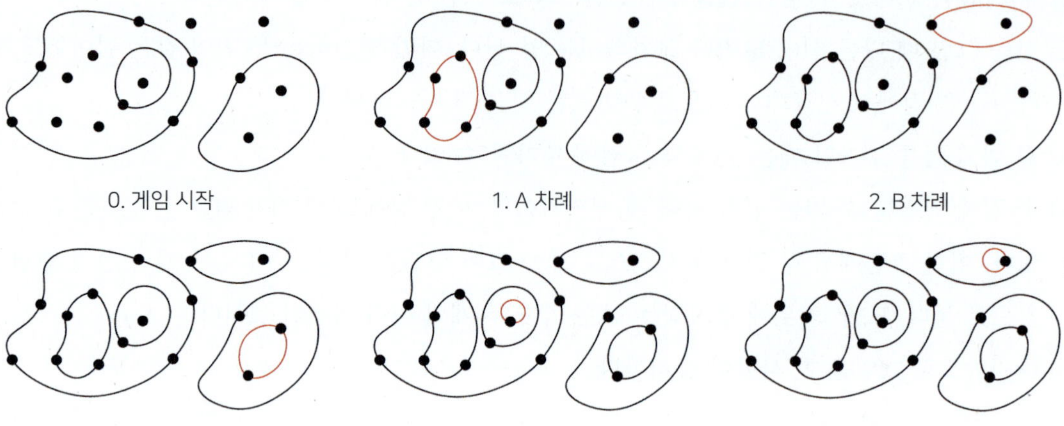

A와 B 두 사람의 림 게임 진행 예시(A의 승리)

루프와 가지(Loops and Branches)

루프와 가지(Loops and Branches)는 주어진 그림에서 교대로 두 점을 연결한 가지를 그리거나 하나의 점만 통과하는 루프를 그리는 게임이다. 이때 어떤 가지와 루프도 점을 공유하지 않는다. 즉, 어떤 점도 서로 다른 두 선과 연결되지 않는다. 또한 선이 서로 만나거나 교차해서는 안 된다. 가지 또는 루프 중 하나를 마지막으로 그린 사람이 승리한다.

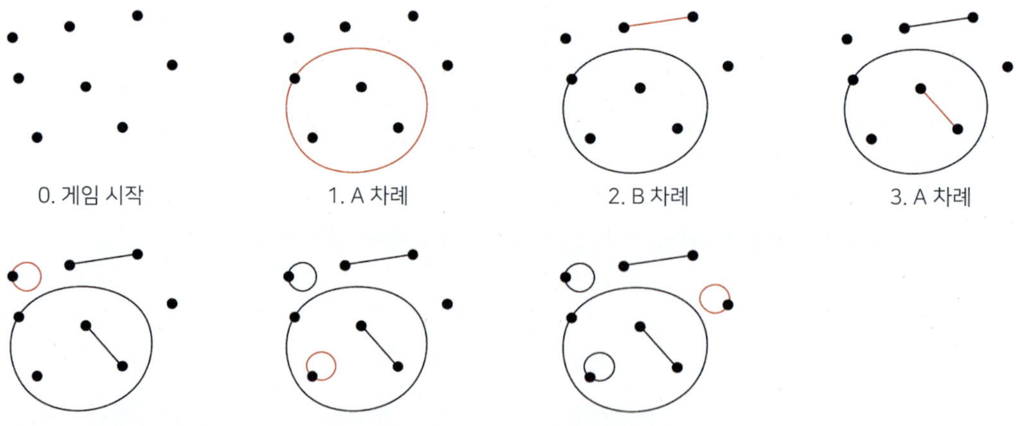

A와 B 두 사람의 루프와 가지 게임 진행 예시(B의 승리)

레일(Rails)

레일(Rails)은 림과 같이 주어진 그림에서 교대로 루프를 그리는 게임으로 루프를 그릴 때 하나 또는 두 개의 점만 지나도록 그려야 한다. 이때 어떤 루프도 점을 공유하지 않으며 선이 서로 만나거나 교차해서는 안 된다. 마지막으로 루프를 그린 사람이 승리한다.

컨투어(Contours)

컨투어(Contours)는 림과 같은 규칙으로 게임이 진행되는데 루프를 그릴 때 루프 안에 하나 이상의 점이 있어야 한다는 규칙이 추가된다. 즉, 주어진 그림에서 교대로 하나 이상의 점을 통과하는 루프를 그리되 루프의 선은 다른 선과 만나거나 교차해서는 안 되고 루프 안에 하나 이상의 점이 있어야 한다. 루프는 다른 말로 컨투어라도 하여 게임 이름이 컨투어이다. 게임이 끝나면 지도의 등고선과 같은 그림이 그려지게 된다.

루카스타(Lucasta)

루카스타(Lucasta)는 수학자 루카스(Lucas)에 의해 알려진 오래된 게임으로 주어진 그림에서 교대로 서로 다른 두 점을 연결하는 선을 그리는 게임이다. 이때 하나의 점에는 최대 두 개의 선이 연결될 수 있고, 선끼리는 서로 교차하거나 만나서는 안 된다. 마지막으로 선을 그리는 사람이 승리한다. 단, 루프가 만들어질 때는 세 점 이상이어야 한다.

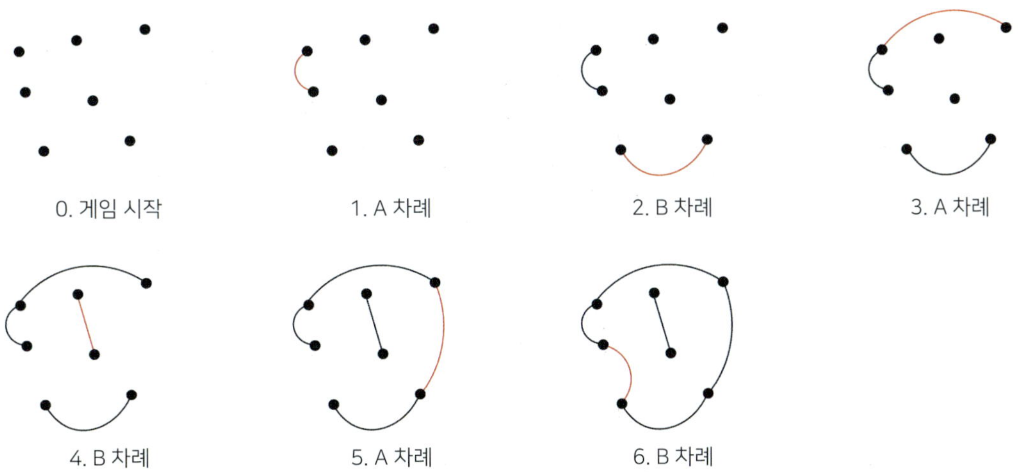

A와 B 두 사람의 루카스타 게임 진행 예시(B의 승리)

조카스타(Jocasta)

조카스타(Jocasta)는 루카스타(Lucasta)에서 하나의 점만 통과하는 루프를 그리는 규칙을 추가한 게임이다. 즉, 서로 다른 두 점을 연결하는 선을 그리거나 한 점을 통과하는 루프를 그리는 게임으로 하나의 점에는 최대 두 개의 선이 연결될 수 있고, 선끼리는 서로 교차하거나 만나서는 안 된다. 마지막으로 선을 그리는 사람이 승리한다.

방울 양배추 게임(Brussels Sprouts)

방울 양배추 게임(Brussels Sprouts)은 새싹 게임과 같은 규칙으로 진행하되 점 대신 여러 개의 십자가 모양을 주고 연결하는 게임이다. 규칙이 다음과 같다.

1) 두 사람은 교대로 두 십자가를 연결하는 선을 그리고 그린 선 위에 십자가를 추가한다.
2) 선을 그릴 때 다른 선에 닿거나 교차해서는 안 된다. 다만 연결하는 두 십자가가 같아도 된다. 즉, 한 십자가에서 시작해 자신으로 돌아오는 선을 그려도 된다.
3) 선 위에 십자가를 추가할 때는 선의 양 끝에 추가할 수 없다.
4) 한 십자가에 최대한 연결할 수 있는 선의 수는 4개이다. 어떤 점에도 4개가 넘은 선을 연결할 수는 없다.
5) 마지막으로 선을 연결한 사람이 승리한다.

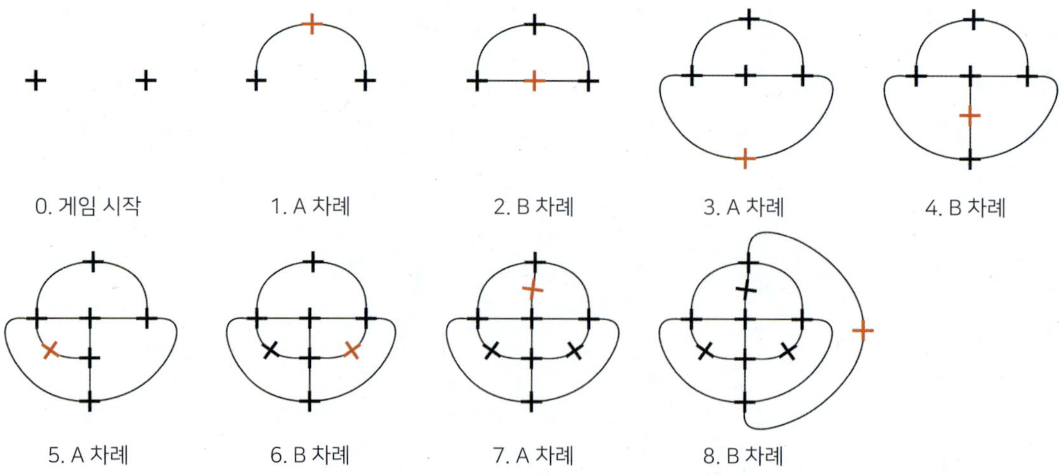

A와 B 두 사람의 방울 양배추 게임 진행 예시(B의 승리)

필승전략

새싹 게임은 공정 게임의 하나이다. 따라서 이론적으로는 스프라그-그런디 정리를 이용해 분석할 수 있다. (스프라그-그런디 정리에 대한 이해를 원하면 그런디 게임에서 소개한 이론을 먼저 보길 추천한다.) 하지만 이 책에서 소개하는 다른 공정 게임과 달리 새싹 게임의 전개는 상당히 복잡하다. 실제로 간단해 보이는 두 개의 점에서 시작하는 새싹 게임조차 상당히 복잡한 양상으로 전개된다. 따라서 세 개의 점만 되어도 모든 게임의 진행을 다 찾아서 그런디 값을 구하기가 결코 쉽지 않다.

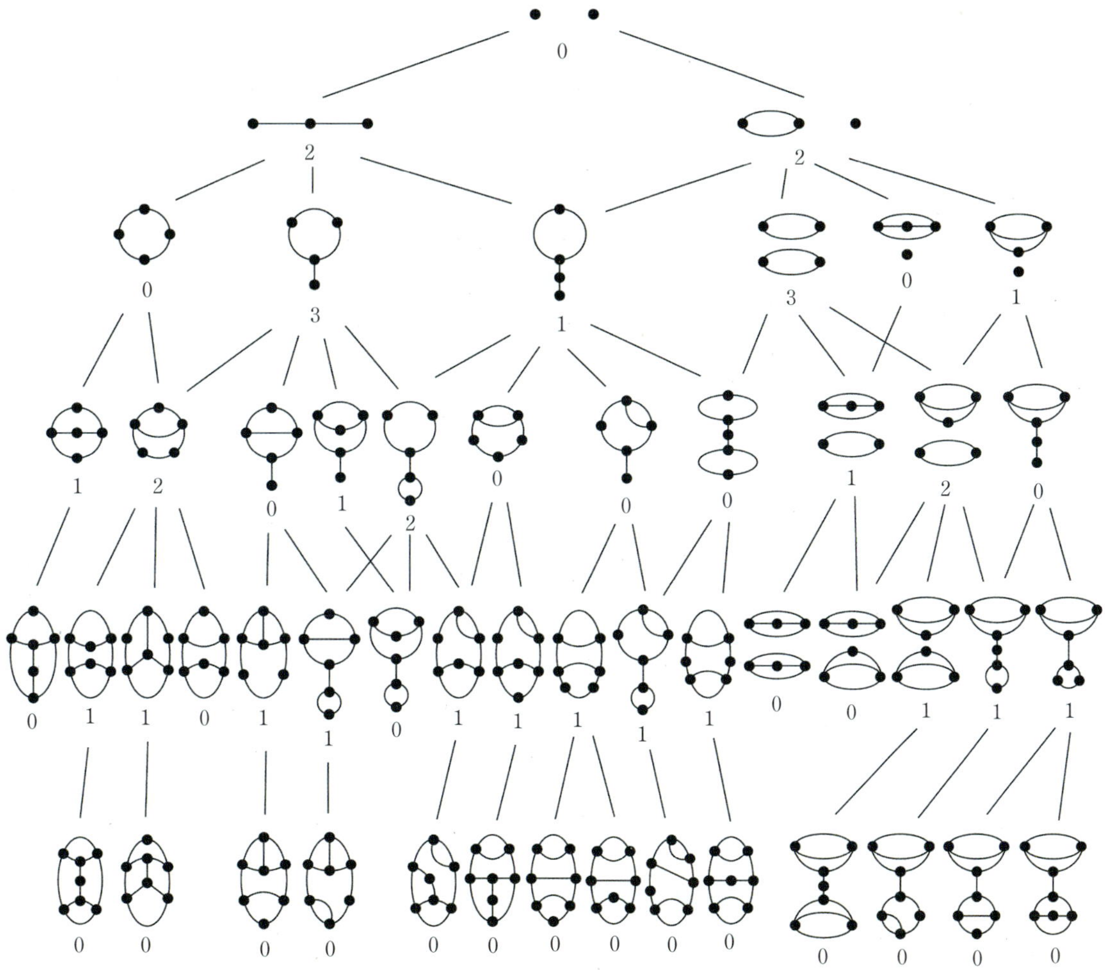

두 점에서 시작하는 새싹 게임의 그런디 값

그렇다면 그런디 값을 구하지 않고 필승전략에 대한 다른 방법을 생각할 수 있을까? 새싹 게임은 마지막으로 게임을 하는 사람이 이기므로 먼저 시작한 사람은 전체 게임 횟수가 홀수가 되길 원하고 나중에 시작한 사람은 전체 게임 횟수가 짝수가 되길 원할 것이다. 따라서 현재 게임 상태가 짝수 번 해야 끝나는 상황인지 홀수 번 해야 끝나는 상황인지를 판단해 봄으로써 필승전략을 생각해 볼 수 있다. 그러기 위해서 게임 진행 횟수에 관한 성질을 생각해 보자. 이를 위해 몇 가지 용어의 정의가 필요하다.

새싹 게임을 할 때 각 점에 연결 가능한 선의 수를 **생명(Life)수**라고 하고, 한 점은 3의 생명수를 갖는다. 선이 2개 이하로 연결된 점을 **생존자(Survivor)**라고 하고, 3개의 선이 연결된 점을 **죽은 점(Dead Spot)**이라 한다. 죽은 점 중에서 생존자와 연결된 죽은 점은 **죽은 이웃(Dead Neighbor)**이라 하고, 그렇지 않은 점은 **바리새인(Pharisees)**이라 한다. 바리새인은 히브리어로 분리된 자라는 의미를 갖고 있다.

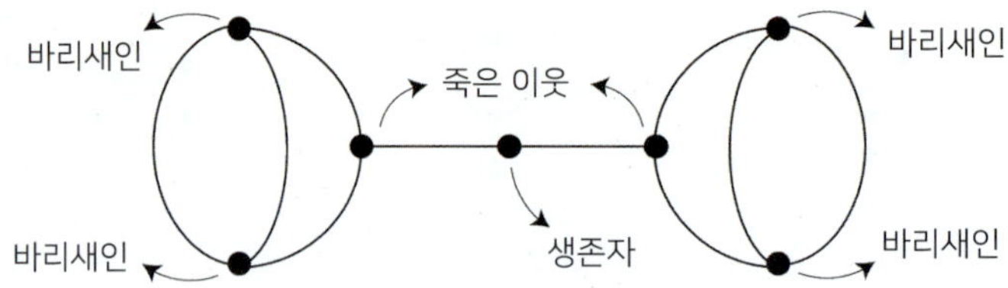

생존자와 죽은 이웃 그리고 바리새인

죽은 이웃이 되는 경우는 아래와 같이 두 가지 경우가 있다. 그림에서 보듯 생존자가 하나의 점에만 연결된 경우엔 두 번째로 가깝게 연결된 점도 죽은 이웃이라 한다. 만약 생존자가 생존자와 연결되어 있다면 서로 연결할 수 있기 때문에 게임이 종료된 상태가 아니다. 따라서 게임 종료 시점에서 생존자는 죽은 이웃과 연결될 수밖에 없고 각 생존자에 대응되는 두 개의 죽은 이웃이 존재한다. 결과적으로 종료 시점에 죽은 이웃의 수는 생존자 수의 두 배가 된다.

생존자(빨간색 점)와 죽은 이웃(검은색 점)

새싹 게임의 게임 진행 횟수

n개의 점에서 진행하는 새싹 게임에서 다음이 성립한다.

1) 게임의 최소 진행 횟수는 $2n$이고, 최대 진행 횟수는 $3n - 1$이다.
2) 게임이 종료됐을 때 바리새인의 수는 4의 배수이다.
3) 게임 진행 중 게임이 종료됐을 때 최소 P개의 바리새인이 남게 된다는 것이 확인되면 이때 게임의 최소 진행 횟수는 $2n + P/4$이다.

증명〉 n개의 점에서 게임을 할 때 게임이 종료될 때까지 m번의 게임을 했다고 하자. 각 점은 3개의 생명을 갖고 있으므로 총 생명수는 $3n$이다. 한 번 게임을 하면 선을 하나 그리므로 2개의 생명이 줄고, 선 중간에 점을 하나 찍으므로 1개의 생명이 늘어난다. 결과적으로 1개의 생명이 줄게 된다. 게임이 끝날 때까지 m번의 게임을 했다고 했으므로 $3n - m$개의 생명이 남게 된다. 만약 1개의 생명이 남게 되면 더는 게임을 진행할 수 없다. 따라서 $3n - m \geq 1$이고 $3n - 1 \geq m$이므로 게임의 최대 진행 횟수는 $3n - 1$이다.

게임을 할 때마다 점을 찍으므로 종료 상황에서 점의 총 수는 $n + m$이다. 종료 시점에서 각 생존자는 1개의 생명을 갖게 된다. 2개의 생명을 갖고 있으면 게임을 더 진행할 수 있기 때문이다. 즉, 남아있는 생명수가 생존자의 수이고 이는 $3n - m$이다. 이때 각 생존자는 두 개의 죽은 이웃을 갖게 된다. 따라서 죽은 이웃의 수는 $6n - 2m$이다. 전체 점의 수에서 생존자와 죽은 이웃의 수를 빼면 바리새인의 수가 된다. 따라서 바리새인의 수를 P라 할 때 이는 다음과 같다.

$$P = n + m - 3(3n - m) = 4m - 8n$$

이 식을 m에 관한 식으로 정리하면 다음과 같다.

$$m = 2n + \frac{P}{4}$$

m이 게임 진행 횟수이므로 게임의 총 진행 횟수는 $2n + P/4$이다. 또한 $P \geq 0$이므로 $m \geq 2n$이다. 즉, 최소 게임 진행 횟수는 $2n$이다. 그리고 m은 정수이므로 게임이 종료됐을 때 바리새인의 수는 4의 배수이다. ■

게임 횟수와 관련된 성질을 이용해 아래와 같이 진행된 게임에 대해 생각해 보자.

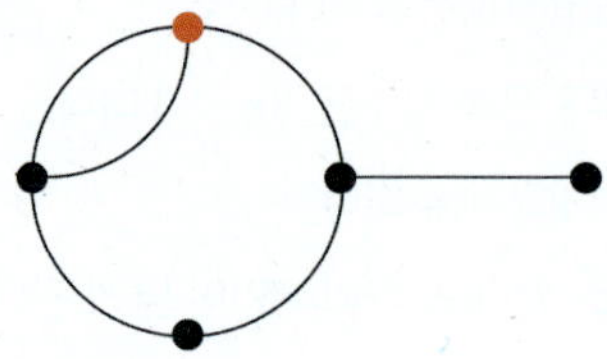

2개의 점에서 진행된 새싹 게임

이 게임은 2개의 점에서 진행된 게임이다. n개의 점일 때 총 진행 횟수는 $2n$ 이상 $3n-1$ 이하이므로 2개의 점에서는 4번이나 5번 진행되고 끝나게 된다. 그런데 위 상황에서 빨간색 점은 바리새인이며 이는 게임이 끝날 때까지 유지된다. 따라서 게임이 종료됐을 때 적어도 하나의 바리새인이 있다는 것은 알 수 있고 바리새인의 수는 4의 배수이므로 적어도 4개의 바리새인이 생기게 된다. 따라서 $2n + P/4 \geq 5$이고, 최소 진행 횟수는 5이다. 즉, 이 게임은 5번 진행되고 끝나며 먼저 시작한 사람이 승리한다. 새싹 게임에는 몇 가지 재미있는 성질이 있는데 그중 하나는 다음과 같다.

새싹 게임의 생존자의 성질

n개의 점에서 하는 새싹 게임에서 게임 진행 중 닫힌 곡선 안에 생존자가 있을 경우 게임이 종료돼도 그 곡선 안에 생존자가 있게 된다. 따라서 진행 중 생존자가 있는 닫힌 곡선이 S개면 최대 진행 횟수는 $3n - S$이다.

앞서 m번 게임을 하고 게임이 종료됐을 때 생존자 수 S'는 남아 있는 생명 수와 같다고 했으므로 생존자 수는 $S' = 3n - m$이다. 이를 m에 대해 정리하면 $m = 3n - S'$이다. 따라서 게임 진행 중에 생존자가 있는 닫힌 곡선이 S개면 끝날 때까지 이 닫힌 곡선 안에 생존자가 있으므로 게임이 종료됐을 때 최소 S개의 생존자가 있게 된다. 즉, $S' \geq S$이고 $m = 3n - S' \leq 3n - S$이다. 따라서 최대 진행 횟수는 $3n - S$임을 알 수 있다. 이를 이용해 게임 진행 상황을 분석해 보자.

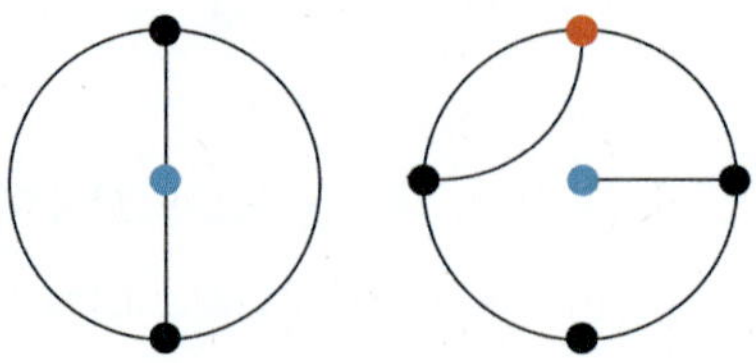

3개의 점에서 진행되는 새싹 게임

이 게임은 3개의 점에서 진행된 게임이다. (왼쪽 원은 한 개 점에 두 개의 점이 추가된 상태고, 오른쪽 원은 두 개의 점에 세 개의 점이 추가된 상태다.) 그림에서 빨간색 점은 바리새인이고 파란색 점은 닫힌 곡선 안의 생존자이다. 생존자는 각각 다른 닫힌 곡선 안에 있으므로 생존자가 있는 닫힌 곡선은 2개이고 최대 진행 횟수는 $3n - S = 7$이다. 또한 바리새인이 하나 있으므로 최소 4개의 바리새인을 예상할 수 있고 $2n + P/4 \geq 7$이므로 최소 진행 횟수는 7이다. 따라서 이 게임은 7번 진행되고 끝나며 먼저 시작한 사람이 승리한다. 새싹 게임의 성질을 하나 더 알아보자.

진행 횟수가 $2n$번인 새싹 게임

n개의 점에서 하는 새싹 게임에서 $2n$번 게임을 하고 종료되면 아래와 같은 형태만으로 구성된 게임 상태로 종료된다. 각 모양은 순서대로 곤충 이름을 붙여 이, 딱정벌레, 바퀴벌레, 집게벌레, 전갈이라 한다.

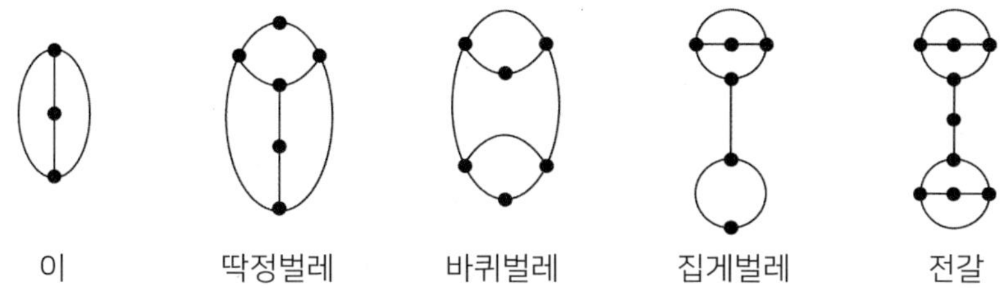

실제 두 개의 점에서 새싹 게임을 할 때 4번만에 게임이 끝날 경우 아래와 같은 형태가 나오게 되고 모두 위 곤충 중 하나이다.

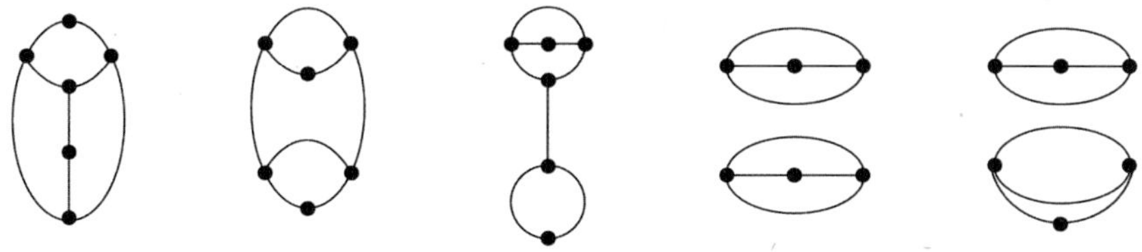

위 그림의 가장 오른쪽 게임 상태에서 아래쪽 모양이 위의 곤충에 해당하지 않는다고 생각할 수 있는데 내부의 점이 밖으로 나온 '이'이다. 이렇게 위에 곤충에서 각 점의 연결 상태가 유지된 채 내부의 점이 밖으로 나오거나 외부의 점이 안으로 들어가는 경우가 있어 이, 바퀴벌레, 집게벌레, 전갈은 다양한 형태가 존재한다.

새싹 게임은 그 복잡성으로 인하여 지금까지 완벽한 전략이 알려져 있지는 않다. 하지만 많은 수학자들에 의해 연구가 진행되었고 전략과 관련된 여러 성질이 밝혀졌다. 1991년 카네기 멜론 대학의 데이비드 애플게이트(David Applegate), 가이 제이콥슨(Guy Jacobson), 다니엘 슬리터(Daniel Sleator)는 최초로 컴퓨터를 이용해 새싹 게임을 분석하였다. 그들은 11개의 점까지에 대해 새싹 게임을 분석했고 그 결과는 다음과 같다. 승패는 먼저 시작한 사람이 기준이다.

시작 점의 수	0	1	2	3	4	5	6	7	8	9	10	11
승패	패	패	패	승	승	승	패	패	패	승	승	승

연구팀은 이 결과를 바탕으로 게임의 승패에 6의 주기가 있으리라 예측했다. 즉, 처음 시작할 때 점의 수를 6으로 나눴을 때 나머지가 0, 1, 2인 경우엔 나중에 시작한 사람에게 필승전략이 존재하고 나머지가 3, 4, 5인 경우에는 먼저 시작한 사람에게 필승전략이 존재한다고 예상한 것이다.

2006년 조시 조던(Josh Jordan)은 14개 점까지 조사했고, 2007년 줄리앵 레모인(Julien Lemoine)과 시몽 비엔노(Simon Viennot)는 32개의 점까지 조사하였다. 레모인과 비엔노는 추가 연구를 통해 이 결과를 44개까지 확장했는데 아직까지 애플게이트, 제이콥슨, 슬리터의 추측과 일치된 결과가 나오고 있다.

수학자들은 불행형 게임에 대해서도 분석하였다. 불행형 게임은 마지막으로 게임을 하는 사람이 패배하는 게임이다. 따라서 정규 게임과 반대로 먼저 시작한 사람은 전체 게임 진행 횟수가 짝수가 되길 바라고 나중에 시작한 사람은 전체 게임 진행 횟수가 홀수가 되길 바란다.

애플게이트, 제이콥슨, 슬리터는 1991년 정규 게임에 관해 조사하면서 동시에 불행형 게임에 대해서도 조사했는데 9개의 점까지 조사하였다. 그들은 조사 결과를 바탕으로 게임의 승패가 승, 승, 패, 패, 패로 5의 주기가 있으리라 예상했다. 하지만 2007년 조시 조던은 12개의 점에서 시작하는 새싹 게임에서는 먼저 시작하는 사람에게 필승전략이 존재한다는 것을 보임으로써 이 추측이 틀렸음을 밝혔다. 조던은 추가 연구를 통해 16개의 점까지 조사 결과를 확장하였다. 2009년 줄리앵 레모인과 시몽 비엔노는 17개 점까지 결과를 확장했고 2011년에는 점의 수를 20개까지 늘렸다. 불행형 게임의 분석 결과는 아래와 같다.

시작 점의 수	0	1	2	3	4	5	6	7	8	9	10	11	12	13
승패	승	승	패	패	패	승	승	패	패	패	승	승	승	패

새싹 게임은 단순한 규칙에 비해 전략을 쉽게 파악하기 어렵고 상당히 다양하게 게임이 진행되기 때문에 흥미롭게 게임을 해볼 수 있다. 더구나 종이와 펜만 있으면 되므로 어디서든 쉽게 시작할 수 있다. 친구나 가족과 함께 즐겁게 해보길 바란다.

은화 게임 Silver Dollar Game

은화 게임(Silver Dollar Game)은 칸이 나뉜 긴 종이띠에서 두 사람이 규칙에 따라 동전을 옮기는 게임이다. 동전 중 은화가 포함된 은화 게임이 있고, 은화가 포함되지 않은 은화 게임이 있는데 은화가 포함되지 않은 은화 게임이 기본 게임이다.

게임에 필요한 도구

칸이 나뉜 종이띠, 동전

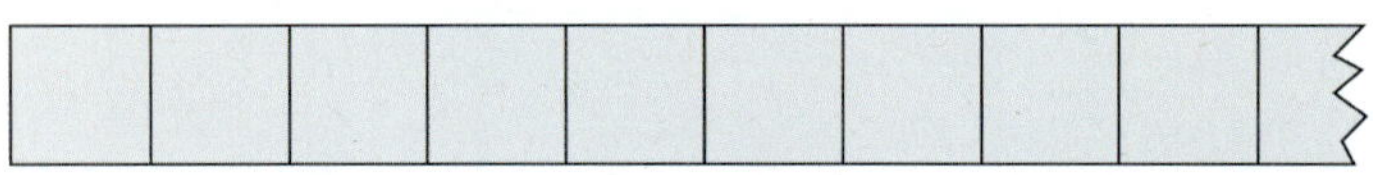

칸이 나뉜 종이띠

동전

게임 규칙

아래 그림처럼 종이띠에 원하는 대로 동전을 올리고 다음과 같은 규칙에 따라 게임을 진행한다.

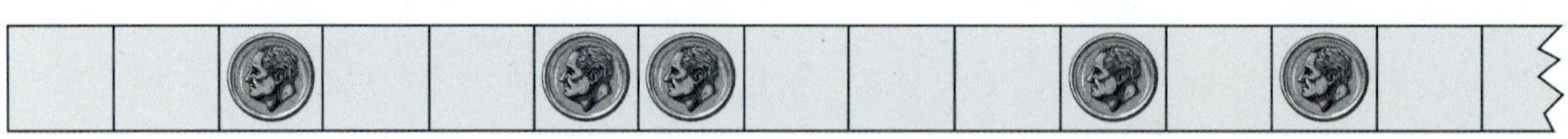

1) 두 사람은 교대로 동전 중 하나를 선택해 왼쪽으로 옮긴다.

2) 한 번에 여러 칸을 옮겨도 되지만 다른 동전을 넘을 수는 없다.

3) 띠의 각 칸에는 하나의 동전만 올라갈 수 있고 마지막 동전을 옮긴 사람이 승리한다.

변형 게임

은화 게임의 변형 게임에 대해 알아보자.

드 브루인의 은화 게임(N. G. de Bruijn's Silver Dollar Game)

드 브루인의 은화 게임은 긴 종이띠의 가장 왼쪽에 있는 정사각형을 돈주머니로 바꾸고 동전 중 하나는 은화로 바꾼 게임이다. 이 은화는 나머지 동전을 모두 합친 것보다 가치 있는 은화다. 가장 왼쪽에 있는 동전은 바로 동전 주머니에 넣을 수 있고, 돈주머니는 모든 동전이 다 들어갈 수 있을 만큼 크다. 은화 게임 규칙에 따라 동전을 움직이다 누군가가 은화를 돈주머니에 넣게 되면 이 사람은 게임에서 패배하고 승리한 상대방은 돈주머니를 가져간다.

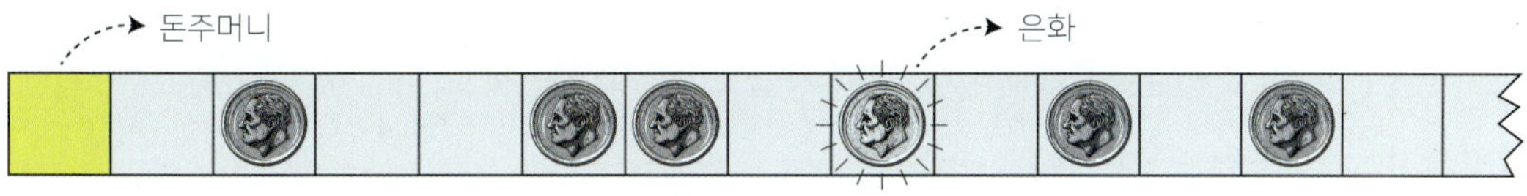

웰터의 게임(Welter's Game)

웰터의 게임은 은화 게임과 달리 다른 동전을 점프하여 이동할 수 있다. 즉, 한 동전을 움직인다고 할 때 그 동전에 왼쪽에 있는 빈칸 어디로든 이동할 수 있다. 예를 들어 아래 상황에서 가장 오른쪽에 있는 동전을 왼쪽 두 번째 칸으로 옮기는 것이 가능하므로 이번 차례에 게임할 사람이 승리하게 된다.

님블(Nimble)

님블은 하나의 칸 위에 여러 개의 동전을 올릴 수 있다. 따라서 게임을 하기 위해 종이띠 위에 동전을 올릴 때도 그림1 처럼 한 칸에 여러 개의 동전을 놓아도 된다. 동전을 이동할 때, 하나의 동전을 선택해 이동하며 그 동전의 왼쪽에 있는 칸이면 어디로든 이동할 수 있다. 즉, 빈칸으로 이동할 수

그림1 님블을 하기 위해 종이띠 위에 동전을 놓은 모습

도 있고 여러 동전을 점프해 이동할 수도 있으며 이미 동전이 있는 칸으로 이동할 수도 있다. 모든 동전이 가장 왼쪽 칸으로 이동되면 게임이 종료되고 마지막으로 동전을 이동한 사람이 승리한다.

필승전략

은화 게임은 동전을 이동할 때 주변 동전 배치에 영향을 받기 때문에 전략이 복잡하리라 예상된다. 하지만 그렇지 않다. 은화 게임의 전략은 놀랍게도 님 게임의 전략과 같다. 즉, 은화 게임은 가면으로 얼굴을 가리고 있는 님 게임이다. 수학자들도 이 사실을 바로 파악하지는 못했다. 이에 대해 알아보자.

두 개의 동전으로 하는 은화 게임

두 개의 동전으로 하는 은화 게임의 필승전략은 생각보다 간단하다. 전략을 보기 전에 직접 생각해 보길 권한다. 앞으로 긴 종이띠의 정사각형의 위치를 0부터 시작해 다음과 같이 나타낼 것이다.

그리고 종이띠 위에 n개의 동전이 있을 때, 동전의 위치에 대한 수열을 생각할 수 있다. 왼쪽에서 i번째 있는 동전의 위치를 $x_i\ (1 \leq i \leq n)$라 하면 동전의 위치를 나타내는 수열은 $x = [x_1, x_2, x_3, \cdots, x_n]$이다. 예를 들어 아래 그림과 같이 동전이 배치되었다고 하자.

이때 동전의 위치를 나타내는 수열은 $x = [x_1, x_2, x_3, x_4, x_5] = [2, 5, 6, 8, 11]$이다. 이제 두 개의 동전으로 하는 은화 게임의 필승전략을 알아보자.

두 개의 동전으로 하는 은화 게임의 필승전략

두 개의 동전으로 하는 은화 게임에서 동전의 위치 수열이 $x = [x_1, x_2]$일 때, 필승전략은 다음과 같다.

1) $x_2 - x_1 = 1$이면 두 번째로 시작한 사람에게 필승전략이 있고 필승전략은 $x_2 - x_1 = 1$이 되도록 동전을 움직이는 것이다.

2) $x_2 - x_1 \neq 1$이면 먼저 시작한 사람에게 필승전략이 있고 필승전략은 $x_2 - x_1 = 1$이 되도록 동전을 움직이는 것이다.

필승전략을 식으로 표현해 어렵게 보일 수 있지만 실제로는 간단하다. 두 사람이 아래와 같이 동전이 배치된 상태에서 게임을 진행한다고 하자.

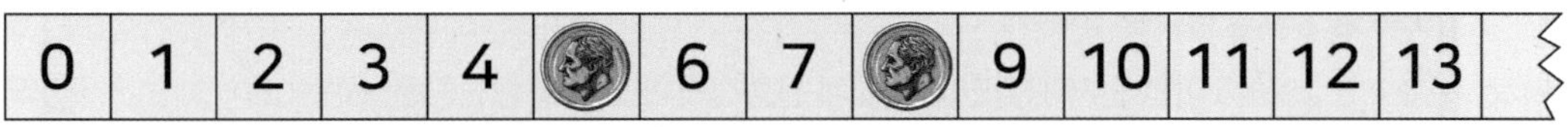

이때 $x_1 = 5, x_2 = 8$이므로 $x_2 - x_1 = 3 \neq 1$이다. 따라서 필승전략은 먼저 시작한 사람에게 있다. 먼저 시작한 사람은 전략에 따라 $x_2 = 6$이 되도록 아래 그림처럼 동전을 옮긴다.

이 상황에서 두 번째로 시작한 사람이 옮길 수 있는 것은 첫 번째 동전뿐이다. 만약 두 번째로 시작한 사람이 첫 번째 동전을 한 칸 옮긴다면 먼저 시작한 사람은 다음 수에 두 번째 동전을 한 칸 옮기면 된다. 마찬가지로 두 번째로 시작한 사람이 첫 번째 동전을 두 칸 옮긴다면 먼저 시작한 사람은 다음 수에 두 번째 동전을 두 칸 옮기면 된다.

한마디로 이때부터는 두 번째로 시작한 사람이 첫 번째 동전을 옮긴 칸수에 맞춰 먼저 시작한 사람은 두 번째 동전을 같은 칸수만큼 옮기면 된다. 이를 반복하다 보면 먼저 시작한 사람이 게임을 하고 나서 두 동전이 그림2처럼 왼쪽 끝에 오게 되는 상황이 생기고 먼저 시작한 사람의 승리로 끝난다.

쉽게 이야기하면 두 개의 동전으로 하는 은화 게임의 필승전략은 상대방에게 두 동전이 연속으로

그림2 두 개의 동전으로 하는 은화 게임에서 게임이 끝난 상태

붙어있는 상태를 넘기는 것이다.

세 개의 동전으로 하는 은화 게임

세 개의 동전으로 하는 은화 게임의 필승전략을 알아보자.

세 개의 동전으로 하는 은화 게임의 필승전략

세 개의 동전으로 하는 은화 게임에서 동전의 위치 수열이 $x = [x_1, x_2, x_3]$일 때, 필승전략은 다음과 같다.

1) $x_1 = x_3 - x_2 - 1$이면 두 번째로 시작한 사람에게 필승전략이 있고 필승전략은 $x_1 = x_3 - x_2 - 1$이 되도록 동전을 움직이는 것이다.
2) $x_1 \neq x_3 - x_2 - 1$이면 먼저 시작한 사람에게 필승전략이 있고 필승전략은 $x_1 = x_3 - x_2 - 1$이 되도록 동전을 움직이는 것이다.

두 사람이 아래 그림처럼 동전이 배치된 상태에서 게임을 한다고 할 때 필승전략을 적용해 생각해 보자.

$x_1 = 4$이고 $x_3 - x_2 - 1 = 2$이므로 $x_1 \neq x_3 - x_2 - 1$이다. 따라서 먼저 시작한 사람에게 필승전략이 존재한다. 이때 x_1이 의미하는 바는 첫 번째 동전 앞에 있는 빈칸의 수이고, $x_3 - x_2 - 1$이 의미하는 바는 두 번째와 세 번째 동전 사이에 있는 빈칸의 수이다.

따라서 세 개의 동전으로 하는 은화 게임의 필승전략은 첫 번째 동전 앞에 있는 빈칸의 수와 두 번째와 세 번째 동전 사이에 있는 빈칸의 수가 같은 상태를 상대방에게 넘기는 것이라 할 수 있다. 이 전략에 따라 먼저 시작한 사람은 아래 그림처럼 $x_1 = 2$가 되도록 동전을 옮긴다.

두 번째로 시작한 사람이 다음 차례에 아래 그림처럼 $x_2 = 6$이 되도록 동전을 옮긴다고 하자.

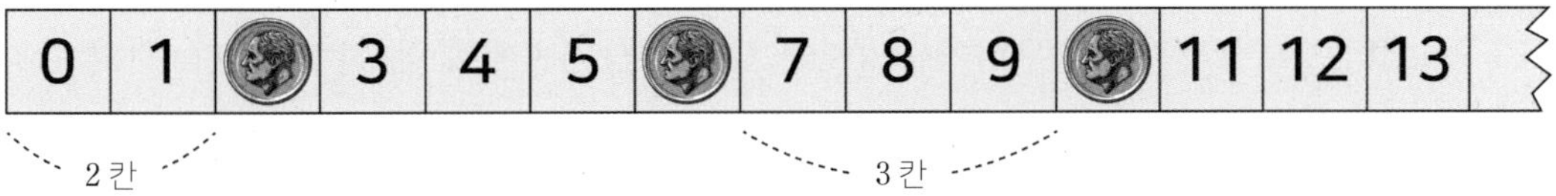

그러면 먼저 시작한 사람은 다음 차례에 아래 그림처럼 $x_3 = 9$가 되도록 동전을 옮기면 된다.

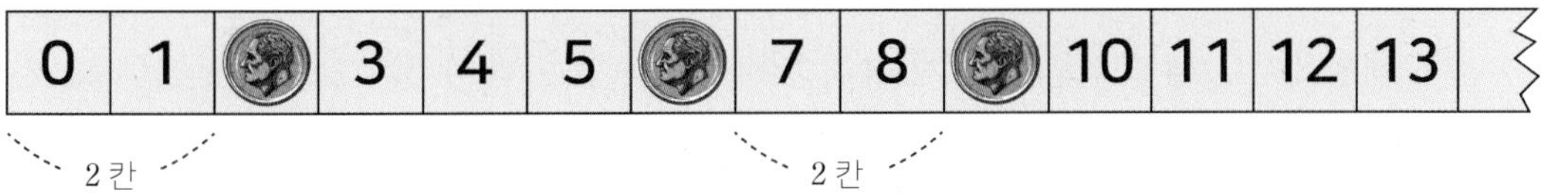

이를 반복하다 보면 결국 먼저 시작한 사람이 게임을 한 후 아래 그림처럼 첫 번째 동전 앞에 있는 빈칸의 수와 두 번째와 세 번째 동전 사이에 있는 빈칸의 수가 0이 되는 경우가 생긴다.

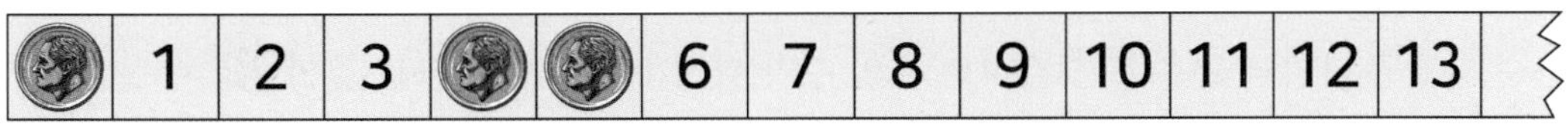

이때부터는 두 동전으로 하는 은화 게임의 필승전략과 같다. 결과적으로 먼저 시작한 사람은 게임에서 승리하게 된다.

은화 게임과 님 게임

은화 게임과 님 게임을 비교해서 생각해 보자. 먼저 두 개의 동전으로 하는 은화 게임이다. 두 개의 동전으로 하는 은화 게임은 한 무더기로 하는 님 게임으로 생각할 수 있다. 보통 한 무더기로 하는 님 게임은 한 번에 가져갈 수 있는 돌의 수에 제한이 있지만 여기서 생각할 한 무더기로 하는 님 게임은 한 번에 가져가는 돌의 수에 제한이 없는 님 게임이다. 이 경우 먼저 시작하는 사람이 한 번에 모든 돌을 가져가 무더기의 돌의 수를 0으로 만들면 승리한다.

위 그림처럼 두 동전으로 하는 은화 게임에서 두 동전 사이의 빈칸의 수를 한 무더기로 하는 님 게임에서 무더기의 돌의 수로 생각하면 은화 게임과 님 게임의 필승전략은 같다. 두 개의 동전으로 하는 은화 게임의 필승전략이 두 동전이 연속으로 붙어있는 상태를 상대방에게 넘기는 것이라고 했는데 이를 님 게임으로 생각하면 돌무더기를 0개인 상태를 상대방에게 넘기는 것이다. 위의 상황이라면 두 동전 사이의 빈칸의 수가 0이 되도록 다음과 같이 게임이 진행된다.

물론 은화 게임에서는 님 게임과 다르게 상대방이 아래와 같은 게임 진행으로 두 동전 사이의 빈칸을 늘릴 수 있다. 즉, 돌무더기의 수를 늘리는 것이다.

하지만 다음 차례에 아래 그림처럼 정확히 상대방이 늘린 빈칸의 수만큼 두 동전 사이의 빈칸을 줄일 수 있고 무더기의 돌 수로 생각하면 돌의 수가 다시 0이 되도록 하는 것이다.

한마디로 두 동전 사이에 빈칸을 늘리는 상대방의 행동은 게임의 승패에 아무런 영향을 미치지 못한다. 더구나 이렇게 빈칸을 늘리는 행동을 무한히 반복할 수도 없다. 결과적으로 상대방이 두 동전 사이에 빈칸을 늘렸을 때, 그 수만큼 동전 사이의 빈칸을 줄이는 행동만 추가됐을 뿐이고 두 동전으로 하는 은화 게임과 한 무더기로 하는 님 게임의 필승전략은 본질적으로 같다.

이번엔 세 개의 동전으로 하는 은화 게임과 두 무더기로 하는 님 게임을 비교해서 생각해 보자. 두 무더기로 하는 님 게임의 필승전략은 두 무더기의 돌의 수가 같은 상태를 상대방에게 넘기는 것이다.

위 그림처럼 세 개의 동전으로 하는 은화 게임에서 첫 번째 동전 앞에 있는 빈칸의 수를 하나의 돌무더기로 생각하고 두 번째 동전과 세 번째 동전 사이의 빈칸의 수를 다른 돌무더기로 생각하면 세 개의 동전으로 하는 은화 게임과 두 무더기로 하는 님 게임의 필승전략은 같다. 님 게임에서 두 무더기의 돌 수를 같은 상태로 상대방에게 넘기는 것이 필승전략인 것처럼 은화 게임에서도 첫 번째 동전 앞에 있는 빈칸의 수와 두 번째와 세 번째 동전 사이에 있는 빈칸의 수가 같은 상태를 상대방에게 넘기는 것이 필승전략이기 때문이다.

두 개의 동전으로 하는 은화 게임에서 이야기했던 것처럼 상대방의 어떤 행동이 돌 무더기의 돌 수를 늘릴 수 있지만, 다음 차례에 정확히 같은 수만큼 줄일 수 있기 때문에 승패에는 아무런 영향을 미치지 못한다.

n개의 동전으로 하는 은화 게임

두 개의 동전으로 하는 은화 게임과 세 개의 동전으로 하는 은화 게임의 상황을 일반화하면 n개의 동전으로 하는 은화 게임의 필승전략도 님 게임으로 생각할 수 있다. 즉, 동전 사이의 빈칸의 수를 돌무더기의 수로 생각해 님 게임의 필승전략으로 은화 게임의 필승전략을 생각하는 것이다.

이때 주의해야 할 것은 동전 사이의 빈칸으로 돌무더기 수를 정할 때, 기준이 되는 동전이 가장 오른쪽에 있는 동전이라는 점이다. 아래 그림처럼 4개의 동전으로 하는 은화 게임의 상황이라면 가장 오른쪽 동전인 네 번째 동전을 기준으로 해서 무더기의 수를 정해야 한다. 즉, 세 번째 동전과 네

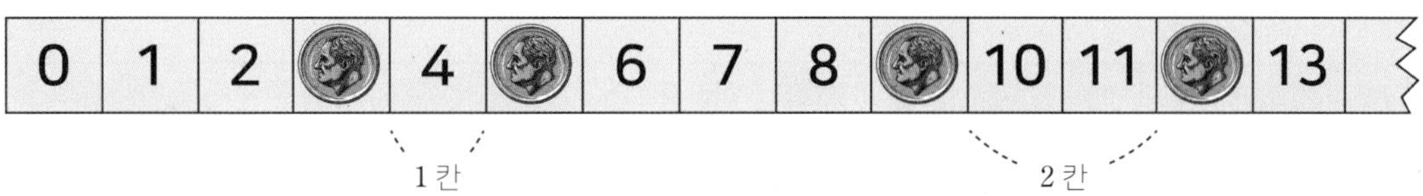

번째 동전 사이의 빈칸, 첫 번째 동전과 두 번째 동전 사이의 빈칸을 돌무더기 수로 생각하면 된다. 따라서 동전의 위치 수열이 $x = [3, 5, 9, 12]$인 은화 게임의 필승전략은 1개와 2개의 돌 수를 가진 두 무더기의 님 게임과 같다.

아래 그림처럼 5개의 동전으로 하는 은화 게임이라면 가장 오른쪽의 다섯 번째 동전을 기준으로 돌무더기의 돌 수를 생각해야 한다. 따라서 네 번째 동전과 다섯 번째 동전 사이의 빈칸, 두 번째 동전과 세 번째 동전 사이의 빈칸, 첫 번째 동전 앞에 있는 빈칸을 돌무더기의 돌 수로 생각하면 된다.

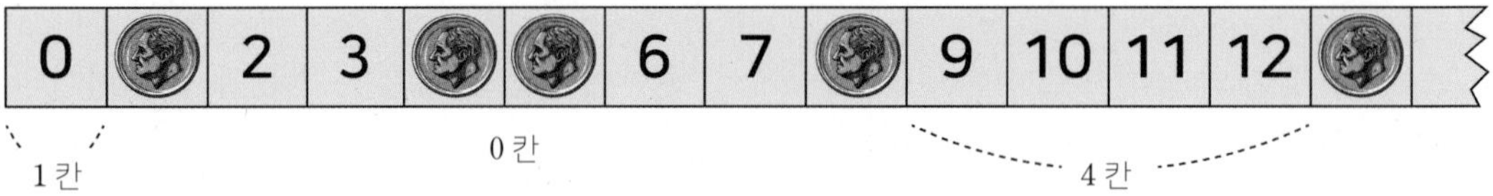

따라서 동전의 위치 수열이 $x = [1, 4, 5, 8, 13]$인 은화 게임의 필승전략은 1개와 4개의 돌 수를 가진 두 무더기의 님 게임과 같다. 이를 일반화하여 나타내면 아래와 같다.

n개의 동전으로 하는 은화 게임의 필승전략

n개의 동전으로 하는 은화 게임에서 동전의 위치 수열이 $x = [x_1, x_2, x_3, \cdots, x_n]$일 때, 필승전략은 다음과 같다.

1) $n = 2k$일 때 $y_i = x_{2i} - x_{2i-1} - 1\,(i = 1, 2, \cdots, k)$라 하자. 이때 n개의 동전으로 하는 은화 게임의 필승전략은 k개의 돌무더기로 하며 무더기의 돌의 수가 $y_1, y_2, \cdots, y_k$인 님 게임의 필승전략과 같다. 즉, $y_1 \oplus y_2 \oplus \cdots \oplus y_k$가 0이 되는 상태를 상대방에게 넘기는 것이다.
2) $n = 2k - 1$이 홀수일 때 $y_1 = x_1, y_i = x_{2i-1} - x_{2i-2} - 1\,(i = 2, \cdots, k)$라 하자. 이때 n개의 동전으로 하는 은화 게임의 필승전략은 k개의 돌 무더기로 하며 무더기의 돌의 수가 $y_1, y_2, \cdots, y_k$인 님 게임의 필승전략과 같다. 즉, $y_1 \oplus y_2 \oplus \cdots \oplus y_k$가 0이 되는 상태를 상대방에게 넘기는 것이다.

n개의 동전으로 하는 은화 게임의 필승전략을 이용해 아래와 같이 동전이 배치된 은화 게임의 필승전략을 생각해 보자.

이 은화 게임에서 동전의 위치 수열은 $x = [1, 4, 6, 9, 10, 13]$이다. 따라서 앞의 전략에 따르면 은화 게임의 필승전략은 돌무더기의 돌의 수가 2, 2, 2인 님 게임의 필승전략과 같다. 이때 이 세 수의 님합을 구해보면 $2 \oplus 2 \oplus 2 = 10_2 \oplus 10_2 \oplus 10_2 = 10_2 = 2$이다. 님합이 0이 아니므로 필승전략은 먼저 시작한 사람에게 존재한다.

먼저 시작한 사람은 님 게임으로 생각했을 때 돌무더기 하나의 돌을 다 가져오면 된다. 그러면 돌무더기의 돌 수가 각각 2개인 두 돌무더기가 남는 격이고 님합이 $2 \oplus 2 = 10_2 \oplus 10_2 = 0$이 되기 때문이다. 따라서 은화 게임에서는 그림3처럼 두 번째 동전을 2의 위치로 옮기거나 네 번째 동전을 7의 위치로 옮기거나 여섯 번째 동전을 11의 위치로 옮기면 된다.

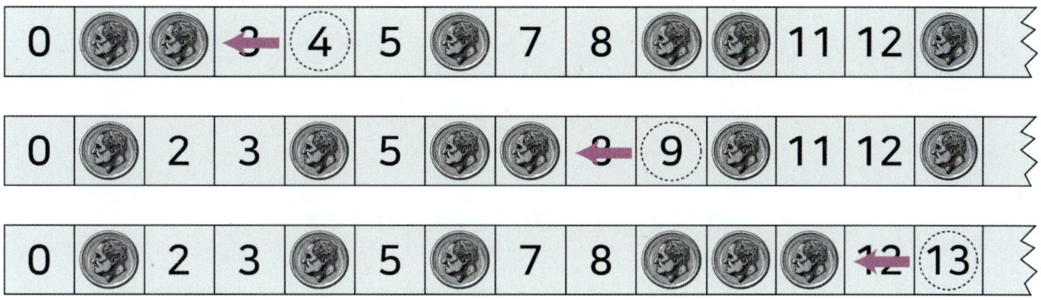

그림3 필승전략에 따라 먼저 시작한 사람이 선택 가능한 세 가지 행동

이렇게 필승전략에 따라 동전을 움직이면 먼저 시작한 사람은 게임에서 승리할 수 있다.

하나하나 흥미로운 **기타 수학게임**

L 게임 L Game

영국의 의사이자 심리학자인 에드워드 드 보노(Edward de Bono)는 많은 말과 복잡한 규칙이 있는 게임을 싫어해 적은 말과 간단한 규칙으로 된 게임을 만들기 원했다. 그래서 만든 게임이 L 게임이다. L 게임에는 단지 4개의 말만 사용되고 규칙도 간단하다. 하지만 가능한 말의 배치나 움직이는 방법의 수가 생각보다 많기 때문에 쉽게 전략을 파악하기 어렵다. 그리고 이런 이유로 누구나 쉽게 배우고 재미있게 게임을 할 수 있다.

게임에 필요한 도구

게임판, L 모양 말 2개, 1칸짜리 중립 말 2개

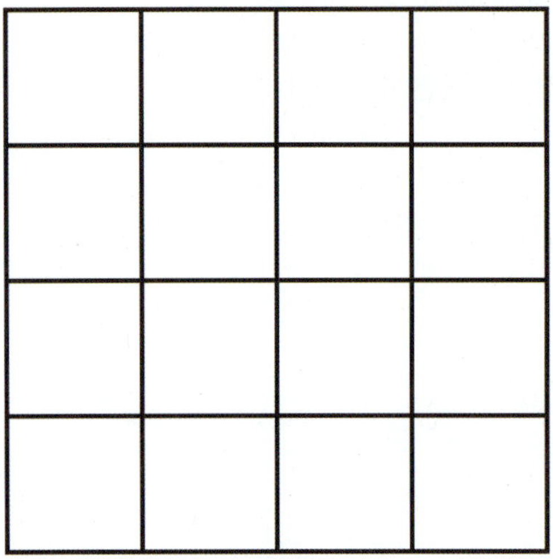

게임판

L 모양 말

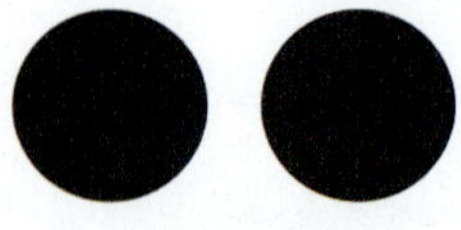

1칸짜리 중립 말

게임판 받기

08_기타 수학 게임/L게임.pdf

게임 규칙

L 게임을 시작하기 위해 먼저 말을 아래 그림과 같이 배치한다. L 모양 말은 각각 하나씩 사용하고 한 칸짜리 중립 말은 같이 사용한다. 다음과 같은 규칙에 따라 게임을 진행한다.

1) 두 사람은 자신의 차례에 먼저 L 모양 말을 이동한다. L 모양 말을 이동할 때는 말을 들어 올리고 회전하거나 뒤집는 등의 작업을 한 후, 다른 말을 덮거나 겹치지 않도록 보드의 새로운 위치에 놓는다. 이후 원하면 중립 말 중 하나를 선택해 이동한다. 원하지 않으면 중립 말을 이동하지 않아도 된다.

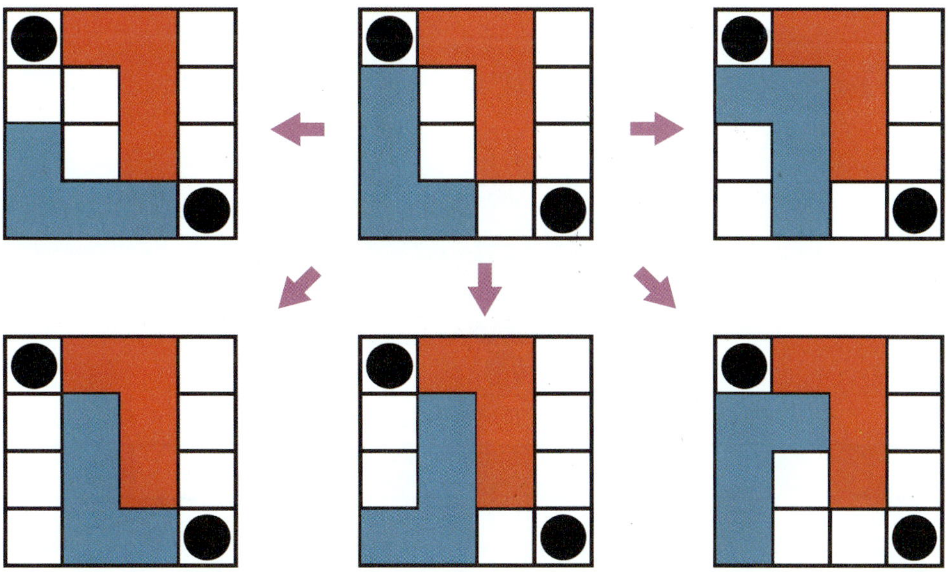

파란색 L 모양 말의 이동 가능한 경우(이 이후 중립 말은 선택적으로 하나만 이동)

2) 상대방이 L 모양 말을 움직일 수 없을 때 승리한다.

게임의 역사

L 게임은 영국의 의사이자 심리학자인 에드워드 드 보노(Edward de Bono)가 고안한 게임으로 1967년 자신이 저술한 책 《5일간의 사고과정(Five-Day Course in Thinking)》에서 처음 소개하였다. 게임을 고안할 당시 그는 재미있으면서도 단순한 게임을 만들기 위해 다음과 같은 조건을 정했다.

1) 가능한 한 적은 말의 수, 가급적 각자 한 개의 말을 사용한다.
2) 가능한 한 가장 작은 게임판을 사용한다.
3) 규칙이 거의 없어 배우기 쉬운 게임이어야 한다.
4) 높은 수준의 기술이 필요한 게임이어야 한다.
5) 두 사람이 완벽하게 게임을 하면 게임의 승패가 정해지지 않고 영원히 진행되어야 한다.

이 조건의 결과가 바로 L 게임이다. 게임의 참여하는 사람은 L 모양 말만 가지고 있고, 보드의 크기는 4 × 4로 작다. 규칙이 간단하기 때문에 배우기도 쉽다. 하지만 게임에서 이동할 수 있는 경우의 수가 많기 때문에 게임에 승리하기 위해서는 전략이 필요하고 그 점이 게임의 재미를 높인다. 보노는 그의 책에서 L 게임에 관한 여러 문제를 제시했는데 그 문제 중 하나는 다음과 같다.

문제 게임 진행 중 아래와 같은 형태가 됐다. 파란색 L 모양 말을 움직일 차례라 할 때, A, B, C 중 어떻게 움직이는 것이 가장 좋은 방법인가?

게임 진행 중 나온 형태

A

B

C

문제의 답을 보기 전에 먼저 직접 문제를 해결해 볼 것을 권한다. 이 문제는 그가 낸 첫 번째 문제로 비교적 쉬운 문제에 속한다. 문제의 정답을 찾기 위해선 다음 수에 빨간색 L 모양 말을 움직이는 경우가 어떻게 되는지 생각해야 한다. 먼저 A의 경우를 생각해 보자.

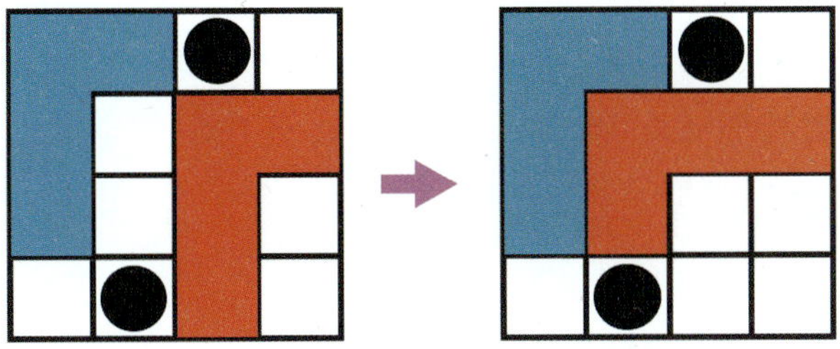

A

위의 그림처럼 빨간색 L 모양 말을 움직이면 다음 수에 파란색 L 모양 말을 움직일 수 없으므로 A와 같이 두는 것은 좋은 수가 아니다. 다음으로 B의 경우를 생각해 보자.

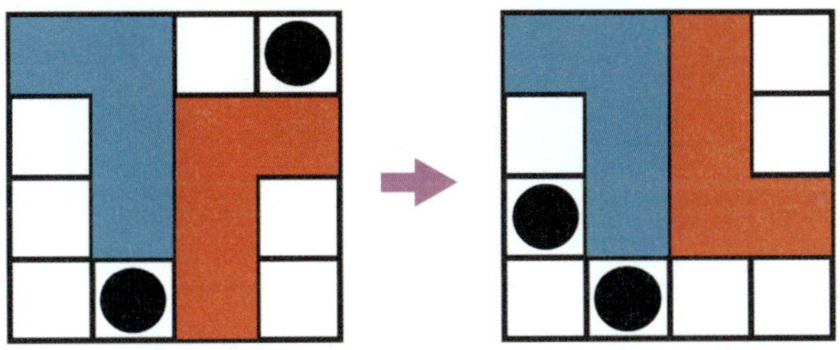

B

위의 그림처럼 빨간색 L 모양 말을 움직이고 중립 말을 움직이면 다음 수에 파란색 L 모양 말을 움직일 수 없으므로 B와 같이 두는 것 역시 좋은 수가 아니다. 그러므로 문제의 정답은 C이다. C의 경우에는 다음 수에 빨간색 L 모양 말과 중립 말을 어떻게 움직여도 파란색 L 모양 말을 움직이는 방법이 항상 존재한다. 직접 경우의 수를 따지며 생각해 보기 바란다.

변형 게임

L 게임의 변형 게임에 대해 알아보자.

불행형 L 게임(Misère L Game)

불행형 L 게임은 L 게임과 반대로 자신의 L 모양 말을 움직일 수 없게 될 때 승리하는 게임이다. 그 외 규칙은 L 게임과 같다.

서든데스 L 게임(Sudden Death L Game)

서든데스 L 게임은 두 개의 중립 말을 움직일 수 있다는 규칙이 추가된다. 즉, 자신의 차례에 L 모양 말을 움직인 후, 중립 말을 움직이지 않아도 되고, 한 개의 중립 말을 선택해 움직여도 되며, 두 개의 중립말을 모두 움직여도 된다.

말 L 게임(Pieces L Game)

말 L 게임은 시작부터 한 개의 중립 말만을 사용해 진행하는 게임이다. 즉, 아래 그림과 같이 말을 배치하고 게임을 시작한다. 그 외 규칙은 L 게임과 같다.

중립 말의 필수 이동

이 변형 게임은 자신의 차례에 L 모양 말을 이동한 후 필수적으로 중립 말을 하나 선택해 이동하는 게임이다. 그 외 규칙은 L 게임과 같다.

게임의 경우의 수와 전략

L 게임은 경우의 수가 간단하지는 않아 쉽게 전략을 파악할 수는 없지만, 바둑이나 체스 같은 게임에 비하면 상당히 단순한 편이다. 그래서 컴퓨터 등을 활용하면 완벽한 전략을 분석할 수 있다. 실제 L 게임에서 가능한 배치는 모두 2296가지이다. 이는 회전이동이나 반사대칭으로 같은 배열이 나오는 경우를 한 가지로 보고 중립 말의 경우 서로 같은 말로 봤을 때의 경우의 수이다.

그림1 서로 같은 경우로 보는 8가지 배치

전체 배치 중 게임에 참여하는 사람이 승리하는 배치는 각각 15가지뿐이다.

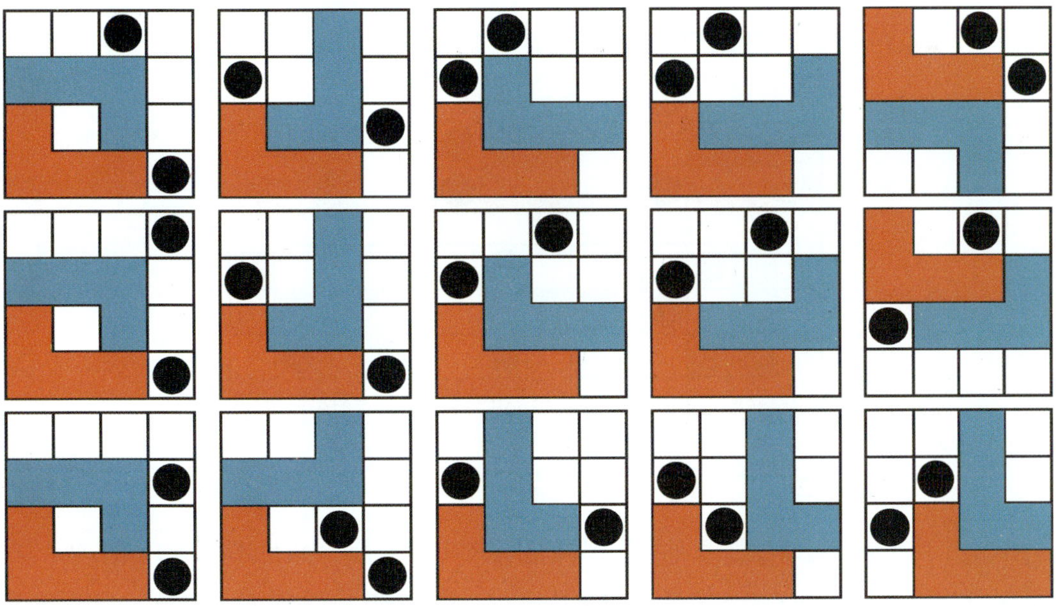

그림2 파란색 L 모양 말을 사용하는 사람이 승리하는 15가지 배치(빨간색 말 차례)

나머지 배치 중 14가지는 한 사람이 완벽하게 게임을 했을 때 다른 한 사람이 패배하는 배치이다. 그림3은 빨간색 L 모양 말을 사용하는 사람이 두는 차례일 때의 배치이다. 파란색 L 모양 말을 사용하는 사람이 완벽하게 플레이를 한다면 빨간색 L 모양 말을 사용하는 사람이 패배하는 배치이며 그때 빨간색 L 모양 말을 사용하는 사람이 최대로 둘 수 있는 횟수가 그림에 써 있는 숫자이다.

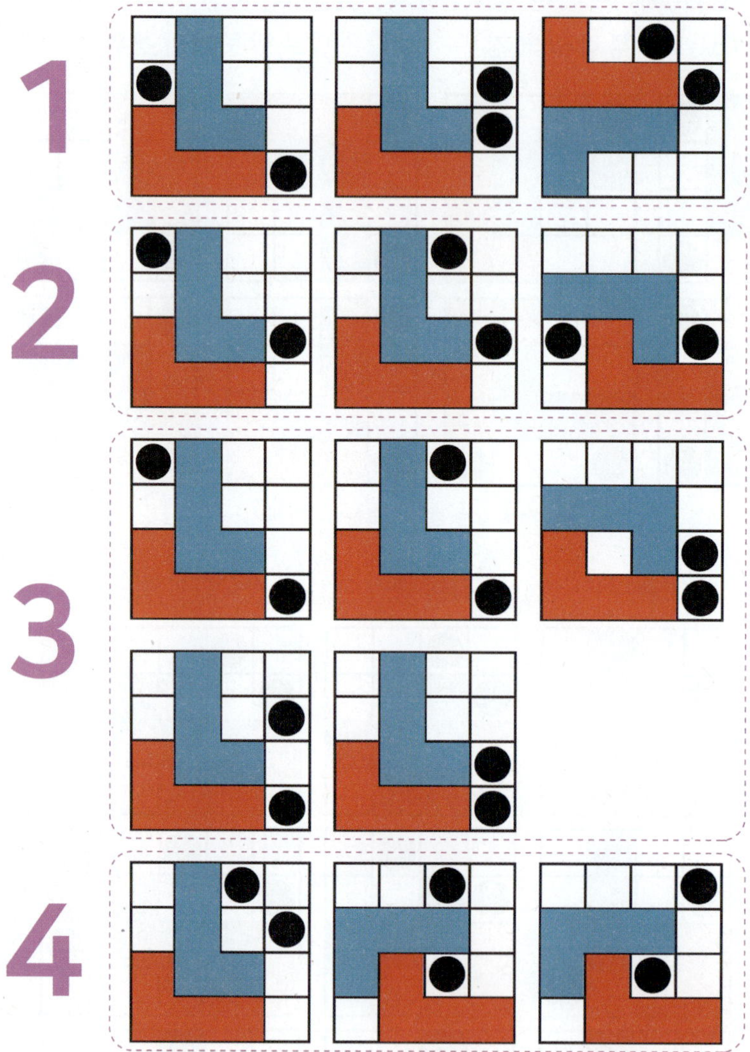

그림3 파란색이 완벽하게 플레이할 때 빨간색이 패배하게 되는 14가지 배치(빨간색 말 차례)

그림3에서 파란색이 완벽하게 플레이를 할 때 빨간색이 최대 둘 수 있는 횟수가 1번인 경우 중 첫 번째를 생각해 보자. 그림4에서 보듯 빨간색이 둘 수 있는 경우는 모두 13가지로 각각에 대해 파

란색이 완벽하게 플레이하면 바로 승리하는 것을 알 수 있다. 다른 경우에 대해서도 직접 분석해 보기를 권한다. L 게임의 실력을 높이는 방법 중 하나는 한 사람이 승리하는 15가지 배치와 한 명이 완벽하게 플레이를 했을 때 다른 사람이 지게 되는 14가지 배치에 대한 이해를 높이는 것이다.

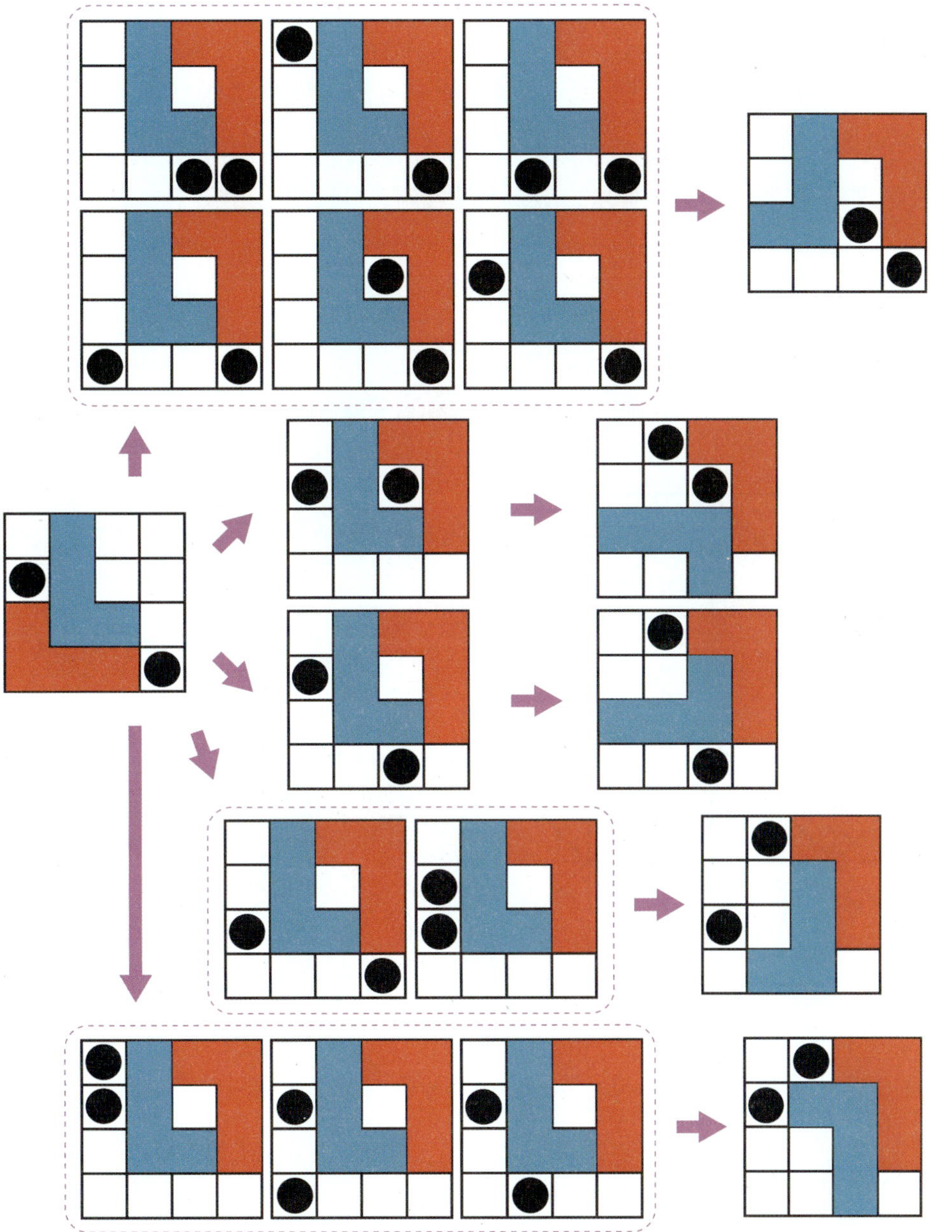

그림4 파란색의 완벽한 플레이에 대해 빨간색이 최대 둘 수 있는 경우가 1번인 경우에 대한 분석

하나하나 흥미로운 **기타 수학게임**

바그찰 Bagh-Chal

바그찰(Bagh-Chal)은 네팔의 전통 보드게임으로 우리말로 하면 '호랑이의 움직임'으로 번역할 수 있다. 구전으로 전해 내려오며 현재까지 이어져 온 게임으로 정확한 기원은 알려져 있지 않다. 보통의 다른 게임과 달리 비대칭 게임으로 두 사람이 사용하는 말의 수도 규칙도 다르다.

게임에 필요한 도구

게임판, 호랑이 말 4개, 염소 말 20개

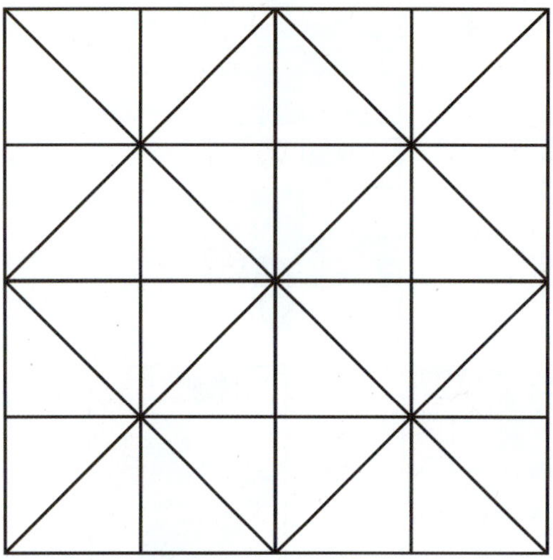

게임판

호랑이 말 4개

염소 말 20개

바그찰은 호랑이 말과 염소 말을 사용하지만 바둑돌을 사용해도 재미있게 게임을 할 수 있다.

게임판 받기

08_기타 수학 게임/바그찰.pdf

게임 규칙

호랑이 말 4개를 아래 그림과 같이 배치하고 다음과 같은 규칙에 따라 게임을 진행한다.

1) 염소가 먼저 게임을 시작하고 규칙에 따라 교대로 게임을 한다.
2) 염소는 자신의 말을 자신의 차례에 한 마리씩 원하는 위치에 배치하고 20마리의 염소를 다 배치할 때까지 이동할 수 없다.
3) 모든 염소가 다 배치되면 인접한 선을 따라 이동할 수 있고 다른 염소나 호랑이를 뛰어넘을 수 없다.
4) 호랑이는 인접한 선을 따라 이동하거나 가능한 경우 언제든 염소를 뛰어넘어 잡을 수 있다. 단, 한 번에 한 마리의 염소만 잡을 수 있다.
5) 호랑이가 이동할 때 다른 호랑이를 뛰어넘을 수는 없다.
6) 호랑이는 5마리의 염소를 잡으면 승리하고 염소는 호랑이가 움직일 수 없도록 하면 승리한다.

호랑이가 모든 염소를 잡아야 승리한다고 말하는 경우도 있다. 하지만 호랑이가 5마리의 염소를 잡은 상황에서 염소가 호랑이의 승리를 막을 가능성은 거의 없어 더 이상의 진행은 의미가 없다. 또한 게임에서 주기적인 상황이 반복되는 경우가 있다. 이를 막기 위해 모든 염소가 배치된 상황에서 이미 반복된 말의 배치가 다시 되지 않도록 하는 규칙이 추가되기도 한다.

필승전략

염소와 호랑이 게임이라고도 불리는 바그찰은 2009년 싱가포르 출신의 구글 엔지니어 유진림(Yew Jin Lim)과 컴퓨터과 교수 위르그 니버겔트(Jürg Nievergelt)에 의해 완전히 해결되었다. 그들의 연구에 따르면 바그찰은 염소와 호랑이가 최선의 전략으로 게임을 진행할 때 무승부로 끝난다. 이에 대해 알아보자.

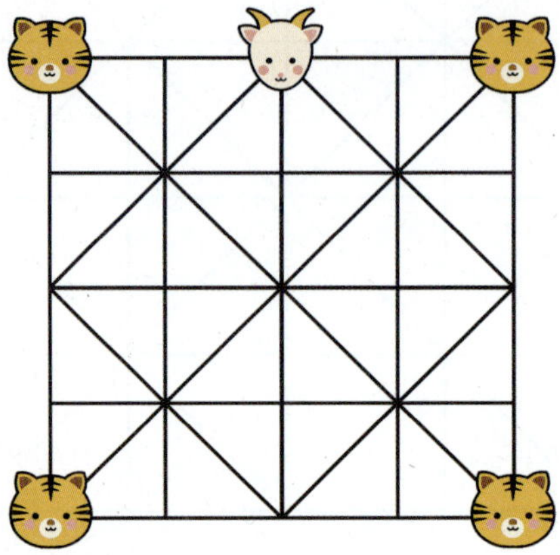

그림1 염소가 초기에 잡히지 않는 가장 좋은 첫수

염소가 게임을 유리하게 진행하기 위해서는 모든 염소를 배치할 때까지 최대한 호랑이한테 잡히지 않아야 한다. 그러기 위해서 염소의 가장 좋은 첫수는 그림1과 같이 두는 것이다. 물론 이와 대칭적인 경우도 마찬가지이므로 염소의 좋은 첫수는 4곳이다.

연구팀은 바그찰을 분석하기 위해 바그찰에서 가능한 게임의 상태를 6가지로 분류했고 이를 S_0부터 S_5로 나타냈다. S_0은 염소를 배치하는 과정에서 나올 수 있는 모든 게임의 상태를 말한다. 그리고 S_1부터 S_5는 염소가 이동하기 시작한 후부터 나올 수 있는 모든 게임 상태를 나타내는데 $k = 1, 2, 3, 4, 5$일 때 S_k는 4마리 호랑이와 $21 - k$마리 염소에 대해 염소의 이동 단계에서 나올 수 있는 모든 게임 상태이다. 예를 들어 S_3은 4마리 호랑이와 18마리 염소에 대해 염소의 이동 단계에서 나올 수 있는 모든 게임 상태이다.

여기서 어려운 문제는 S_0을 알아보는 데 있다. 예를 들어 그림2와 같은 말의 배치를 생각해 보자. 이 말의 배치는 염소가 5마리 배치됐을 때의 상황일 수도 있지만 6마리의 염소가 배치됐다가 1마리의 염소가 잡힌 상황일 수도 있고 혹은 더 많은 염소가 배치됐다가 잡힌 상황일 수도 있다. 따라서 말의 배치가 같다고 해도 서로 다른 상황일 수 있다. 연구에 따르면 실제 게임 상태는 가능한 말

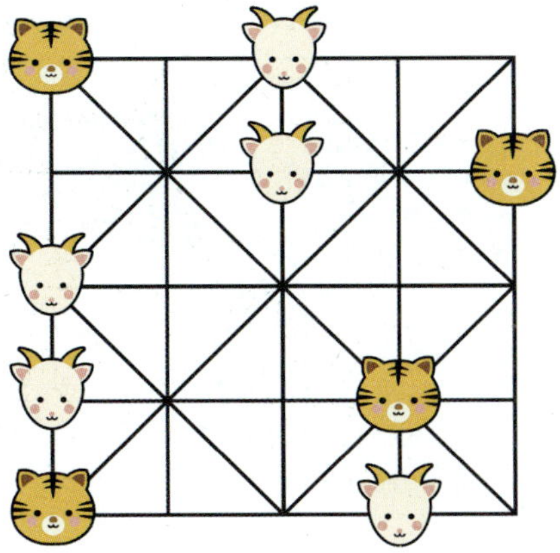

그림2 염소의 배치 단계에서 나올 수 있는 말의 배치 상황

의 배치의 약 10배인 것으로 추정된다. $k = 1, 2, 3, 4, 5$에 대해 S_k인 경우는 가능한 말의 배치에서 염소가 할 차례와 호랑이가 할 차례로 두 가지를 생각할 수 있으므로 가능한 게임 상태는 가능한 말의 배치의 두 배라 할 수 있다. 결과적으로 말의 배치와 게임의 상태 수는 아래 표와 같다.

	가능한 말의 배치 수	가능한 게임 상태 수
S_0	3,316,529,500	33,000,000,000 이상
S_1	33,481	66,962
S_2	333,175	666,350
S_3	2,105,695	4,211,390
S_4	9,469,965	18,939,930
S_5	32,188,170	64,376,340

각 게임 상태에서 최선의 전략으로 게임을 하였을 때 호랑이가 승리하는 상황은 당연하게도 5마리의 염소를 잡을 수 있는 상황이다. 한편 염소가 승리하는 상황은 호랑이를 움직이지 못하게 가두는 상황이다. 그리고 어떤 상황은 상대를 이길 수는 없지만 지지도 않는다. 이런 상황은 보통 특정 게임 상태가 주기를 가지며 반복되는 경우다. 따라서 모든 게임 상태는 이 세 가지 상황으로 분류할 수 있다.

연구팀은 염소가 이동하기 시작한 후부터인 S_1부터 S_5까지의 게임 상태에 대해 염소가 게임할 차례와 호랑이가 게임할 차례로 나눠 현재 게임에서 승리할 수 있는 상태인지, 패배하게 되는 상태인지 혹은 무승부인 상태인지를 분석하였고 그 결과는 아래 표와 같다.

		S_5 (염소 16마리)	S_4 (염소 17마리)	S_3 (염소 18마리)	S_2 (염소 19마리)	S_1 (염소 20마리)
염소차례	승리상태	913, 153 (2.8%)	1, 315, 111 (13.9%)	882, 523 (41.9%)	252, 381 (75.8%)	30, 609 (91.4%)
	무승부상태	8, 045, 787 (25.0%)	6, 226, 358 (65.7%)	1, 199, 231 (57.0%)	80, 706 (24.2%)	2, 812 (8.4%)
	패배상태	23, 229, 230 (72.2%)	1, 928, 496 (20.4%)	23, 941 (1.1%)	88 (0.03%)	60 (0.2%)
총 게임 상태 수		32, 188, 170	9, 469, 965	2, 105, 695	333, 175	33, 481
호랑이차례	승리상태	30, 469, 634 (94.7%)	6, 260, 219 (66.1%)	465, 721 (22.1%)	6, 452 (1.9%)	146 (0.4%)
	무승부상태	1, 569, 409 (4.9%)	2, 918, 104 (30.8%)	1, 353, 969 (64.3%)	197, 537 (59.3%)	9, 468 (28.3%)
	패배상태	149, 127 (0.5%)	291, 642 (3.1%)	286, 005 (13.6%)	129, 186 (38.8%)	23, 867 (71.3%)

이 표를 보면 염소가 배치 단계에서 20마리의 염소를 살린 후 염소가 할 차례면 염소가 승리할 확률은 91.4%이고 호랑이가 할 차례라 해도 염소가 승리할 확률이 71.3%이다. 따라서 최대한 염소를 잘 배치하여 잡히지 않도록 해야 한다. 만약 배치 단계에서 3마리까지 잡힌다면 염소가 할 차례에서는 염소가 승리할 확률은 13.9%로 낮지만 패배할 확률도 20.4%로 낮은 편이다. 물론 호랑이가 할 차례라면 염소가 승리할 확률이 3.1%이고 패배할 확률이 66.1%로 쉽지 않다. 하지만 3마리가 잡히고 호랑이가 할 차례라 해도 1턴만 잡히지 않고 넘기면 기회가 있다고 할 수 있다. 반면 4마리의 염소가 잡힌다면 상황은 극단적으로 바뀐다. 염소가 할 차례일 때 승리할 확률이 2.8%로 떨어진다. 호랑이가 할 차례라면 염소가 승리할 확률은 단지 0.5%일 뿐이다. 반면 염소가 패배할 확률은 상당히 커진다. 누구의 차례든 염소가 패배할 가능성이 크다. 따라서 염소의 입장에서 승부를 내볼만한 경우는 배치 단계에서 3마리 이하로 잡혔을 때이다.

호랑이의 입장에서 보면 어떨까? 염소의 배치 단계에서 염소를 잡지 못하면 누가 할 차례든 호랑이가 승리 확률은 0.4% 이하로 비록 무승부 확률이 높긴 하지만 사실상 패배했다고 봐도 과언이 아니다. 하지만 4마리를 잡았다고 했을 때 호랑이가 할 차례라면 호랑이가 승리 확률은 94.7%이고 염소가 할 차례라 해도 72.2%이다. 이런 식으로 살펴봤을 때 호랑이가 패배를 면하려면 배치 단계에서 적어도 2마리의 염소는 잡아야 하는 것으로 보인다.

이 표는 호랑이가 염소 5마리를 잡으면 승리한다는 규칙이 얼마나 타당한지를 설명한다. 5마리가 아니라 다 잡아야 한다는 규칙이 적용되려면 5마리 잡는 것보다 다 잡는 것이 충분히 도전적이어야 한다. 하지만 5마리가 잡히면 그 후 염소가 버틸 수 있을 가능성은 거의 없다. 반면 염소가 16

마리 남아있다면 승리는 어려워도 무승부의 가능성이 도전할 만큼은 된다. 따라서 5마리 포획 규칙은 상당히 타당하다고 할 수 있다.

연구에서는 이런 게임 상태에 대한 분석을 통해 호랑이가 최선의 전략으로 게임에 임하면 15마리의 염소가 배치된 후 최소 한 마리의 염소를 잡을 수 있고, 20마리의 염소가 배치된 후에는 다해서 두 마리까지 잡는 것이 가능하다는 것을 밝혀냈다. 이 사실을 통해 비대칭적인 게임임에도 게임의 균형이 잘 잡혀 있음을 알 수 있다. 앞의 표를 보면 배치 단계에서 염소 2마리가 잡혔을 때 가장 대등한 시합이 이뤄지기 때문이다. (물론 호랑이가 약간 불리한 것은 사실이다.)

앞의 게임 상태 분석을 통해 연구팀이 알아낸 또 다른 사실은 염소에게 무승부 전략이 존재한다는 것이다. 이를 통해 염소는 최소한 패배하지 않는다는 것을 알 수 있다. 그렇다면 자연스럽게 할 수 있는 질문은 염소가 패배하지 않는 정도가 아니라 최선의 전략으로 게임을 하면 승리할 수 있는지 또는 없는지이다. 만약 승리할 수 없다면 호랑이에게는 무승부 전략이 존재한다는 것과 같다. 하지만 연구팀은 S_1부터 S_5까지의 분석만으로는 호랑이의 무승부 전략 존재성을 밝히지 못했다.

연구팀은 호랑이의 무승부 전략이 존재하는지 알아보기 위해 게임의 시작부터 염소가 10마리 배치될 때까지의 게임 상태를 분석했다. 특히, 염소를 10마리 배치하고 호랑이가 할 차례일 때를 '중간 위치'라 하고 이때의 게임 상황에 대해 분석하였다.

염소가 10마리 배치된 상황에서는 염소가 1마리부터 4마리까지 잡히는 것이 가능하므로 6마리에서 10마리의 염소가 남아있다고 할 수 있다. (5마리가 잡혔다면 염소의 패배이다.) 또한 호랑이가 4마리이므로 빈자리는 11개에서 15개이다. 연구팀은 이를 S_{11}부터 S_{15}로 표현했는데 $k = 11, 12, 13, 14, 15$일 때 S_k는 4마리의 호랑이, $21 - k$마리의 염소, k개의 빈자리를 의미한다. 염소가 10마리 배치되고 호랑이가 할 차례인 중간 위치는 S_{11}부터 S_{15}까지의 합집합이다.

문제는 S_{11}부터 S_{15}까지 가능한 게임 상태의 수가 너무나 커서 모든 상태를 분석하는 것은 거의 불가능하다는 점이다. 하지만 꼭 모든 상태를 다 분석하지 않는다고 해도 호랑이 입장에서 무승부 가능성이 있는 충분히 많은 게임 상태를 분석해 그중 하나라도 무승부 전략이 된다면 그것으로 충분하다. 이런 점에서 연구팀은 S_{11}부터 S_{15}까지 게임상태에서 호랑이가 승리하거나 무승부인 게임 상태를 충분히 조사하였고 이를 바탕으로 40,521,418,103가지 게임 진행 과정을 조사하며 호랑이의 무승부 전략이 존재한다는 것을 확인하였다. 결과적으로 염소의 무승부 전략과 호랑이의 무승부 전략이 모두 존재하므로 바그찰은 염소와 호랑이가 최선의 전략으로 게임을 했을 때 무승부로 끝난다.

A. 참고자료

좀 더 깊이 있는 내용이 궁금하시다면 참고자료를 보시기 바랍니다. 찾아보기 쉽게 단원별로 정리했으며 한 자료를 여러 주제에 걸쳐 참고했을 경우에는 각 주제마다 표기했습니다. 여러 훌륭한 저서와 자료 덕분에 새로운 내용을 이해하고 알 수 있었습니다. 참고자료의 모든 저자 분께 감사의 인사를 드립니다.

Chapter 05. 상대방을 움직이지 못하게 **막기 게임**

1. 헥사폰 Hexapawn

Martin Gardner. (1991). *The Unexpected Hanging and Other Mathematical Diversions*. The University of Chicago Press, pp. 90–102.

헥사폰[웹사이트]. (2022.07.30). https://en.wikipedia.org/wiki/Hexapawn

2. 토끼 게임 Hare Games

Elwyn R. Berlekamp, John H. Conway, and Richard K. Guy. (2003). *Winning Ways for your Mathematical Plays, Volume 3*. A K Peters Wellesley, Massachusetts, pp. 711–729.

토끼 게임[웹사이트]. (2022.07.22). https://en.wikipedia.org/wiki/Hare_games

3. 무 토레레 Mū Tōrere

George Jelliss. (2012). Mū tōrere. *Games and Puzzles Journal (17)*, pp. 302-303.

무 토레레[웹사이트]. (2022.10.01). https://en.wikipedia.org/wiki/M%C5%AB_t%C5%8Drere

4. 도젬 Dodgem

Elwyn R. Berlekamp, John H. Conway, and Richard K. Guy. (2003). *Winning Ways for your Mathematical Plays, Volume 3*. A K Peters Wellesley, Massachusetts, pp. 749–751.

Chapter 06. 마지막 말의 주인공은 **님 게임과 그 변형 게임**

1. 님 Nim

M. H. Albert, R. J. Nowakowski. (2004). Nim restrictions. *Integers: Electronic Journal of Combinatorial Number Theory 4*. G01.

Charles L. Bouton. (1901). Nim, a game with a complete mathematical theory. *The Annals of Mathematics 3*.1/4 pp. 35-39.

Melissa Gymrek, Jing Li. (2009). *Theory of Impartial Games*. Mit SP.268 The Mathematics of Toys and

Games Lecture Notes.
님[웹사이트]. (2021.12.17). https://en.wikipedia.org/wiki/Nim

2. 그런디 게임 Grundy's Game

Elwyn R. Berlekamp, John H. Conway, and Richard K. Guy. (2001). *Winning Ways for your Mathematical Plays, Volume 1*. A K Peters Wellesley, Massachusetts.
E. T. G. Schlebusch. (2015). *Grundy's Game*. Leiden University Mathematical Institute Master's thesis.
Richard K. Guy. (1996). Impartial games. *Games of No Chance*, pp. 61-78.
Thomas S. Ferguson. (2000). *Game Theory*. Carnegie Mellon University 15-859 (21-801) Mathematical Games Lecture Note.
공정게임[웹사이트]. (2022.05.19). https://en.wikipedia.org/wiki/Impartial_game

3. 케일스 Kayles

Elwyn R. Berlekamp, John H. Conway, and Richard K. Guy. (2001). *Winning Ways for your Mathematical Plays, Volume 1*. A K Peters Wellesley, Massachusetts.
Henry E. Dudeney. (1908). *The Canterbury Puzzles and Other Curious Problems*. E. P. Dutton and Company.
Guy, R. K. Guy, and C. A. B. Smith. (1956). *The G-values of various games*. In Mathematical Proceedings of the Cambridge Philosophical Society (Vol. 52, No. 3, pp. 514-526). Cambridge University Press.
8진법 게임[웹사이트]. (2022.05.23). https://en.wikipedia.org/wiki/Octal_game

4. 라스커의 님 Lasker's Nim

Thomas S. Ferguson. (2000). *Game Theory*. Carnegie Mellon University 15-859 (21-801) Mathematical Games Lecture Note.
에마누엘 라스커[웹사이트]. (2022.09.15). https://en.wikipedia.org/wiki/Emanuel_Lasker

5. 피보나치 님 Fibonacci Nim

Cody Allen, Vadim Ponomarenko. (2014). Fibonacci Nim and a full characterization of winning moves. Involve, *a Journal of Mathematics 7*(6). pp. 807-822.
Michael J. Whinihan. (1963). Fibonacci Nim. *Fibonacci Quarterly, 1* (4). pp. 9–13.
Ronald L. Graham, Donald E. Knuth, and Oren Patashnik. (1994). *Concrete Mathematics* (2nd ed.). Addison-Wesley, pp. 290–301.
Thomas S. Ferguson. (2000). *Game Theory*. Carnegie Mellon University 15-859 (21-801) Mathematical

Games Lecture Note.
피보나치 님[웹사이트]. (2022.05.11). https://en.wikipedia.org/wiki/Fibonacci_nim#cite_note-gkp94-4

6. 참프 Chomp

Andries E. Brouwer, et al. (2005). On three-rowed Chomp. *Integers: Electronic Journal of Combinatorial Number Theory 5.* G07.

David Gale. (1974). A curious Nim-type game. *The American Mathematical Monthly 81*(8). pp. 876-879.

Doron Zeilberger. (2001). Three-rowed Chomp. *Advances in Applied Mathematics 26(2).* pp. 168-179.

Doron Zeilberger. (2004). Chomp, recurrences and chaos(?). *Journal of Difference Equations and Applications 10*(13-15). pp. 1281-1293.

Eric J. Friedman, Adam Scott Landsberg. (2007). Nonlinear dynamics in combinatorial games: Renormalizing chomp. Chaos: An Interdisciplinary Journal of Nonlinear Science 17.2 023117.

In-Sung Cho. (2018). Winning Strategies for the Game of Chomp: A Practical Approach. *Journal for History of Mathematics 31*(3). pp. 151-166.

Xinyu Sun. (2002). Improvements on chomp. *Integers 2*(G1). 8.

7. 위토프 게임 Wythoff's Game

A. F. Horadam. (1978). Wythoff pairs. *Fibonacci Quart 16.* pp. 147-151.

Carlitz, L. Carlitz, Richard Scoville. (1968) Fibonacci representations. *Fibonacci Quart 6*(4). pp. 193-220.

Eric Duchene, et al. (2017). Wythoff Wisdom. *Games of No Chance 5*, In press.

Gabriel Nivasch. (2005). More on the Sprague-Grundy function for Wythoff's game. *Games of No Chance 3*, Proc. BIRS Workshop on Combinatorial Games.

H. S. M. Coxeter. (1953). The Golden Section, Phyllotaxis, and Wythoff's Game. *Scipta Math, 19*, pp. 135-143.

Robert Silber. (1976). A Fibonacci property of Wythoff pairs. *Fibonacci Quart 14*(4). pp. 380-384.

Robert Silber. (1977). Wythoff's Nim and Fibonacci Representations. *Fibonacci Quart 15*(1). pp. 85-88.

W. A. Wythoff. (1907). A modification of the game of nim. *Nieuw Archief voor Wiskunde, 7*(2). pp. 199-202.

8. 하켄부시 Hackenbush

Elwyn R. Berlekamp, John H. Conway, and Richard K. Guy. (2001). *Winning Ways for your Mathematical*

Plays, Volume 1. A K Peters Wellesley, Massachusetts, pp. 189-228.
John H. Conway. (2000). *On Numbers and Games*, 2nd edition, A K Peters.
하켄부시[웹사이트]. (2022.10.24). https://en.wikipedia.org/wiki/Hackenbush

Chapter 07. 다른 규칙으로 겨루기 **당파 게임**

1. 블루-레드 하켄부시 Blue-Red Hackenbush

Elwyn R. Berlekamp, John H. Conway, and Richard K. Guy. (2001). *Winning Ways for your Mathematical Plays, Volume 1*. A K Peters Wellesley, Massachusetts.
Fredrik Wahlberg. (2014). *Partizan Poset Games*. Stockholm, Sweden, Master of Science Thesis.
Joey Hammer. (2005). *Decomposing Hackenbush*. A Project in Combinatorial Game Theory, University of California, San Diego, spirng.
John H. Conway. (2000). *On Numbers and Games*, 2nd edition, A K Peters.
John S. Ryals JR. (2015). *Combinatorial Game Theory: An Introduction to Tree Topplers*. Statesboro Georgia, A Thesis Submitted to the Graduate Faculty of Georgia Southern University in Partial Fulfillment of the Requirement for the Degree.
Matej Antol. (2011). *Combinatorial Games*. Masaryk University Faculty of Informatics, Bachelor's Thesis.
Michael H. Albert, Richard J. Nowakowski, and David Wolfe. (2019). *Lessons in play: an introduction to combinatorial game theory*. CRC Press.
Will Johnson. (2011). *Combinatorial game theory, well-tempered scoring games, and a knot game*. arXiv preprint arXiv:1107.5092.
초현실수[웹사이트]. (2023.02.19). https://mathlyblog.wordpress.com/2015/12/30/초현실수surreal-number/
초현실수[웹사이트]. (2023.02.19). https://ccss17.netlify.app/math/surrealnumbers/

2. 케이크 자르기 Cut Cake

Elwyn R. Berlekamp, John H. Conway, and Richard K. Guy. (2001). *Winning Ways for your Mathematical Plays, Volume 1*. A K Peters Wellesley, Massachusetts, pp. 24-27.

3. 두꺼비와 개구리 Toads and Frogs

Anany Levitin, Maria Levitin. (2011). *Algorithmic Puzzles*. Oxford University Press.
Elwyn R. Berlekamp, John H. Conway, and Richard K. Guy. (2001). *Winning Ways for your Mathematical*

Plays, Volume 1. A K Peters Wellesley, Massachusetts.

Jeff Erickson. (1996). New Toads and Frogs results. *Games of No Chance, Mathematical Sciences Research Institute Publications, vol. 29*, Cambridge University Press, pp. 299–310.

Michael H. Albert, Richard J. Nowakowski, and David Wolfe. (2019). *Lessons in play: an introduction to combinatorial game theory*. CRC Press.

두꺼비와 개구리[웹사이트]. (2023.02.20). https://en.wikipedia.org/wiki/Toads_and_Frogs

4. 도미니어링 Domineering

Dennis M. Breuker, Jos W. H. M. Uiterwijk, and H. Jaap van den Herik. (2000). Solving 8×8 Domineering. *Theoretical Computer Science 230*(1-2). pp. 195-206.

Elwyn R. Berlekamp, John H. Conway, and Richard K. Guy. (2001). *Winning Ways for your Mathematical Plays, Volume 1*. A K Peters Wellesley, Massachusetts.

Jos W. H. M. Uiterwijk. (2016). *11×11 Domineering Is Solved: The First Player Wins*. Computers and Games: 9th International Conference, CG 2016, Leiden, The Netherlands, June 29–July 1, 2016, Revised Selected Papers. Cham: Springer International Publishing.

Matej Antol. (2011). *Combinatorial Games*. Masaryk University Faculty of Informatics, Bachelor's Thesis.

Michael H. Albert, Richard J. Nowakowski, and David Wolfe. (2019). *Lessons in play: an introduction to combinatorial game theory*. CRC Press.

Michael Lachmann, Cristopher Moore, and Ivan Rapaport. (2000). *Who wins Domineering on rectangular boards?*. arXiv preprint math/0006066.

Nathan Bullock. (2002). Domineering: Solving large combinatorial search spaces. *ICGA Journal 25*(2). pp. 67-84.

도미니어링[웹사이트]. (2023.02.22). https://en.wikipedia.org/wiki/Domineering

5. 클로버 Clobber

Elwyn R. Berlekamp, John H. Conway, and Richard K. Guy. (2001). *Winning Ways for your Mathematical Plays, Volume 1*. A K Peters Wellesley, Massachusetts.

Erik D. Demaine, Martin L. Demaine, and Rudolf Fleischer. (2004). Solitaire clobber. *Theoretical Computer Science 313*(3). pp. 325-338.

Michael H. Albert, et al. (2005). An introduction to Clobber. *INTEGERS: The Electronic Journal of Combinatorial Number Theory 5*(2).

Michael H. Albert, Richard J. Nowakowski, and David Wolfe. (2019). *Lessons in play: an introduction to*

combinatorial game theory. CRC Press.
Raphael Thiele, Ingo Althöfer. (2020). Analyzing a variant of Clobber: The game of San Jego. *ICGA Journal 42*(4). pp. 257-271.
클로버[웹사이트]. (2023.02.25). https://en.wikipedia.org/wiki/Clobber
산제고[웹사이트]. (2023.02.26). https://www.1000steine.de/de/gemeinschaft/forum/?entry=1&id=338936

Chapter 08. 하나하나 흥미로운 **기타 수학 게임**

1. 만칼라 Mancala

Alex de Voogt. (2001). Mancala: Games that count. *Expedition-Philadelphia- 43*(1). (2001): 38-46.
Geoffrey Irving, Jeroen Donkers, and Jos Uiterwijk. (2000). Solving kalah. *Icga Journal 23*(3). pp. 139-147.
Kelly Beffert. (2004). *It's Your Move: Optimal Playing Strategies for Mancala*. Diss.
Sue Hanson. (2003). *All About Mancala: Its History and How to Play*. Happy Viking Crafts.
만칼라[웹사이트]. (2022.06.28). https://en.wikipedia.org/wiki/Mancala
만칼라의 전략[웹사이트]. (2022.06.28). https://www.ultraboardgames.com/mancala/strategies.php
만칼라의 전략[웹사이트]. (2022.06.28). https://mancala.fandom.com/wiki/Kalah_research_by_Mark_Rawlings
만칼라의 종류[웹사이트]. (2022.06.28). https://en.wikipedia.org/wiki/List_of_mancala_games
칼라[웹사이트]. (2022.06.28). https://en.wikipedia.org/wiki/Kalah

2. 젓가락 게임 Chopsticks Game

Hon Ka Hui, et al. (2012). From 'Chopsticks' to Periodicity of Generalized Fibonacci Sequence. *Hang Lung Mathematics Awards Vol. 5*, pp. 277-324.
정문자. (2005). 젓가락 게임을 활용한 창의성 신장 방안 연구. *한국수학교육학회지. 시리즈 E: 수학교육논문집 v.19* no.3 pp. 503-516.
젓가락 게임[웹사이트]. (2022.11.28). https://en.wikipedia.org/wiki/Chopsticks_(hand_game)
젓가락 게임의 필승법[웹사이트]. (2022.11.28). https://www.wikihow.com/Always-Win-Chopsticks

3. 크램 Cram

Elwyn R. Berlekamp, John H. Conway, and Richard K. Guy. (2003). *Winning Ways for your Mathematical Plays, Volume 3*. A K Peters Wellesley, Massachusetts.
Julien Lemoine, Simon Viennot. (2012). Nimbers are inevitable. *Theoretical Computer Science 462*. pp. 70-79.

Martin Schneider. (2009). *Das Spiel Juvavum*. Master's thesis.

Richard K. Guy, Cedric A. B. Smith. (1956). The G-values of various games. *Proceedings of the Cambridge Philosophical Society, 52*. pp.514-526.

크램[웹사이트]. (2022.07.03). https://en.wikipedia.org/wiki/Cram_(game)

4. 도부츠쇼기 どうぶつしょうぎ

Tanaka Tetsuro. (2009). An analysis of a board game dōubutsu shōgi. *IPSJ SIG Notes, Vol. 2009-GI-22*, No. 3, pp. 1-8.

고로고로 도부츠쇼기 메뉴얼. (2022.07.01). https://www.shogi.cz/manual/goroEN.pdf

도부츠쇼기[웹사이트]. (2022.07.01). https://en.wikipedia.org/wiki/D%C5%8Dbutsu_sh%C5%8Dgi

도부츠쇼기 메뉴얼. (2022.07.01). https://www.shogi.cz/manual/dobutsuEN.pdf

십이장기[웹사이트]. (2022.07.01). https://namu.wiki/w/십이장기

큰 숲의 도부츠쇼기 메뉴얼. (2022.07.01). https://www.shogi.cz/manual/shogidobutsuEN.pdf

5. 새싹 게임 Sprouts

D. Applegate, G. Jacobson, and D. Sleator. (1991). *Computer Analysis of Sprouts, Tech*. Report CMU-CS-91-144, Carnegie Mellon University Computer Science Technical Report.

Elwyn R. Berlekamp, John H. Conway, and Richard K. Guy. (2003). *Winning Ways for your Mathematical Plays, Volume 3*. A K Peters Wellesley, Massachusetts.

Julien Lemoine, Viennot, and Simon. (2007). *A further computer analysis of Sprouts*. Technical Report.

Julien Lemoine, Viennot, and Simon. (2008). *Sprouts Game on Compact Surfaces*. arXiv preprint arXiv:0812.0081.

Julien Lemoine, Viennot, and Simon. (2009). *Analysis of Misere Sprouts Game with Reduced Canonical Trees*. Technical Report.

Julien Lemoine, Viennot, and Simon. (2010). *Computer Analysis of Sprouts with Nimbers*. Technical Report.

새싹 게임의 기록[웹사이트]. (2022.07.01). http://sprouts.tuxfamily.org/wiki/doku.php?id=records

6. 은화 게임 Silver Dollar Game

Elwyn R. Berlekamp, John H. Conway, and Richard K. Guy. (2003). *Winning Ways for your Mathematical Plays, Volume 3*. A K Peters Wellesley, Massachusetts, pp. 491-492.

Graham Farr, Nhan Bao Ho. (2018). The Sprague-Grundy function for some nearly disjunctive sums of Nim and Silver Dollar games. *Theoretical Computer Science 732*. pp. 46-59.

Melissa Gymrek, Jing Li. (2009). *Grundy's Game - Periodic?*. Mit SP.268 The Mathematics of Toys and Games Lecture Notes.

Richard K. Guy. (1996). Impartial games. *Games of No Chance*, pp. 61-78.

Thomas S. Ferguson. (2000). *Game Theory*. Carnegie Mellon University 15-859 (21-801) Mathematical Games Lecture Note.

7. L 게임 L Game

Edward de Bono. (1967). *Five-Day Course in Thinking*. Vermilion London, pp. 77-107.

蔡明原, 林順喜. (1999). 益智遊戲「L棋(L-game)」之電腦解法及分析. *科學 育月刊第二二一期*, 頁33-46.

L게임[웹사이트]. (2022.01.10). https://en.wikipedia.org/wiki/L_game

8. 바그찰 Bagh-Chal

Lim Yew Jin, Jurg Nievergelt. (2005). Tigers and Goats is a draw. *Games of No Chance 3*, Proc. BIRS Workshop on Combinatorial Games.

바그찰[웹사이트]. (2022.10.08). https://en.wikipedia.org/wiki/Bagh-Chal

B. 그림 저작권

이미지 사용한 허락해 주신 분들의 자료 덕분에 책이 더 풍성해질 수 있습니다. 책에 사용된 이미지를 제작한 모든 분께 감사의 인사를 드립니다.

1권

60페이지 이미지 출처 / Wolfgang Sauber / CC BY-SA 4.0 https://commons.wikimedia.org/wiki/File:AMGR_-_Spiel_1_M%C3%BChle.jpg

124페이지 이미지 출처 / Andr Savik / CC BY-SA 3.0 https://commons.wikimedia.org/wiki/File:Piet_Hein_and_H.C._Andersen_(cropped).jpg

280페이지 이미지 출처 / Merkel / CC BY-SA 4.0 https://commons.wikimedia.org/wiki/File:Alquerque_game_board_with_algebraic_notation.jpg

292페이지 이미지 출처 / 본 저작물은 '국립중앙박물관'에서 작성하여 공공누리 제1유형으로 개방한 '도시풍경'을 이용하였으며, 해당 저작물은 '국립중앙박물관, https://www.museum.go.kr/site/main/relic/search/view?relicId=1349'에서 무료로 다운받으실 수 있습니다.

2권

37페이지 이미지 출처 / Matthew Scroggs / CC BY-SA 4.0 https://commons.wikimedia.org/wiki/File:Mscroggs-MENACE-cropped.jpg

78페이지 이미지 출처 / Chuck SMITH / CC BY-SA 3.0 https://commons.wikimedia.org/wiki/File:Nimrod_in_Computerspielemuseum.jpg

88페이지 이미지 출처 / Thane Plambeck / CC BY-SA 2.0 https://commons.wikimedia.org/wiki/File:John_H_Conway_2005_(cropped).jpg

112페이지 이미지 출처 / Bundesarchiv, Bild 102-00457 / CC BY-SA 3.0 https://commons.wikimedia.org/wiki/File:Bundesarchiv_Bild_102-00457,_Emanuel_Lasker.jpg

229페이지 이미지 출처 / Ethan Doyle White / CC BY-SA 4.0 https://commons.wikimedia.org/wiki/File:Mancala_Board_in_the_National_Ethnographic_Museum,_Warsaw.jpg

50가지 게임으로 수학을 즐기는

다함께 수학게임 2

지은이 이동화 · 김세희 · 김용민 · 박미희 · 박은진
박희영 · 엄민정 · 오은영 · 정유재
펴낸이 조경희
펴낸곳 경문사
펴낸날 2023년 8월 7일 1판 1쇄
2023년 12월 1일 1판 2쇄
등 록 1979년 11월 9일 제1979-000023호
주 소 04057, 서울특별시 마포구 와우산로 174
전 화 (02)332-2004 팩스 (02)336-5193
이메일 kyungmoon@kyungmoon.com

값 23,000원

ISBN 979-11-6073-646-5
ISBN 979-11-6073-644-1(세트)

하고 싶은게 많은 수학교사 이동화의

다함께 수학 시리즈

다함께 수학 시리즈는 수학과 관련되어 체험할 수 있는 다양한 주제의 수학 활동을 소개하는 시리즈 도서입니다. 수학 교사를 대상으로 집필한 책이지만 다양한 수학 체험 활동에 관심 있는 학생 및 일반인도 볼 수 있는 책으로 가급적 이론을 쉽게 설명하려고 노력했습니다.

이 시리즈의 특징은 단순히 체험만 안내하는 것이 아니라 관련 이론도 깊이 있게 다룬다는 점입니다. 따라서 책에서 소개하는 체험을 하면서 지적인 호기심도 충족할 수 있을 것입니다. 현재 체험수학과 수학게임을 소개하는 책만 나와 있지만 앞으로 더 많은 주제의 책이 출간될 예정입니다. 많은 관심 부탁드립니다.

다함께 체험수학

이동화 지음 (2021)

다함께 체험수학은 저자가 6년에 걸쳐 집필한 책으로 책에 들어간 대부분의 이미지는 저자가 직접 찍거나 그린 것이다. 다양한 영역의 대표적인 체험수학 주제 15가지를 다루고 있다. 각 주제마다 3 ~ 4개의 체험활동을 소개하고 있으며 전체 체험활동의 수는 45가지이다.

체험주제와 관련된 이론을 상세히 소개하고 있기 때문에 체험과 이론에 대한 이해를 조화롭게 할 수 있다. 또한 대부분의 체험활동은 주변에서 쉽게 구할 수 있는 재료로 할 수 있고 저자가 직접 제작한 22가지 무료도안도 제공한다.

동아리 활동이나 수학 관련 체험활동에 유용하게 활용할 수 있는 책으로 비싼 교구를 구입하지 않아도 이 책을 통해 다양한 체험을 해 볼 수 있다.

다함께 수학게임 1, 2

이동화, 김세희, 김용민, 박미희, 박은진, 박희영, 엄민정, 오은영, 정유재 지음 (2023)

다함께 수학게임은 수학적 성질을 특별히 많이 가지고 있는 수학게임을 중심으로 50가지 수학게임을 소개한다. 대부분의 게임은 바둑돌, 주사위, 펜, 종이, 게임판(자료제공) 등의 간단한 도구만으로 할 수 있다.

각 게임에 대한 규칙, 역사, 변형 게임, 필승전략 등을 다루고 있으며 풍부한 이미지를 통해 관련 이론을 친절히 설명한다. 수학게임에 관심이 많고 필승전략이 궁금한 사람이라면 꼭 봐야 할 책으로 국내 유일의 수학게임 이론서이다.

다함께 코딩수학 (출간 예정)

이동화 외 3인 지음

다함께 코딩수학은 파이썬을 통해 다양한 수학 문제를 풀어보는 책이다. 연산, 입출력, 조건문, 반복문, 함수 등 최소한의 파이썬의 명령어를 활용해 다양한 수학 문제를 탐구해 본다.

숫자탐구, 기하패턴, 수학실험, 수학게임의 네 주제를 다루고 있으며 약 30개의 문제를 코딩으로 탐구해 본다. 파이썬이란 도구를 이용해 다양한 수학 문제를 해결해 봄으로써 수학의 또 다른 재미를 느낄 수 있고, 수학적 사고력과 코딩 능력을 키울 수 있다. 수학과 코딩에 관심이 있는 사람이라면 꼭 봐야 할 책이다.